武汉大学规划教材

机械工程图学

主编　刘永

副主编　夏唯　程青　刘天桢

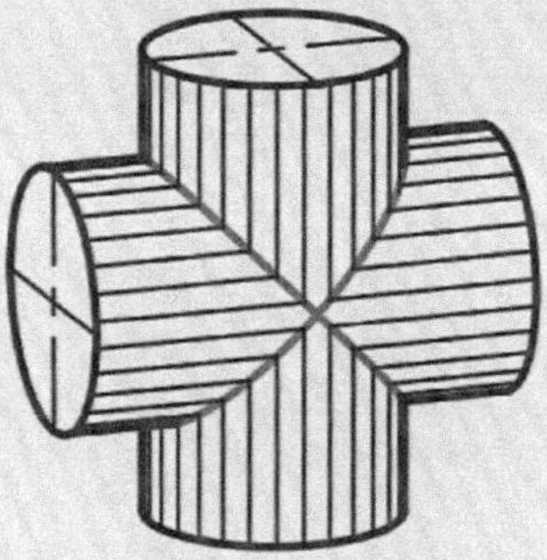

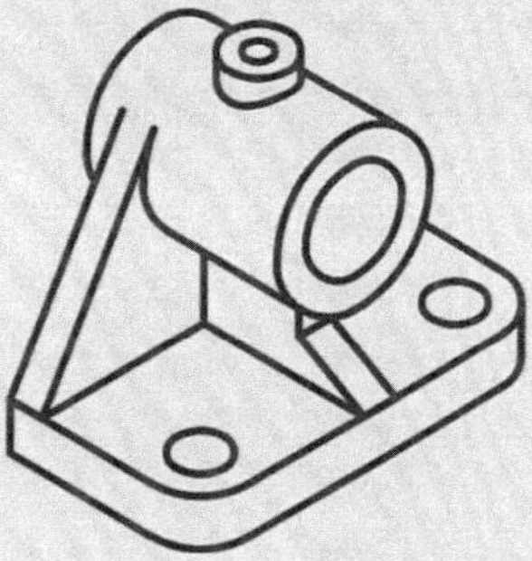

WUHAN UNIVERSITY PRESS
武汉大学出版社

图书在版编目(CIP)数据

机械工程图学/刘永主编.—武汉:武汉大学出版社,2020.9(2024.8 重印)
武汉大学规划教材
ISBN 978-7-307-21763-8

Ⅰ.机…　Ⅱ.刘…　Ⅲ. 机械制图—高等学校—教材　Ⅳ.TH126

中国版本图书馆 CIP 数据核字(2020)第 165354 号

责任编辑:谢文涛　　责任校对:汪欣怡　　版式设计:马　佳

出版发行:**武汉大学出版社**　(430072　武昌　珞珈山)
(电子邮箱:cbs22@ whu.edu.cn 网址:www.wdp.com.cn)
印刷:武汉邮科印务有限公司
开本:787×1092　1/16　印张:20.25　字数:480 千字　插页:1
版次:2020 年 9 月第 1 版　　2024 年 8 月第 3 次印刷
ISBN 978-7-307-21763-8　　定价:46. 00 元

前　言

工程制图系列课程作为工科类各专业通识课程中的重要技术板块，是工科专业人才不可或缺的专业基础和必备的专业素养，特别是在培养工程技术人员树立严谨的工程意识方面肩负着重要责任。本书为“武汉大学规划教材”第一批立项的建设项目，致力于为卓越工程师和新工科培养计划服务。

本教材的特点是：

(1)教材体系合理，各部分内容之间衔接自如，重点突出，难易适中，张弛有度，利于不同学时教学选用，符合当前教学现状需求。

(2)积极贯彻新颁布的国家标准。全书采用了国家标准化委员会颁布的《技术制图》《机械制图》等有关最新国家标准，根据内容需要，分别编排在正文或附录中，培养学生正确查阅、使用国家标准的能力，树立贯彻最新国家标准的意识。

(3)内容上全面涵盖了机械专业所需的画法几何学、机械制图和计算机绘图相关内容，重点阐述了组合体、机械图样表达方法、零件图和装配图等内容，紧扣专业培养需求。文字在符合专业表达的前提下力求简洁通顺，按照由浅入深、由简入繁、循序渐进的原则进行编写，图文清晰、配图合理，便于学生阅读、自学。

本教材第2、3、4章为画法几何部分，第1、5、6章为制图基础部分，第7、8、9章为机械专业图部分，第10章为计算机绘图基础，书末配有附录。

本教材主要由武汉大学专业从事工程制图教学工作的教师编写，参加编写的教师有：刘永(前言，绪论，第1、6、7、8、9章，附录)，夏唯(第2、4章)，程青(第3、10章)，刘天桢(第5章)，邓东方、姜繁智(第6章(部分))。

感谢所有参与本教材编写工作的老师付出的辛苦劳动，在2020特殊时期共克时艰完成撰写！感谢武汉大学图学与数字技术系所有教师对该书提出的宝贵意见和建议，对提高本书的质量提供了重要保障！感谢武汉大学出版社谢文涛编辑及其同仁的努力，在“战疫”时期，力克时难，保证了该书的按时出版！

本教材在编写过程中参考了该领域部分优秀著作、教材和习题集等文献，在此谨向参考文献作者致以衷心感谢！

最后，由于编者水平有限，书中不足之处在所难免，恳请选用本书的师生和读者及同仁批评指正，多提意见和建议，便于我们及时修订。

编者

2020年7月，于武昌珞珈山

前　言

目　录

绪　　论

古语云“书不尽言，言不尽意，圣人立像以尽意”，很多时候，图形图像所能承载的信息量，是同等体量的文字所无法企及的。工程图样是工程项目的研究对象或产品的信息载体，用图样来表达设计意图，是进行科学思维的重要形式之一。工程图学是一门研究图示法和图解法，以及根据工程技术规定和知识，绘制、阅读图样的科学，是一切工程技术的基础。工程图样是工程技术部门的重要技术文件，是在世界范围通用的“工程师的语言”。

1. 本课程的性质和任务

本课程是为理工科专业学生学习后续课程提供工程图学的基本概念、基本理论、基本方法和基本技能的一门重要基础课程，是工程技术人员不可或缺的专业基础和必备的专业素养。

本课程所研究的图样主要是机械图，它用于准确表达机件的形状、结构和尺寸，以及制造和检验该机件时所需的全部技术要求。简言之，就是研究机械图样的绘制和识读规律的一门学科。其主要任务是：

(1)掌握投影法(正投影法)的基本原理，研究在二维平面上合理表达三维空间形体，即图示法；研究如何在二维平面上利用图形求解三维空间几何问题，即图解法。

(2)能够正确执行制图国家标准及其有关规定。

(3)培养绘制和阅读机械工程图样的能力，以及计算机绘图的基本能力。

(4)培养和提高空间想象能力和形象思维能力。

(5)培养创新精神和实践能力，培养分析问题和解决问题的能力，培养团队合作与交流能力，形成严谨的工程意识。

2. 本课程的学习方法

“机械工程图学”是一门实践性很强的技术基础课程。学生需在掌握投影基本概念和基本原理的基础上，通过作图基本方法和基本技能的实践由浅入深地掌握绘图和读图能力，学习过程中应注意以下几点：

(1)应循序渐进，在正确理解基本概念、基本理论和基本方法的基础上，多画、多读、多想，对空间几何元素的投影规律、投影特点必须烂熟于心，并能熟练应用，这是学好本课程的基本保证。

(2)通过尺规作图、边思考边作图的实践训练，不断巩固、加深对基本理论、基本作图方法的理解，经过由物到图、由图想物的反复思维锻炼，熟练掌握空间几何元素及三维形体与图纸上的图形(投影)之间的对应关系，从而提升空间想象和构思能力，并熟练掌握绘图和读图方法。

(3)工程图样是工程界的技术语言，因此，在学习过程中应遵循国家标准《技术制图》，树立严格的标准意识，养成实事求是的科学态度和严肃认真、耐心细致的工作作风。

综上所述，本课程是以形象思维为主的崭新课程，学习时切忌采用背记的方法，勤思善练、动手实践是掌握课程知识要领的不二法门，只有通过大量的作图练习，才能不断提高绘图、读图能力，达到本课程的学习目标。

第1章　工程制图的基本知识与技能

1.1　工程制图的基本规定

机械图样是设计和制造机器过程中的重要资料，是组织和管理生产的重要技术文件，是机械工程领域的技术交流语言，被誉为“工程师的语言”。为了适应生产的需要和国际间的技术交流，制图标准对图中的每一条线，每一个符号的含义都做出了统一规定。制图标准分为三个级别，国际标准(ISO)是最高级别，其次是国家标准(我国国家标准简称“国标”，代号是GB)，另外还有行业标准(JB)。

中华人民共和国国家标准《技术制图》与《机械制图》，对图样画法、尺寸注法等相关内容都做了统一的规定，是我国制图实践标准最具权威的强制性文件，是机械生产和设计部门应共同遵守的制图规则，每一位工程技术人员在绘图时都必须严格遵守。

国家标准在GB/T 14689—2008、GB/T 14690 ~14691—1993和GB/T 17450—1998中，分别对图纸幅面及格式、比例、字体和图线做了规定。

1.1.1　图纸幅面及格式(GB/T 14689—2008)

1. 图纸幅面

图纸幅面是指绘制图样所采用的纸张的大小规格。为了便于图样管理和合理使用图纸，国家标准规定了5种基本图幅，绘制图样时，应优先采用国标规定的基本幅面，见表1-1。

表1-1　**图纸幅面尺寸**　(单位：mm)

幅面代号	A0	A1	A2	A3	A4
$B\times L$	841×1189	594×841	420×594	297×420	210×297
e	20		10		
c	10			5	
a	25				

如图1-1所示，图中粗实线表示基本图幅，当基本幅面不能满足视图的布置时，允许

使用加长幅面。加长幅面是使基本幅面的短边成整数倍增加，如图 1-1 中虚线所示。

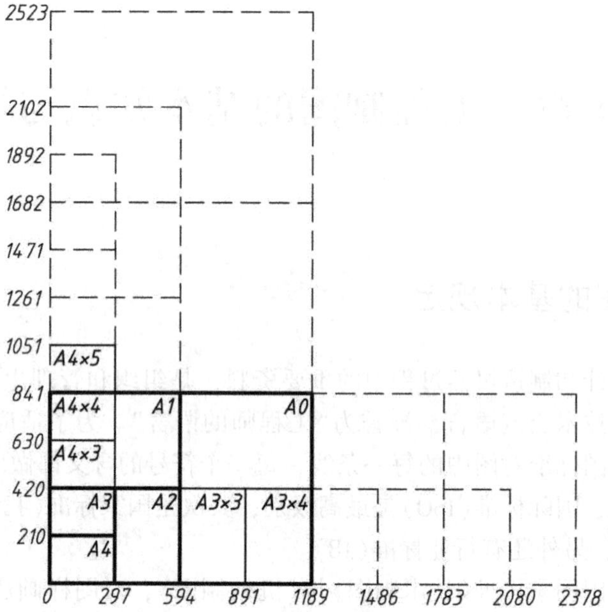

图 1-1　图纸幅面

2. 图框格式

图纸幅面可横放或竖放。无论图样是否装订，均应在图幅内画出图框(用来限定绘图边界)，留出周边，图框线用粗实线绘制，其格式如图 1-2(a)(b)所示，周边尺寸 *a*、*c*、*e* 见表 1-1。需要装订的图样，一般采用 A4 幅面竖装，或 A3 幅面横装。

3. 标题栏

每张图纸都需要标题栏，配置在图框的右下角，如图 1-2(a)(b)所示，并使标题栏的底边与下图框线重合，使其右边与右图框线重合，标题栏中的文字方向通常为看图方向。标题栏的格式由国家标准(GB/T 10609. 1—2008)统一规定，标题栏内要填写图样名称、材料、数量、图样编号、绘图比例，以及设计者、审核者的姓名、日期等内容。标题栏的位置一般对于预先印制了图框、标题栏和对中符号的图纸，为满足使用要求允许图纸竖放，应使标题栏位于图纸右上角，此时，绘图看图方向与标题栏不一致，应在图框下边框居中位置用细实线画出等边三角形(即方向符号)，提示按方向符号指示的方向看图，如图 1-2(c)所示，但此种方式尽量不使用。

标题栏的内容、尺寸及基本格式在国家标准《技术制图》中均有规定，本书中对学生制图作业使用的标题栏进行了简化格式，如图 1-3 所示。

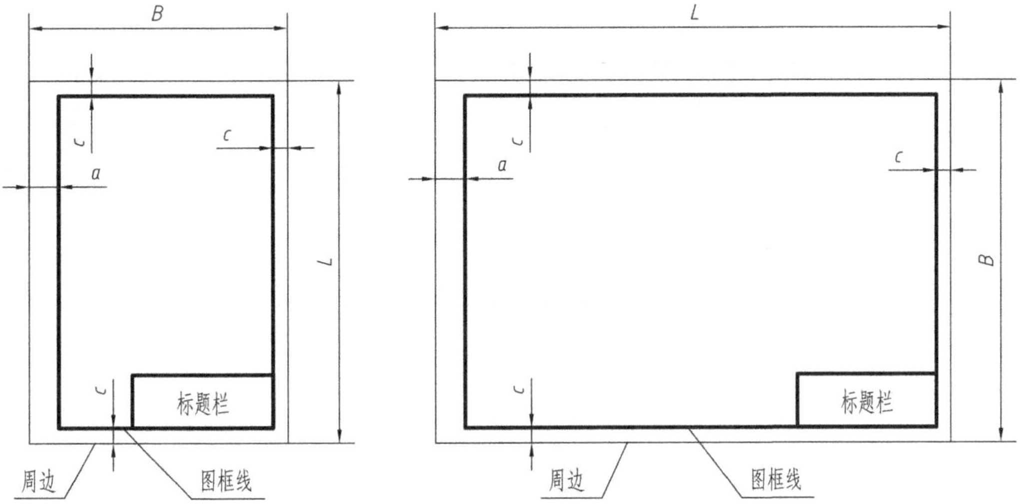

(a)需要装订的图框格式

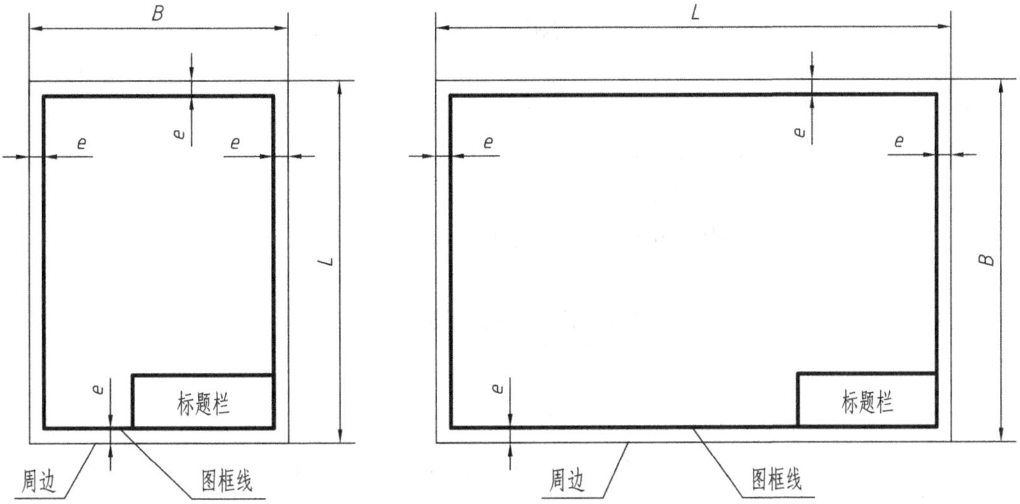

(b)不需要装订的图框格式

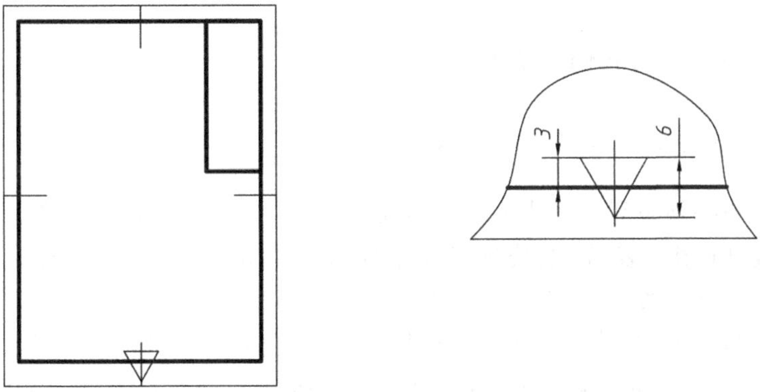

(c)方向符号确定的看图方向

图 1-2　图框格式

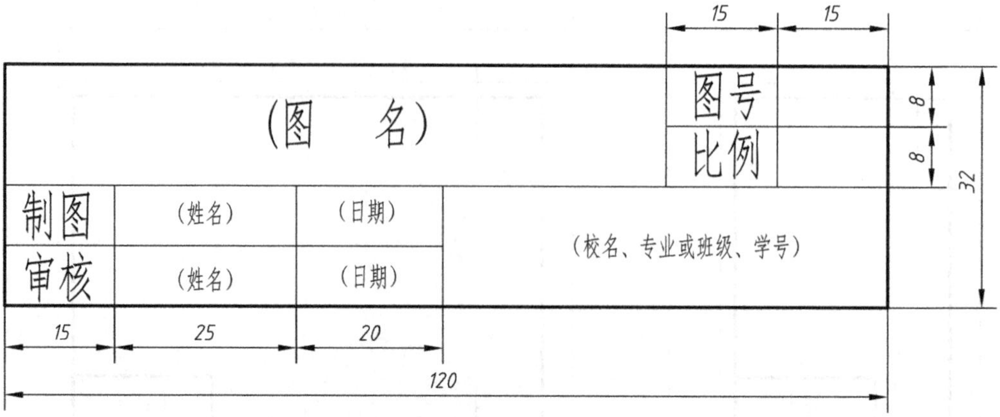

图 1-3　制图作业用标题栏

1.1.2　比例(GB/T 14690—1993)

图样的比例是指图样中图形与其实物相应要素的线性尺寸之比。

绘制图样时，应尽可能按机件的实际大小(1∶1)画出，以便直接从图样上看出机件的实际大小。当机件不宜用 1∶1 画图时，应根据图样的用途和复杂程度从表 1-2 中选用合适的绘图比例(优先选用不带括号的比例)。

绘制同一机件的各个视图应采用同一比例，图样所采用的比例应填写在标题栏的“比例”栏内。当某一视图需采用不同比例时，必须另行标注在视图名称的下方或右侧。

表 1-2　　**绘图用比例(*n* 为正整数)**

原值比例	1∶1
放大比例	2∶1(2.5∶1)　(4∶1)　5∶1　10^n∶1　2×10^n∶1　(2.5×10^n∶1)　(4×10^n∶1)　5×10^n∶1
缩小比例	(1∶1.5)　1∶2　(1∶2.5)　(1∶3)　(1∶4)　1∶5　(1∶6)　1∶10^n　(1∶1.5×10^n)
	1∶2×10^n　(1∶2.5×10^n)　(1∶3×10^n)　(1∶4×10^n)　1∶5×10^n　(1∶6×10^n)

1.1.3　字体(GB/T 14691—1993)

1. 技术图样及有关技术文件中字体的基本要求

(1)字体书写必须做到：字体工整、笔画清楚、间隔均匀、排列整齐。

(2)字体高度(用 h 表示)的公称尺寸系列为 1.8mm，2.5mm，3.5mm，5mm，7mm，14mm，20mm。字体高度代表字体的号数。

(3)汉字应写成长仿宋体，并应采用国务院正式公布推行的简化汉字。汉字的高度 h 不应小于 3.5mm，其字宽一般为 $h/\sqrt{2}$。字母和数字分 A 型和 B 型。A 型字体的笔画宽度(d)为字高(h)的 1/14，B 型字体的笔画宽度为字高的 1/10。在同一图样上，只允许选用一种型式的字体。

(4)字母和数字可写成斜体或直体。斜体字字头向右倾斜，与水平线成 75°。

(5)用作指数、分数、极限偏差、注脚等的数字及字母，一般采用小一号字体。

(6)汉字、拉丁字母、数字等组合书写时，其排列格式和间距都应符合标准的规定。

2. 常用字体示例

(1)汉字，应写成长仿宋体，其特点是：笔画坚挺、粗细均匀、起落带锋、整齐秀丽。汉字示例如图 1-4(a)所示。

横平竖直 排列均匀 注意起落 填满方格
笔画坚挺 粗细均匀 起落带锋 整齐秀丽
机械制图比例图幅图线字体
尺寸标注螺纹轴承齿轮销孔

(2)字母、数字，可写成直体或斜体，常用斜体，手工书写字例如图 1-4(b)所示。

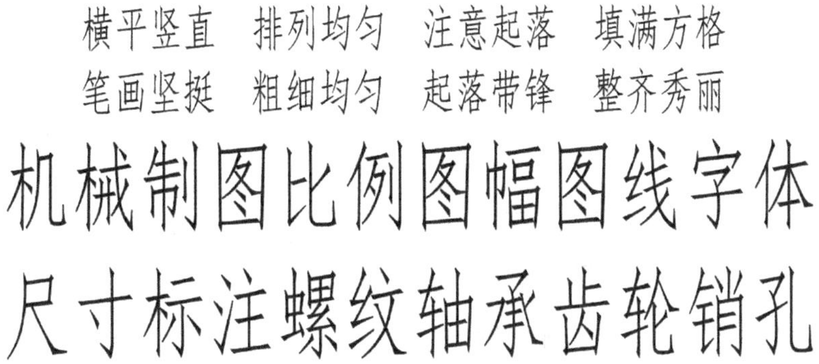

(a)汉字长仿宋体字例

(b)字母、数字字例

图 1-4 常用字体示例

1.1.4 图线(GB/T 17450—1998、GB/T 4457.4—2002)

1. 图线的型式及应用

国标对图线的线宽和线型都做出了规定，常用图线的名称、型式、宽度及主要用途见表 1-3。

图线的线宽分为粗、细两种。粗线的宽度 b 按图样的大小和复杂程度确定，在 0.5 ~ 2mm 之间选取，推荐系列为：0.13、0.18、0.25、0.35、0.5、0.7、1.0、1.4、2.0。细线宽度是粗线的 1/2。图线的应用举例见图 1-5。

表 1-3　**常用图线型式及主要用途**

图线名称	图线型式	图线宽度	一般用途
粗实线	————	b	可见轮廓线
细实线	————	$b/2$	尺寸线、尺寸界线、剖面线、引出线
波浪线	～～～～	$b/2$	断裂处的边界线，视图和剖视的分界线
虚线	— — — —	$b/2$	不可见轮廓线
细点画线	—— - —— - ——	$b/2$	轴线，对称中心线
细双点画线	—— - - —— - - ——	$b/2$	假想投影轮廓线，中断线
双折线	——\/——\/——	$b/2$	断裂处边界线

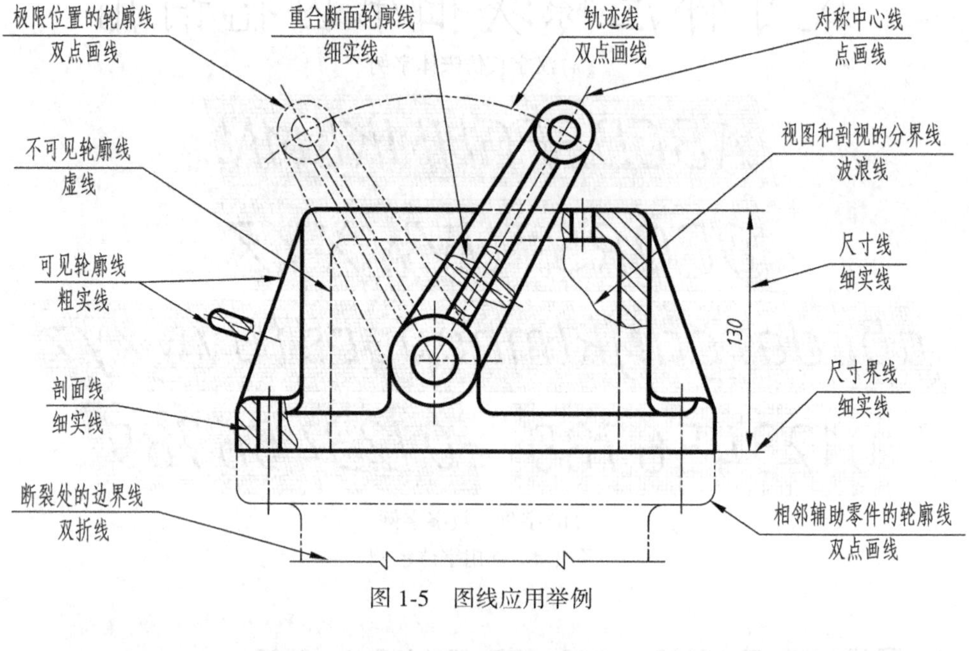

图 1-5　图线应用举例

2. 图线的画法

(1)同一图样中，同类图线的宽度应一致。虚线、点画线及双点画线线段长度和间隔应各自保持基本一致。

(2)点画线、双点画线的首尾应是长画，而不是点，且"点"应画成长约 1mm 的短画。

(3)绘制轴线、对称中心线、双折线和作为中断线的双点画线时，应超出轮廓线2 ~5mm。

(4)在较小的图形上绘制点画线或双点画线有困难时，可用细实线代替。

(5)两条线相交应是线段相交，而不应该交在点或间隔处；当虚线位于粗实线的延长线上时，粗实线应画到分界点，虚线应留有空隙。

(6)当各种线型重合时，应按粗实线、虚线、点画线的优先顺序画出。

(7)两条平行线(包括剖面线)之间的距离应不小于粗实线线宽的两倍，且最小距离不得小于0.7mm。

图线画法示例如图1-6所示。

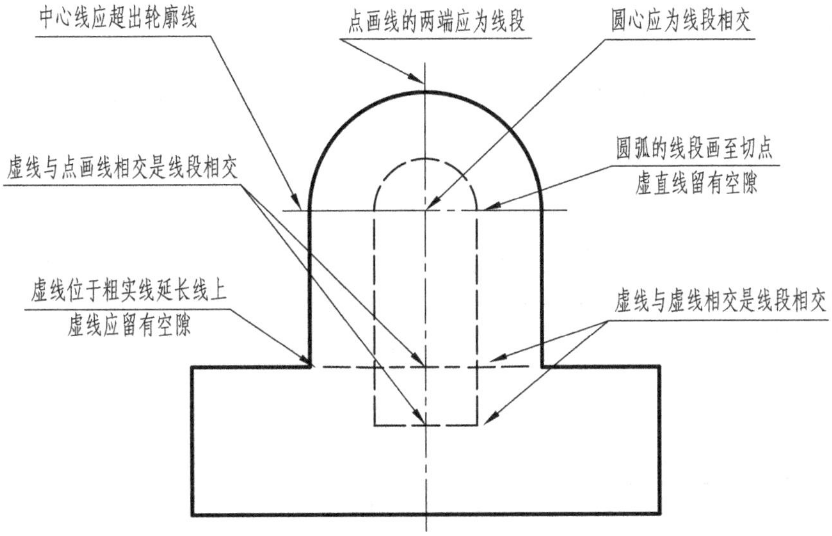

图1-6　图线画法

1.2　图样中尺寸标注的基本方法

图样中的图形只能表达机件的结构和形状，而机件的大小则由图样上标注的尺寸来确定。零件的制造、装配、检验等都要根据尺寸来进行，因此尺寸标注是一项极为重要、细致的工作，必须认真细致、一丝不苟。如果尺寸有遗漏或错误，都会给生产带来困难和损失。

尺寸标注的基本要求是：正确、完整、清晰、合理。

正确——尺寸标注要符合国家标准的有关规定。

完整——要标注制造零件所需要的全部尺寸，不遗漏，不重复。

清晰——标注在图形最明显处，布局整齐，便于看图。

合理——符合设计要求和加工、测量、装配等生产工艺要求。

下面介绍尺寸标注的一些基本方法，有些内容将在后面的有关章节中讲述，其他相关内容可查阅国标(GB/T 16675. 2—2002、GB/T 4458. 4—2003)。

1. 2. 1　基本规则

(1)机件的真实大小应以图样上所标注的尺寸数值为依据，与图形的大小、绘图比例及绘图准确度无关。

(2)图样中所标注的尺寸，为该图样所示机件的最后完工尺寸，否则应另加说明。

(3)图样中(包括技术要求和其他说明)的尺寸以 mm 为单位时，不标注计量单位的名称或代号，如采用其他单位，则必须注明相应的计量单位的名称或代号。

(4)机件的每一尺寸，一般只标注一次，并应标注在最能反映该结构形体特征的视图上。

1. 2. 2　尺寸组成

一个完整的尺寸一般应由尺寸界线、尺寸线、尺寸线终端和尺寸数字组成，如图 1-7 所示。

1. 尺寸界线

尺寸界线用以表示所标注尺寸的起、止位置，用细实线绘制，并应从图形的轮廓线、轴线或对称中心线处引出。也可利用轮廓线、轴线或对称中心线作为尺寸界线。尺寸界线一般应与尺寸线垂直，并超出尺寸线的终端 2mm 左右。

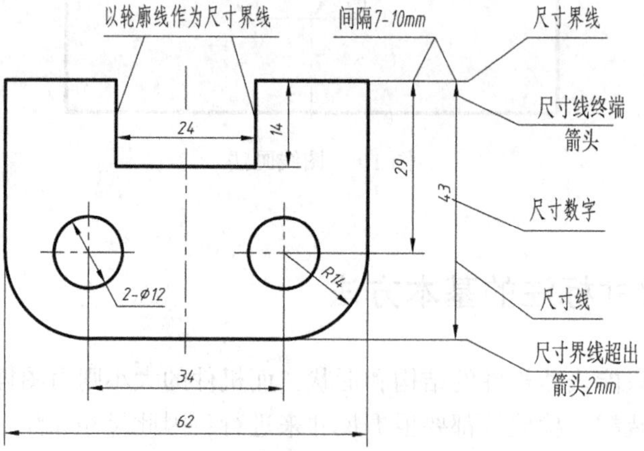

图 1-7　尺寸的组成及标注示例

2. 尺寸线

尺寸线必须用细实线绘制，不能用其他的图线代替，一般也不得与其他图线重合或画在其他图线的延长线上。线性尺寸的尺寸线必须与所标注的线段平行。尺寸线与最近的图样轮廓线间距不宜小于 5mm，互相平行的尺寸线间距宜为 7 ~ 10mm，不宜小于 5mm，且大尺寸要注在小尺寸外面，以避免尺寸线与尺寸界线相交。在圆或圆弧上标注直径或半径尺寸时，尺寸线一般应通过圆心或其延长线通过圆心。

3. 尺寸线终端

尺寸线的终端有两种形式：箭头或斜线，如图 1-8 所示。

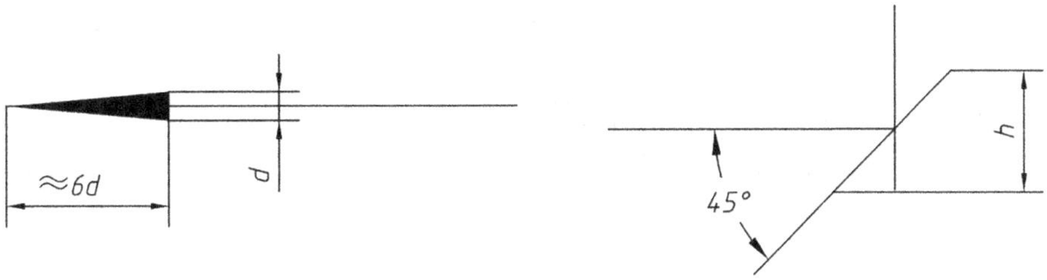

(a)箭头　　(b)斜线

图 1-8　尺寸线终端的两种形式

箭头适用于各种类型的图样。箭头的宽度 b 是图样中粗实线的线宽，箭头的长约为宽度的 6 倍。箭头的尖端应指到尺寸界线，同一张图中所有尺寸箭头大小应基本相同。

斜线用细实线绘制，图中的 h 为字体高度。当尺寸终端采用斜线形式时，尺寸线与尺寸界线必须互相垂直。

4. 尺寸数字

尺寸数字一律用阿拉伯数字书写。线性尺寸的数字一般写在尺寸线的中部，水平方向的尺寸数字写在尺寸线的上方，字头朝上；竖直方向的尺寸数字写在尺寸线的左侧，字头朝左，从下往上书写，如图 1-9(a)所示。也允许注写在尺寸线的中断处，如图 1-9(b)所示。在同一图样中，应尽可能采用同一种方法，一般应采用图 1-9(a)所示的方法注写。倾斜方向的尺寸数字的书写形式如图 1-9(c)所示，并尽可能避免在图示 30°范围内标注尺寸，当无法避免时应按图 1-9(d)所示的形式进行引出标注。

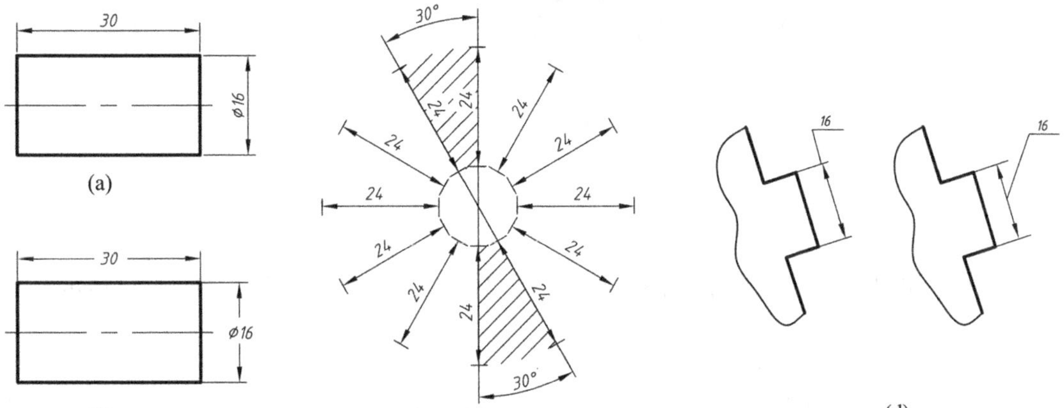

(a)　(b)　(c)　(d)

图 1-9　线性尺寸的尺寸数字书写方向

1.2.3　常用尺寸注法示例

1. 直径、半径尺寸标注

标注圆和大于半圆的圆弧尺寸时要注直径。标注直径尺寸时，在尺寸数字前加注直径符号“ϕ”，直径注法如图 1-10 所示。

标注半圆和小于半圆的圆弧尺寸时要注半径。标注半径尺寸时，在尺寸数字前加注半径符号“*R*”。半径尺寸线一端位于圆心处，另一端画成箭头，指至圆弧，半径注法如图 1-11所示。

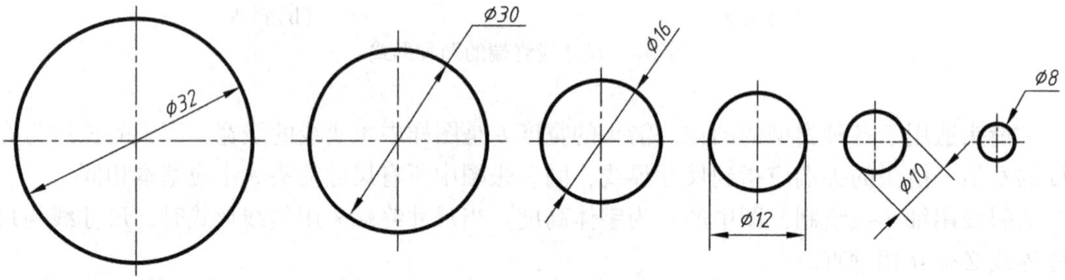

图 1-10　直径尺寸注法

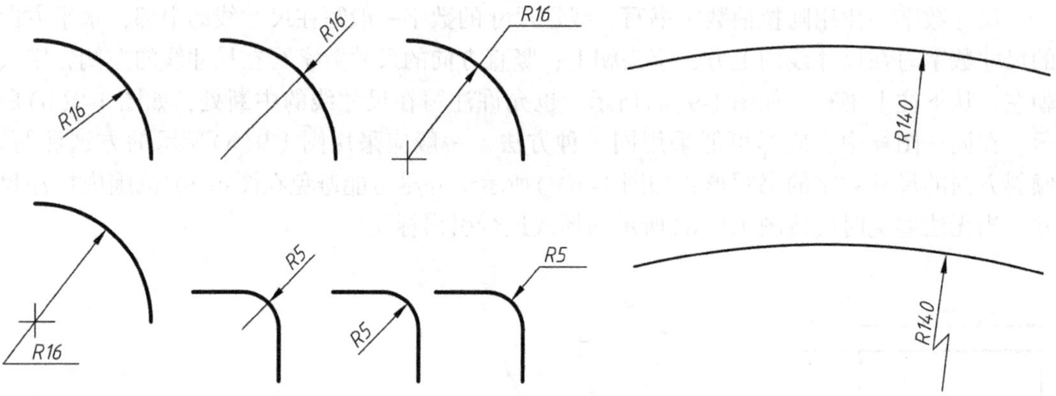

图 1-11　半径尺寸注法

2. 球的尺寸标注

标注球面的尺寸时，需在球的半径或直径尺寸数字前加注“*SR*”“*SΦ*”。如图 1-12 所示。

3. 角度、弦、弧长的标注

角度尺寸的尺寸界线应沿径向指出，尺寸线是以角的顶点为圆心的圆弧线，起止符号用箭头，尺寸数字一律水平书写。如图 1-13(a)(b)所示。标注弦的长度或圆弧的长度时，尺寸界线应平行于弦或弧的垂直平分线；标注圆弧时，尺寸数字左方应加注符号“⌒”，如图 1-13(c)(d)所示。

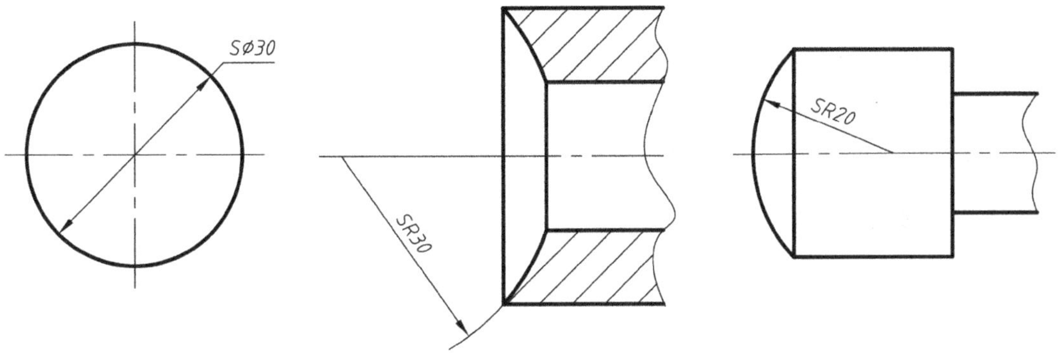

图 1-12　球面的尺寸注法

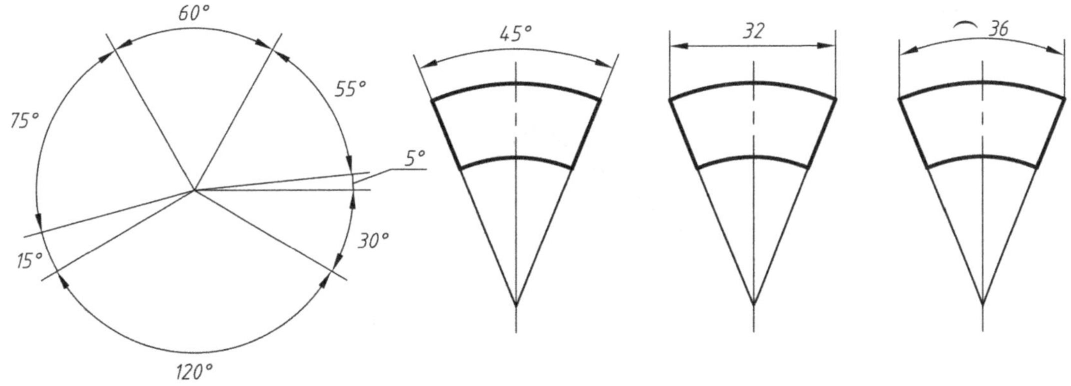

(a)　(b)　(c)　(d)

图 1-13　角度、弦长、弧长的尺寸标注

4. 小尺寸的注法

当尺寸界线间隔较小，没有足够位置画箭头或注写尺寸数字时，数字可写在外面或引出标注；几个小尺寸连续标注时，中间的箭头可用圆点或斜线代替，如图 1-14 所示。

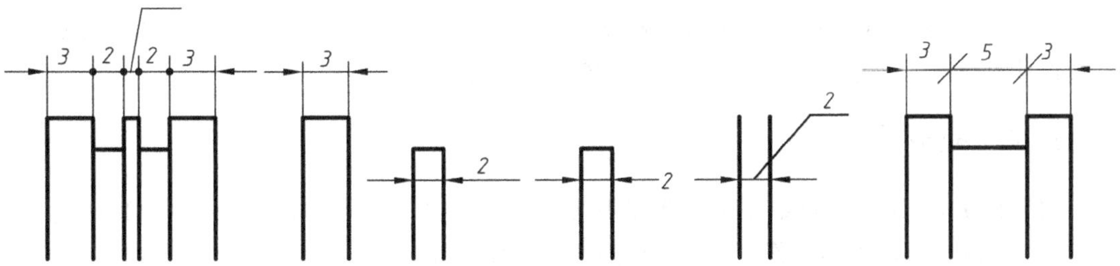

图 1-14　小尺寸注法

1.3　几何作图与平面图形构形设计

机械图样中的图形虽然各有不同，但它们基本上都是由直线、圆弧和其他一些曲线段所组成的几何图形。因此，我们应当掌握一些常用的几何图形的作图方法。几何作图是绘制各种平面图形的基础，也是绘制工程图样的基础。

1.3.1　正多边形

1. 正五边形

图 1-15 表示了正五边形的作法。作水平半径 *OF* 的中点 *G*，以 *G* 为圆心、*AG* 为半径作弧，交水平中心线于 *H*，*AH* 即为圆的内接正五边形的边长，以 *AH* 为边，即可作出圆的内接正五边形。

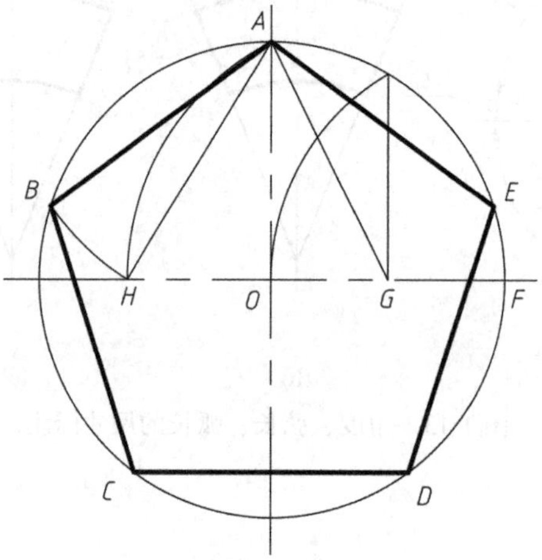

图 1-15　正五边形的作法

2. 正六边形

图 1-16 表示了正六边形的作法。根据正六边形的边长与外接圆半径相等的特点，用外接圆半径等分圆周得六个等分点，连接各等分点即得正六边形。

3. 正 *n* 边形

这里以 $n=7$ 为例，介绍正七边形的作法，如图 1-17 所示。将铅垂直径 *AM* 七等分；以点 *A* 为圆心、*AM* 为半径作弧，交 *AM* 的水平中垂线于点 *N*；延长连线 *N*2、*N*4、*N*6，与圆周相交得点 *B*、*C*、*D*；作出 *B*、*C*、*D* 的对称点 *G*、*F*、*E*，七边形 *ABCDEFG* 即为所求。

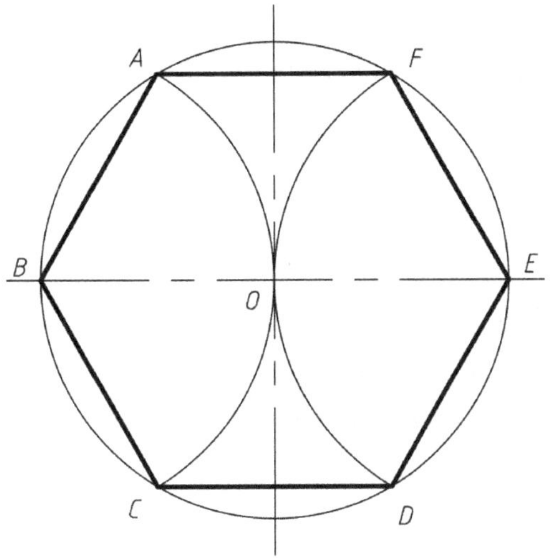

图 1-16 正六边形的作法

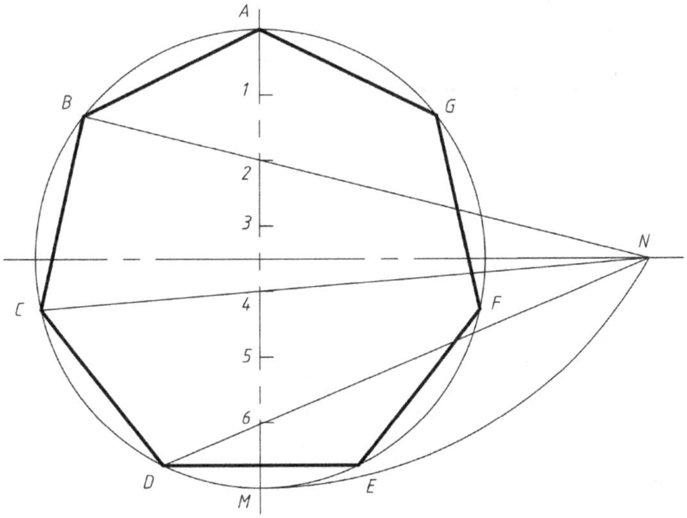

图 1-17 正多边形的作法

1.3.2 斜度与锥度

1. 斜度

斜度是指一直线(或平面)对另一直线(或平面)的倾斜程度。如图 1-18(a)所示，Rt△*ABC* 中，∠α 的正切值称为 *AC* 对 *AB* 的斜度，并把比值化为 1∶*n* 的形式，即

$$斜度=\tan\alpha=BC:AB=1:n$$

标注时，斜度符号的斜线方向应与图形中的斜线方向一致。

对直线 AB 作一条 1∶6 斜度的倾斜线，其作图方法为(图 1-18(b))：作一直线 AB，取 AB 为 6 个单位长度；过点 B 作 BC 垂直于 AB，使 BC 等于一个单位长度；连接 AC，即得斜度为 1∶6 的直线。

2. 锥度

锥度是指正圆锥体的底圆直径 D 与圆锥高度 H 之比，即锥度 = D∶H(图 1-19(a))，在图中常以 1∶n 的形式标注。标注时，锥度符号的尖顶方向应与圆锥锥顶方向一致。

已知圆锥体的锥度为 1∶4，其作图方法为(图 1-19(b))：作一直线 AB，取 AB 为 4 个单位长度；过点 B 作 MN 垂直于 AB，使 BM = BN 等于 1/2 个单位长度；连接 AM、AN，即得斜度为 1∶4 的正圆锥。

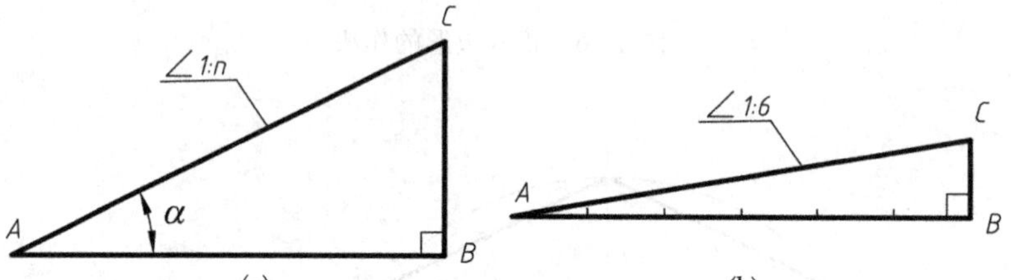

(a)　　(b)

图 1-18　斜度及其画法

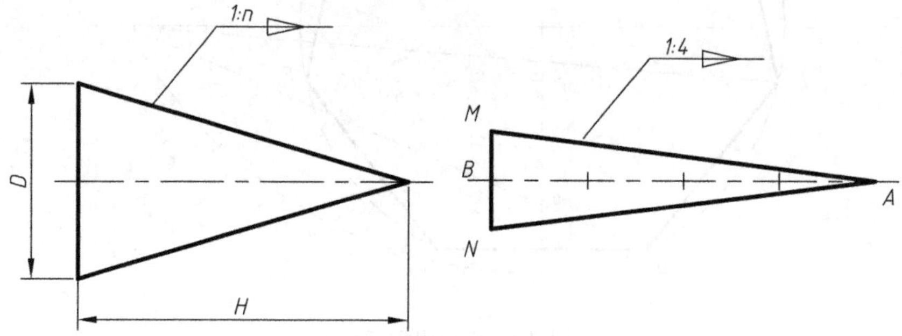

(a)　　(b)

图 1-19　锥度及其画法

1.3.3　圆弧连接

绘图时，经常需要用圆弧来光滑连接已知直线或圆弧，这种作图称为圆弧连接。光滑连接也就是相切连接，为了保证相切，必须准确地作出连接圆弧的圆心和切点。常见的圆弧连接作图见表 1-4，其中连接圆弧的半径为 R。

表 1-4　　**常见的圆弧连接作图**

连接要求	作图方法和步骤 第 1 步	作图方法和步骤 第 2 步	作图方法和步骤 第 3 步
连接垂直相交的两直线	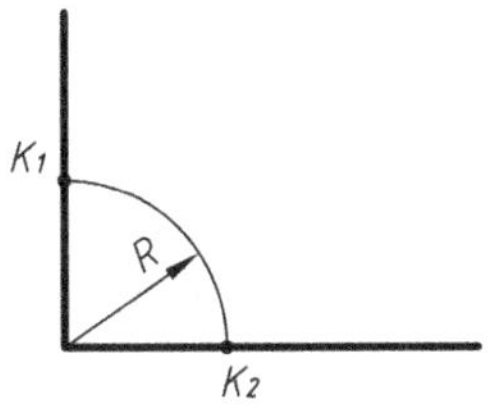 求切点 K_1、K_2	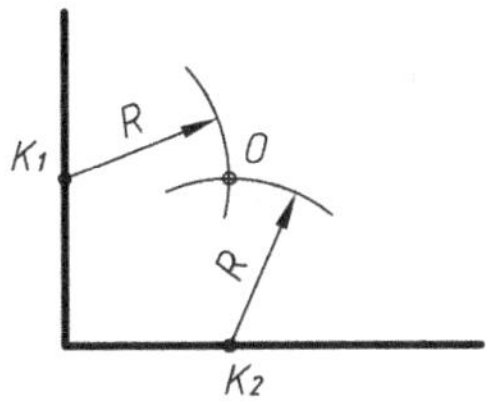 求圆心 O	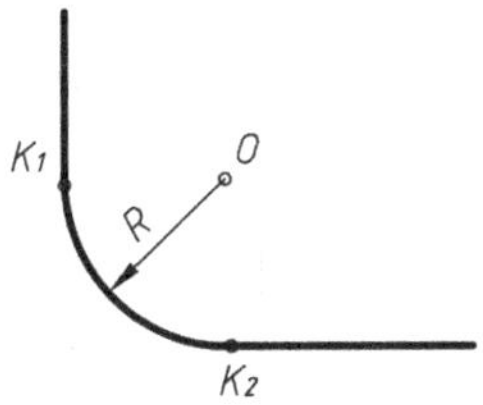 画连接圆弧
连接相交的两直线	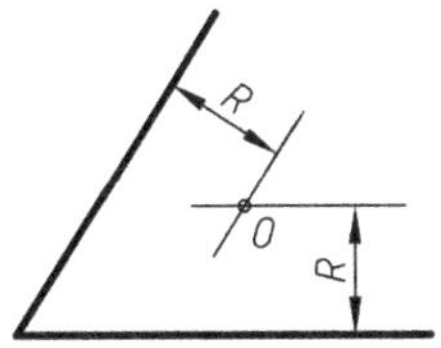 求圆心 O	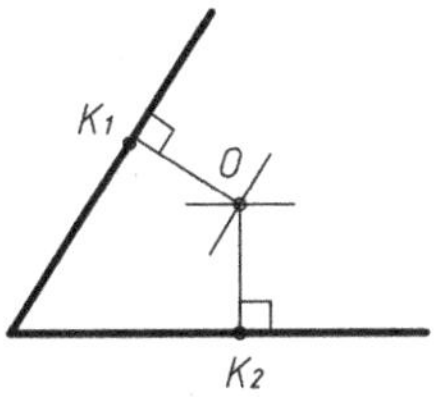 求切点 K_1、K_2	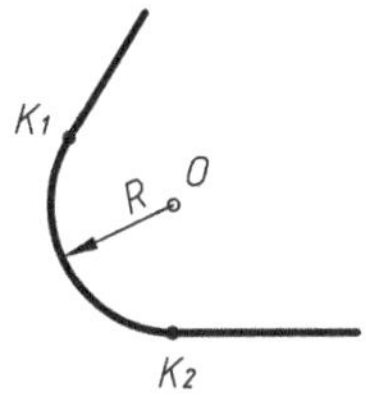 画连接圆弧
连接直线和圆弧	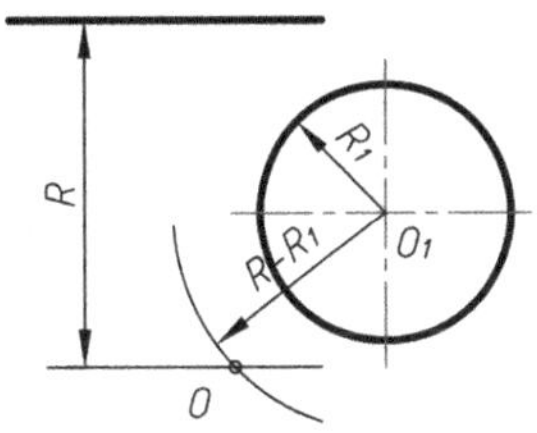 求圆心 O	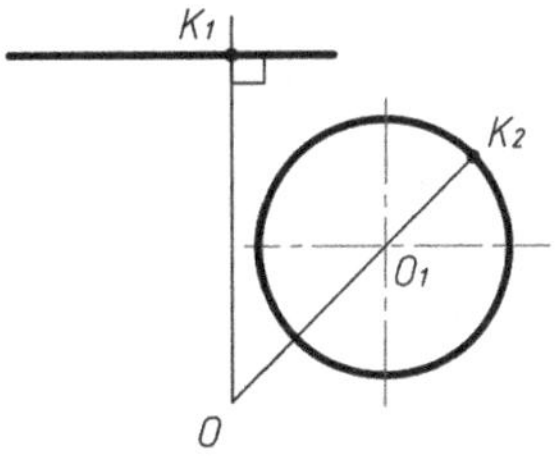 求切点 K_1、K_2	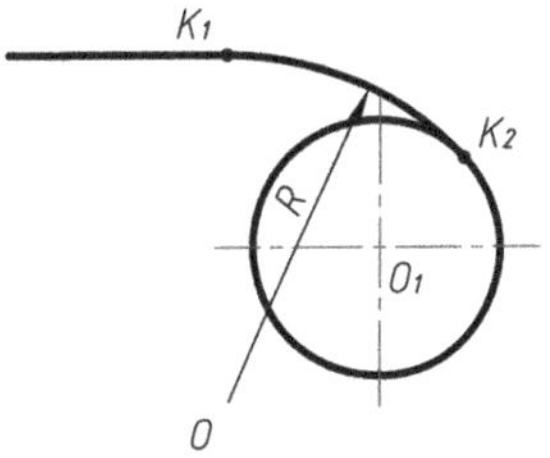 画连接圆弧
外切两圆弧	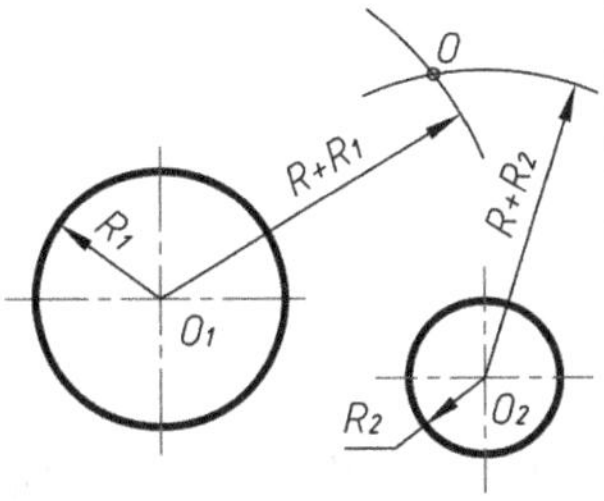 求圆心 O	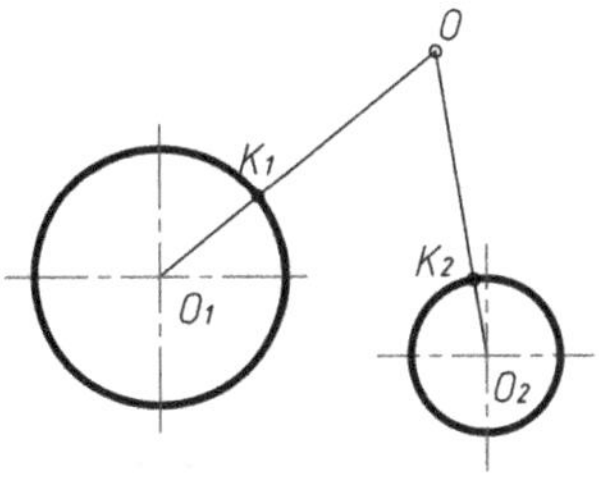 求切点 K_1、K_2	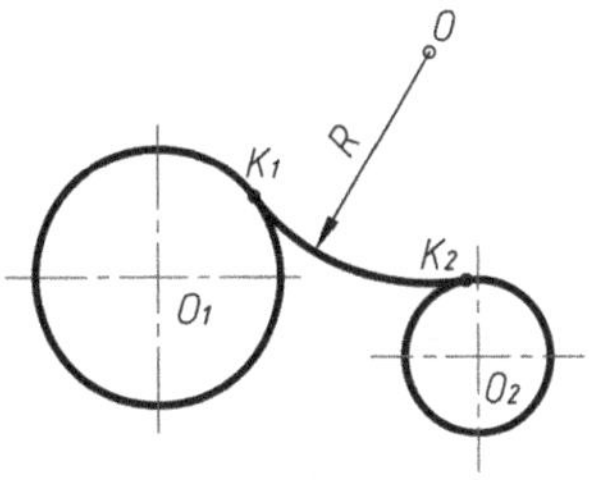 画连接圆弧
外切圆弧和内切圆弧	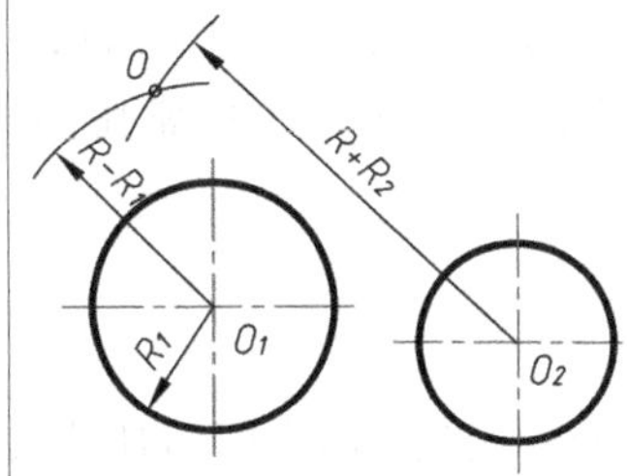 求圆心 O	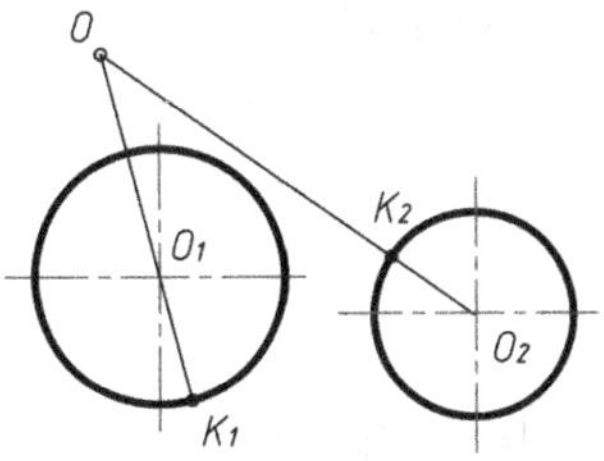 求切点 K_1、K_2	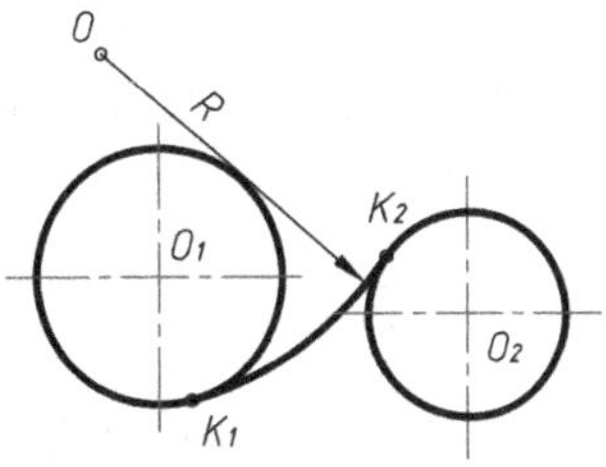 画连接圆弧

1.4　手工绘图的方法和步骤

1.4.1　绘图工具和仪器的使用方法

正确使用绘图工具和仪器，是保证绘图质量和加快绘图速度的重要因素，因此，必须养成正确使用、维护绘图工具和仪器的良好习惯。常用的绘图工具和仪器有图板、丁字尺、三角板、分规、圆规、铅笔等。

1. 图板

绘图时，图纸要水平地固定在图板上，所以图板的表面应平整光洁；其左侧边为导向边，必须平直，图板按其大小有 0 号、1 号、2 号等规格，根据需要选用，如图 1-20 所示。

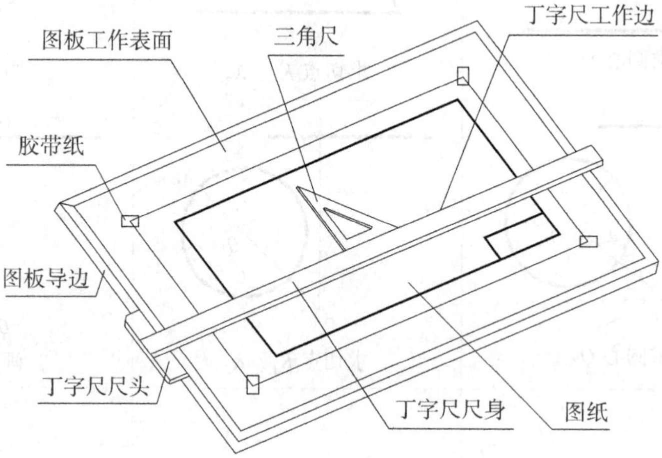

图 1-20　主要绘图工具

2. 丁字尺、三角板

丁字尺由尺头和尺身组成，尺头的内侧边和尺身的上边沿为工作边。使用时必须使尺头内侧紧贴图板左侧导向边，上下移动丁字尺，沿尺身工作边自左至右画出不同位置的水平线，如图 1-21(a)所示。三角板用于绘制竖直线和其他方向的斜线，如图 1-21(b)所示，把三角板一直角边放在丁字尺上，沿另一直角边绘制竖直线；绘制其他方向常用角度斜线如图 1-21(c)所示。

3. 圆规

圆规是用来画圆或圆弧的工具，画圆时，要注意先调整钢针在固定腿上的位置，使两脚在并拢时针尖略长于铅芯而可插入图板内，如图 1-22(a)所示；再将圆规按顺时针方向旋转，并稍向前倾斜，且要保证针尖与铅芯均垂直于纸面，如图 1-22(b)所示，画大圆时，应加接延长杆后使用，如图 1-22(c)所示。

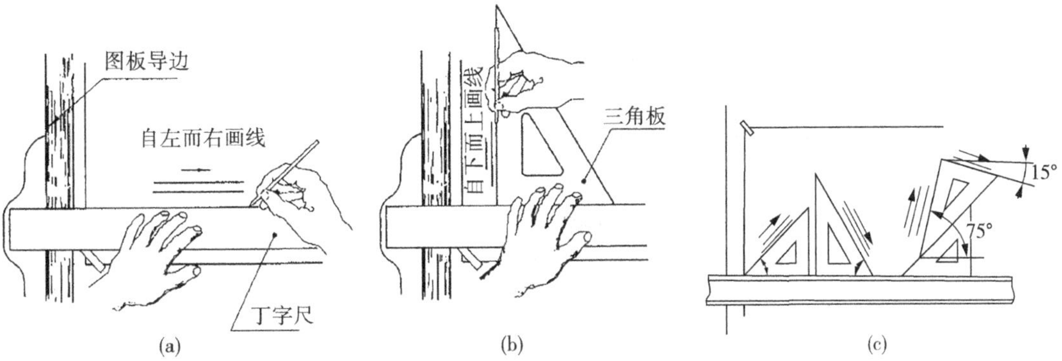

图 1-21　丁字尺、三角板绘制直线

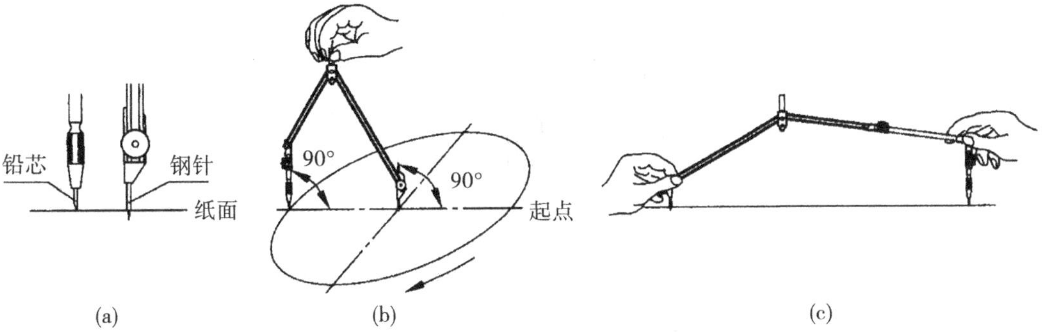

图 1-22　圆规的用法

4. 分规

分规是用来量取线段(图 1-23(a))和等分线段的工具。为了度量准确，分规两针应平齐，如图 1-23(b)所示。

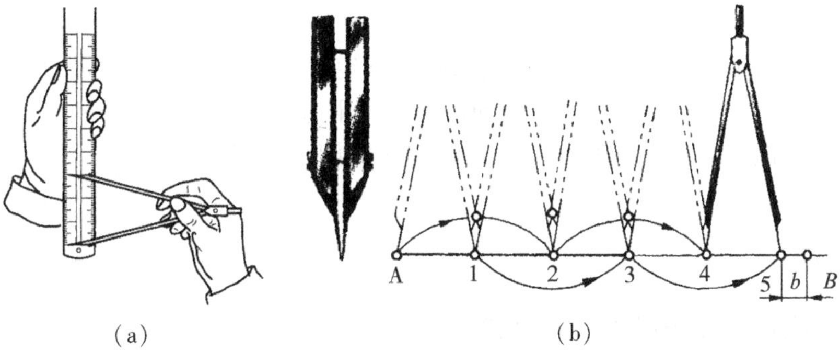

图 1-23　分规的用法

5. 铅笔

绘图铅笔根据铅芯软硬程度不同分为 H~6H、HB 和 B~6B 共 13 种规格。H 前数字越大，表示铅芯越硬，画出的线条越淡。B 前数字越大，表示铅芯越软，画出的线条越黑。HB 表示铅芯软硬适中。

画图时，建议用 H 或 2H 铅芯笔画底稿，用 B 或 2B 铅芯笔画粗实线，用 HB 或 H 铅芯笔写字。画圆的铅芯应比相应画直线的铅芯软一号。削铅笔时，应从没有标号的一端削起，以保留铅芯硬度的标号。铅笔常用的削制形状有圆锥形和矩形(扁鸭嘴形)，圆锥形用于画细线条和写字，矩形用于画粗实线，如图 1-24 所示，图中所示 b 即为粗实线的线宽。

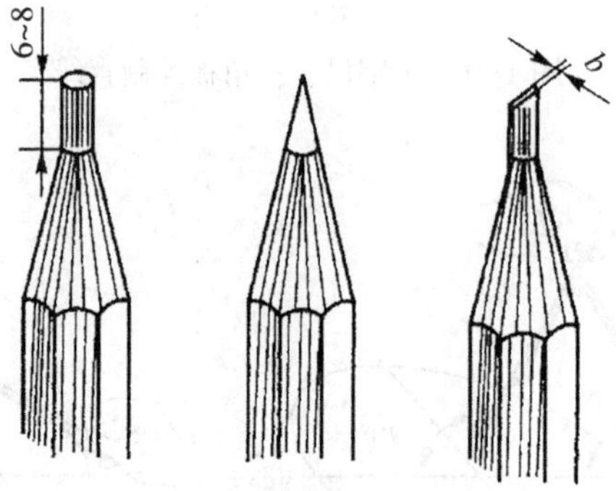

图 1-24　铅笔的削法

1.4.2　绘图的一般方法和步骤

为了提高图样质量和绘图速度，除了必须熟悉国家制图标准，掌握几何作图的方法和正确使用绘图工具外，还必须掌握正确的绘图方法和步骤。

1. 绘图前的准备工作

(1)阅读有关文件、资料，了解所画图样的内容和要求。

(2)准备好绘图用的图板、丁字尺、三角板、圆规及其他工具、用品，把铅笔按线型要求削好。

(3)根据所绘图形或物体的大小和复杂程度选定比例，确定图纸幅面，将图纸用透明胶带固定在图板上。在固定图纸时，应使图纸的上下边与丁字尺的尺身平行。当图纸较小时，应将图纸布置在图板的左下方，且使图板的下边缘至少留有一个尺深的宽度，以便放置丁字尺。

2. 画底稿

(1)按国家标准规定画图框和标题栏。

(2)布置图形的位置。根据每个图形的长、宽尺寸确定位置，同时要考虑标注尺寸或说明等其他内容所占的位置，使每一图形周围要留有适当空余，各图形间要布置得均匀整齐。

(3)先画图形的轴线或对称中心线，再画主要轮廓线，然后由主到次、由整体到局部，画出其他所有图线。

(4)画其他符号、尺寸线、尺寸界线和仿宋字的格子。

(5)仔细检查校对，擦去多余线条和污垢。

3. 加深

按规定线型加深底稿，应做到线型正确，粗细分明，连接光滑，图面整洁。同一类线型，加深后的粗细要一致。其顺序一般是：

(1)加深点划线。

(2)加深粗实线圆和圆弧。

(3)由上至下加深水平粗实线，再由左至右加深垂直的粗实线，最后加深倾斜的粗实线。

(4)按加深粗实线的顺序依次加深所有的虚线圆及圆弧，水平的、垂直的和倾斜的虚线。

(5)加深细实线、波浪线。

(6)标注尺寸、符号和箭头，书写注释和标题栏等。

(7)全面检查，改正错误，并作必要的修饰。

1.4.3 徒手绘图的方法

徒手图也称草图，是不借助绘图工具，用目测估计图形与实物的比例，按一定画法要求徒手绘制的图样。在现场测绘、参观，讨论设计方案，技术交流时，通常需要绘制草图进行记录和交流。因此，工程技术人员必须具备徒手绘图的能力。

草图虽然是目测比例、徒手绘制，但并非潦草作图，也应该遵循国家制图标准，按照投影关系和比例关系进行绘制。应基本做到：图形正确、线型分明、比例匀称、字体工整、图面整洁。

画徒手草图一般选用 HB 或 B 的铅笔，常在印有浅色方格的纸上画图。

1. 徒手绘直线

画直线时，铅笔要握的轻松自然，眼睛看着图线的终点，手腕靠着纸面沿着画线方向移动，以保证图线画的直。

画水平线时，图纸应斜放，以图 1-25(a)中所示的画线方向最为顺手；画垂直线时自上而下运笔，如图 1-25(b)所示；画斜线时可以转动图纸，使欲画的斜线正好处于顺手方向，如图 1-25(c)所示。画短线常以手腕运笔，画长线则以手臂运笔。当直线较长时，可以分段画。

2. 徒手绘圆和圆弧

画圆时，应先定圆心的位置，再通过圆心画对称中心线，再对称中心线上距圆心等于半径处截取四点，过四点画圆即可，如图 1-26(a)所示。画直径较大的圆时，除对称中心线以外，可再过圆心画两条不同方向的直线，同样截取四点，过八点画圆，如图 1-26(b)所示。

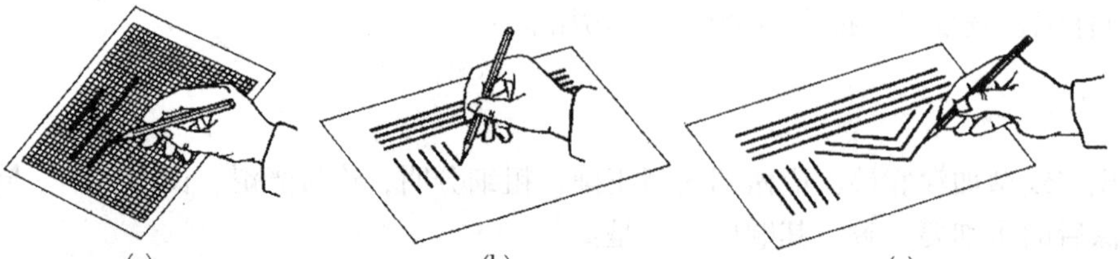

(a)　(b)　(c)

图 1-25　直线的画法

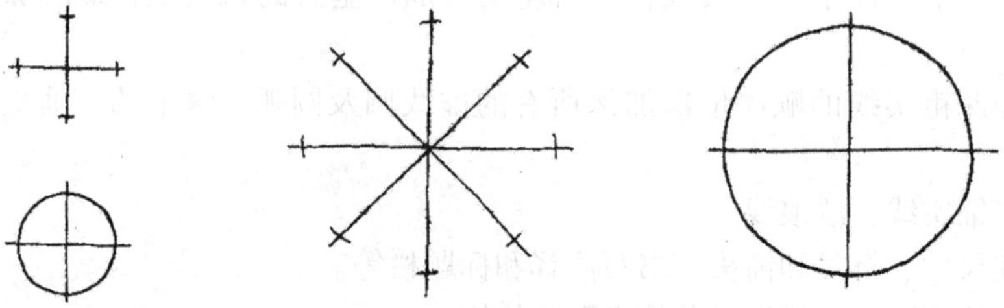

(a)　(b)

图 1-26　圆的画法

3. 徒手绘椭圆

已知长短轴画椭圆，如图 1-27(a)所示。先根据椭圆的长短轴，目测定出端点的位置，然后过四个端点画一矩形，再连接长短轴端点与矩形相切画椭圆。也可利用外切菱形画四段圆弧构成椭圆，如图 1-27(b)所示。

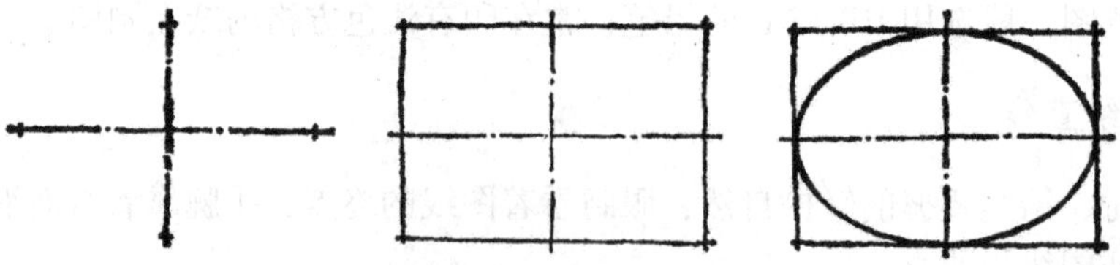

(a)根据长短轴画椭圆

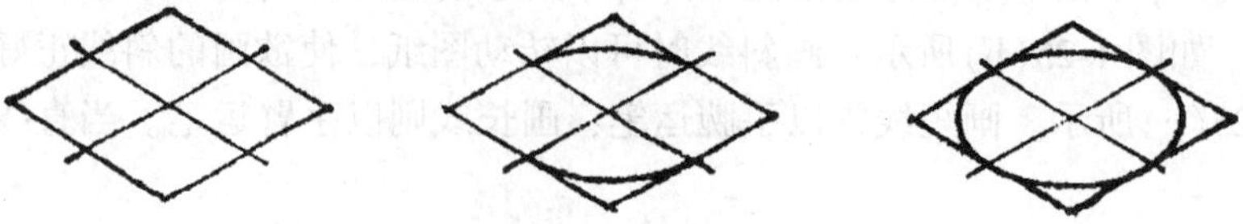

(b)利用外切菱形画椭圆

图 1-27　椭圆的画法

第 2 章　正投影法与三视图

2.1　投影法的基本知识

2.1.1　投影法的概念

当光线照射物体时，就会在地面或墙面上产生影子，这就是投影现象，人们对这一自然现象加以科学的抽象从而总结出投影法。

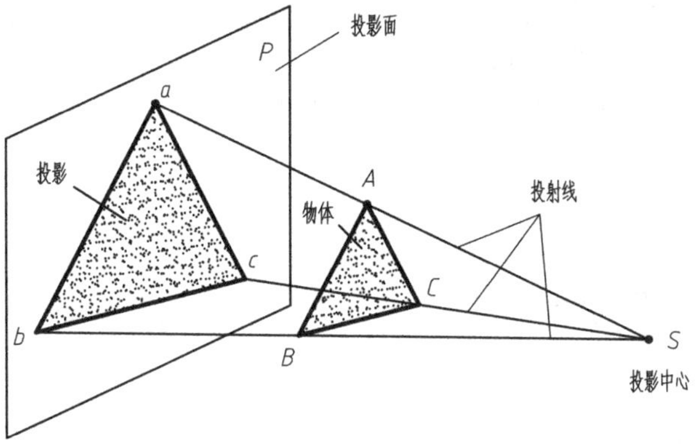

图 2-1　投影的形成

如图 2-1 所示，将光源 S 抽象为投射中心，它发出的光线抽象为投射线，地面或墙面等抽象为投影面 P，物体 $\triangle ABC$ 投射在 P 面上的影子 $\triangle abc$ 称为投影。

若经过点 A 作投射线 SA 与投影面 P 相交于点 a，点 a 称为空间点 A 在投影面 P 上的投影，这种令投射线通过点或其他形体，向选定的投影面投射，并在该面上得到投影的方法称为投影法。投影法必须由投射线、物体、投影面三要素构成。

2.1.2　投影法的分类

投影法分为中心投影法和平行投影法两大类。

1. 中心投影法

所有投射线都交于投射中心，这样得到的投影称为中心投影，这种投影方法称为中心投影法，如图 2-1 所示，*SA*、*SB*、*SC* 都汇交于投射中心 *S*。

将形体用中心投影法投射在单一投影面上所得到图形称为透视投影图(简称透视图)，它作图复杂，度量性差，但立体效果良好，主要用于绘制建筑图样，如图 2-2 所示。

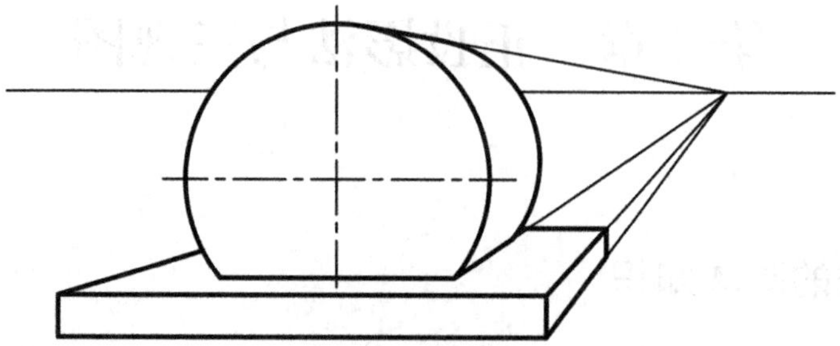

图 2-2　透视图

2. 平行投影法

若将投射中心 *S* 移至距投影面 *P* 无穷远处，这时所有的投射线都相互平行，这样得到的投影称为平行投影，这种投影方法称为平行投影法，如图 2-3 所示。

平行投影法又分为正投影法和斜投影法。投射线垂直于投影面时称为正投影法，如图 2-3(a)所示；投射线倾斜于投影面时称为斜投影法，如图 2-3(b)所示。

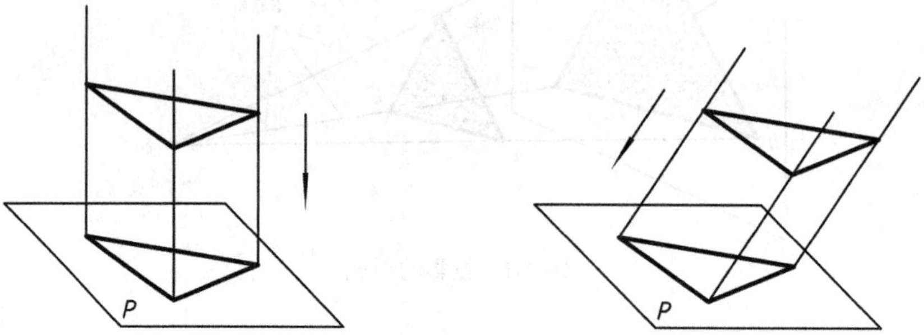

(a) 正投影法　　(b)斜投影法

图 2-3　平行投影法

平行投影法可用于绘制具有一定立体效果的轴测图(见第 4 章)，但作图较繁，度量性较差，在工程中常作为辅助图样使用，如图 2-4 所示。

平行投影法中的正投影法能反映形体的实际形状和大小，度量性好，作图简便，在工程上被广泛应用，绘制物体的多面正投影图(如三视图)，如图 2-5 所示。

本书后面章节中所提到的投影若无特殊说明均指正投影。

2.1.3　平行投影法的特性

平行投影(正投影和斜投影)具有如下特性：

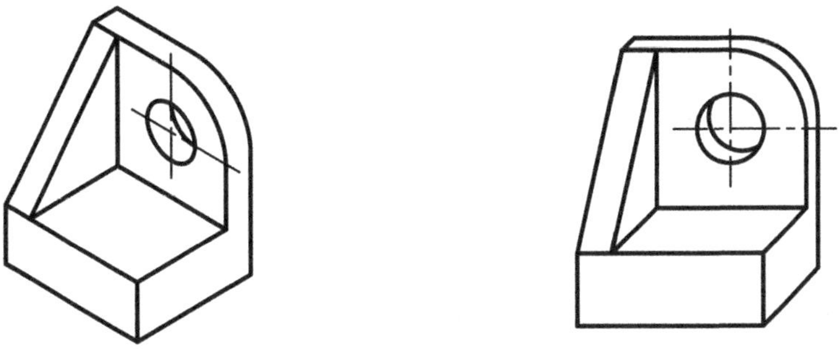

（a）正投影法作正等测图　　（b）斜投影法作斜二测图

图 2-4　轴测图

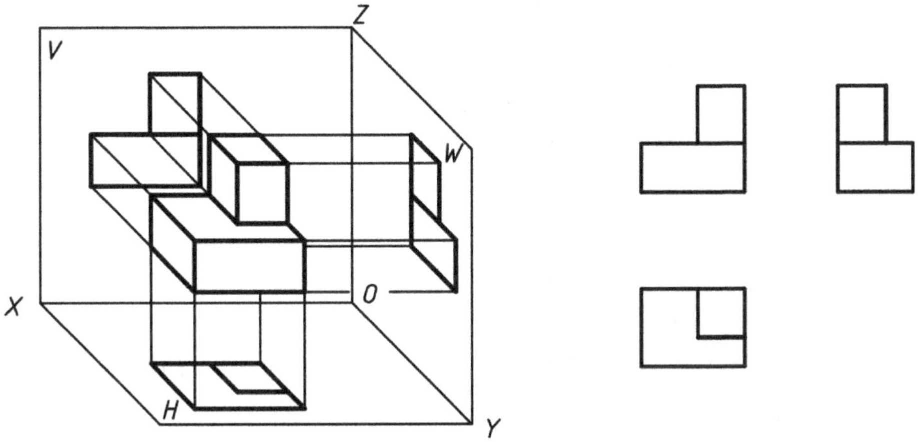

（a）多面投影立体示意图　　（b）多面正投影图（三视图）

图 2-5　正投影图

1. 实形性

当直线或平面平行于投影面时，其投影反映实长或实形，这种性质称为实形性。

如图 2-6（a）所示，直线 *AB* 与平面△*CDE* 均平行于投影面 *P*，其在 *P* 面上的投影 *ab*＝*AB*、△*cde*＝△*CDE*。

2. 积聚性

当直线或平面垂直于投影面时其投影积聚成点或直线，这种性质称为积聚性。如图 2-6（b）所示，直线 *AB* 与平面△*CDE* 均平行于投影面 *P*，其在 *P* 面上的投影分别积聚成点 *a*（*b*）和直线 *cde*。

3. 类似性

当直线或平面倾斜于投影面时，直线的投影仍为不等于实长的直线；平面图形的投影与原形不相等也不相似，但基本几何特性不变(如边数相等，平行关系不变)，这种性质称为类似性。

如图 2-6(c)所示，直线 AB 与平面$\triangle CDE$ 均倾斜于投影面 P，其在 P 面上的投影 $ab \neq AB$、$\triangle cde \neq \triangle CDE$。

4. 平行性

相互平行的两空间直线，其投影仍然相互平行，这种性质称为平行性。

如图 2-6(c)所示，直线 $AB /\!/ CD$，其投影 $ab /\!/ cd$。

5. 从属性

直线上的点其投影仍在该直线的投影上(即属于该直线的投影)，平面上的直线其投影也仍在该平面的投影上(即属于该平面)，这种性质称为从属性。

如图 2-6(c)所示，直线 AB 上的 K 点，其投影 k 在直线的投影 ab 上；平面$\triangle CDE$ 上的直线 EF，其投影 ef 也在平面的投影$\triangle cde$ 上。

6. 定比性

直线上点分线段之比，与其投影长度之比相等；两平行线段长度之比，与其平行投影长度之比相等，这种性质称为定比性。

如图 2-6(c)所示，直线 AB 上的 K 点分线段，必有 $AK:KB=ak:kb$；直线 $AB /\!/ CD$ 则有 $AB:CD=ab:cd$。

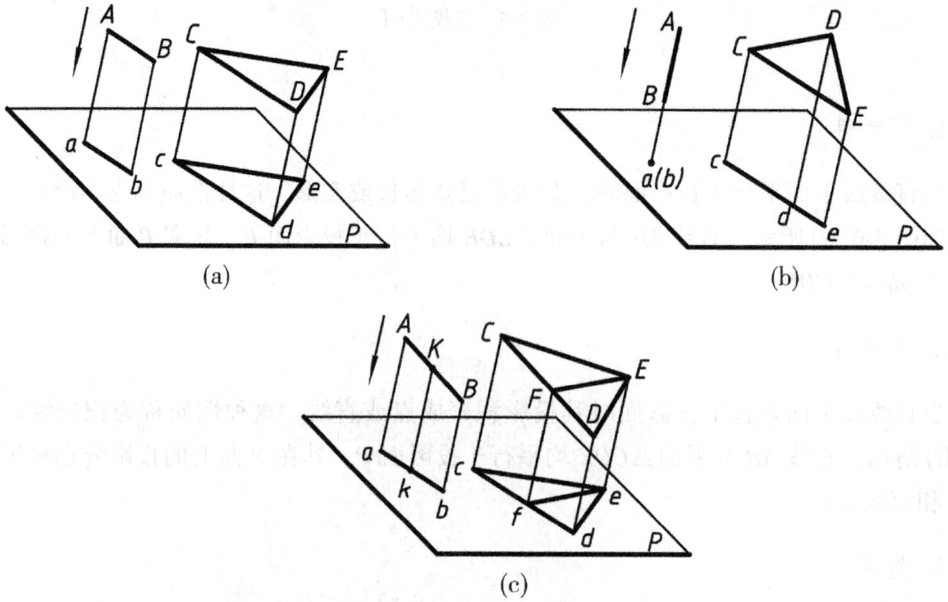

图 2-6　平行投影特性

2.2 多面正投影图的形成及投影特性

2.2.1 三投影面体系

图 2-7(a)表示两个不同形状的物体，但在同一投影面上的投影却是相同的，仅根据一个投影(单面投影)不能完整地表达物体的形状。图 2-7(b)和(c)是这两个物体向两个相互垂直的投影面上的投影(两面投影)，其投影的结果也是相同的。图 2-8 中再增加为三个相互垂直的投影面进行投影(三面投影)时，就能清楚表示它们的形状。

因此，当物体与投影面形成较为特殊的投影位置关系时，必须增加由不同的投射方向，在不同的投影面上所得到的几个投影，这些互相补充才能将物体表达清楚。

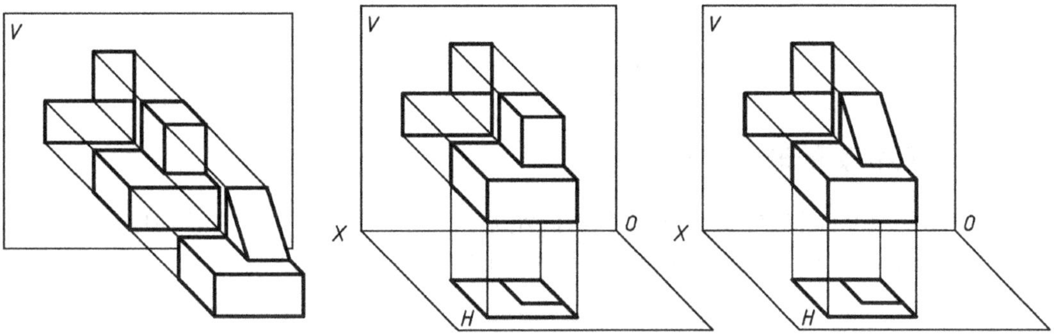

(a) (b) (c)

图 2-7 单面、两面投影

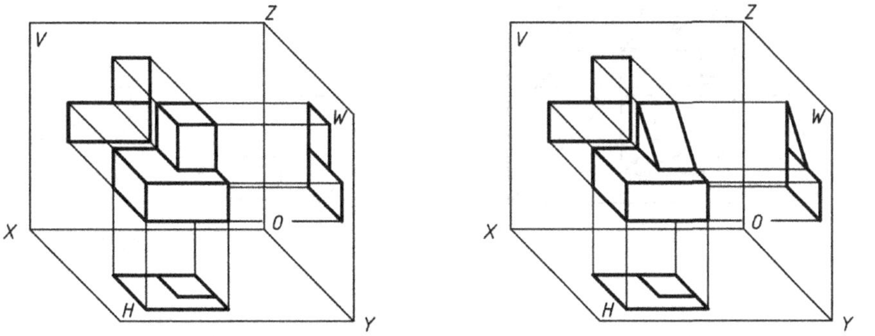

(a) (b)

图 2-8 三面投影

工程上通常采用三投影面体系来表达物体的形状，即在空间建立互相垂直的三个投影面：正立投影面 *V*、水平投影面 *H*、侧立投影面 *W*，如图 2-9 所示。投影面的交线称为投影轴，分别用 *OX*、*OY*、*OZ* 表示，三投影轴交于一点 *O*，称为原点。

V、*H*、*W* 三个面将空间分割成八个区域，这样的区域称为分角，按图 2-9 所示顺序

编号为 I，II，III，…，VIII，I 号区域为第一分角，III 号区域为第三分角。我国制图标准规定工程图样采用第一角画法，有些国家的工程图样采用的是第三角画法。

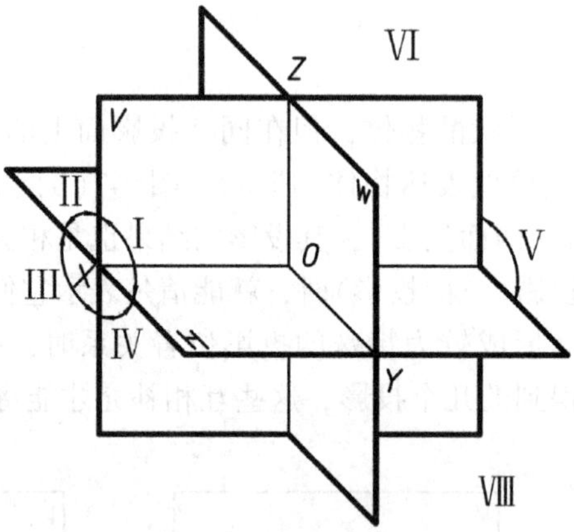

图 2-9　三投影面体系

2.2.2　三面投影的形成

将物体置于 *V* 面前方、*H* 面上方、*W* 面左方，即第一分角中，然后分别向 *V*、*H*、*W* 三个投影面作正投影，就得到三面投影图，如图 2-8、图 2-10(a)所示。

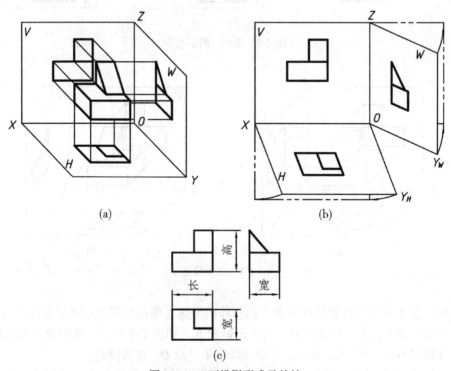

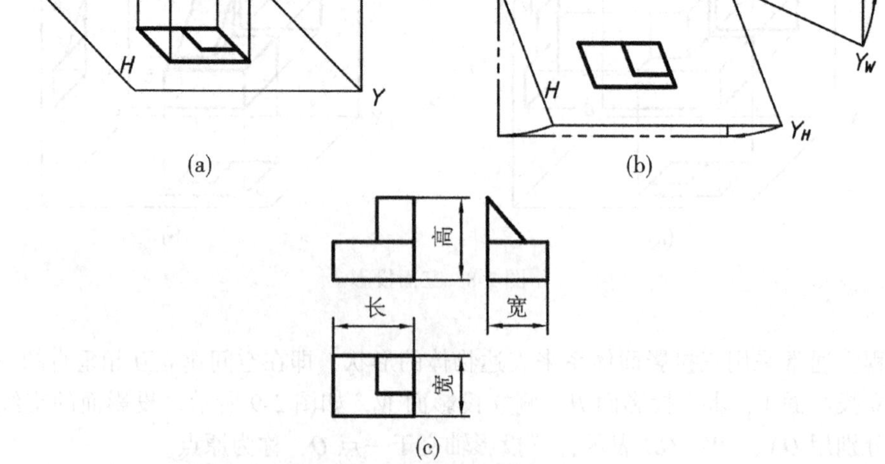

图 2-10　三面投影形成及特性

由前向后投射在 V 面上的投影称为正面投影，由上向下投射在 H 面上的投影称为水平投影，由左向右投射在 W 面上的投影称为侧面投影。

为了便于画图和表达，必须使处于空间位置的三面投影在同一平面上表示出来，规定 V 面不动，H 面绕 OX 轴向下旋转 90°，W 面绕 OZ 轴向右旋转 90°，使它们与 V 面成为同一平面，如图 2-10(b)所示。此时，OY 轴分为两条，随 H 面旋转的一条标以 Y_H，随 W 面旋转的一条标以 Y_W。

按上述方式展开后所得即为三面投影图，如图 2-10(c)所示。画投影图时边框线一般不画，投影轴也可省略不画，各个投影之间只需保持一定间隔(用于标注尺寸)即可。

2.2.3　三面投影的特性

1. 投影关系

由图 2-10(c)可以看出物体在三面投影图中的投影关系：正面投影与水平投影的长度相等，左右对正；正面投影与侧面投影的高度相等，上下平齐；水平投影与侧面投影宽度相等，前后对应。这就是三面投影之间的三等关系，即“长对正，高平齐，宽相等”。这一投影关系适用于物体的整体和任一局部，是画图和读图的基本规律。

2. 位置关系

如图 2-11(a)所示，物体有左右、前后、上下 6 个方位，正面投影与水平投影都反映左、右方位，水平投影与侧面投影都反映前、后方位，正面投影与侧面投影都反映上、下方位。

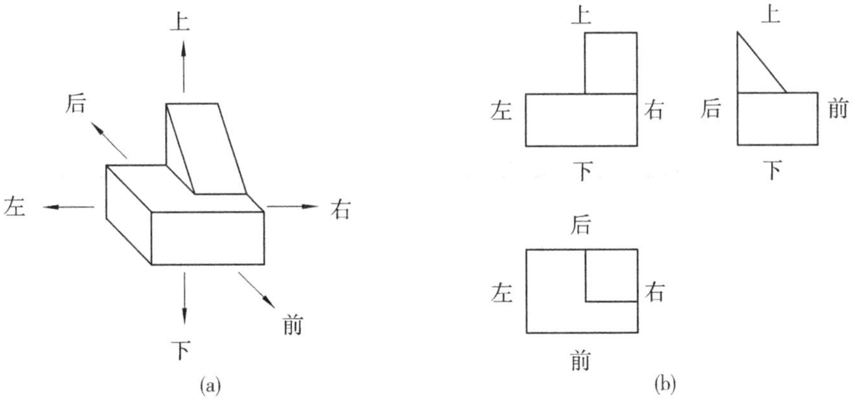

图 2-11　三面投影位置关系

物体在投影图中的上下和左右关系容易理解，而怎样判断物体在投影图中的前后位置关系容易出现错误。在三面投影展开过程中，由于水平面向下旋转，所以水平投影的下方实际上表示物体的前方，水平投影的上方表示物体的后方。侧面向右旋转，侧面投影的右方实际上表示物体的前方，侧面投影的左方表示物体的后方。所以物体的水平投影和侧面投影不仅宽度相等，还应保持前后位置的对应关系。

3. 三视图的概念

将物体置于多投影面体系中，向投影面进行正投影所得到的图形，在机械图样表达中又称为物体的视图，正面投影称为主视图，水平投影称为俯视图，侧面投影称为左视图，统称为物体的三视图，如图 2-10(c)和图 2-11(b)所示。

2.3　点的投影

点是最基本的几何元素，我们首先讲述点的投影规律及作图方法。

2.3.1　点的三面投影及投影规律

1. 点的单面投影

如图 2-12(a)所示，由空间点 A 作垂直于投影面 H 的投射线，与投影面 H 有唯一的交点 a 即为点 A 在投影面 H 上的投影；反之，如果由投影 a 返回到空间来确定空间点 A 的位置，则会有多个结果，如图 2-12(b)所示 A_1，A_2，…，所以仅凭点 A 的一个投影 a 不能确定点 A 的空间位置。因此，常把空间几何元素放在相互垂直的两个或三个投影面之间，形成多面正投影，以确定空间几何元素的空间位置、形状等。

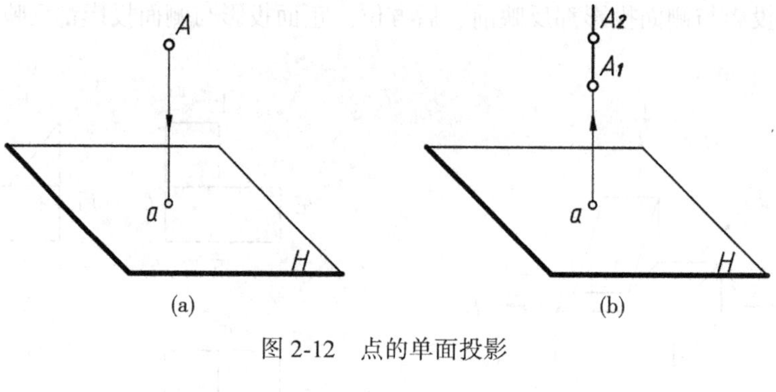

图 2-12　点的单面投影

2. 点的三面投影

如图 2-13 所示，将空间点 A 置于三投影面体系的第一分角中，分别作垂直于 H 面、V 面、W 面的投射线 Aa、Aa'、Aa''，得到的三个垂足 a、a'、a''，分别称为水平投影、正面投影、侧面投影，即点 A 在 H、V、W 三投影面体系中的三面投影。

空间点用大写字母标记，如 A、B 等，投影用小写字母标记，如 a、b 等。空间点 A 的水平投影标记为 a，正面投影记为 a'(小写字母加一撇表示)，侧面投影记为 a''(小写字母加两撇表示)。

平面 $Aa'a$ 分别与 V 面、H 面垂直相交，这三个相互垂直的平面交于一点 a_x，且 $a'a_x$

$\perp OX$、$aa_x \perp OX$、$a'a_x \perp aa_x$，四边形 $Aa'a_xa$ 为矩形；平面 $Aa'a''$分别与 V 面、W 面垂直相交，该三平面交于一点 a_z，且 $a'a_z \perp OZ$、$a''a_z \perp OZ$，$a'a_z \perp a''a_z$，四边形 $Aa'a_za''$为矩形；平面 Aaa''分别与 H 面、W 面垂直相交，该三平面交于一点 a_y，且 $aa_y \perp OY$、$a''a_y \perp OY$，$aa_y \perp a''a_y$，四边形 Aaa_ya''为矩形。

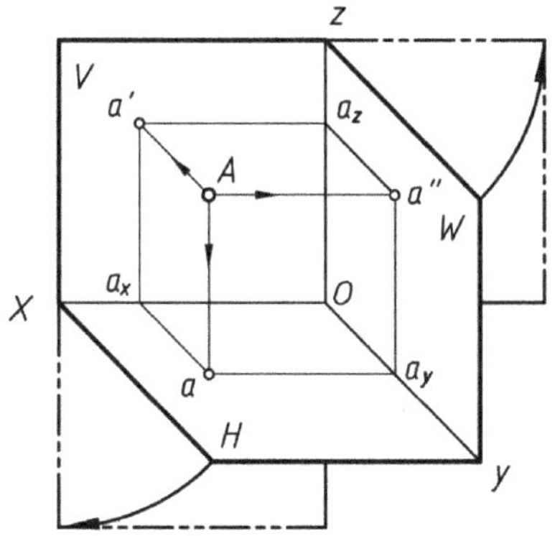

(a)立体图

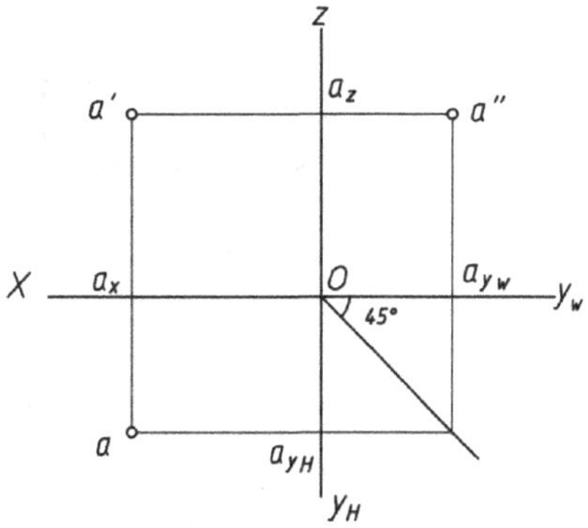

(b)投影图

图 2-13 点的三面投影

3. 点的投影规律

按 2.2.2 节所述方式展开后得到点的三面投影图，如图 2-13(b)所示，其投影规律如下：

(1)点的两投影连线垂直于相应的投影轴，即有：

$$a'a \perp OX,\ a'a'' \perp OZ,\ aa_{YH} \perp OY_H,\ a''a_{YW} \perp OY_W$$

(2)点的投影到投影轴的距离，反映该点到相应投影面的距离，即有：

$$a'a_X = a''a_{YW} = Aa,\ aa_X = a''a_Z = Aa',\ aa_{YH} = a'a_z = Aa''$$

为了作图方便，一般自点 O 作 45°辅助线，以实现 $aa_x = a''a_Z$的关系，如图 2-13(b)所示。

2.3.2 点的三面投影与直角坐标系

空间点的位置可由点到三个投影面的距离来确定，把投影轴 OX、OY、OZ 看作坐标轴，O 点是坐标原点，如图 2-14 所示，则在空间直角坐标系中，点 A 的位置可以由其三个坐标值 $A(x_A,\ y_A,\ z_A)$确定，点到投影面的距离与坐标的关系如下：

(1)点 A 到 W 面的距离等于点 A 的 X 坐标 x_A；

(2)点 A 到 V 面的距离等于点 A 的 Y 坐标 y_A；

(3)点 A 到 H 面的距离等于点 A 的 Z 坐标 z_A。

点 A 的水平投影 a 由$(x_A,\ y_A)$确定；正面投影 a'由$(x_A,\ z_A)$确定；侧面投影 a''由$(y_A,\ z_A)$确定，图 2-14 为点与坐标的关系。由于点的任意两面投影都包含了其 X、Y、Z 坐标，因此由点的任意两投影，就一定能作出第三个投影，这一作图过程常称为“二求三”或“二补三”。

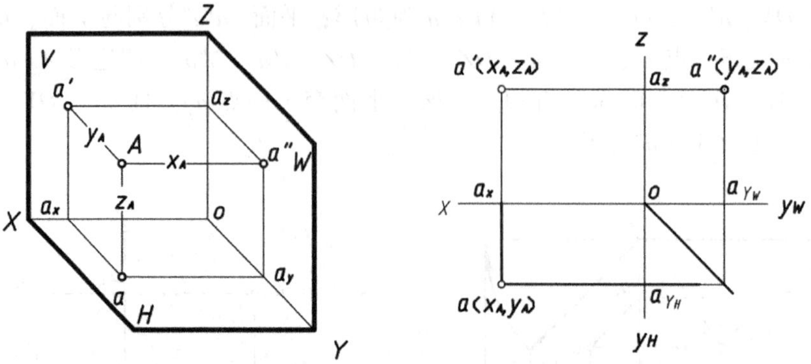

(a)立体图　　(b)投影图

图 2-14　点的三面投影与坐标

【例 2-1】 如图 2-15(a)，已知点 A 的正面投影 a'和侧面投影 a''，求作该点的水平投影。

【解】 在图 2-15(b)中，先作 45°辅助斜线，以保证 $aa_x = a''a_z = y_A$ 这一相等关系，然后自 a'向下作 OX 轴的垂线，自 a''向下作 OYw 轴的垂线直到与 45°辅助斜线交于一点，过该交点作 OY_H轴的垂线，与过 a'的垂线交于 a，a 即为点 A 的水平投影。

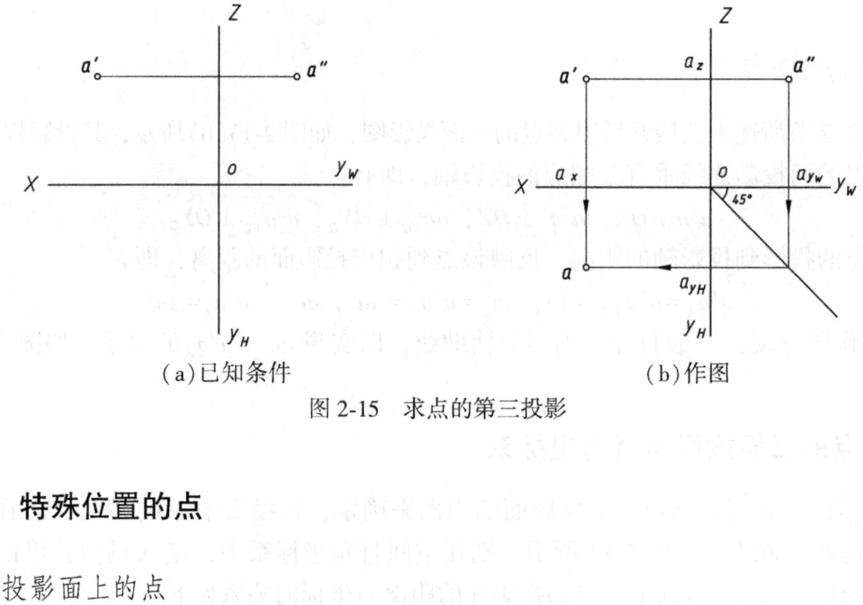

(a)已知条件　　(b)作图

图 2-15　求点的第三投影

2.3.3　特殊位置的点

1. 投影面上的点

如图 2-16(a)所示，点 A 在 H 面上，点 B 在 V 面上、点 C 在 W 面上，其投影规律为：

(1)点的一个投影与空间点本身重合；

(2)点的另外两个投影在相应的投影轴上。

2. 投影轴上的点

如图 2-16(b)所示，点 E 在 OX 轴上、点 F 在 OZ 轴上、点 G 在 OY 轴上，其投影规律为：

(1)点的两个投影与空间点本身重合；

(2)点的另一个投影在原点处。

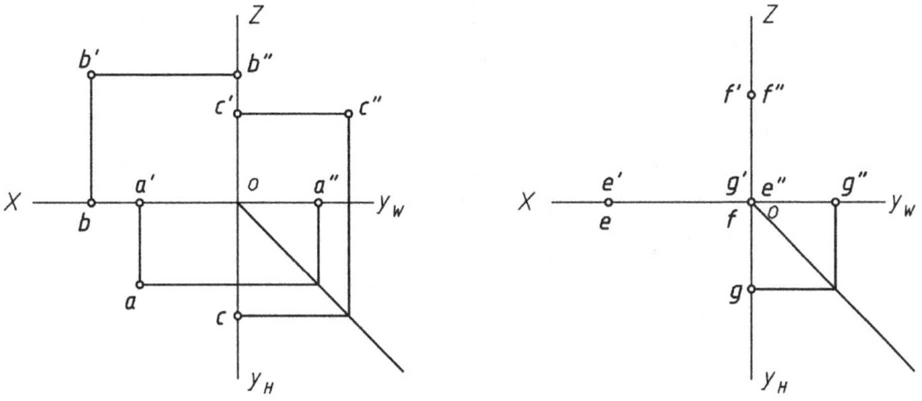

(a)　　(b)

图 2-16　特殊位置点的投影

2.3.4　两点的相对位置及重影点

两点的相对位置是指两点在空间的左右、前后、上下的位置关系。在投影图中，可根据它们的坐标差来确定。

1. 两点相对位置

比较两点 X 坐标，可判别两点的左右关系，X 值大的点在左，X 值小的点在右；比较两点的 Y 坐标，可判别两点的前后关系，Y 值大的点在前，Y 值小的点在后；比较两点的 Z 坐标，可判别两点的上下关系，Z 值大的点在上，Z 值小的点在下。

如图 2-17 所示的 A、B 两点，$X_A<X_B$，故点 A 在点 B 之右，$Y_A>Y_B$，故点 A 在点 B 之前；$Z_A>Z_B$，故点 A 在点 B 之上；因此点 A 在点 B 的右、前、上方。

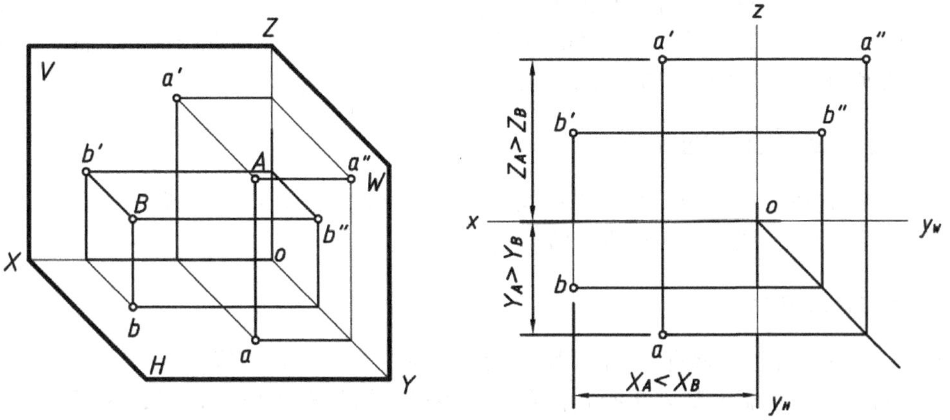

(a)立体图　　(b)投影图

图 2-17　两点相对位置

2. 重影点

当空间两点处于对某投影面的同一条投射线上时，则在该投影面上的投影重合于一点，这种具有投影重合性质的点称为对该投影面的重影点。

如图 2-18 中，C、D 两点处于对 V 面的同一条投射线上，它们的 V 面投影重合为一个点，称为对 V 面的重影点。同样也存在对 H 面和 W 面的重影点。

当两点重影时，它们有两个坐标值大小相等，一个坐标值不等，如图 2-18 中 $X_C=X_D$，$Z_C=Z_D$，点 C 在前，点 D 在后，$Y_C>Y_D$，由前向后投影时，点 C 可见、点 D 被遮挡而不可见，通常在不可见的投影上加括号，如图中(d')。

故判别两个重影点的可见性，可以用第三个不相等的坐标值大小来判别，坐标值大者可见，坐标值小者不可见。

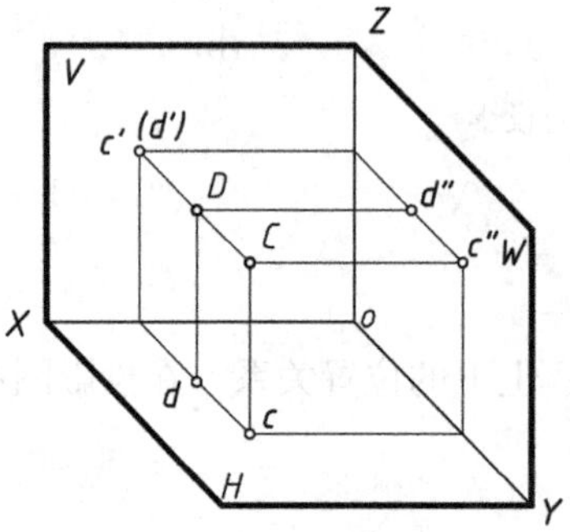

(a)立体图

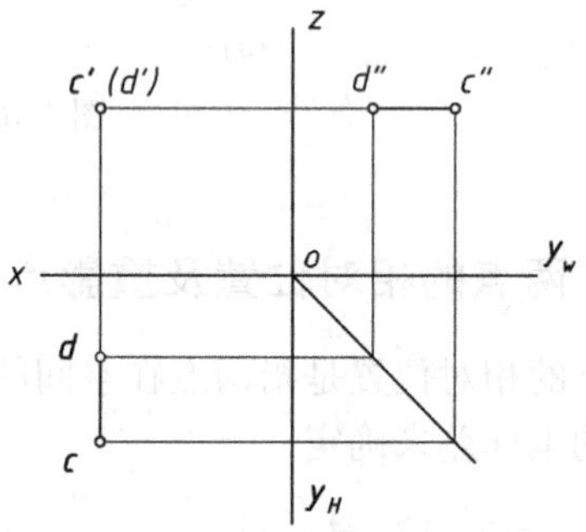

(b)投影图

图 2-18　重影点

2.4　直线的投影

空间两点可以确定一条直线，或者线上一点及直线的方向也可确定一条直线。直线的投影一般仍为直线，特殊情况下积聚为一点。直线一般用线段表示，连接线段两端点的同面投影(同一投影面上的投影)，即得直线的三面投影。直线与投影面(H 面、V 面、W 面)之间的倾角，称为直线对该投影面的倾角，分别记为 α、β、γ，如图 2-19 所示。

2.4.1　各种位置直线的投影

直线根据它对投影面的相对位置不同分为一般位置直线和特殊位置直线，特殊位置直线又包括投影面平行线和投影面垂直线。

1. 一般位置直线

倾斜于(不平行也不垂直)三个投影面的直线称为一般位置直线。

由于直线与各投影面都处于倾斜位置，与各投影面都有倾角，如图 2-19 所示，因此，一般位置直线的投影特性为：三个投影均倾斜于投影轴，它们与投影轴的夹角均不反映倾角的实形，且投影长度短于实长。

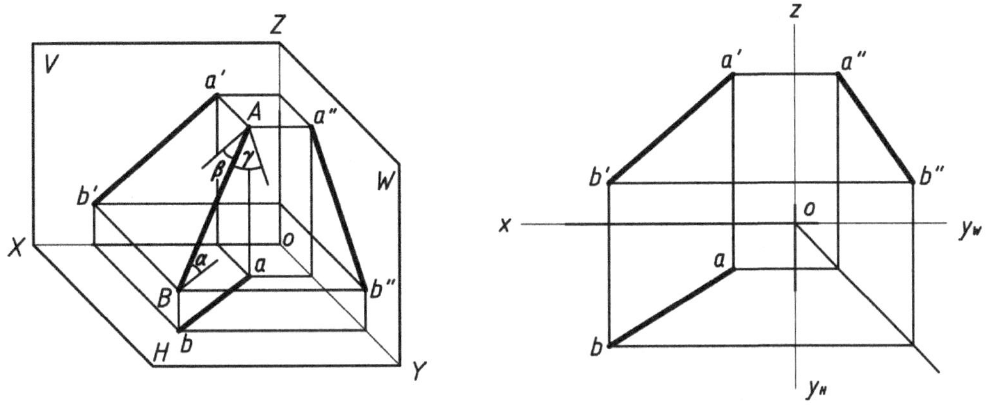

(a)立体图　　(b)投影图

图 2-19　直线的投影

2. 投影面平行线

只平行于一个投影面，且与另外两个投影面都倾斜的直线称为投影面平行线。

平行于 H 面的直线叫水平线，平行于 V 面的直线叫正平线，平行于 W 面的直线叫侧平线。表 2-1 列出了三种直线的立体图、投影图和投影特性。

表 2-1　**投影面平行线**

名称	立体图	投影图	投影特性
水平线	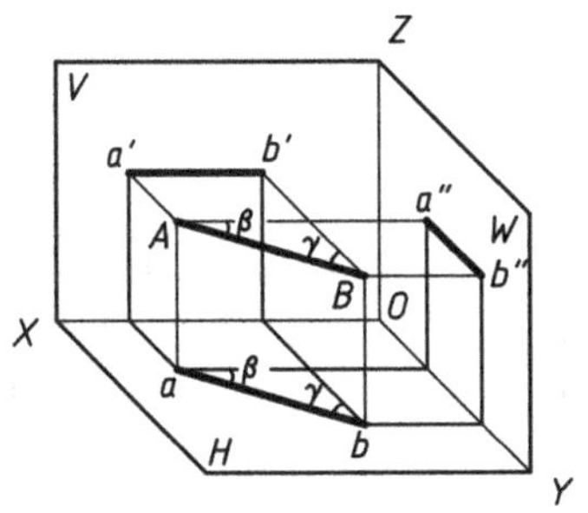	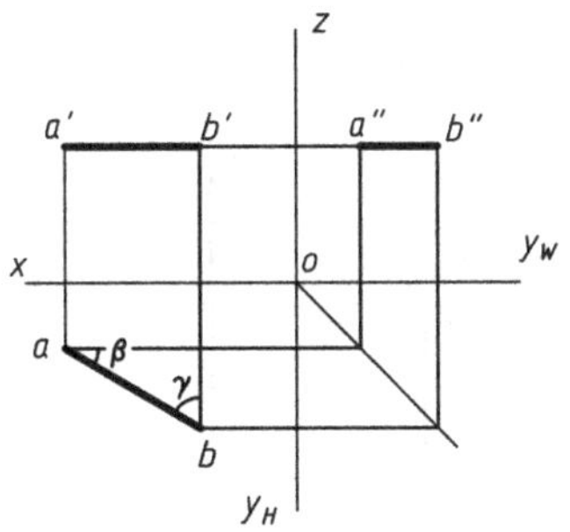	(1) $ab=AB$， ab 反映 β、γ 倾角； (2) $a'b' // OX$， $a''b'' // OY_W$
正平线	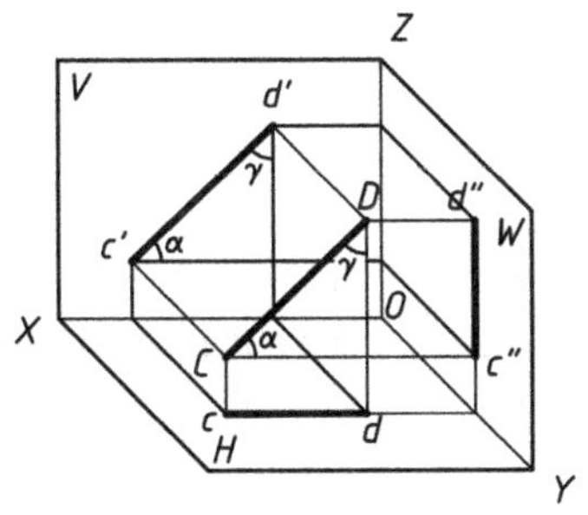	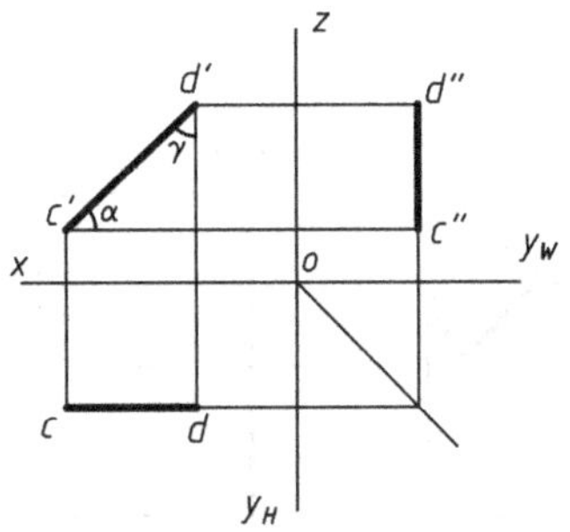	(1) $c'd'=CD$， $c'd'$反映 α、γ 倾角； (2) $cd // OX$， $c''d'' // OZ$

续表

名称	立体图	投影图	投影特性
侧平线	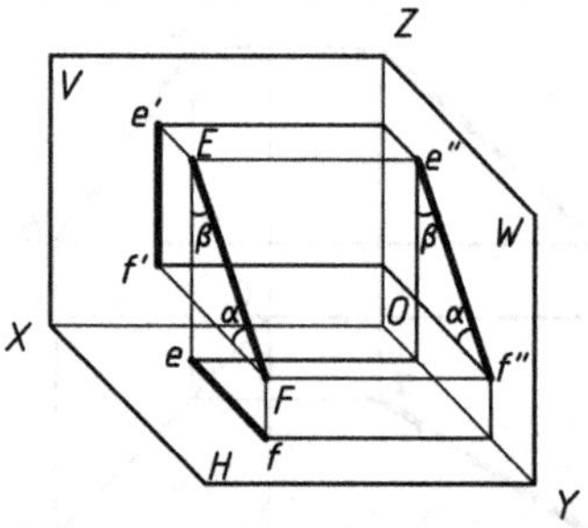	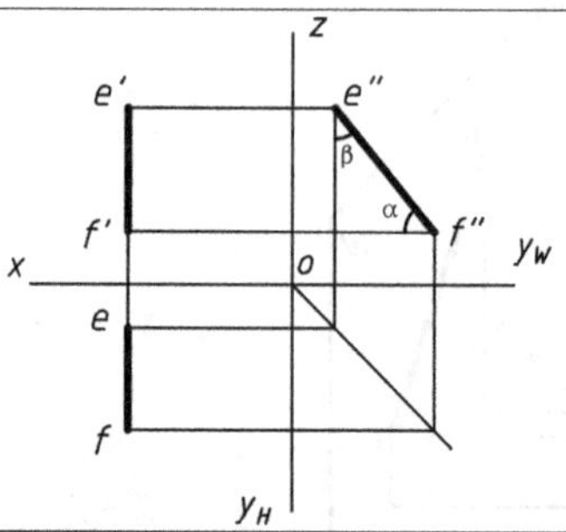	(1) $e''f''=EF$，$e''f''$反映 α、β 倾角；(2) $ef /\!/ OY_H$，$e'f' /\!/ OZ$

由表 2-1 可归纳出投影面平行线的投影特性为：

(1) 在所平行的投影面上的投影反映线段实长，且与投影轴的夹角分别反映直线对另外两个投影面的真实倾角。

(2) 另外两个投影面上的投影平行于相应的投影轴，且投影长度短于实长。

3. 投影面垂直线

垂直于一个投影面，且与另外两个投影面都平行的直线称为投影面垂直线。

垂直于 H 面的直线叫铅垂线，垂直于 V 面的直线叫正垂线，垂直于 W 面的直线叫侧垂线。表 2-2 列出了三种直线的立体图、投影图和投影特性。

表 2-2　**投影面垂直线**

名称	立体图	投影图	投影特性
铅垂线	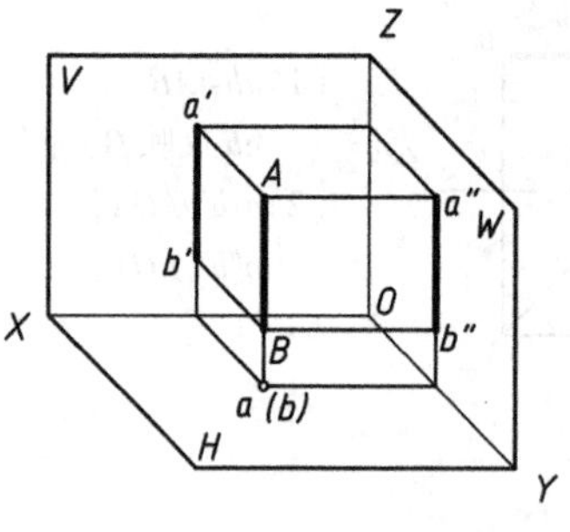	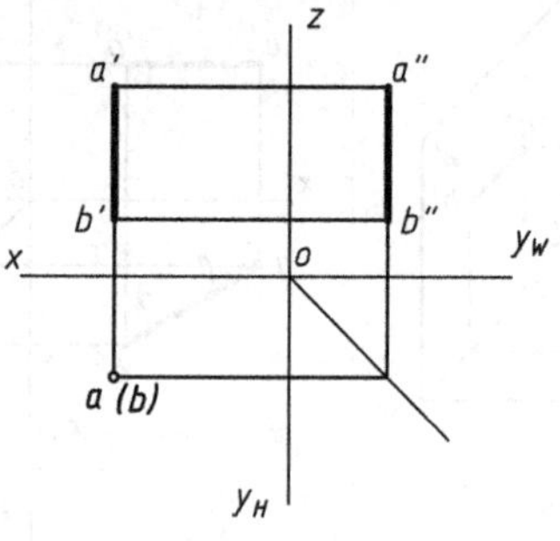	(1) a、b 积聚成一点；(2) $a'b' \perp OX$，$a''b'' \perp OY_W$，且都反映实长
正垂线	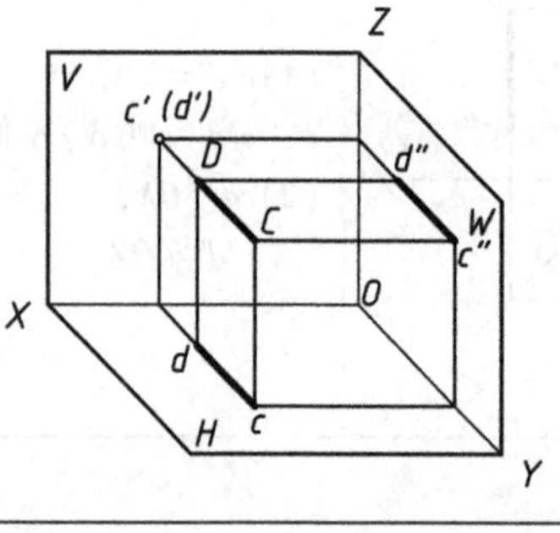	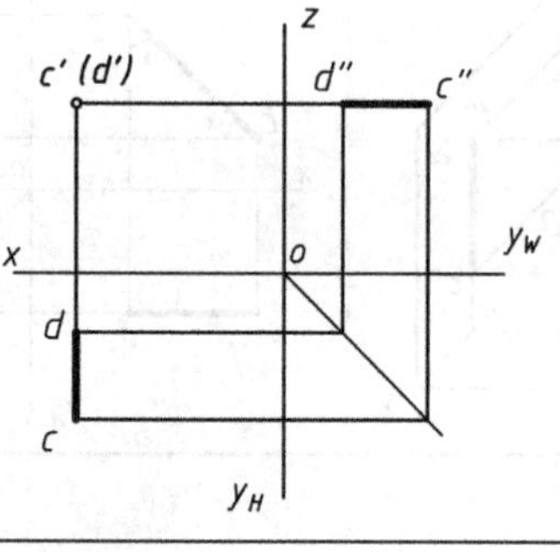	(1) c'、d' 积聚成一点；(2) $cd \perp OX$，$c''d'' \perp OZ$，且都反映实长

续表

名称	立体图	投影图	投影特性
侧垂线	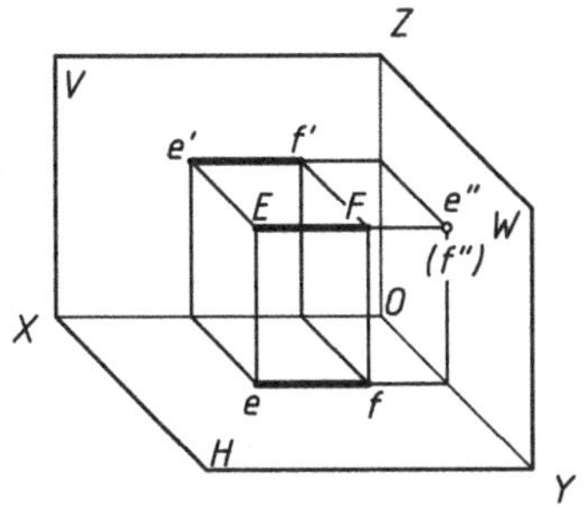	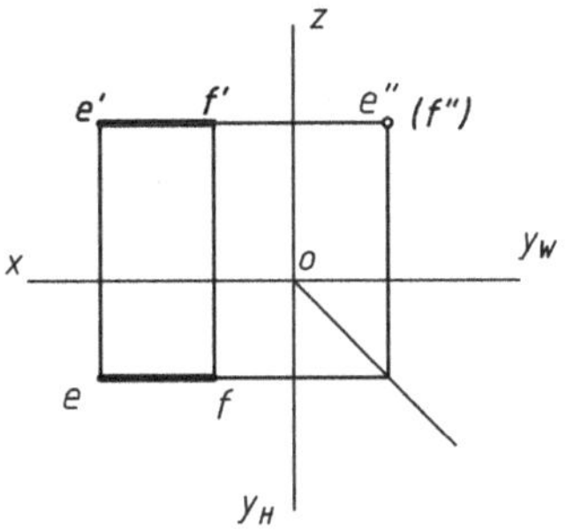	(1) e''、f''积聚成一点； (2) $ef \perp OY_H$，$e'f' \perp OZ$，且都反映实长

由表2-2可归纳出投影面垂直线的投影特性为：

(1)在所垂直的投影面上的投影积聚为点。

(2)另外两个投影面上的投影垂直于相应的投影轴，且反映线段实长。

4. 一般位置直线的实长

为求得一般位置直线的实长及对投影面倾角，常采用直角三角形法。

在图2-20(a)中，AB为一般位置直线，过点B作$BA_0 /\!/ ab$，得一直角三角形BA_0A，其中直角边$BA_0=ab$，$AA_0=Z_A-Z_B=\Delta Z_{AB}$，斜边$AB$就是所求的实长，$AB$和$BA_0$的夹角就是$AB$对$H$面的倾角$\alpha$。同理，过点$A$作$AB_0 /\!/ a'b'$得另一直角三角形$AB_0B$，其中直角边$AB_0=a'b'$，$BB_0=Y_B-Y_A=\Delta Y_{BA}$，斜边$AB$是所求实长，$AB$与$AB_0$的夹角就是$AB$对$V$面的倾角$\beta$。

在图中任何位置画出直角三角形均可求出实长和倾角，为使作图简便，可以将直角三角形画在如图2-20(b)中所示的正面投影或水平投影的位置。

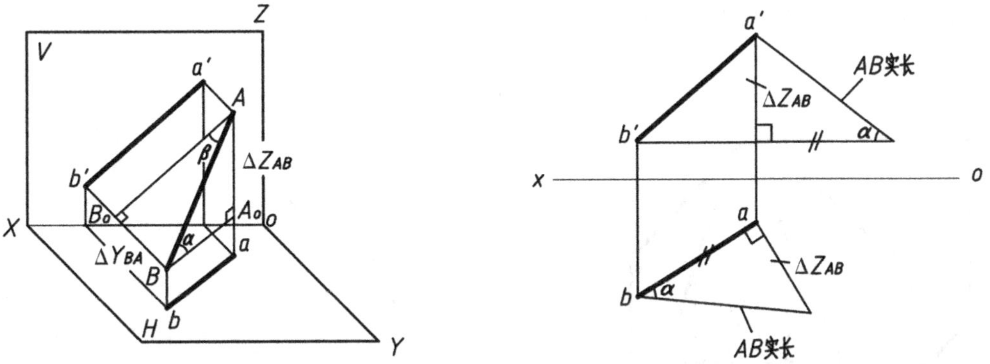

(a)立体图　　(b)投影图

图2-20　直线的实长

【例2-2】如图2-21(a)所示，已知直线AB的水平投影ab和点A的正面投影a'，且直线AB对H面的倾角$\alpha=30°$，求作直线AB的正面投影。

【**解**】由图 2-21(a)及已知条件可知，本题可采用图 2-20(b)水平投影中作直角三角形求实长的作图方法。

在图 2-21(b)中，过 b 点作与 ab 成 30°角的直线，同时过 a 点作与 ab 垂直的直线，得到直角三角形 abA_0，其中 aA_0 为 A、B 两点坐标差 ΔZ_{AB}，在正面投影中过 a'截取 ΔZ_{AB} 长度(可有两解)。在图 2-21(c)中过 b 点作投影连线可得 b'及 b_1'两个解，连接 $a'b'$或 $a'b_1'$即为所求。

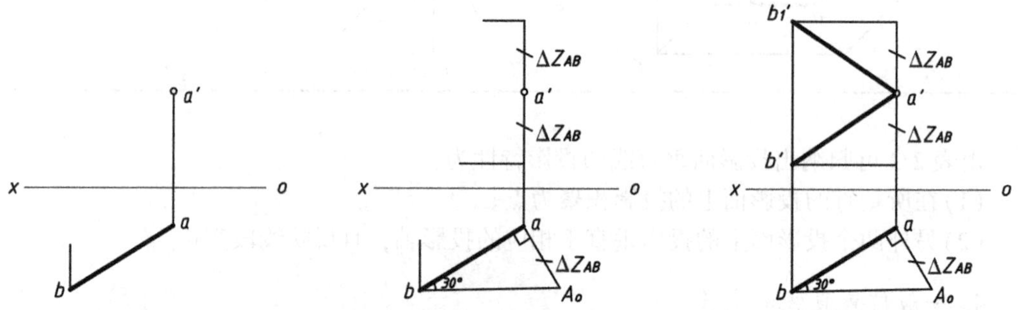

(a)题目　　(b)作图步骤一　　(c)作图步骤二

图 2-21　直角三角形法求直线的投影

2.4.2　直线上的点

直线上的点，其各投影必属于该直线的同面投影，满足从属性；且点分割线段成定比，则点的投影也分割线段的同面投影成相同的比例，满足定比性。反之也成立，从属性和定比性是点在直线上需同时都满足的性质。

如图 2-22 所示，C 点在直线 AB 上，则 c、c'、c''分别在 ab、$a'b'$、$a''b''$上，且 $AC : CB = ac : cb = a'c' : c'b' = a''c'' : c''b''$。

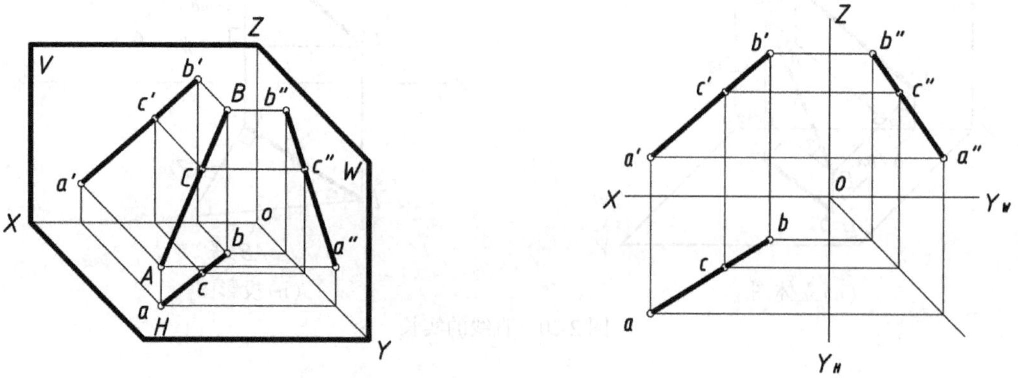

(a)立体图　　(b)投影图

图 2-22　直线上的点

【**例 2-3**】如图 2-23(a)所示，已知直线 AB 和点 K 的投影，试判断点 K 是否在直线 AB 上。

【**解**】由图 2-23(a)可知 AB 为侧平线，不能根据已知两投影直接判断得出结论，可用两种作图方法来判别。

方法一：

作出侧面投影，因点 K 的侧面投影 k'' 不在直线 AB 的侧面投影 $a''b''$ 上，则点 K 不在直线 AB 上，如图 2-23(b)所示。

方法二：

如图 2-23(c)所示，过 b 点作任意辅助线，在辅助线上量取 $bk_1=b'k'$，$k_1a_1=k'a'$，连接 aa_1，并由 k 作 $kk_0//aa_1$。因为 k_1、k_0 不是同一点，所以 $\frac{a'k'}{k'b'}\neq\frac{ak}{kb}$，不满足定比性，故点 K 不在直线 AB 上。

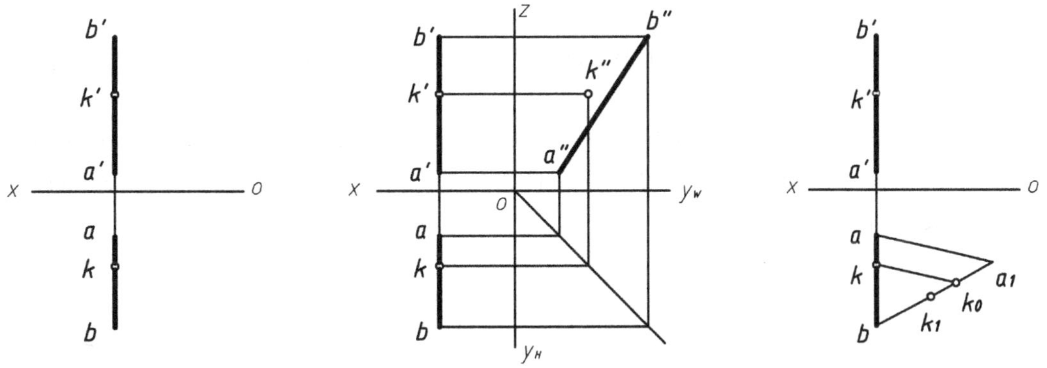

(a)题目　(b)作图方法一　(c)作图方法二

图 2-23　判断点是否在直线上

2.4.3　两直线的相对位置

空间两直线的相对位置有三种情况：平行、相交、交叉(异面)。在后两种位置中还有一种特殊情况——垂直相交和垂直交叉。

1. 两直线平行

若空间两直线相互平行，则它们的各个同面投影必定相互平行(平行性)，且同面投影长度之比等于它们的实长之比(定比性)。如图 2-24 所示，空间直线 AB、CD 相互，则其各面投影 $ab//cd$、$a'b'//c'd'$、$a''b''//c''d''$，且有 $AB:CD=ab:cd=a'b':c'd'=a''b'':c''d''$；反之，若两直线的各个同面投影分别相互平行，则空间两直线必定相互平行。

对于两条一般位置直线，只要任意两个同面投影相互平行，即可判定这两条直线在空间相互平行。

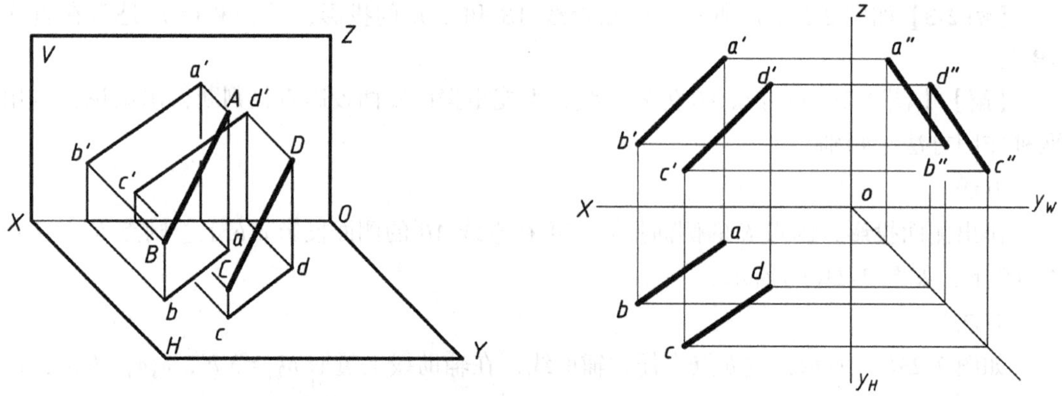

(a)立体图　　　　(b)投影图

图 2-24　两直线平行

2. 两直线相交

若空间两直线相交，交点为两直线的共有点，则它们的同面投影必相交，且符合点的投影规律；反之亦然。

如图 2-25 所示，直线 AB、CD 相交于点 K(两直线的共有点)，其投影 ab 与 cd、$a'b'$ 与 $c'd'$、$a''b''$ 与 $c''d''$ 分别相交于 k、k'、k''，且 $kk' \perp OX$ 轴，$k'k'' \perp OZ$ 轴，即符合点的投影规律，也满足直线上点的投影特性。

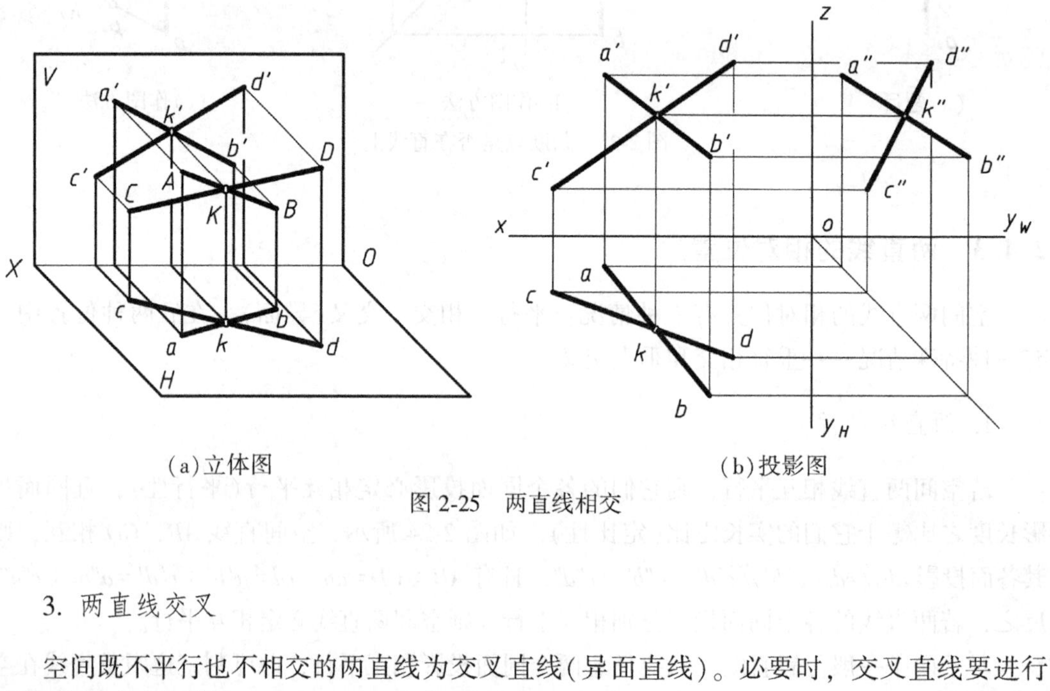

(a)立体图　　　　(b)投影图

图 2-25　两直线相交

3. 两直线交叉

空间既不平行也不相交的两直线为交叉直线(异面直线)。必要时，交叉直线要进行重影点的可见性判断。

如图 2-26 所示，交叉两直线同面投影的交点实际上是一对重影点的投影。*H* 面上的交点是直线 *AB* 上的点Ⅰ与直线 *CD* 上的点Ⅱ对 *H* 面的重影，从 *V* 面投影可判断，点Ⅰ高于点Ⅱ，故 1 可见，2 不可见。同理，*V* 面上的交点是点Ⅲ与点Ⅳ对 *V* 面的重影，点Ⅳ在点Ⅲ的前方，故 4′可见，3′不可见。

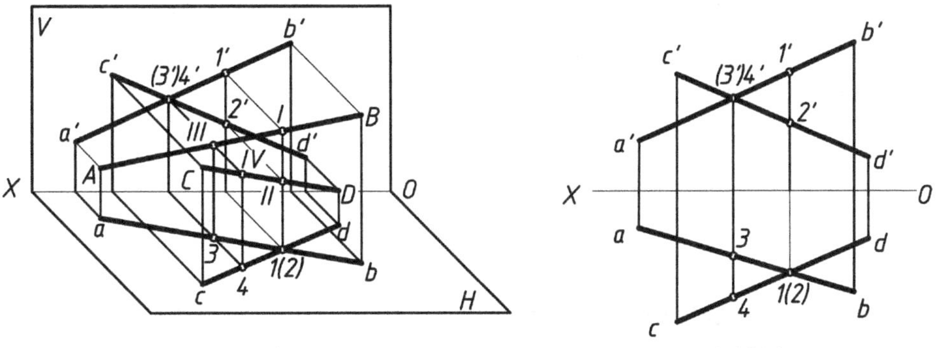

(a)立体图　　(b)投影图

图 2-26　两直线交叉

【例 2-3】 判断图 2-27(a)所示两直线的相对位置关系。

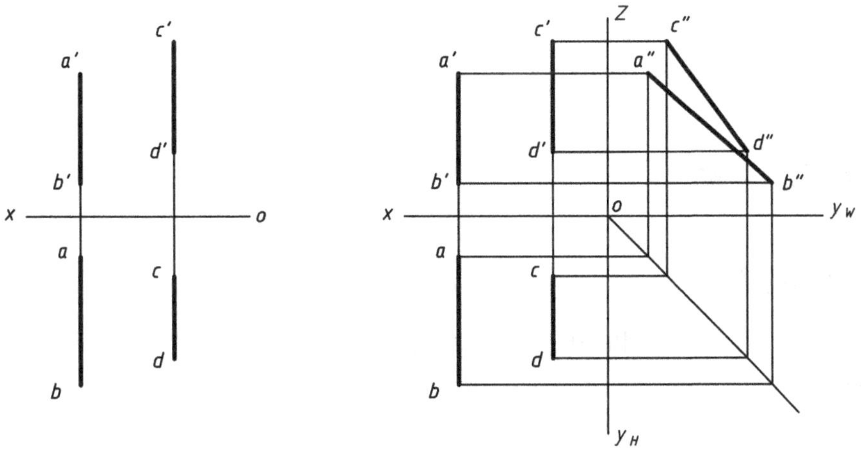

(a)题目　　(b)作图

图 2-27　判断两直线相对位置

【解】 由图 2-27(a)可知，*AB*、*CD* 均为侧平线，它们的正面投影与水平投影均相互平行，但我们不能由此得出两直线平行的结论，如图 2-27(b)所示作出它们的侧面投影，*a″b″*与 *c″d″*并不平行，也不符合相交的投影规律，故 *AB*、*CD* 为交叉两直线。

4. 两直线垂直

垂直的两条直线可以是垂直相交，也可以是垂直交叉，当垂直两直线都是一般位置时投影并不垂直；当垂直两直线都平行于某投影面时，则它们在该投影面上的投影必定垂直。

若相互垂直的两直线中有一条平行于某投影面时，则两直线在该投影面上的投影也相互垂直，这种投影特性称为直角投影定理；反之，若两直线的某投影相互垂直，且其中一条直线平行于该投影面(为该投影面的平行线)，则两直线在空间必定相互垂直。

如图 2-28(a)所示，*AB* 与 *CD* 垂直相交，*AB*∥*H* 面为水平线，CD 为一般位置直线，因为 *AB*⊥*CD*、*AB*⊥*Bb*，所以 *AB*⊥平面 *CDdc*；由于 *AB*∥*ab*，所以 *ab*⊥平面 *CDdc*，由此得 *ab*⊥*cd*；反之，如图 2-28(b)所示，若已知 *ab*⊥*cd*，直线 *AB* 为水平线，则在空间 *AB*⊥*CD*。

上述直角投影定理，也适用于垂直交叉的两直线，如图 2-28(a)中直线 *MN*∥*AB*，但 *MN* 与 *CD* 不相交，为垂直交叉的两直线，在水平投影中仍保持 *mn*⊥*cd*。

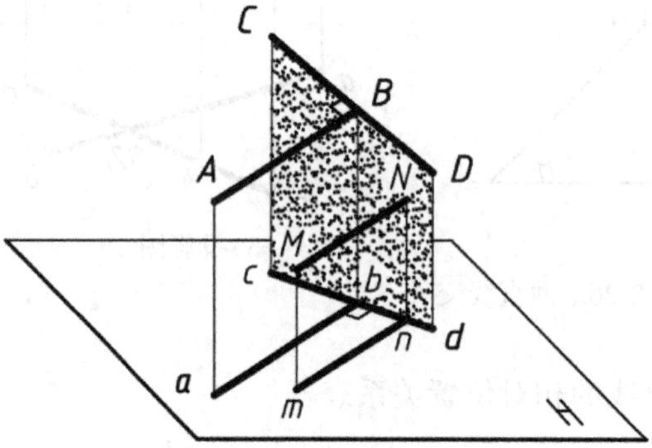

(a)立体图

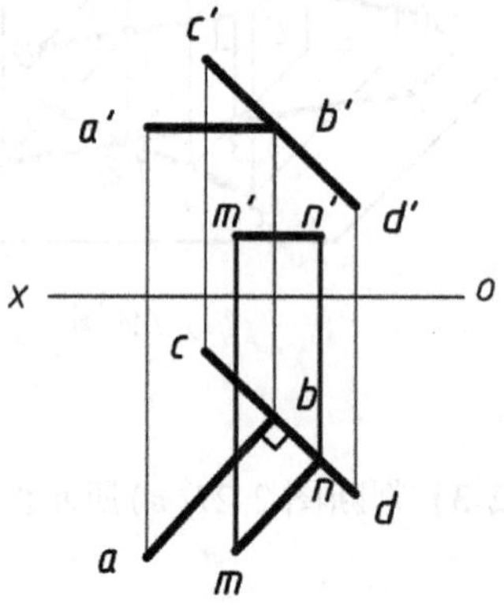

(b)投影图

图 2-28　两直线垂直

2.5　平面的投影

2.5.1　平面的表示法

平面通常可用点、直线和平面图形等几何元素来表示，也可用该平面与投影面的交线——迹线表示。

1. 平面的几何元素表示法

平面的空间位置可用下列五种形式确定：

(1)不在同一直线上的三点，如图 2-29(a)所示；

(2)一直线和直线外的一点，如图 2-29(b)所示；

(3)相交两直线，如图 2-29(c)所示；

(4)平行两直线，如图 2-29(d)所示；

(5)任意平面图形，如三角形、平行四边形、圆等，如图 2-29(e)所示为三角形标示的平面。

这五种确定平面的形式是可以相互转化的。

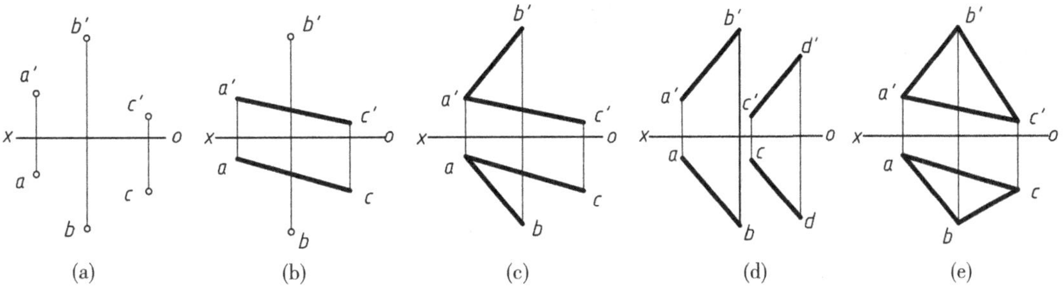

图 2-29　平面的几何元素表示

2. 平面的迹线表示法

不平行于投影面的平面与该投影面相交，交线称为平面在该投影面上的迹线。如图 2-30(a)所示，平面 P 与 H 面的交线称为水平迹线，用 P_H 表示；与 V 面的交线称为正面迹线，用 P_V 表示；与 W 面的交线称为侧面迹线，用 P_W 表示。

迹线的投影特征是：某投影面上的迹线在该投影面上的投影，与其自身实际位置重合；另外两个投影面上的投影在投影轴上。绘制迹线的投影图时，只画出与其自身实际位置重合的投影，另外两个在投影轴上的投影省略不画，如图 2-30(b)所示。

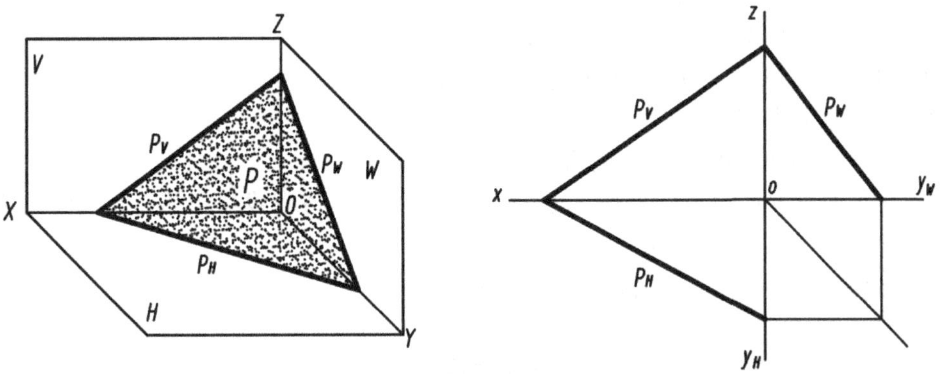

(a)立体图　　(b)投影图

图 2-30　平面的迹线表示

迹线表示法主要用于特殊位置平面，详见表 2-3、表 2-4。

2.5.2　各种位置平面的投影

平面根据它对投影面的相对位置不同分为一般位置平面和特殊位置平面，特殊位置平面又包括投影面垂直面和投影面平行面。

1. 一般位置平面

与三个投影面都倾斜的平面称为一般位置平面。平面与投影面(H 面、V 面、W 面)之间的夹角，称为平面对该投影面的倾角，分别记为水平倾角 α、正面倾角 β、侧面倾角 γ。

如图 2-31 所示，一般位置平面的投影特性为：三个投影均为平面图形的类似形，且面积缩小；也不反映平面对投影面的倾角 α、β、γ 的大小。

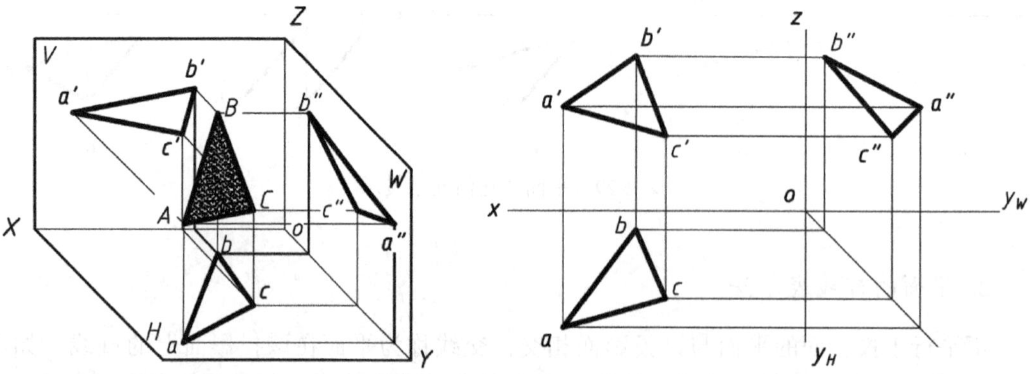

(a)立体图　　(b)投影图

图 2-31　一般位置平面

2. 投影面垂直面

只垂直于一个投影面而与另外两个投影面倾斜的平面称为投影面垂直面。垂直于 *H* 面而倾斜于 *V*、*W* 面的平面称为铅垂面，垂直于 *V* 面而倾斜于 *H*、*W* 面的平面称为正垂面，垂直于 *W* 面而倾斜于 *H*、*V* 面的平面称为侧垂面。表 2-3 列出了投影面垂直面的立体图、投影图和投影特性。

由表 2-3 可归纳出投影面垂直面的投影特性为：

(1)在平面所垂直的投影面上，投影积聚为一直线；该直线与相邻投影轴的夹角反映该平面对另两个投影面的倾角。

(2)在另外两个投影面上的投影均为类似形。

表 2-3　**投影面垂直面**

名称	立体图	投影图	投影特性
铅垂面	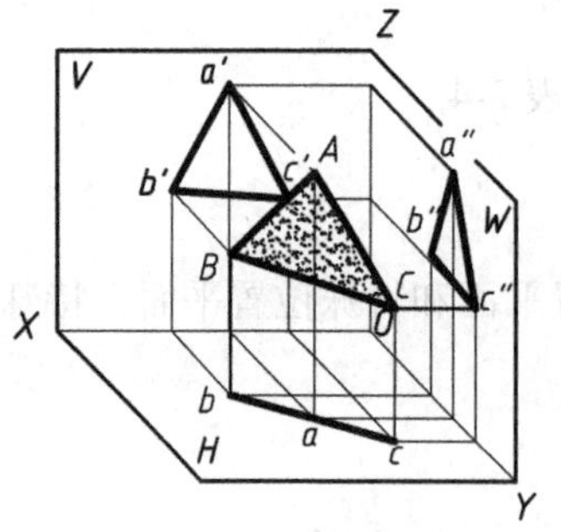	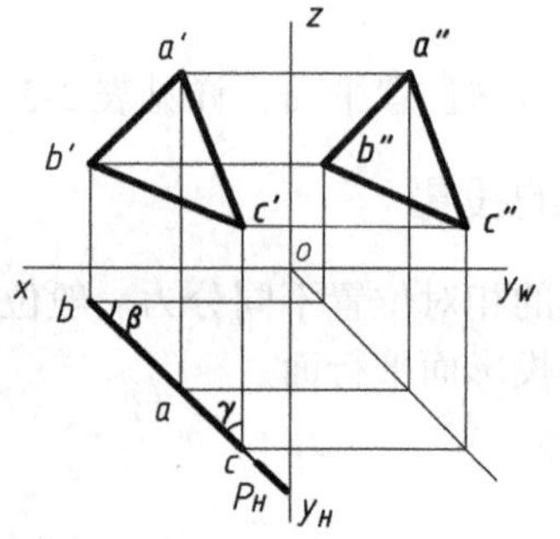	(1)水平投影积聚成与投影轴倾斜的直线，且反映 β、γ 角实形； (2)正面投影、侧面投影为类似形； (3)P_H 为其迹线表示

续表

名称	立体图	投影图	投影特性
正垂面	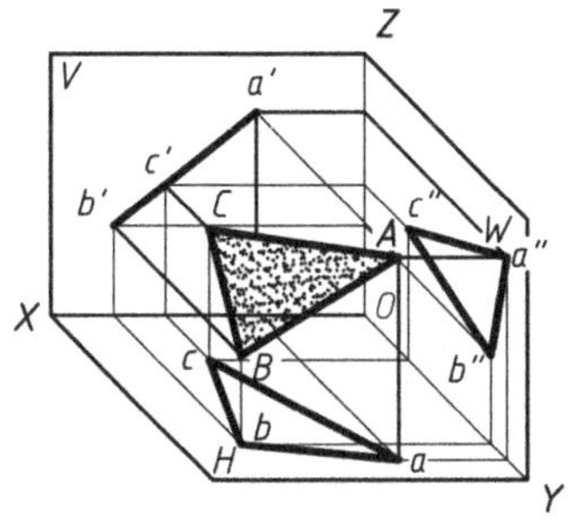	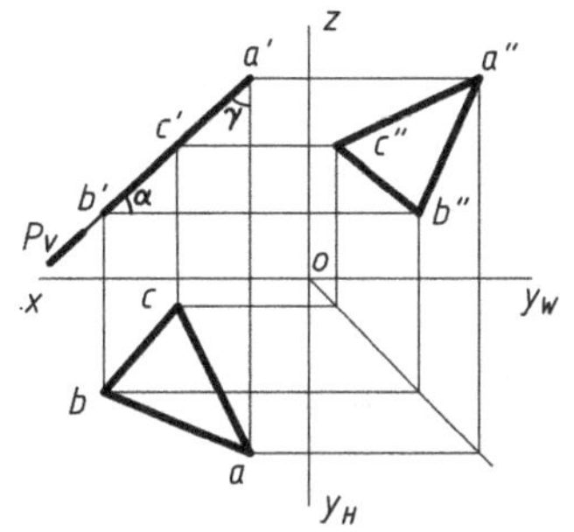	(1)正面投影积聚成与投影轴倾斜的直线，且反映 α、γ 角实形； (2)水平投影、侧面投影为类似形； (3)P_V 为其迹线表示
侧垂面	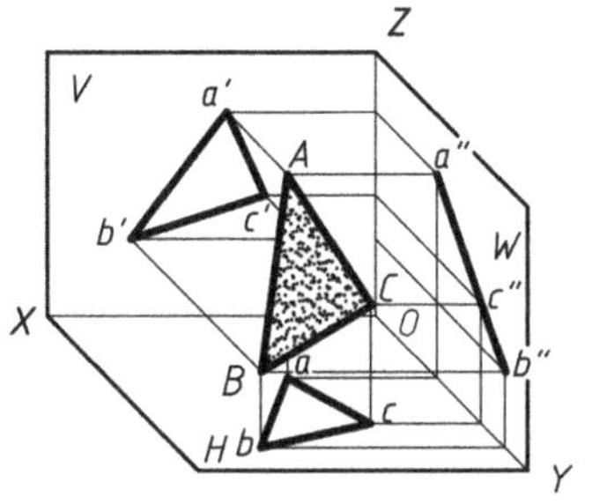	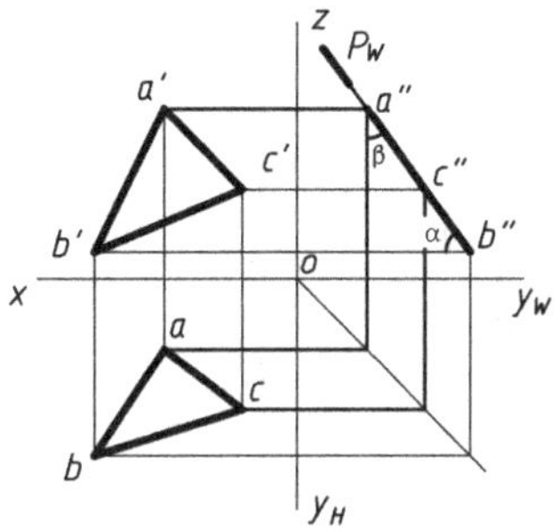	(1)侧面投影积聚成与投影轴倾斜的直线，且反映 α、β 角实形； (2)水平投影、正面投影为类似形； (3)P_W 为其迹线表示

3. 投影面平行面

平行于一个投影面必定垂直于另外两个投影面的平面称为投影面平行面。平行于 H 面的平面称为水平面，平行于 V 面的平面称为正平面，平行于 W 面的平面称为侧平面。表 2-4 列出了投影面平行面的立体图、投影图和投影特性。

由表 2-4 可归纳出投影面平行面的投影特性为：

(1)在平面所平行的投影面上，其投影反映平面图形的实形。

(2)在另外两个投影面上的投影积聚为直线，且分别平行于相应的投影轴。

表 2-4　**投影面平行面**

名称	立体图	投影图	投影特性
水平面	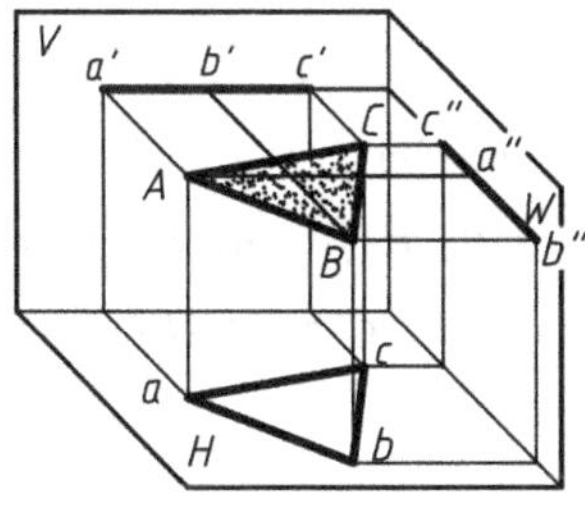	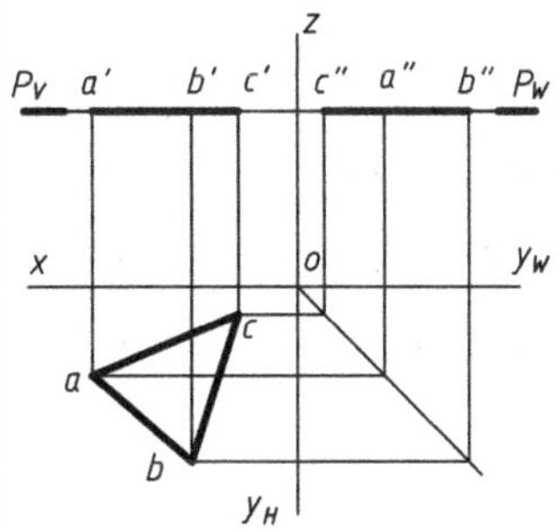	(1)水平投影反映实形； (2)正面投影、侧面投影积聚成直线，且分别平行于 OX 轴、OY 轴； (3)P_V、P_W 为其迹线表示

续表

名称	立体图	投影图	投影特性
正平面	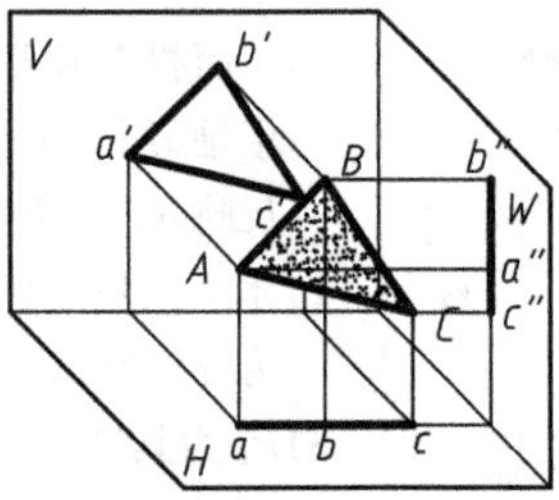	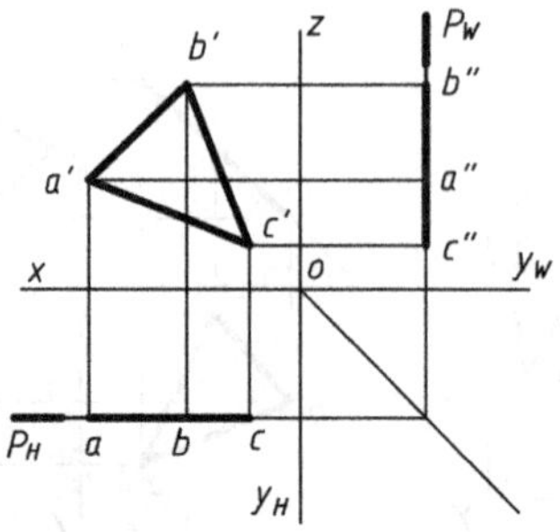	(1)正面投影反映实形； (2)水平投影、侧面投影积聚成直线，且分别平行于 OX 轴、OZ 轴； (3)P_H、P_W 为其迹线表示
侧平面	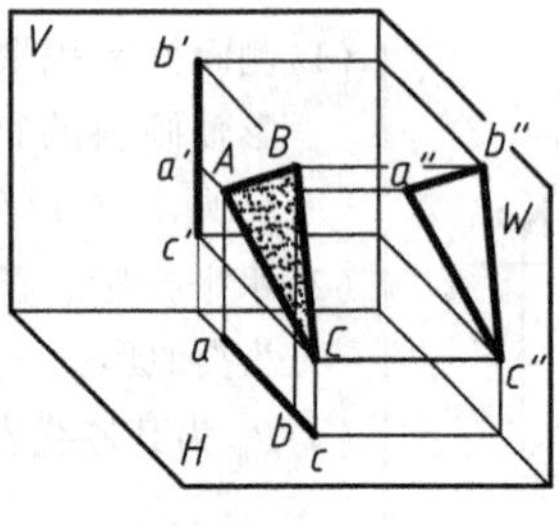	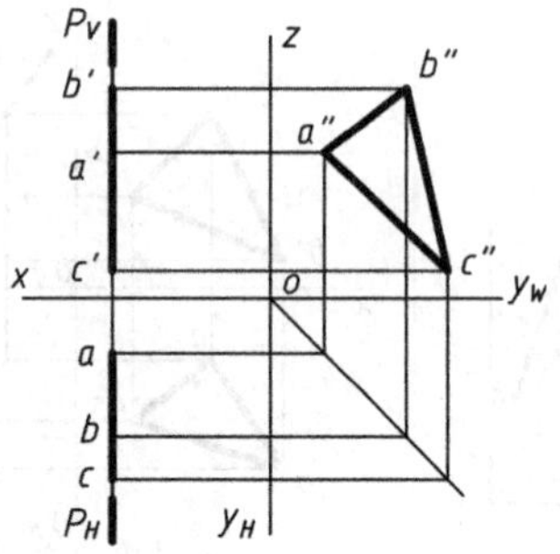	(1)侧面投影反映实形； (2)正面投影、水平投影积聚成直线，且分别平行于 OZ 轴、OY 轴； (3)P_V、P_H 为其迹线表示

2.5.3　平面内的点和直线

1. 平面内的点

由初等几何可知，点在平面内的充分和必要条件是：若点在平面内，则该点必定在这个平面的一条直线上。如图 2-32(a)所示，点 *F* 在平面 *ABC* 的直线 *AD* 上，则点 *F* 在平面 *ABC* 内；点 *E* 不在平面 *ABC* 的直线 *AD* 上，故点 *E* 不在平面 *ABC* 内。

当平面为特殊位置时，点的投影在该平面的积聚投影上，是点在该平面内的充分和必要条件。如图 2-32(b)所示，点 *F* 的投影在平面 *ABC* 的积聚投影 *abc* 上，则点 *F* 在平面 *ABC* 内；点 *E* 的投影不在平面 *ABC* 的积聚投影 *abc* 上，故点 *E* 不在平面 *ABC* 内。

2. 平面内的直线

直线在平面内的充分和必要条件是：若直线在平面内，则该直线必定通过这个平面内的两个点；或者通过这个平面内的一个点，且平行于这个平面内的另一条直线。如图 2-33(a)所示，直线 EF 通过平面 *ABC* 内直线 *AC* 上的 *E* 点、*BC* 上的 *F* 点，故 *EF* 在平面 *ABC* 内；另一直线 *FK* 的端点 *K* 不在平面 *ABC* 的直线 *AC* 上，故点 *K* 不在平面 *ABC* 内，则直线 *FK* 不在平面 *ABC* 内。

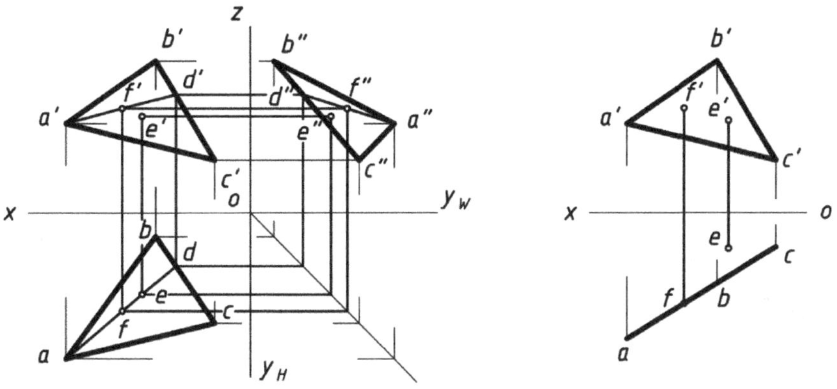

(a)一般位置平面　　(b)特殊位置平面

图 2-32　平面内的点

当平面为特殊位置时，直线的投影与该平面的积聚投影重合，是直线在该平面内的充分和必要条件。如图 2-33(b)所示，直线 *EF* 的投影与平面 *ABC* 的积聚投影 *a′b′c′* 重合，故直线 *EF* 在平面 *ABC* 内；直线 *FK* 的投影与平面 *ABC* 的积聚投影 *a′b′c′* 不重合，故直线 *FK* 不在平面 *ABC* 内。

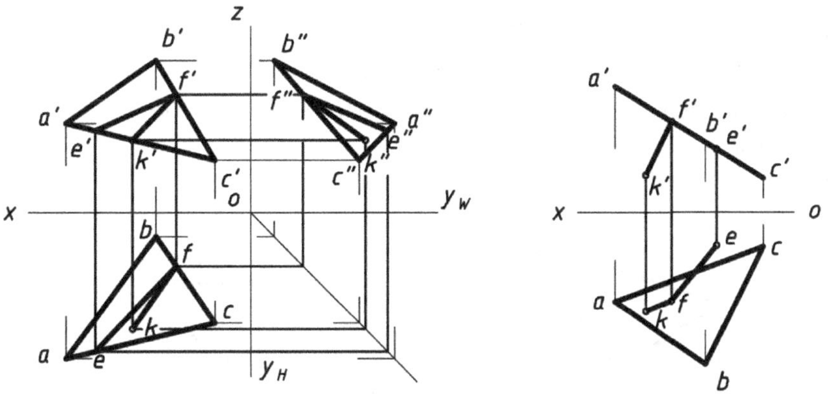

(a)一般位置平面　　(b)特殊位置平面

图 2-33　平面内的直线

【例 2-4】 如图 2-34(a)所示，已知四边形 *ABCD* 的正面投影及 *AB*、*BC* 两边的水平投影，试完成其水平投影。

【解】 四边形 *ABCD* 两相交边线 *AB*、*BC* 的投影已知，连接 *AC* 即得平面 *ABC*，点 *D* 属于平面 *ABC*，作出其水平投影 *d*，再连接 *ad*、*dc* 即为所求。

在图 2-34(b)中连 *a′c′*，*b′d′* 得交点 *k′*，过 *k′* 向下作 *OX* 轴垂线交 *ac* 于 *k*，在图 2-34(c)中连接 *bk* 再延长与过 *d′* 向下所作的垂线交于 *d*，连 *ad*，*dc* 即得所求四边形水平投影。

3. 平面内的投影面平行线

在一般位置平面内，可作出投影面的平行线(水平线、正平线、侧平线)，这种直线既是平面内的直线，又是投影面的平行线，故称为平面内的投影面平行线。

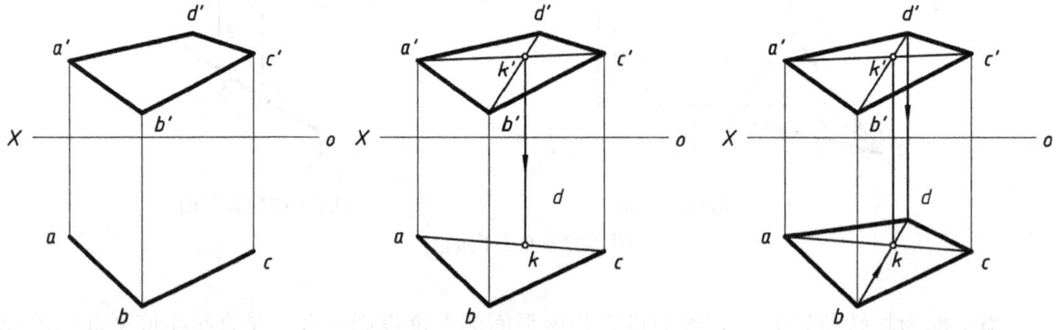

(a)已知条件　(b)作图步骤一　(c)作图步骤二

图 2-34　补全平面的投影

【例 2-5】如图 2-35(a)所示，在平面△*ABC* 内作水平线，使其到 *H* 面距离为 15mm。

【解】所求水平线的正面投影应平行于 *OX* 轴，且到 *OX* 轴的距离为 15mm。又因直线在平面上，因此可在△*ABC* 内取两个点以确定该直线。

如图 2-35(b)所示在 *V* 面上作与 *OX* 轴平行且距 *OX* 轴为 15mm 的直线，该直线与 *a′c′*、*b′c′*分别交于 *m′*和 *n′*；过 *m′*、*n′*分别作 *OX* 轴的垂线与 *ac*、*bc* 交于 *m* 和 *n*，连接 *m′n′*、*mn*，即为所求。

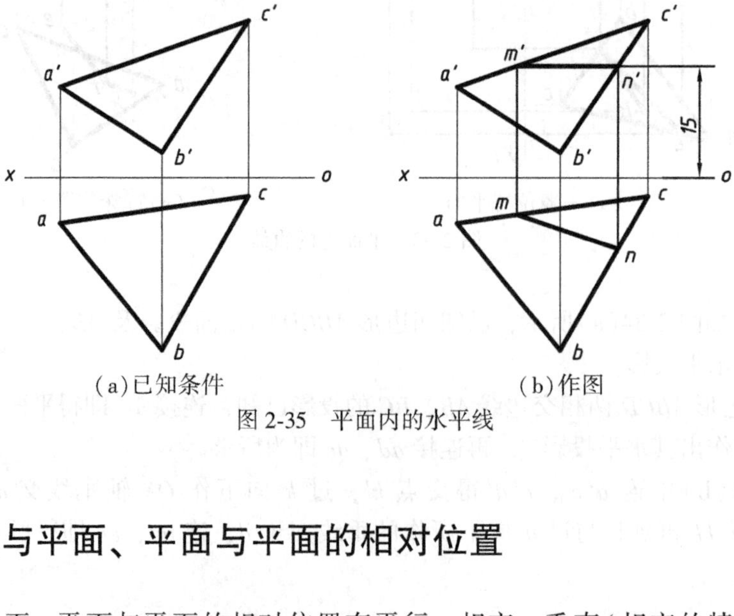

(a)已知条件　(b)作图

图 2-35　平面内的水平线

2.6　直线与平面、平面与平面的相对位置

直线与平面、平面与平面的相对位置有平行、相交、垂直(相交的特殊情况)三种

情况。

2.6.1 平行关系

1. 直线与平面平行

由初等几何可知，若空间直线平行于某平面内的一条直线，则该直线与平面平行。用于作图和判断时，通常是在已知平面内找到与平面外直线平行的直线。

当平面为特殊位置平面时，只要空间直线的一个投影与平面的具有积聚性的同面投影平行，则直线与平面平行。

【例 2-6】 如图 2-36(a)所示，试判断直线 MN 是否平行于平面△ABC 及平面△EFG。

【解】 如图 2-36(b)所示，过点 C 的正面投影 c'作直线 CD 的正面投影 $c'd'$，且 $c'd' /\!/ m'n'$；作出平面△ABC 上直线 CD 的水平投影 cd；因 cd 与 mn 不平行，故直线 MN 不平行平面△ABC。

直线 MN 的正面投影 $m'n'$与平面△EFG 有积聚性的正面投影 $e'f'g'$平行，因此直线 MN 平行于平面△EFG。

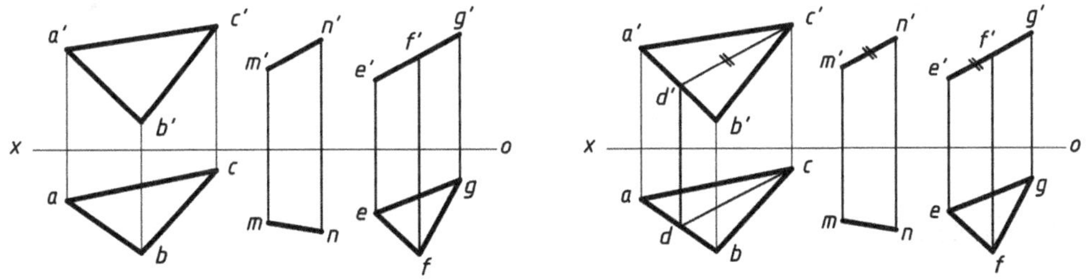

(a)已知条件　　(b)作图

图 2-36　直线与平面平行的判断

2. 平面与平面平行

若一平面内的两相交直线对应地平行于另一平面内的两相交直线，则这两平面互相平行。如图 2-37(a)所示，$a'b' /\!/ e'f'$且 $ab /\!/ ef$，直线 $AB /\!/ EF$；$a'c' /\!/ e'g'$且 $ac /\!/ eg$，直线 $AC /\!/ EG$，故平面 ABC 与平面 EFG 平行。

当两平面为同一投影面垂直面时，只要具有积聚性的投影相互平行，则两平面相互平行，如图 2-37(b)，两个正垂平面具有积聚性的投影平行，$l'm'n' /\!/ d'e'f'$，故平面 LMN 与平面 DEF 平行。

【例 2-7】 如图 2-38(a)所示，试判断平面 $ABCD$ 与平面 EFG 是否平行。

【解】 如图 2-38(a)所示，直线 AB 与直线 EF 平行，仅凭一条直线平行无法确定两平面平行；在图 2-38(b)中，在平面 $ABCD$ 正面投影上作 $b'k' /\!/ f'g'$，再作出水平投影 bk，可看出 bk 与 fg 不平行，说明在四边形 $ABCD$ 内不存在与 EFG 平面平行的相交两直线，所以两平面不平行。

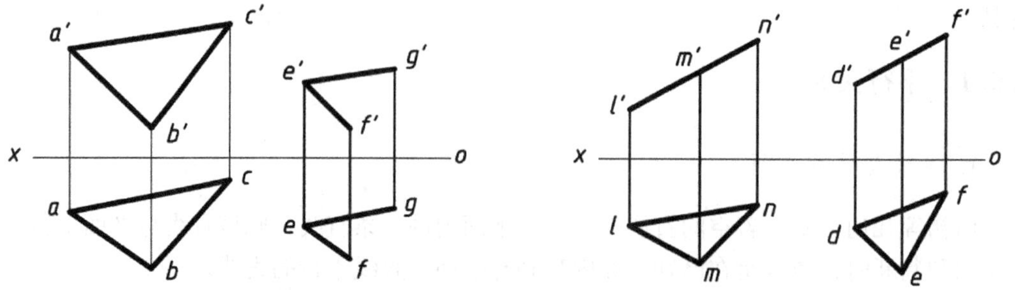

(a)一般位置平面　　(b)特殊位置平面

图 2-37　两平面平行

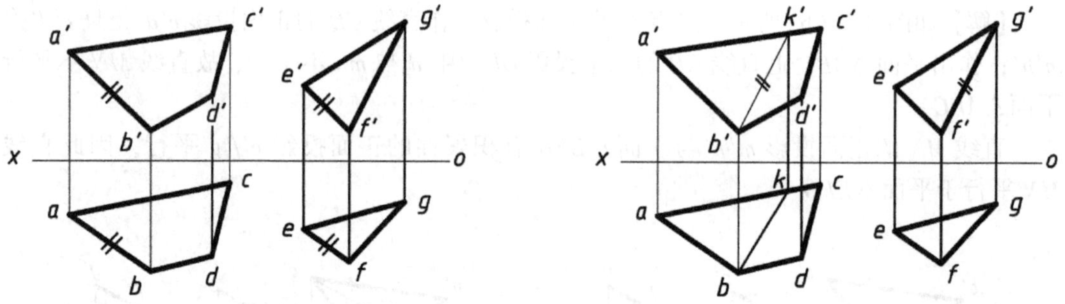

(a)已知条件　　(b)作图

图 2-38　两平面平行的判断

2.6.2　相交关系

直线与平面、平面与平面若不平行，则必相交。直线与平面相交，其交点是它们的共有点，它既在直线上又在平面上。两平面相交其交线是两平面的共有直线，它既属于第一个平面又属于第二个平面。

作图时约定平面图形是有边界且不透明的，当直线与平面相交时，直线的某一段可能会被平面部分遮挡，在投影图中以交点为界，直线的一侧可见另一侧则不可见。同理，两平面图形相交时在投影重叠部分可能会互相遮挡，在同一投影面上，同一平面图形在交线同一侧可见性相同，即一侧可见另一侧不可见。

1. 有积聚性投影的相交

相交的直线或平面至少有一个其投影具有积聚性时，可利用积聚投影直接确定交点或交线的一个投影；另一个投影则可利用从属性求出。

判别可见性时，对于有积聚性的投影无须判别，另一投影面上的投影，其可见性可通过相交两元素的积聚投影的相对位置来确定。

1) 一般位置直线与具有积聚性投影的平面相交

由于平面的一个投影具有积聚性，交点的一个投影包含在该积聚性投影中，利用共有点这一条件，可直接得出交点的一个投影，再利用投影规律可作出另一投影。

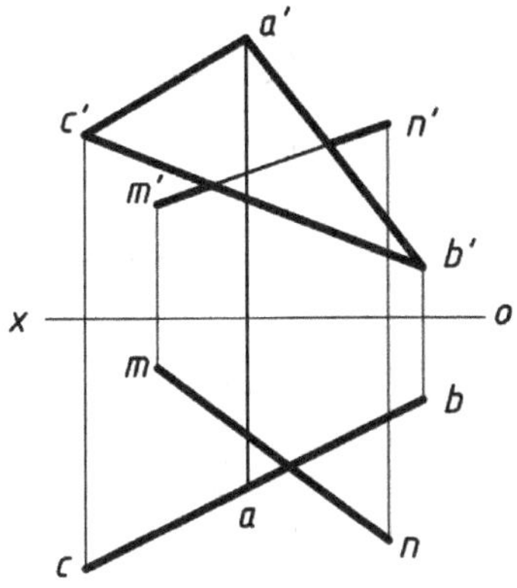

(a)已知条件

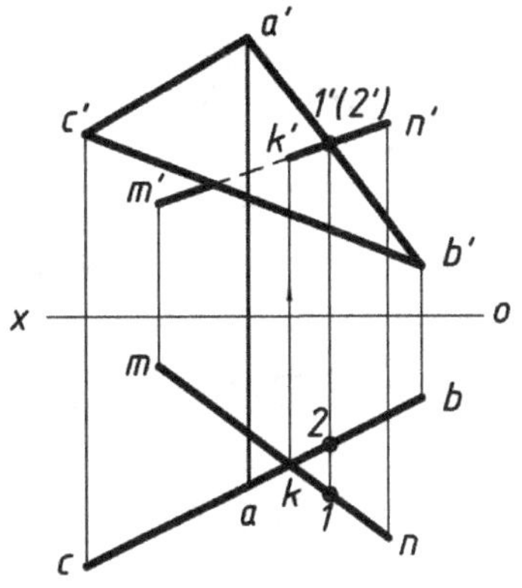

(b)作图

图 2-39　一般位置直线与有积聚性投影的平面相交

如图 2-39(a)所示的铅垂面 *ABC* 与一般位置直线 *MN* 相交，因水平投影具有积聚性，其交点的水平投影在共有点 *k* 处，如图 2-39(b)所示，因点 *K* 在直线 *MN* 上，故利用直线上取点的方法，可得其正面投影 *k'*。

在水平投影中，点 *k* 将 *mn* 分成两段，当向正面进行投影时，*kn* 段在平面 *ABC* 的右前方，其正面投影 *n'k'* 可见，将其画成粗实线，另一侧 *mk* 则不可见(在平面的左后方，其正面投影 *m'k'* 部分被遮挡)将其画为虚线。也可以利用重影点投影判别可见性，从水平投影可看出，重影点的水平投影 1 在 2 之前，正面投影中在 *m'n'* 的 1'为可见，故 1'*k'* 段可见。

2)一般位置平面与具有积聚性投影的直线相交

由于直线的一个投影具有积聚性，交点的一个投影在该积聚性投影中，另一投影利用平面内的点的特性作出。

如图 2-40(a)所示的铅垂线 *MN* 与一般位置平面 *ABC* 相交，因水平投影具有积聚性，其交点的水平投影 *k* 与 *m*、*n* 重合，如图 2-40(b)所示，因点 *K* 在平面 *ABC* 内，故利用平面内取点的方法，可得其正面投影 *k'*。

直线上位于平面图形边界以外的部分总是可见的。在直线与平面图形投影的重合区域，以交点 *K* 为界将直线分为可见与不可见两段，如图 2-40(b)所示，由于直线 *MN* 具有积聚性，在水平投影中不用判断 *mn* 可见性，而正面投影的可见性，由于 *CA* 与 *MN* 为交叉直线，从水平投影可看出，重影点Ⅰ在Ⅱ之前，所以正面投影中 *c'a'* 边上的 1'为可见，在 *m'n'* 上的(2')为不可见，故(2')*k'* 段不可见，画虚线，过分界点 *k'* 后，则 *k'n'* 段可见，画粗实线。

3)一般位置平面与具有积聚性投影的平面相交

如图 2-41(a)所示，铅垂面 *EFGH* 与一般位置平面 *ABC* 相交，因 *EFGH* 水平投影具有积聚性，其交线的水平投影为两平面的水平投影公共重合处 *kl*，因此，只要将交线 *KL* 上两个交点的正面投影求出，即可得两平面的交线。

因点 *K* 在直线 *AB* 上，点 *L* 在直线 *BC* 上，求出其正面投影 *k'*、*l'*，连接 *k'l'* 即得交线的正面投影，如图 2-41(b)所示。

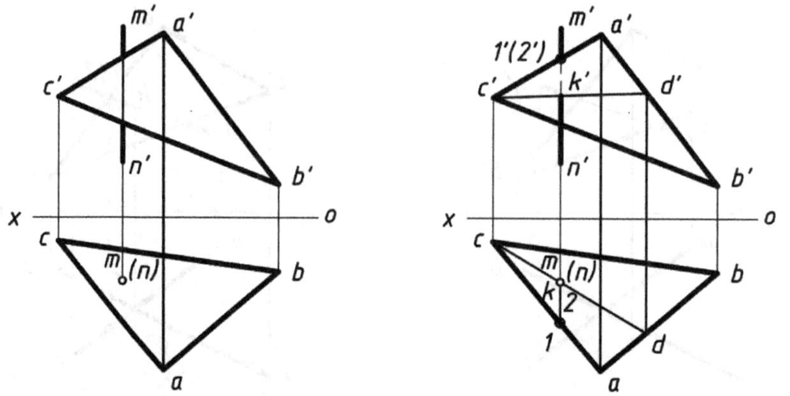

(a)已知条件　　　　(b)作图

图 2-40　一般位置平面与有积聚性投影的直线相交

在水平投影中，因铅垂面 *EFGH* 积聚为直线，不需判别可见性。由于 *ak*、*cl* 在铅垂的平面 *EFGH* 之前，故正面投影 *a'k'*、*c'l'* 可见，画成实线。平面 *ABC* 在交线的另一侧部分不可见，画成虚线。如图 2-41(b)所示。

正面投影的可见性，也可用前述重影点的方法判断。

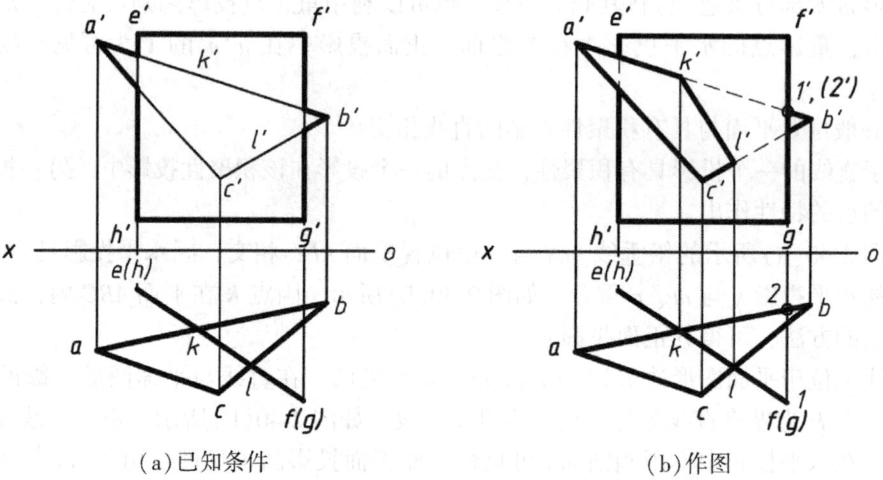

(a)已知条件　　　　(b)作图

图 2-41　一般位置平面与有积聚性投影的平面相交

4)两个有积聚性投影的平面相交

如图 2-42(a)所示为两正垂面相交，它们的正面投影积聚为两条直线，交线是两平面的共有线，其积聚投影的交点即是交线 *MN* 的正面投影 *m'n'*，交线 *MN* 为正垂线。

交线的水平投影 *mn* 垂直 *OX* 轴，且位于两平面图形的公共区域的边线 *ac* 和 *he* 之间，*m'n'* 与 *mn* 为交线 *MN* 的两面投影。如图 2-42(b)所示。

由于正面投影积聚，故正面投影可见性不需判断，水平投影的可见性，由交线的端点所在的边与另一平面的位置关系来完成，也可用前述重影点的方法判断。在交线 *MN* 左侧，平面 *EFGH* 位于平面 *ABC* 的上方，其水平投影可见；交线的右侧，平面 *ABC* 位于平面 *EFGH* 的上方，其水平投影可见，判别结果如图 2-42(b)所示。

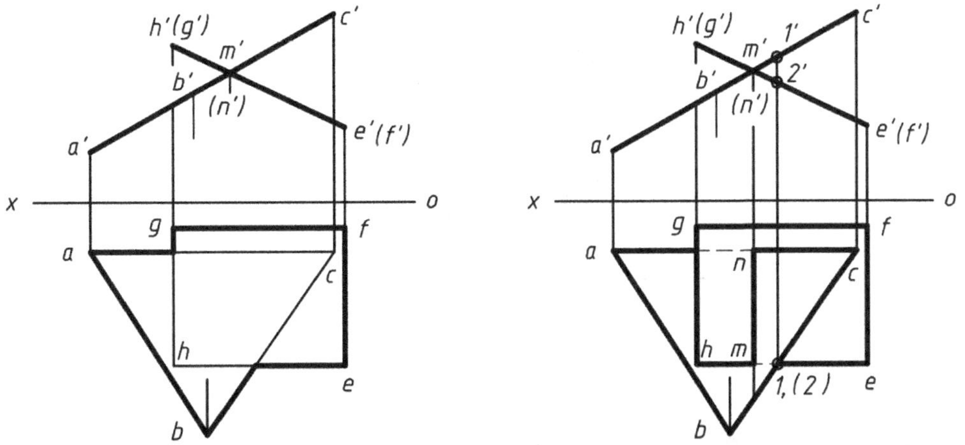

(a)已知条件　　　　　　(b)作图

图 2-42　两个有积聚性投影的平面相交

2. 无积聚性投影的相交

当参与相交的直线与平面、平面与平面均无积聚投影时，交点或交线的投影不能直接确定，通常要用辅助平面法求作交点、交线，再借助重影点判断可见性。

1)一般位置直线与一般位置平面相交

图 2-43 所示是一般位置直线与一般位置平面相交时，利用辅助平面法求交点的原理示意图：包含直线 *MN* 作一特殊位置平面作为辅助平面，例如，辅助平面 *P*(铅垂面)与平面 *ABC* 相交，交线为Ⅰ Ⅱ，此交线与同属于辅助平面 *P* 的已知直线 *MN* 相交于点 *K*，点 *K* 就是所求的直线与平面的交点。

图 2-44 所示为求直线 *MN* 与平面 *ABC* 交点 *K* 的作图过程。

首先包含已知直线 *MN* 作辅助的铅垂面 *P*(也可以作辅助的正垂面)，用迹线 P_H表示，P_H与 *mn* 重合；该辅助平面与平面 *ABC* 交线的水平投影为 12，由 12 求得其正面投影 1′2′；1′2′与 *m′n′*交于 *k′*，由 *k′*向下作垂直于 *OX* 轴的投影连线交 *mn* 于 *k* 处，*k′*、*k* 为直线 *MN* 与平面 *ABC* 的交点 *K* 的两面投影，如图 2-44(b)所示。

最后利用重影点Ⅰ、Ⅲ和重影点Ⅳ、Ⅴ判别投影图的可见性：在水平投影中，水平投影上的重影点Ⅲ位于点Ⅰ的上方，*mk* 上 3 可见，*ab* 上 1 不可见，故可判别出 3*k* 段可见，过了 *k* 的另一段不可见；用同样方法判断正面投影中的可见性，正面投影上重影点Ⅳ位于点Ⅴ之前，*b′c′*上 4′可见，*k′n′*上 5′不可见，故可判断出 *k′*5′段不可见，过了 *k′*的另一段可见。如图 2-44(c)所示。

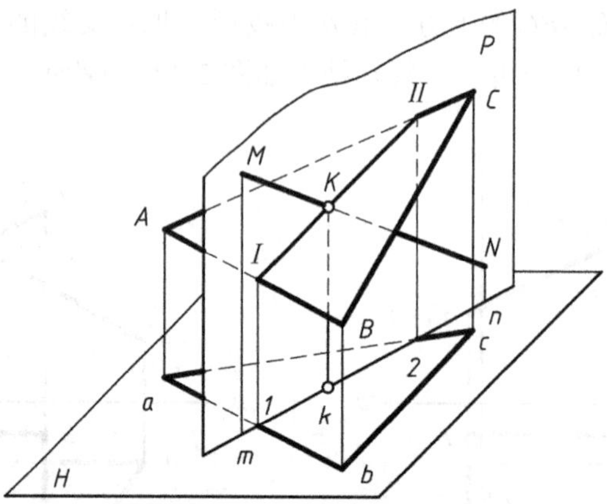

图 2-43　辅助平面法求交点

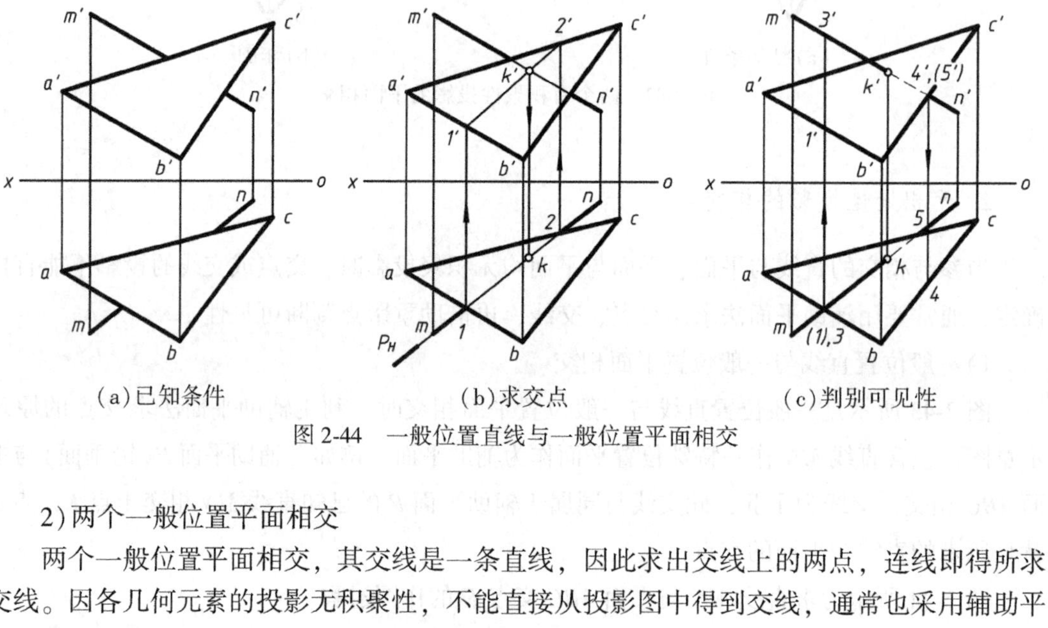

(a)已知条件　　(b)求交点　　(c)判别可见性

图 2-44　一般位置直线与一般位置平面相交

2)两个一般位置平面相交

两个一般位置平面相交，其交线是一条直线，因此求出交线上的两点，连线即得所求交线。因各几何元素的投影无积聚性，不能直接从投影图中得到交线，通常也采用辅助平面法求出。作图时，可在一平面内取两条直线使之与另一平面相交，求交点；也可在两面内各取一条直线求其与另一平面的交点。

图 2-45 是两个一般位置平面 *ABC* 与 *DEF* 相交，求交线 *MN* 的作图过程。

先包含平面 *DEF* 的边 *DE* 作辅助铅垂面 *P*，求 *DE* 与平面 *ABC* 交点 $M(m, m')$，再包含平面 *ABC* 的边 *BC* 作辅助正垂面 *Q*，求 *BC* 与平面 *DEF* 交点 $N(n, n')$，连接 $MN(mn, m'n')$ 即得所求交线，如图 2-45(b)所示。

利用一对重影点Ⅴ、Ⅵ的投影 5′，(6′)，5，6 和一对重影点Ⅶ、Ⅷ的投影 7，(8)，7′，8′，分别判断平面 *ABC* 与平面 *DEF* 在正面投影和水平投影面中投影重叠部分可见性，如图 2-45(c)所示。

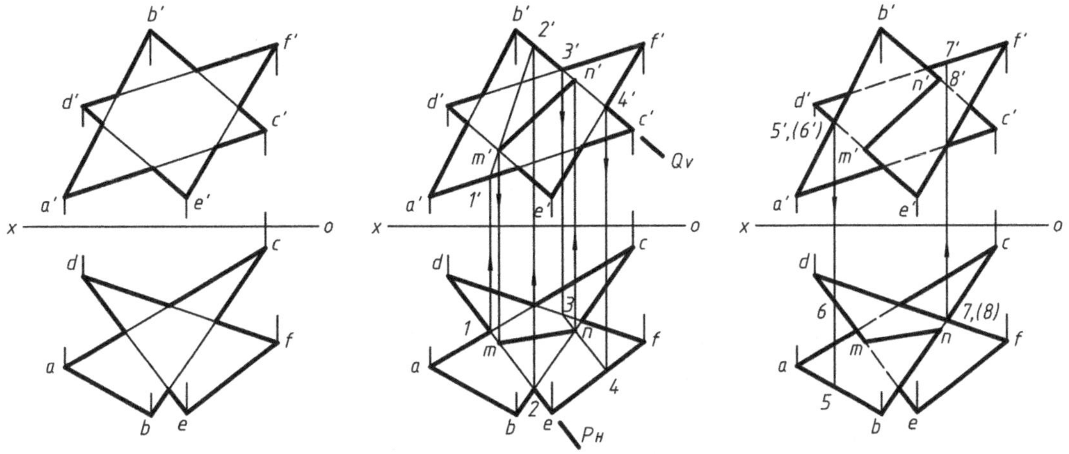

（a）已知条件　　（b）求交点　　（c）判别可见性

图 2-45　两个一般位置平面相交

在求两个一般位置平面的交线的作图过程中，作一条直线与另一平面的交点，交点有时可能在直线的延长线上，也有时可能在平面的扩展面上，连接交线时可取交线上分别位于两个平面图形的同面投影重合处一段。

2.6.3　垂直关系

包含有特殊位置直线或平面时，垂直关系可利用积聚投影或者投影特性来确定。

1. 直线与特殊位置平面垂直

若直线与特殊位置平面垂直，则平面的积聚投影与直线的同面投影垂直，且直线也为特殊位置直线（平行线或垂直线）。如图 2-46（a）所示，与铅垂面 *ABC* 垂直的直线 *MN* 为水平线，图 2-46（b）所示，与正平面 *DEF* 垂直的直线 *KL* 为正垂线。

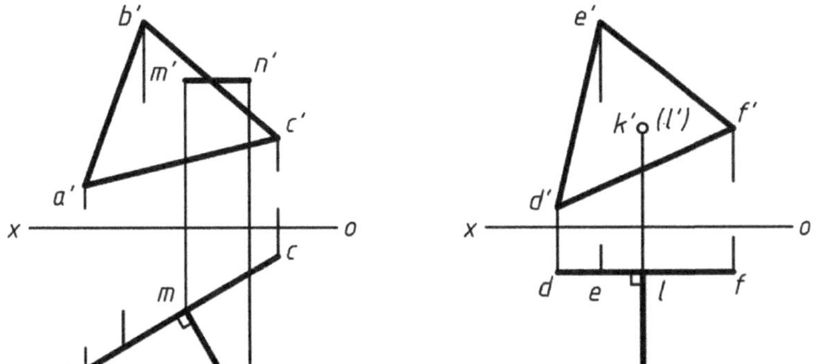

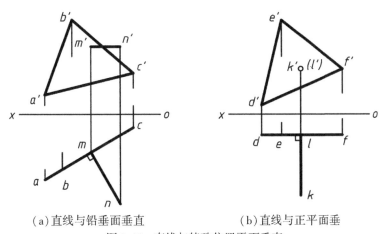

（a）直线与铅垂面垂直　　（b）直线与正平面垂

图 2-46　直线与特殊位置平面垂直

2. 两特殊位置平面垂直

若两投影面垂直面互相垂直，且同时垂直于同一投影面，则它们的积聚投影相互垂直，如图 2-47(a)所示，铅垂面 *ABC* 与 *DEF* 的积聚投影 $abc \perp def$，则该两平面相互垂直。

不同投影面的平行面相互垂直，例如水平面与正平面、侧平面垂直。投影面平行面也与该投影面的垂直面互相垂直，如图 2-47(b)所示，水平面 *LMN* 与铅垂面 *ABC* 垂直。

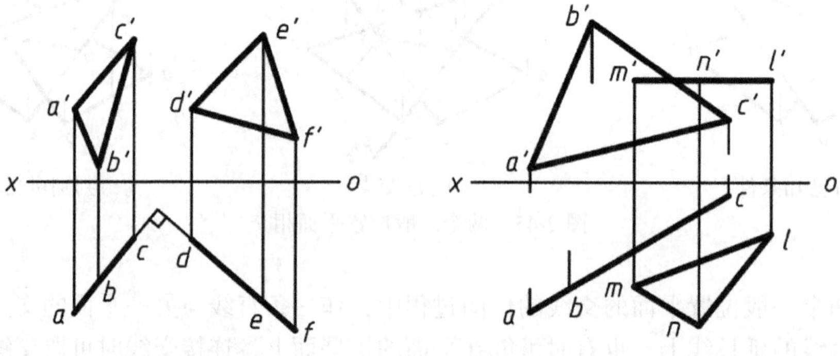

(a)两铅垂面垂直　　(b)水平面与铅垂面垂直

图 2-47　特殊位置平面垂直

第3章　基本体及其表面交线

机器和组成它的零件，不论其结构形状多么复杂，一般都可以看成由一些形状单一的几何体组合而成，如棱柱、棱锥、圆柱、圆锥、球等，这些几何体称为基本体。当基本体被截切、挖槽时，表面会产生新的交线；当两个基本体相交时也称相贯，新的立体表面也会产生交线，本章着重研究基本体及其截切、相贯产生新的立体的特征和投影图的画法。

3.1　基本体的投影

立体的投影，实质上是构成立体的所有表面投影的总和。基本体按其表面几何性质不同可分为平面立体和曲面立体。

3.1.1　平面立体的投影

平面立体是指表面都是平面的立体。绘制平面立体的投影图，可归结为绘制平面立体所有多边形表面的投影，也就是绘制各表面交线和顶点的投影。

1. 棱柱

1)棱柱的投影

棱柱是指由两个相互平行的底面和若干个侧棱面围成的平面立体。侧棱线垂直于底面的棱柱为直棱柱；侧棱线与底面斜交的棱柱称为斜棱柱。底面为正多边形的直棱柱称为正棱柱。

图3-1(a)所示是一个正六棱柱及其三面投影的直观图。画棱柱投影图时，要注意棱柱的放置位置。一般应该使棱柱处于自然稳定的位置，同时尽量减少投影图当中的虚线。当按图3-1(a)所示的位置放置时，正六棱柱的两底面都是水平面，前后两个棱面是正平面，其他棱面均为铅垂面。

图3-1(b)所示是正六棱柱的三面投影图。根据平面的投影特性可知，六棱柱的上、下底面的水平投影反映实形(正六边形)，其正面投影和侧面投影积聚为两段水平的直线；六棱柱的前、后棱面的正面投影反映实形(中间的矩形)，水平投影和侧面投影分别积聚为两段水平的直线和两段竖直线。由于其他四个棱面都是铅垂面，它们的水平投影积聚为四段斜线，因为这四个棱面前后、左右两两对称，它们的正面投影和侧面投影分别重合为两个矩形(不反映实形)。

画棱柱投影时，一般先画特征投影图，如图3-1(b)中先画水平投影图，再根据对应关系画正面投影和侧面投影。立体对称时，应根据对称关系进行作图。

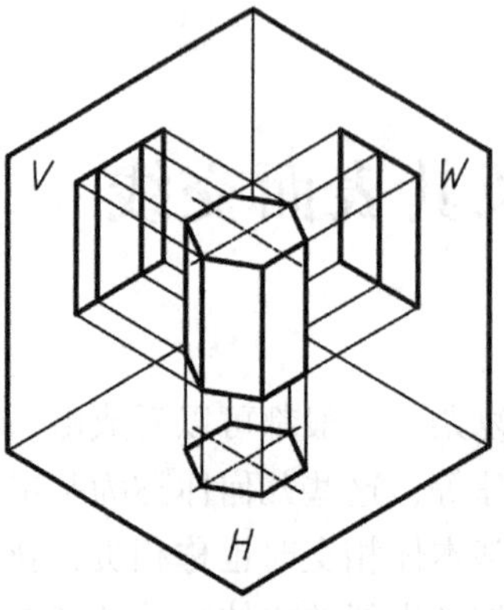

(a)直观图

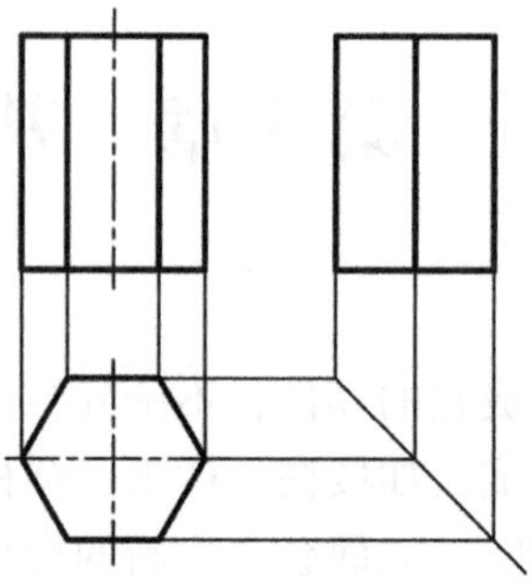

(b)投影图

图 3-1　正六棱柱的投影

在画图的过程中要注意每一条棱线、每一个棱面或底面在三个投影面中的投影是什么线段或线框；反之，在读图的过程中要注意分析投影图中每根线段和每个线框代表的含义。

2)棱柱表面取点。

在平面立体表面上取点，首先要根据已知点的投影位置和可见性来判断该点究竟在立体的哪个表面上。若点所在的表面有积聚性，则利用积聚性直接求；若点所在表面无积聚性，则根据平面内取点的方法，求出该点的其余投影。在判断可见性时，若平面的某一投影可见，则该面上点的该投影也是可见的；反之则不可见。在平面积聚投影上的点的投影，不必判断其可见性。

【例 3-1】 如图 3-2(a)所示，已知六棱柱表面上的 M、N 点的正面投影 m'、n'，和 K 点的水平投影 k，求作三点的其余两面投影。

【解】 根据 M、N、K 三点的正面投影的位置和可见性，可以判定 M 点在左前棱面上，N 点在右后棱面上，K 点在顶面。如图 3-2(b)所示，因为所有侧棱面的水平投影都积聚为直线，故可利用“长对正”关系先求出 M、N 点的水平投影 m，n，然后再利用“高平齐”“宽相等”关系求出 M、N 点的侧面投影 m''、n''，m''可见，n''不可见；因为顶面的正面投影和侧面投影都积聚为直线，故可根据三等关系同时求出 K 点的正面投影 k'和侧面投影 k''。

2. 棱锥

1)棱锥的投影

棱锥是由一个底面和若干个呈三角形的侧棱面围成的平面立体。两相邻侧棱面的交线称为侧棱线，所有侧棱线相交于一点，称为锥顶点。如果锥顶点在底面的投影是底面的中心，这样的棱锥叫直棱锥，底面为正多边形的直棱锥称为正棱锥。

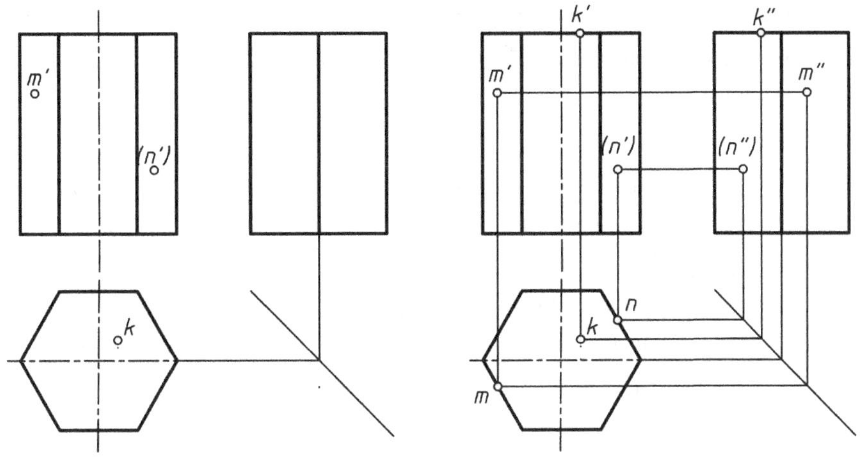

(a)已知　　　　(b)作图

图 3-2　棱柱表面取点

图 3-3(a)所示是一个正三棱锥及其三面投影的直观图。该三棱锥的底面为等边三角形，三个棱面为全等的等腰三角形，图中将其放置成底面 *ABC* 为水平面，棱面 *SAC* 为侧垂面，*SAB* 和 *SBC* 为一般位置平面。

图 3-3(b)所示是该三棱锥的三面投影图。由底面和各棱面与投影面的相对位置可知：底面 *ABC* 的水平投影 *abc* 为反映实形的等边三角形，其正面投影和侧面投影都积聚为一水平线段。*SAC* 的侧面投影 *s″a″c″*积聚为一段倾斜的直线，其水平投影 *sac* 和正面投影 *s′a′c′* 都是实形的类似形。棱面 *SAB* 和 *SBC* 是一般位置平面，三面投影均为实形的类似形。

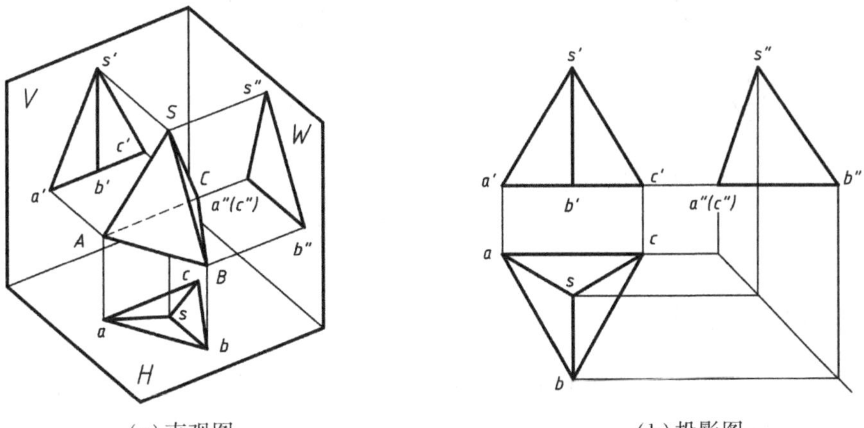

(a)直观图　　　　(b)投影图

图 3-3　棱锥的投影

画棱锥投影时，一般先画出底面的各面投影，然后再画锥顶点的各面投影，最后将锥顶点与底面各顶点的同面投影连接起来，即可完成。

2)棱锥表面取点

在棱锥表面上找点，凡属于特殊位置表面上的点，可利用投影的积聚性直接求得其投影；而对于一般位置表面上的点，可通过在该面上作辅助线的方法求得其投影。

【例 3-2】 如图 3-4(a)所示，已知正三棱锥表面上 M、N 点的正面投影 m'、n'，求两点的其余两面投影。

【解】 根据 M、N 点正面投影的位置和可见性可知，M 点位于左前棱面(一般位置平面)，N 点位于后棱面(侧垂面)上。如图 3-4(b)所示，N 点所在棱面的侧面投影积聚，可以直接作出 n''，然后根据投影规律求出 n，且 n 可见。

点 M 所在左前棱面是一般位置平面，需要利用辅助线求点的投影。如图 3-4(b)所示，过锥顶点 S 和点 M 作一辅助直线，即过 m'点作直线 $s'm'$，其与底边交于 $1'$点，按投影关系作出水平投影 $s1$，并利用点在直线上的从属性确定投影 m，m 为可见；最后求出投影 m''，m''可见。

另一种作辅助线的方法是过点 M 作其所在棱面底边的平行线，即过 m'点作底边的平行线 $m'2'$，$2'$点为该辅助线与棱线的交点，按“长对正”关系作出水平投影 2 点，并过 2 点作底边的平行线，m 点即在该平行线上，按“长对正”关系可以找到 m，最后利用投影规律求出 m''。

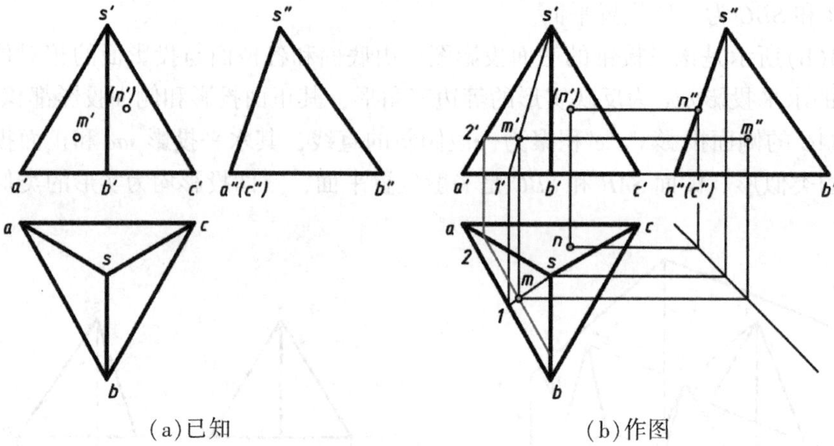

图 3-4　棱锥表面取点

3.1.2　回转体的投影

表面由曲面围成或由曲面和平面共同围成的立体，称为曲面立体。在工程上，最常见的曲面立体是回转体。

曲面可以看作一条动线在空间做连续运动的轨迹，动线也称为母线。由一条母线(直线或曲线)绕着一条固定的轴线(回转轴)旋转一周而形成的曲面，称为回转面，如图 3-5 所示。回转体是由回转面围成或由回转面与平面共同围成的曲面立体。母线在曲面上的任一位置，都称为曲面的素线。母线上任一点的运动轨迹均是圆，称为纬圆，且该纬圆垂直于回转轴，这是回转面的基本性质。常见的回转体有圆柱、圆锥和球等。由于回转面是光滑曲面，绘制回转体投影时，需要画出曲面对相应投影面可见与不可见的分界线(转向轮廓线)的投影。

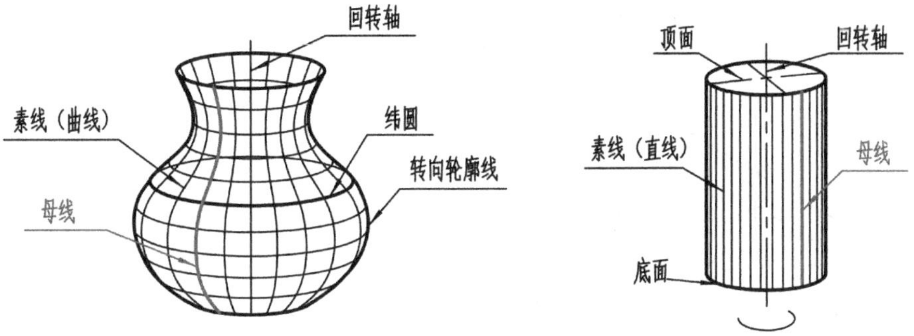

图 3-5 回转面的形成

1. 圆柱

1)圆柱的投影

圆柱是由圆柱面和上、下底面围成的。圆柱面可以看成由一直线绕着与它平行的轴线回转而成，因此圆柱面上的素线均为平行于轴线的直线。上、下底面均为圆形平面且垂直于轴线。

图 3-6 是一个圆柱及其三面投影图，当圆柱按照如图所示位置放置时，其轴线为铅垂线。圆柱的上、下底面是水平面，它们的水平投影重合，是反映实形的圆；上、下底面的正面投影和侧面投影均为积聚的直线段。圆柱面上的所有平行于轴线的素线都是铅垂线，圆柱面的水平投影积聚成圆，圆柱面上的任何点和线的水平投影都在这个圆周上；圆柱面的正面投影应作出圆柱面最左、最右两条素线的投影(即回转面对 V 面的转向轮廓线的投影)；圆柱面的侧面投影应作出圆柱面最前、最后两条素线的投影(即回转面对 W 面的转向轮廓线的投影)。

画圆柱的投影时，应先用点画线画出轴线和圆的对称中心线，然后画投影为圆的投影图，最后画其余两面为矩形的投影图，如图 3-6(b)所示。

2)圆柱表面取点

【例 3-3】 已知圆柱面上点 M、N 的正面投影 m'、n'，和 K 点的水平投影 k(图 3-7(a))，求作三点的其余两面投影。

【解】 从已知投影 m'、n'、k 的位置和可见性，可以判定 M 点在圆柱的最左素线上，N 点在右前半圆柱面上，K 点在圆柱下底面上。如图 3-7(b)所示因为圆柱面的水平投影具有积聚性，可以直接作出水平投影 m(最左点)，因为圆柱的最左素线的侧面投影位于点画线上，因此可以根据“高平齐”作出 m''。根据“长对正”关系作出 n，再根据 n 和 n'求出 n''，n''不可见。由于圆柱底面的正面投影和侧面投影都积聚为直线，根据水平投影 k 可以直接作出 k'和 k''，且因为底面的正面投影和侧面投影均有积聚性，k'和 k''无须判断可见性。

2. 圆锥

1) 圆锥的投影

圆锥是由圆锥面和底面围成的。圆锥面可以看成一直线绕着与它相交的轴线旋转一周而形成的，圆锥面上所有素线都过锥顶。底面为圆形平面。

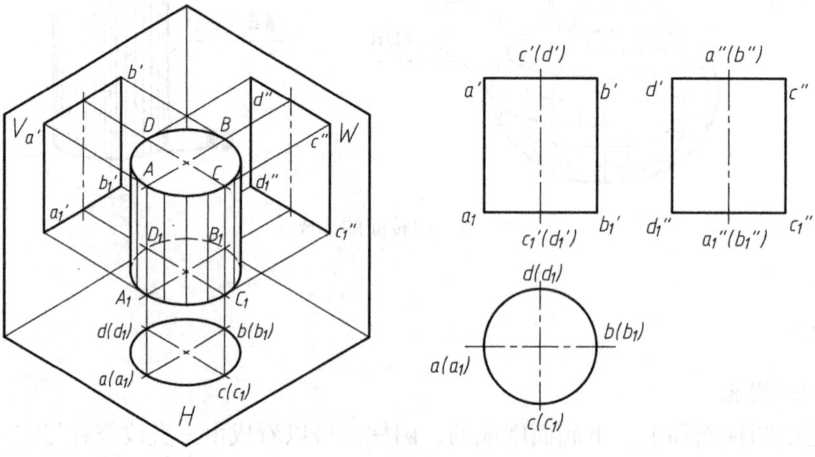

(a) 直观图　　　　(b) 投影图

图 3-6　圆柱的投影

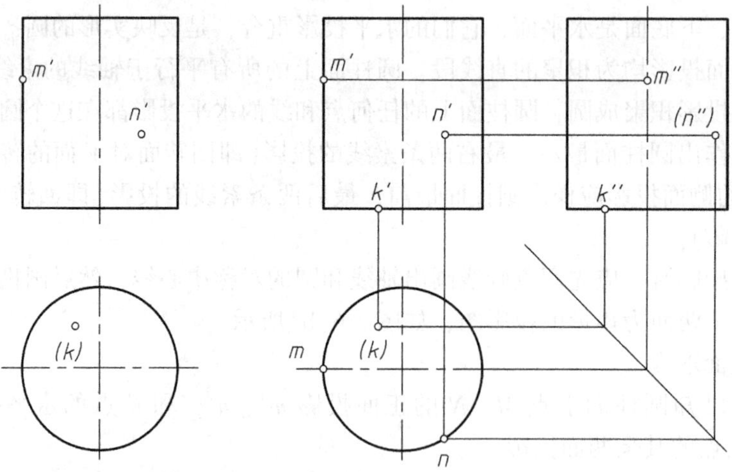

(a) 已知　　　　(b) 作图

图 3-7　圆柱表面取点

图 3-8 是一个圆锥及其三面投影图，当圆锥按照如图所示位置放置时，其轴线为铅垂线，圆锥底面为水平面。圆锥底面的水平投影为反映实形的圆，正面投影和侧面投影均积聚为一直线段。圆锥面的水平投影为圆，与底面的水平投影重合；圆锥面的正面投影应作出圆锥面对 V 面的转向轮廓线的投影（即最左、最右两条素线的投影）；圆锥面的侧面投

影应作出圆锥面对 W 面的转向轮廓线的投影(即最前、最后两条素线的投影)。

画圆锥投影图时，应先用点划线画出对称中心线和轴线的投影，然后再画底面圆的各面投影，再画出锥顶点的各面投影，最后画各转向轮廓线的投影。

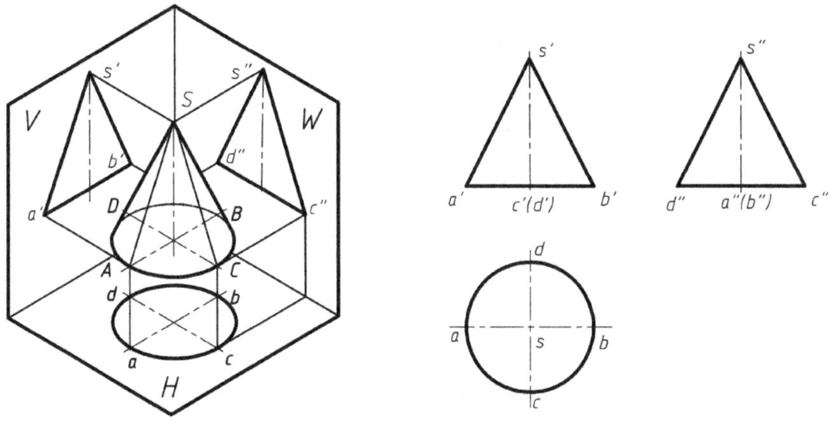

(a)直观图　　(b)投影图

图 3-8　圆锥的投影

2)圆锥表面取点

由于圆锥面的三面投影均没有积聚性，因此在圆锥面上取点一般要借助辅助线，作辅助线的方法有两种：素线法和纬圆法。

【例 3-4】如图 3-9(a)所示，已知圆锥面上一点 K 的正面投影，求作其水平投影和侧面投影。

【解】方法一：素线法。

如图 3-9(b)和(c)所示，由点 k'可知，点 K 在圆锥的前、左表面上。在圆锥面上连锥顶点及点 K 作辅助线(圆锥表面的直素线)，即过 k'点作直线 $s'k'$，其与底边交于 1′点，作出水平投影 $s1$，并在其上确定投影 k，k 为可见；再利用投影规律求出投影 k''，k''可见。这种过锥顶作辅助线素线的方法称为素线法。

方法二：纬圆法。

如图 3-9(b)所示，根据回转面的基本性质，K 点在圆锥面上，则 K 点必定在圆锥面的一个水平纬圆上。如图 3-9(d)所示，过已知点 K，在圆锥面上作垂直于圆锥轴线的辅助圆(水平纬圆)，即过正面投影 k'作 x 轴平行线，它与两条转向轮廓线交点记为 1′点和 2′点，两点间的距离即为纬圆的直径；作纬圆的水平投影(与底面圆同心)；纬圆上 K 点的水平投影 k 应在辅助纬圆的同面投影上，即可求出 k，k 为可见；最后利用投影规律求作投影 k''，k''可见。

3. 球

1)球的投影。

球是由球面围成的。球面可以看成是由一个半圆绕着其自身直径旋转一周而形成的。

图 3-10 是一个球及其三面投影图，球的三面投影是大小相等的圆，圆的直径等于球的直径。从图中可以看出，这三个圆分别是球面上平行于相应投影面的最大纬圆的投影，即球对于三个投影面的转向轮廓线的投影。例如，球对正面的转向轮廓线是球面上平行于正面的纬圆中最大的纬圆 B(也称正平大圆)，是球的正面投影可见与不可见的分界线，其正面投影为圆 b'(直径等于球的直径)，正平大圆 B 的水平投影和侧面投影与相应投影上的对称中心线重合，不必画出。球对水平投影和侧面投影的转向轮廓线也可作类似分析。画球的投影图时，应先用点划线画出圆的中心线，然后分别画出三面投影的圆。

2)球表面取点。

球面上任意两点的连续线均为曲线，因此在球表面取点只能用纬圆法。虽然，过球面上一点可以作很多纬圆，但考虑到投影作图简单、准确，通常采用水平纬圆、正平纬圆或侧平纬圆。

【例 3-5】如图 3-11(a)所示，已知球面上 M 点的正面投影 m'和 N 点的水平投影 n，求作两点的其余两面投影。

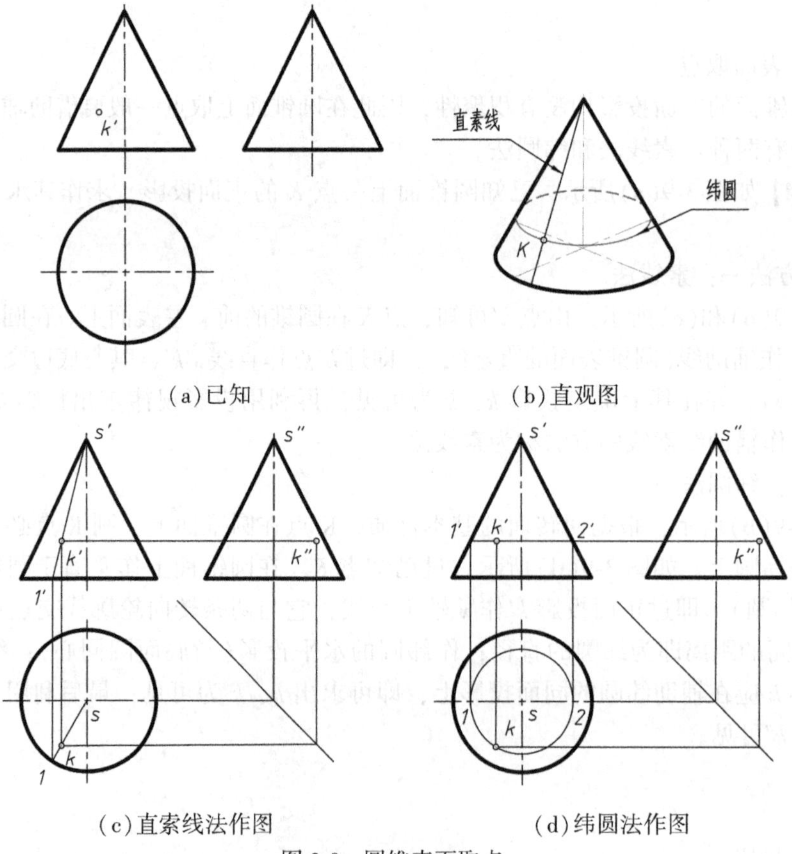

(a)已知　　(b)直观图

(c)直索线法作图　　(d)纬圆法作图

图 3-9　圆锥表面取点

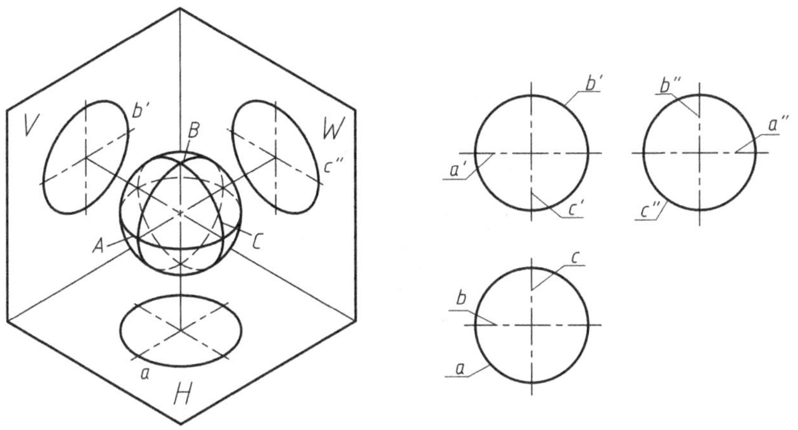

(a)直观图　　(b)投影图

图 3-10　球的投影

【解】根据 M、N 点的已知投影位置和可见性，可以判定 M 点在左上前半球面上，N 点在右上后半球面上。如图 3-11(b)所示，过点 M 在球面上作一个水平纬圆，它的正面投影和侧面投影均为直线(反映其直径)，水平投影为圆(反映其实形)，根据从属性求出其上投影 m、m''。由于 M 点在上半球和左半球面上，故 m 和 m''都可见。

过点 N 在球面上作一个正平纬圆，它的水平投影和侧面投影均为直线(反映其直径)，正面投影为圆(反映其实形)，根据从属性求出其上投影 n'、n''。由于 N 点在后半球和右半球面上，故(n)和(n'')都不可见。

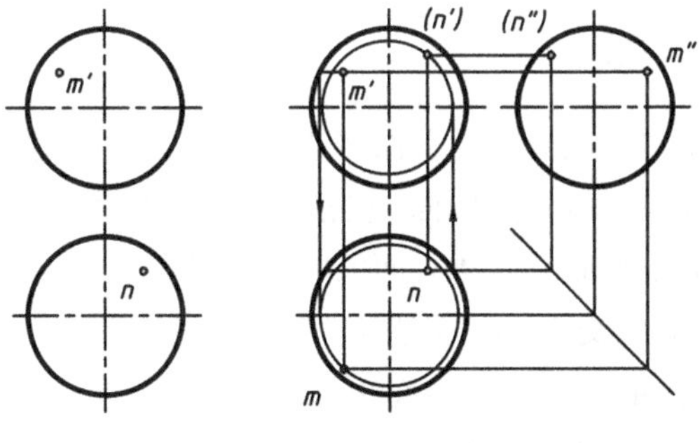

(a)已知　　(b)作图

图 3-11　球面取点

3.2　立体的截切

用平面来截切基本体时，会在立体表面产生新的交线，形成不完整的基本体。用来截切立体的平面称为截平面，截平面与立体表面的交线称为截交线，截交线所围成的平面图形称为截断面。如图 3-12 所示。

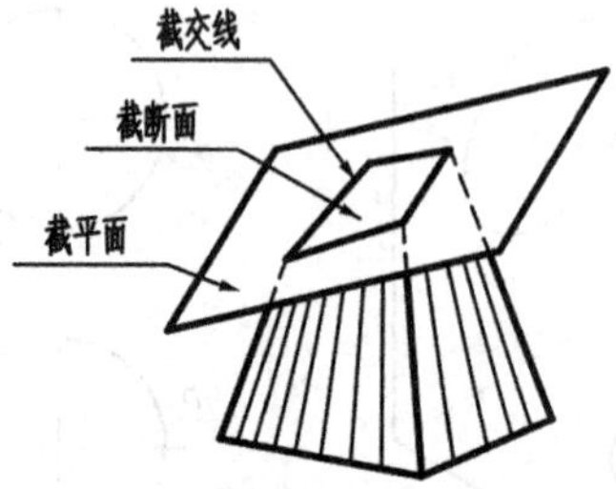

图 3-12　立体的截切

截交线的形状取决于两个因素：一是立体的形状；二是截平面与立体的相对位置。立体的形状不同，或是截平面与立体的相对位置不同，所产生的截交线也不同，但截交线具有以下两个共同性质：

(1)截交线是截平面与立体表面的共有线。截交线上所有的点既在截平面上又在立体表面上，是它们的共有点。

(2)截交线形状一定是封闭的平面图形。由于立体占据有限的空间范围，截交线形状是封闭的平面图形，其形状取决于被截立体表面的几何性质。

截交线的形状可分为以下两种情况：

(1)平面截切平面立体，截交线为平面多边形。

(2)平面截切曲面立体，截交线通常为封闭的平面图形，可能是由平面曲线围成，或者由曲线和直线共同围成，也可能是平面多边形。

3.2.1　平面立体的截交线

用平面截切平面立体时，截交线为平面多边形，多边形的每个顶点是截平面与立体棱线的交点，每一条边是截平面与立体棱面(包括底面)的交线(直线)。因此，求平面立体的截交线，实质上就是求截平面与立体表面的共有点的集合。有以下两种求解方法：

(1)求各棱线与截平面的交点——棱线法。

(2)求各棱面与截平面的交线——棱面法。

求平面立体截交线的一般步骤如下：

(1)形体分析。分析平面立体的表面性质及投影特性。

(2)截平面分析。分析截平面的数量及其与投影面的相对位置；分析截平面分别与立体哪些棱线(棱面)相交。

(3)求截交线。用求直线与平面交点(棱线法)，或求两平面交线(棱面法)的作图方法，求出截交线各顶点或各边线的投影，围成截断面。若有多个截平面，还应求出相交截平面的交线。

(4)判断可见性，完成立体的投影。

【例 3-6】已知一正六棱柱被正垂面截切后的正面投影和水平投影(图 3-13(a))，求作其侧面投影。

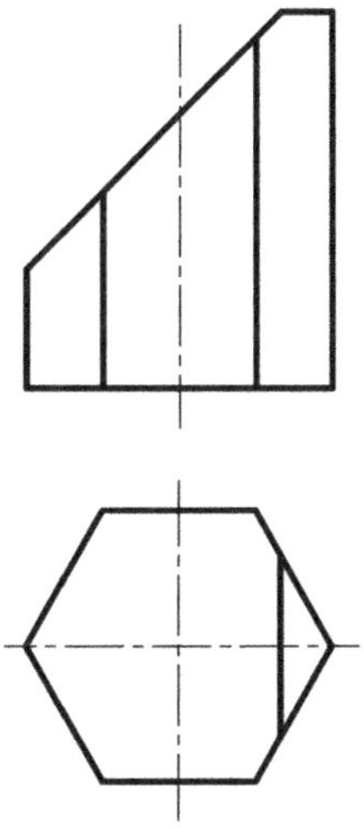

(a)已知

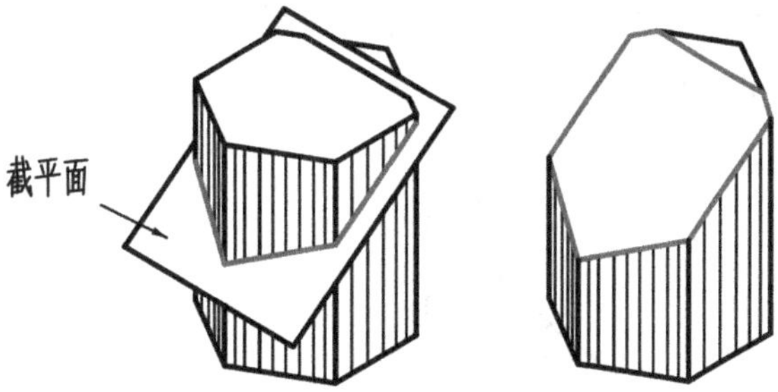

(b)立体图

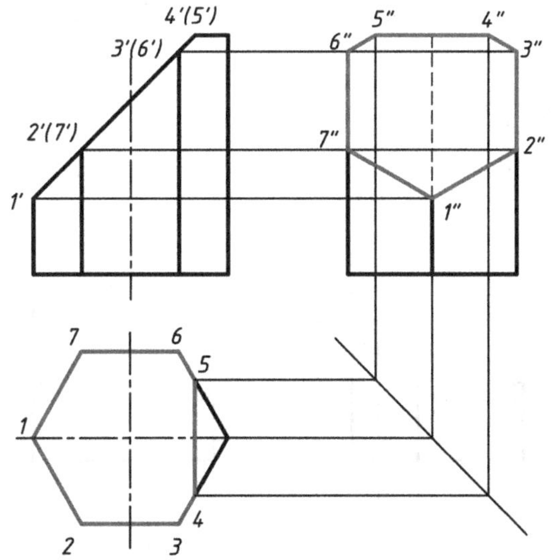

(c)投影全图

图 3-13　正垂面截切六棱柱的投影

【解】分析：如图 3-13(b)所示，由正面投影可知截平面分别与六棱柱顶面以及六个棱面相交，截交线形状是七边形。由于截平面为正垂面，所以截交线的正面投影为一斜线(截平面具有积聚性)。又因交线所在的六个棱面都垂直于水平投影面，故截交线上的六条边的水平投影与这些棱面的水平投影重合。

作图：

(1)用辅助线作出完整正六棱柱的侧面投影；

(2)确定截交线的正面投影和水平投影；

(3)根据截交线的两面投影，确定截交线七个顶点的侧面投影，并顺序连接各点。截切后交线投影均为可见。

(4)补全截切立体的其他轮廓线，按规定线型加深，完成全图(图 3-13(c))。

【例 3-7】 如图 3-14(a)所示，已知一缺口五棱柱的正面投影和部分水平投影，试补全其水平投影和侧面投影。

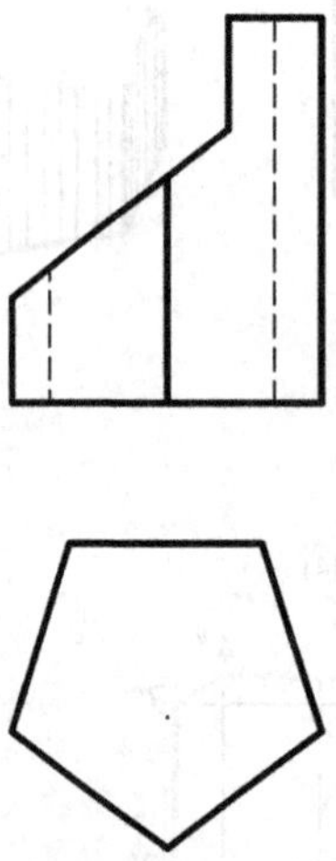

(a)已知

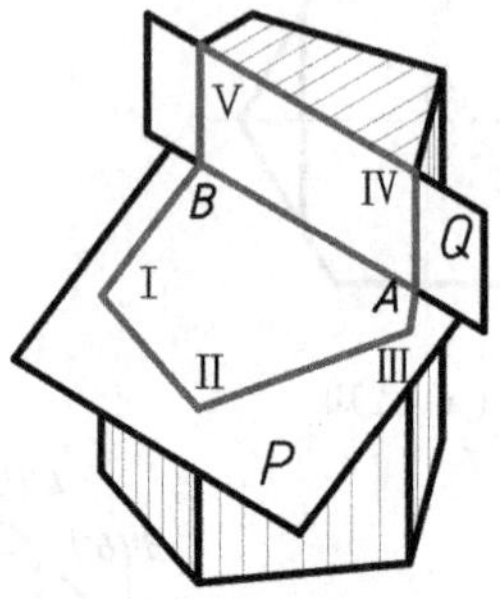

(b)立体图

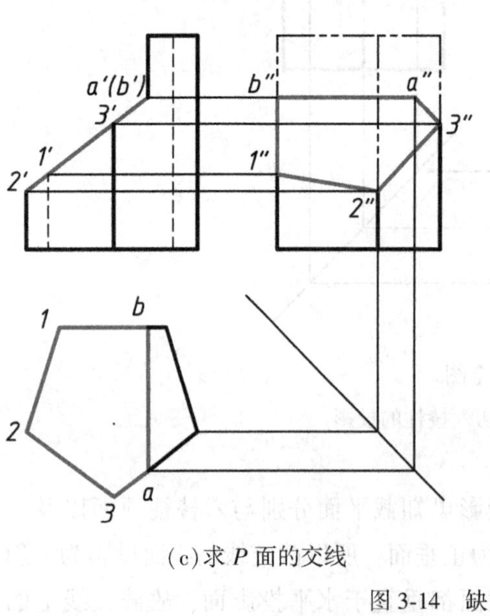

(c)求 P 面的交线

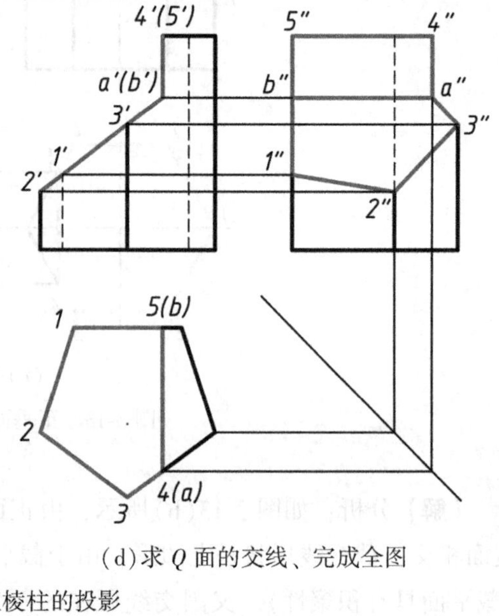

(d)求 Q 面的交线、完成全图

图 3-14　缺口五棱柱的投影

【解】分析：该缺口五棱柱可以想象为被截平面 P 和 Q 截切后所得(图 3-14(b))。P 面为正垂面，正面投影积聚为一斜线，与五棱柱的三条棱线相交。Q 面为侧平面，正面投影和水平投影都积聚为直线，其与棱柱上顶面的两条边线相交。对多个截平面截切立体时，还要注意两个截平面会产生交线，不能漏掉。这里，P 面与 Q 面的交线为正垂线，该交线的两个端点位于棱柱表面上。

作图：

(1)作出完整五棱柱的侧面投影；

(2)求 P 面上的截交线。正面投影为一斜线，取其上顶点Ⅰ、Ⅱ、Ⅲ、A、B 五个顶点，并求它们的另外两面投影，依次连接各顶点的同面投影，两面投影均可见，如图 3-14(c)所示。注意 AB 为 P 面和 Q 面的交线。

(3)求 Q 面上的截交线。Q 面与棱柱顶面有两个交点，记为Ⅳ、Ⅴ点，其正面投影积聚为一点，水平投影分别与 A、B 点重合，作出其侧面投影，并依次连接 b''、a''、$4''$、$5''$，交线投影可见，如图 3-14(d)所示。

(4)补全截切立体的其他轮廓线，按规定线型加深，完成全图(图 3-14(d))。

【例 3-8】如图 3-15(a)所示，已知一缺口三棱锥的正面投影和部分水平投影，试完成其水平投影和侧面投影。

【解】分析：该缺口三棱锥可以想象为被截平面 P 和 Q 截切后所得(图 3-15(b))。P 面为水平面，与棱锥底面平行，它与三个棱面的交线对应平行于底面的三条边；Q 面为正垂面，其截交线的正面投影是直线。

由于用两个截平面截切都不是将立体整个切掉，因此，在作图时可以先假想将立体全部截切，求其截交线，然后再取局部图形，还要注意 P 面与 Q 面的交线(正垂线)，不能漏掉。

作图：

(1)求 P 面的交线。正面投影为水平直线，取其上顶点Ⅰ、Ⅱ、Ⅲ、Ⅳ的正面投影，并求它们的另外两面投影，依次连接各顶点的同面投影，注意ⅢⅣ为 P 面和 Q 面的交线，34 不可见，画虚线，其余交线投影为粗实线(如图 3-15(c))；

(2)求 Q 面的交线。正面投影为一斜线，取其上顶点Ⅴ、Ⅵ的正面投影，联系Ⅲ、Ⅳ，并求它们的另外两面投影，两个投影均可见(图 3-15(d))；

(3)补全缺口棱锥各棱线的投影，完成全图(图 3-15(e))。

【例 3-9】已知穿孔三棱柱的正面投影(图 3-16(a))，求其水平投影和侧面投影。

分析：可以想象该三棱柱被 P、Q、R 三个截平面截切，移走中间的平面立体(图 3-16(b))。对多个平面截切立体而言，一般先采用逐条截交线的分析和作图，再进行整合，再补全两两截平面的交线投影和立体的轮廓线。

作图：

(1)求 P 面与三棱柱的截交线。在 V 面上，取点Ⅰ、Ⅱ、Ⅲ、Ⅳ、Ⅴ(1′、2′、3′、4′、5′)，求它们的另外两面投影(图(c))。

(2)求 Q 面与三棱柱的截交线。如图 3-16(d)所示，在 V 面上，取点Ⅵ、Ⅶ(6′，7′)，求投影(6、6″)、(7、7″)，求作截交线ⅢⅥ、ⅣⅦ的投影。

(3)求 R 面与三棱柱的截交线。如图 3-16(e)所示，在 V 面上，取点Ⅷ(8′)，求投影(8，8″)，求作对应截交线的投影。

(4)补全两两截平面的交线及穿孔三棱柱的轮廓线，判别可见性，完成全图(图 3-16(f))。

本例题也可以看作两个三棱柱相贯，再将水平放置的三棱柱移走以后的结果。如图 3-16(g)所示为这两个三棱柱相贯后的投影，其交线形状不变，作图方法类似，只是立体的部分轮廓线及投影的可见性改变。该作图方法也适用于解决两个平面立体的相贯问题。

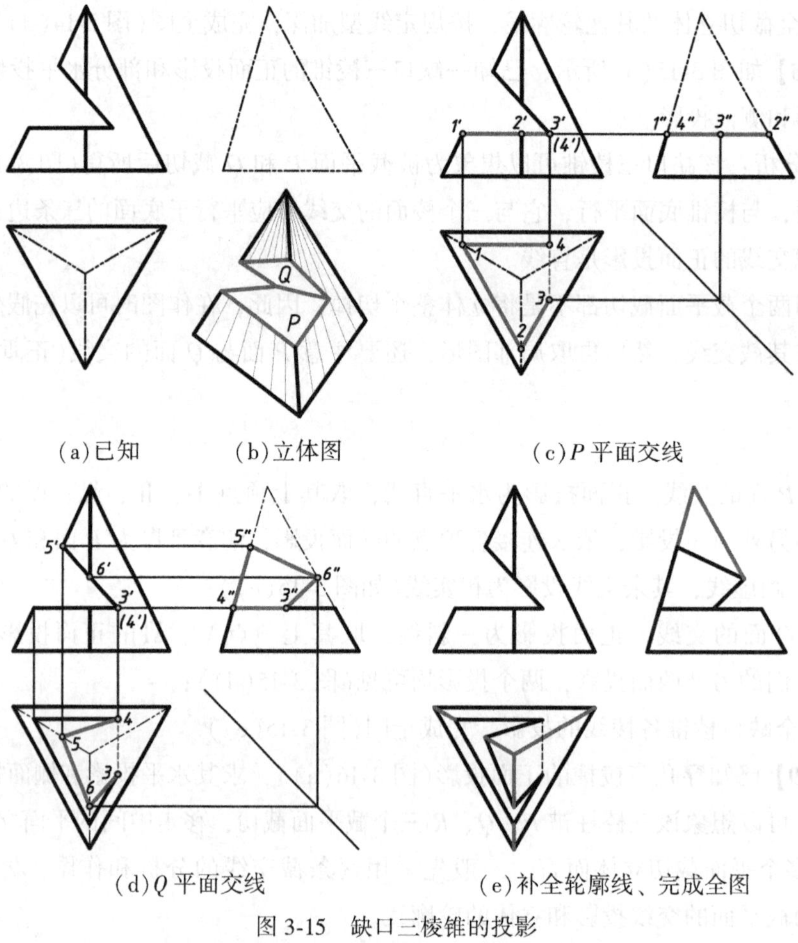

(a)已知　(b)立体图　(c)P 平面交线

(d)Q 平面交线　(e)补全轮廓线、完成全图

图 3-15　缺口三棱锥的投影

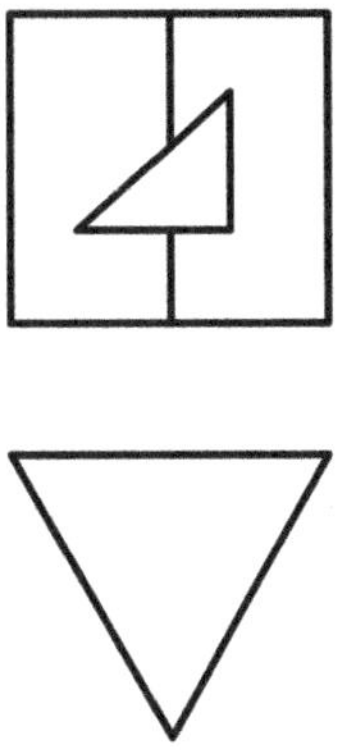

(a)已知

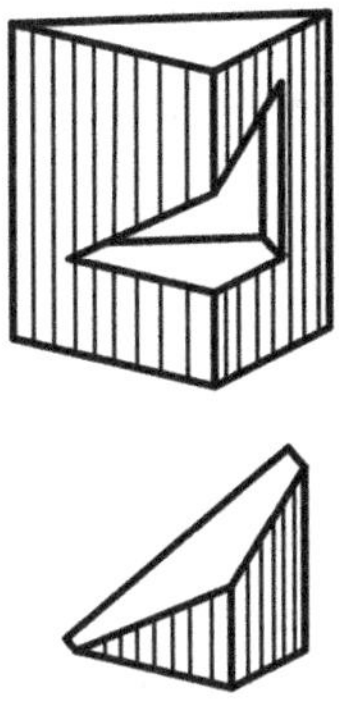

(b)立体图

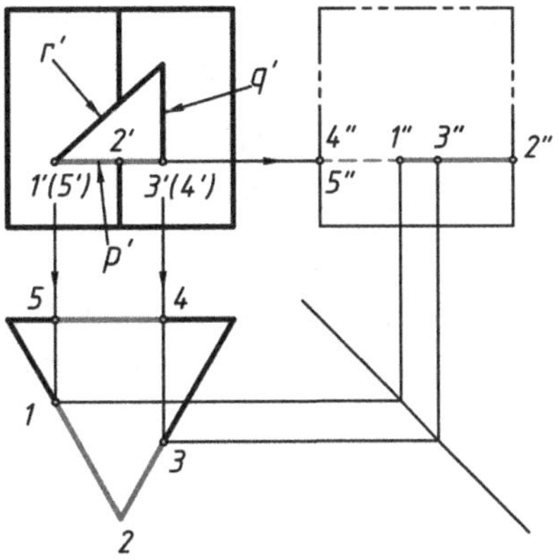

(c)求水平面 P 的截交线

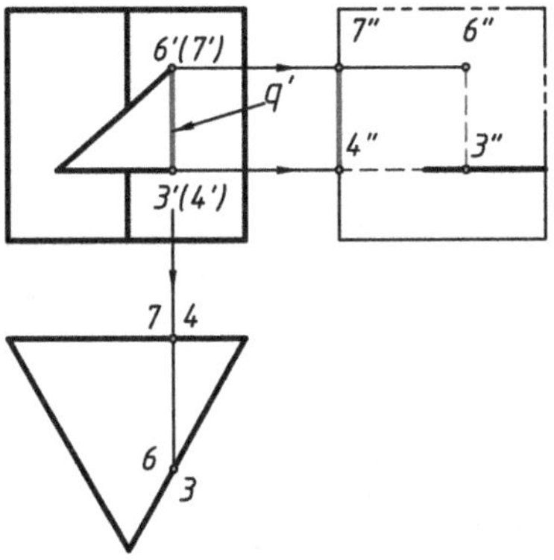

(d)求侧平面 Q 的截交线

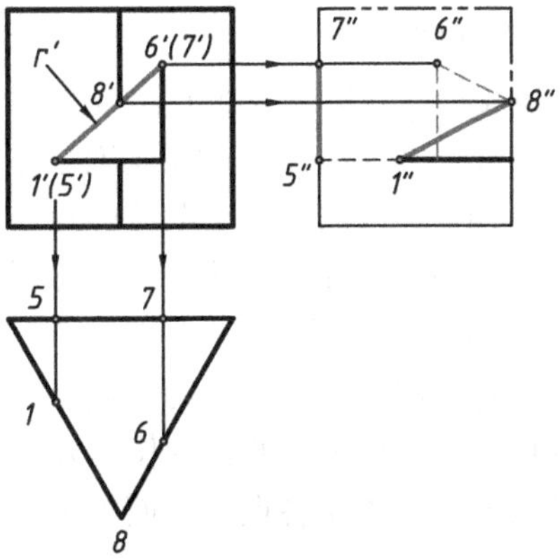

(e)求正垂面 R 的截交线

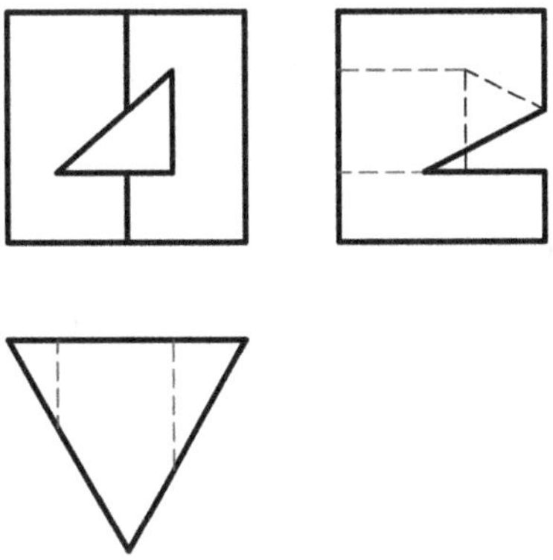

(f)补全两两截平面交线及轮廓线、完成全图

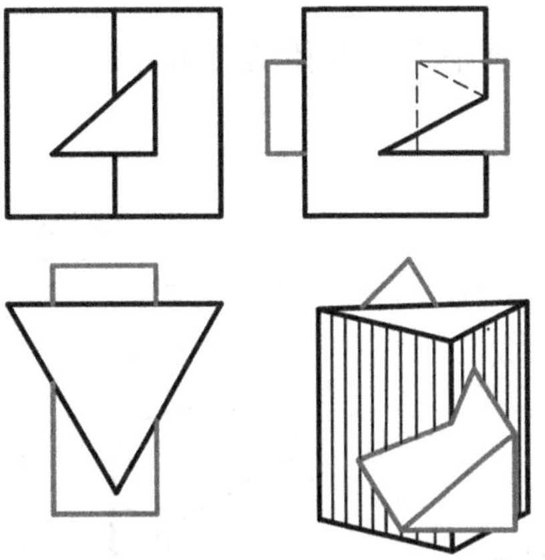

(g)两个三棱柱相贯投影

图 3-16　穿孔三棱柱的投影

3.2.2　回转体的截交线

用平面截切回转体时，截交线一般为封闭的平面曲线，或平面曲线和直线所围成的封闭图形。截交线上的每一点都是截平面与曲面立体表面的共有点，求出适量的共有点并依次连线，即可得到截交线的投影。

求解回转体截交线的步骤：

(1)空间及投影分析。

a. 分析回转面表面性质，估计截交线的形状；

b. 分析截平面与回转面的相对位置(与轴线正交、斜交或平行)，确定截交线的形状(唯一性)；

c. 分析截平面与投影面的相对位置(垂直、平行或倾斜)，确定截交线的投影(为直线、圆、或非圆曲线)；

d. 分析截交线的投影是否具有对称性，以简化作图，保证一定的准确性。

(2)投影作图。

在空间及投影分析的基础上，如果截交线的投影为直线或圆，则可用尺规方便作图；如果截交线为非圆曲线，则采用描点法按如下步骤作图：

a. 在已知截交线的投影上取特殊点，如取控制截交线形状和空间范围的极限位置点(最高、最低、最前、最后、最左、最右点)，可见与不可见的分界点，椭圆长、短轴的端点以及抛物线、双曲线的顶点等；

b. 根据作图精度要求，在特殊点之间取若干个一般点；

c. 利用立体表面上点的投影作图方法(直素线法或纬圆法)，求作点的其他投影；

d. 依次光滑地连接各点的同面投影，判别截交线投影的可见性。

1. 圆柱的截交线

根据截平面与圆柱体轴线相对位置，将截交线分为三种：直线、圆和椭圆，如表 3-1 所示。

表 3-1　**圆柱截交线的三种情况**

截平面的位置	平行于轴线	垂直于轴线	倾斜于轴线
截交线	两条平行直线	圆	椭圆
直观图	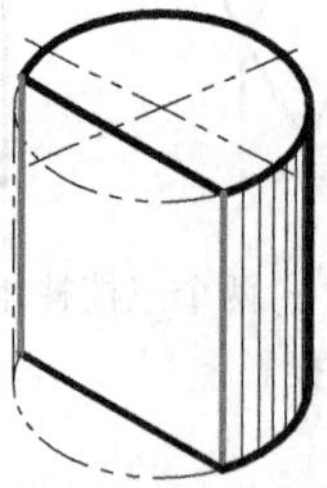	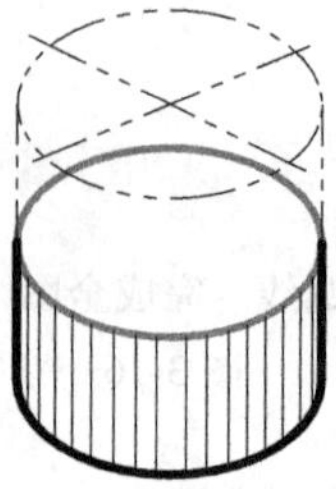	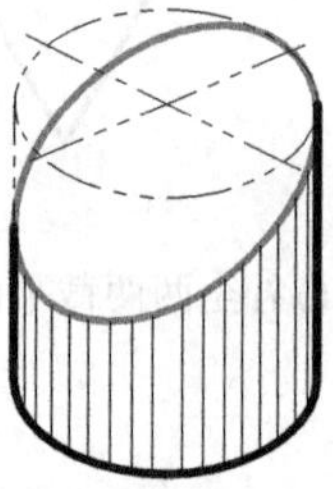

续表

截平面的位置	平行于轴线	垂直于轴线	倾斜于轴线
截交线	两条平行直线	圆	椭圆
投影图	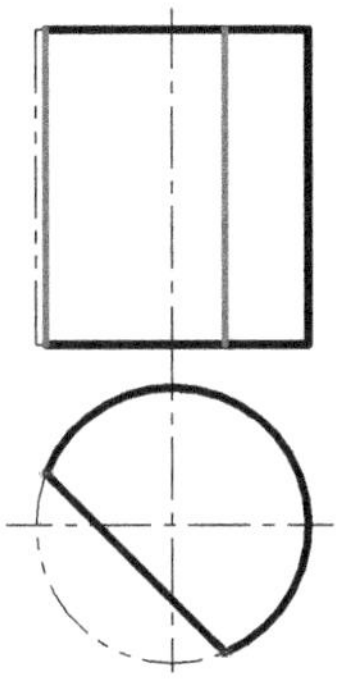	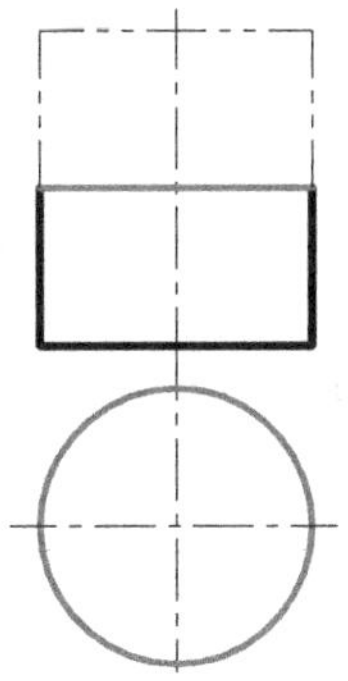	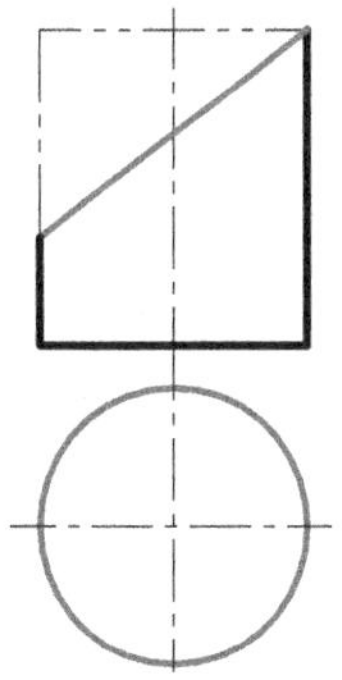

【**例 3-10**】圆柱被一正垂面截切，已知其 *V*、*H* 面投影(图 3-17(a))，试完成其 *W* 面投影。

【**解**】分析：从正面投影可以看出，截平面与圆柱轴线斜交，截交线空间形状为椭圆，且前后对称。截交线的 *V* 面投影与截平面投影重合，其侧面与圆柱侧面积聚投影圆周重合，只需求作截交线椭圆的 *H* 面投影。

作图(图 3-17(b))：

(1)找特殊点。在 *V* 和 *W* 面投影上，找出截交线的最低点Ⅰ(1′、1″)、最高点Ⅱ(2′、2″)、最前点Ⅲ(3′、3″)、最后点Ⅳ(4′、4″)，求作其 *H* 面投影 1、2、3、4。

(2)取一般点。在 *W* 投影上取前后对称的点(5″,5′)、(6″,6′)、(7″,7′)、(8″,8′)，并利用投影规律求投影水平投影 5、6、7、8。

(3)依次光滑地连接各点的 *H* 面投影，投影全可见。

(4)补全立体轮廓线，完成全图。

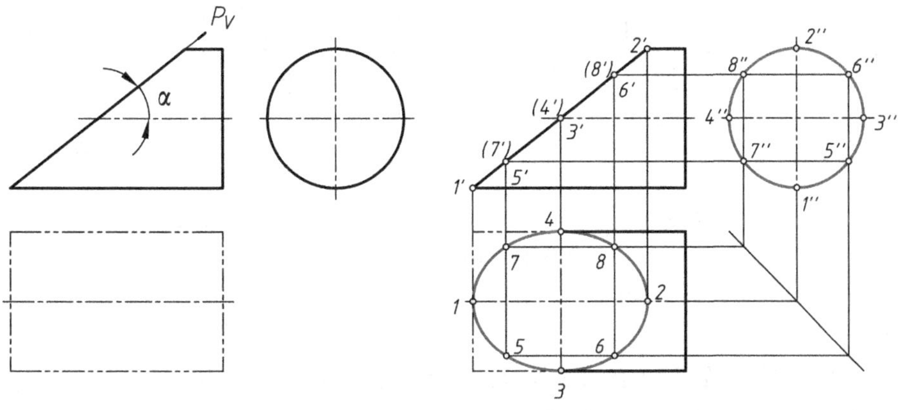

(a)已知　　(b)作图

图 3-17　正垂面截切圆柱的投影

可以看出，Ⅰ、Ⅱ也是截交线空间椭圆长轴的两端点，Ⅲ、Ⅳ是空间椭圆短轴的两端点。而对于投影椭圆，其长、短轴随着截平面与圆柱轴线的夹角 α 变化而改变。当 $\alpha=45°$ 时，椭圆水平投影长短轴相等，截交线水平投影变成一个圆，其半径等于圆柱半径。

【**例 3-11**】已知一空心圆柱被正垂面和水平面截切后的 *V*、*W* 面投影（图 3-18(a)），求作其 *H* 面投影。

【**解**】分析：如图 3-18(b)所示，空心圆柱分为外表面与内表面(孔)，其被正垂面 *Q* 截切产生的截交线形状为两段椭圆弧，分别是圆柱外表面和内表面与正垂截平面的交线。空心圆柱的内、外表面与水平面 *P* 的交线分别为两组平行直线。注意两个截平面之间也产生交线。立体及其投影具有前后对称性。

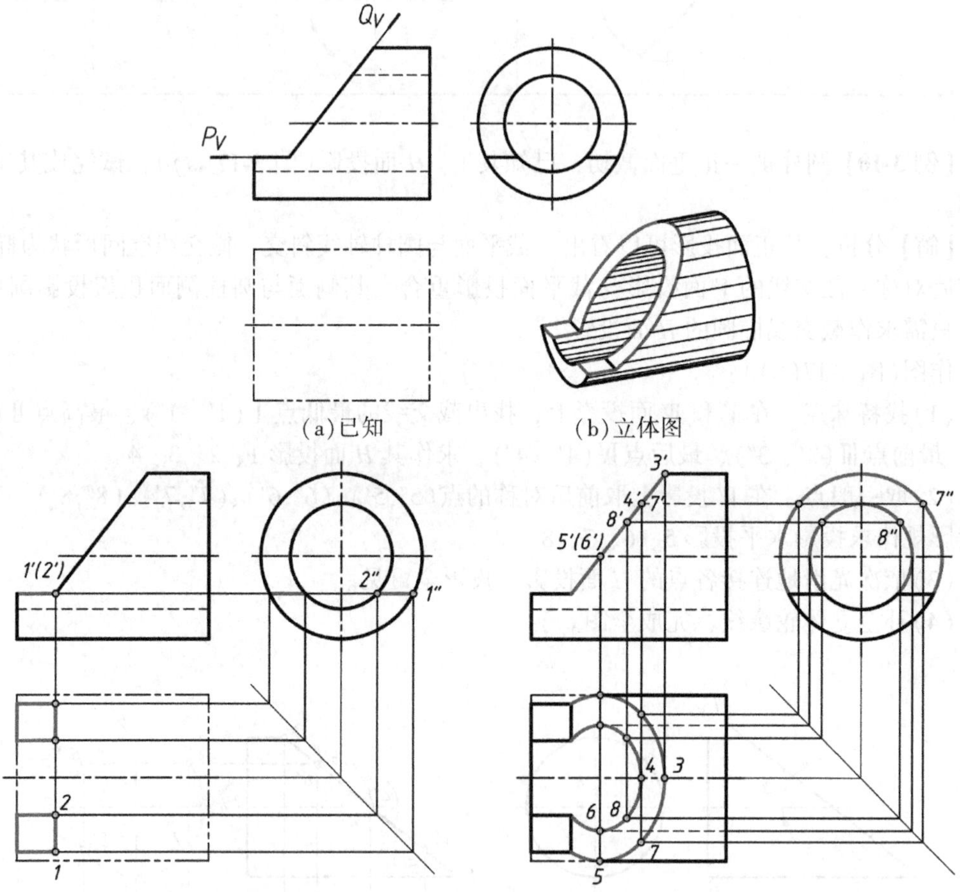

(a)已知　(b)立体图

(c)求 *P* 面交线　(d)求 *Q* 面交线、完成全图

图 3-18　缺口圆筒的投影

作图：

(1)求 *P* 面交线。如图 3-18(c)所示，在 *V*、*W* 面上取特殊点Ⅰ(1′,1″)、Ⅱ(2′,2″)，求出水平截交线的 *H* 面投影。注意 *P* 面与圆柱左端面产生交线为直线，*P* 与 Q 面也会产生交线。

(2)求 Q 面交线。如图 3-18(d)所示，Q 面截交线为两段椭圆弧，先找特殊点，在 V 面上找内、外表面两段椭圆弧的最高、最前点 3′、4′、5′、6′，作出其水平投影 3、4、5、6；再在外、内两段椭圆弧上(V、W 面)各取一个一般点(7′，7″)、(8′，8″)。注意根据投影前后对称性作出相应的对称点。依次光滑地连接各点的水平投影，作出两段椭圆弧，投影可见。

(3)补全立体轮廓线，完成全图。

【例 3-12】如图 3-19(a)所示，一圆柱体的下方开有矩形槽，上方有缺口，试补全该圆柱的正面投影和侧面投影。

【解】分析：如图 3-19(b)所示，圆柱下方矩形槽的产生是由两个与圆柱轴线平行的侧平面和一个与轴线垂直的水平面截切，再移走中间部分。而上方的缺口是由两个与圆柱轴线平行的正平面和一个与轴线垂直的水平面截切，再拿掉前后两块。

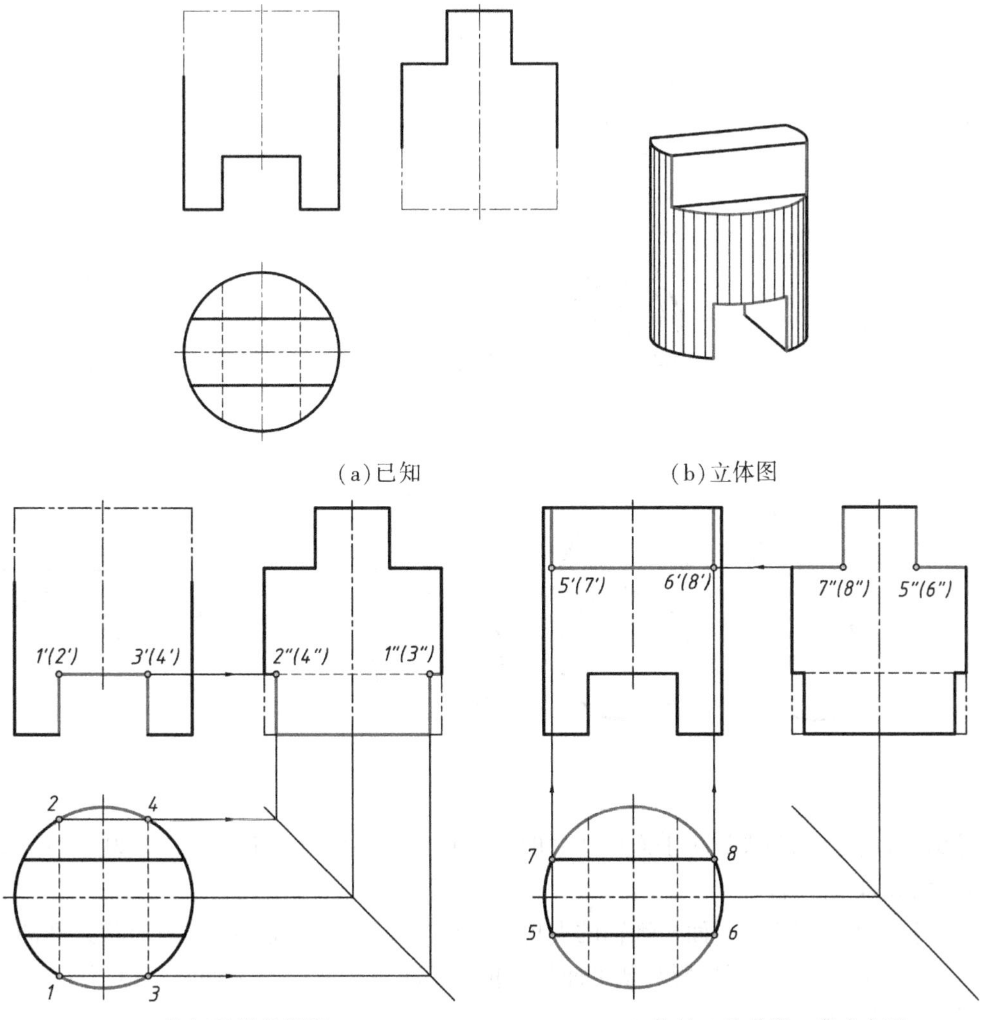

(a)已知　(b)立体图

(c)作矩形槽的投影　(d)作缺口的投影、完成全图

图 3-19　被截切圆柱的投影

作图：

(1)如图 3-19(c)所示，在 H、V 面上取特殊点Ⅰ(1，1′)、Ⅱ(2，2′)、Ⅲ(3，3′)、Ⅳ(4，4′)，求出交线的 W 面投影。注意，在矩形槽处，圆柱中间部分被截掉，其 W 面投影不再有圆柱的转向轮廓线。同时还要画上两截平面的交线(虚线)。

(2)如图 3-19(d)所示，在 H、W 面上取特殊点Ⅴ(5，5″)、Ⅵ(6，6″)、Ⅶ(7，7″)、Ⅷ(8，8″)，求截交线的正面投影。注意，在缺口处圆柱中间的左右两侧是完整的，故应该用粗实线补上圆柱的正面转向轮廓线。

2. 圆锥的截交线

平面与圆锥相交时，根据截平面与圆锥面轴线相对位置，将其截交线形状分为五种，见表 3-2。其中 α 为锥半角，θ 为截平面与锥轴的夹角。

表 3-2　**圆锥截交线**

截平面的位置	过锥顶	垂直与轴线 $\theta=90°$	与轴线倾斜 $\alpha<\theta=90°$	与一条素线平行 $\theta=\alpha$	与两条素线平行 $0°\leqslant\theta<\alpha$
截交线	两相交直线	圆	椭圆	抛物线	双曲线
直观图	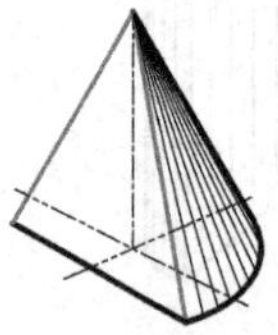	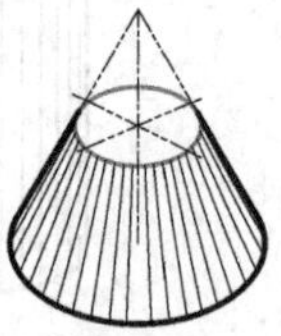	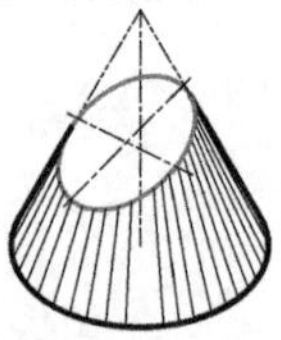	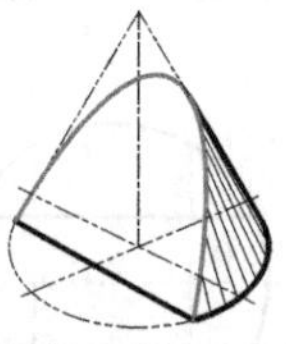	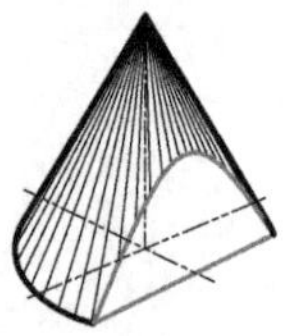
投影图	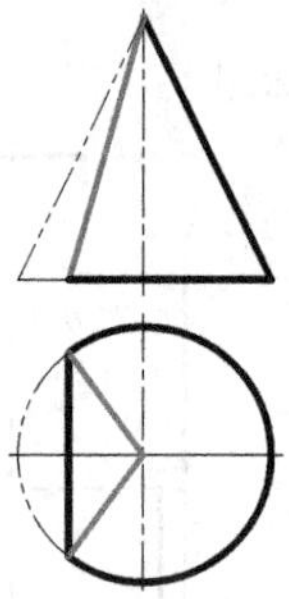	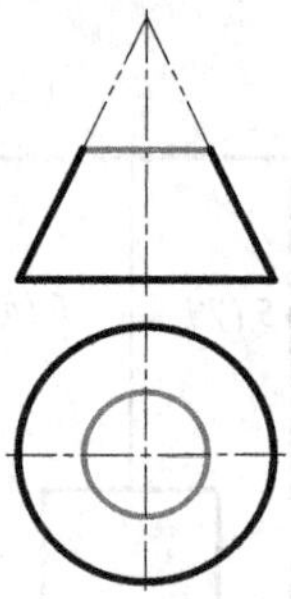	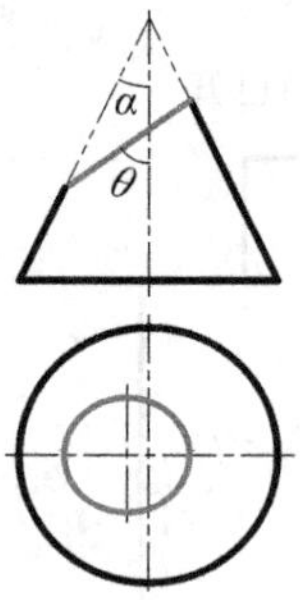	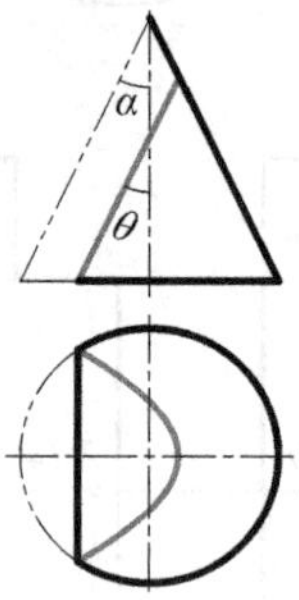	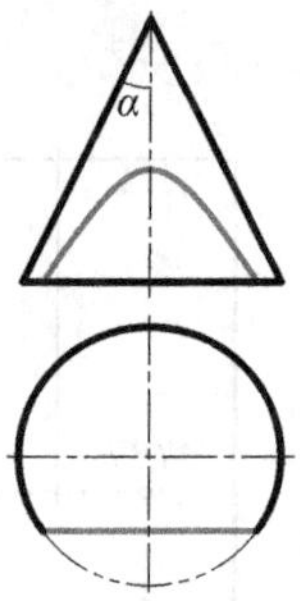

【**例 3-13**】已知圆锥被正垂面截切后的 V 面投影和部分 H 面投影(图 3-20(a))，试完成其 H 面和 W 面投影。

【**解**】分析：因为截平面与锥轴的夹角大于锥半角，所以截交线空间形状为椭圆，且前后对称。截交线的 V 面投影与截平面投影重合，H 和 W 投影均为椭圆，但不反映实形。

作图(图 3-20(b))：

(1)找特殊点。从 V 面投影出发，找出截交线的最低点Ⅰ、最高点Ⅱ的正面投影 1′、

2′，Ⅰ、Ⅱ也是截交线空间椭圆长轴两端点。由于椭圆的长、短轴互相垂直平分，且短轴为正垂线，所以可以在1′、2′点的中点确定椭圆的短轴两端点的正面投影3′、4′。此外，找出圆锥最前、最后素线上的点5′、6′。作出6个特殊点的其他两面投影(1，1″)、(2，2″)、(3，3″)、(4，4″)、(5，5″)、(6，6″)。

(2)取一般点。在1′、3′点之间取一般点7′，以及前后对称点8′，利用纬圆法作出其另外两面投影(7，7″)、(8，8″)。

(3)依次光滑地连接各点的*H*和*W*面投影，投影全可见。

(4)补全立体轮廓线，完成全图。

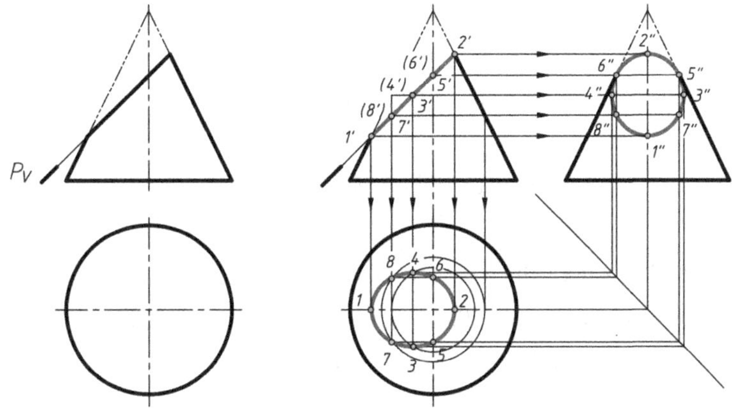

(a)已知　　　　(b)作图

图3-20　圆锥的截交线——椭圆

【例3-14】圆锥被一正垂面截切，截平面*P*与锥轴的夹角等于锥半角，已知该立体的*V*面投影和部分*H*面投影(图3-21(a))，试完成*H*面和*W*面投影。

【解】分析：截平面与锥轴的夹角等于锥半角，那么截交线空间形状为抛物线和底面直线，截交线*V*面投影与截平面投影重合，抛物线的*H*面和*W*面投影都是曲线，且前后对称，投影不反映实形。

作图(图3-21(b))：

(1)找特殊点。在*V*面上，确定截交线最高点投影1′、最低点投影2′和3′，转向轮廓线上的点的投影4′和5′。作出其另外两面投影(1，1″)、(2，2″)、(3，3″)、(4，4″)、(5，5″)。

(2)取一般点。在投影1′和2′之间取中间点6′，及其前后对称点7′。作出其另外两面投影(6，6″)、(7，7″)。

(3)依次光滑地连接各点的*H*和*W*面投影，投影全可见。

(4)补全立体轮廓线，完成全图。

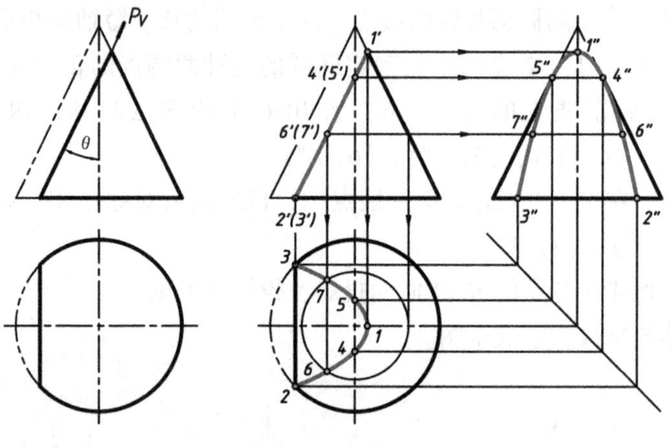

(a)已知　　　　　　　　(b)作图

图 3-21　圆锥的截交线——抛物线

【例 3-15】如图 3-22(a)所示，已知圆锥被三个平面截切后的正面投影，求其水平投影和侧面投影。

【解】分析：如图 3-22(a)和(b)所示，圆锥体被三个平面 P、Q、R 截切，P 为水平面，Q 为侧平面，R 为正垂面。可以确定出圆锥面上三组截交线的形状分别为圆弧、双曲线和直线。由于截平面均垂直于 V 面，故截交线的正面投影都是直线。

作图：

(1)求作水平面 P 与圆锥面的交线(圆弧)投影。如图 3-22(c)所示，水平投影为连接 1、2 的圆弧，侧面投影为圆锥水平纬圆最前点到最后点的整条直线。

(2)求作侧平面 Q 与圆锥面的交线(双曲线)投影。如图 3-22(d)所示，先在 V 面上找特殊点 3′、4′，利用纬圆法求出另外两面投影(3，3″)、(4，4″)；再在 V 面上取前后对称的一般点 5′、6′，利用纬圆法求出另外两面投影(5，5″)、(6，6″)。依次光滑连接各点的侧面投影 3″5″1″和 4″6″2″，水平投影为积聚直线。

(3)求作正垂面 R 与圆锥面的交线(直线)投影。如图 3-22(e)所示，在 H、W 面上连接锥顶点与Ⅲ、Ⅳ点的同面投影。ⅢⅣ作为 Q、R 两平面的交线，水平投影不可见，侧面投影可见。

(4)补全截平面的交线及缺口圆锥的 H、W 面投影，判别可见性，完成全图(图 3-22(e))。

3. 球的截交线

无论截平面的位置如何，平面截切球的截交线总是圆。截交线圆的投影可分为三种：

(1)当截平面平行于投影面时，截交线圆的该面投影是实形圆；

(2)当截平面垂直于投影面时，截交线圆的该面投影是直线段，其长度等于圆的直径；

(3)当截平面倾斜于投影面时，截交线圆的该面投影是椭圆，其长轴长度等于圆的直径，短轴长度取决于截平面的倾角。

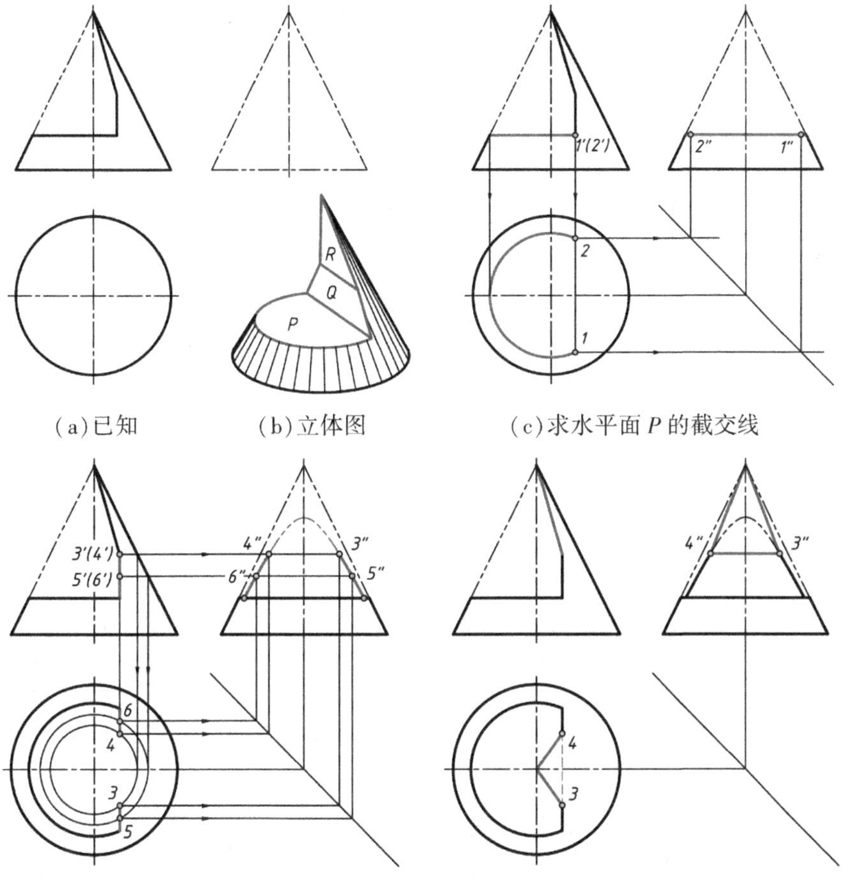

(a)已知　(b)立体图　(c)求水平面 P 的截交线

(d)求侧平面 Q 的截交线　(e)求正垂面 R 的截交线、完成全图

图 3-22　圆锥被多个平面截切

【例 3-16】 已知一球被正垂面截切后的正面投影(图 3-23(a)),求另外两面投影。

【解】 分析:如图 3-23(a)所示,截平面是正垂面,截交线圆的 V 面投影与截平面投影重合,为直线段,截交线的 H、W 面投影为椭圆。

作图:

(1)找出椭圆的长短轴端点。如图 3-23(b)所示,在 V 面上,找出最高和最低点 1′、2′,Ⅰ Ⅱ是截交线圆的直径,与Ⅰ Ⅱ垂直平分的另一条直径Ⅲ Ⅳ是正垂线,其投影 3′4′位于 1′2′的中点。求出(1,1″)、(2,2″)、(3,3″)、(4,4″)。Ⅲ、Ⅳ点在球面上是一般点,需要用纬圆法求其投影。

(2)找出其他特殊点。如图 3-23(c)所示,在 V 面上,水平大圆和侧平大圆与截平面的交点为 5′、6′、7′、8′,作出这四个点的 H、W 面投影(5、5″)、(6、6″)、(7、7″)、(8、8″)。

(3)视具体情况作出适量的一般点(本例略),并将各点依次光滑连成椭圆,即得截交线的 H、W 面投影,投影可见。

(4)补全球轮廓线的投影，完成全图(图 3-23(d))。本例中，水平大圆 *H* 面投影画至 5、6 点，侧平大圆的 *W* 面投影画至 7″、8″点。

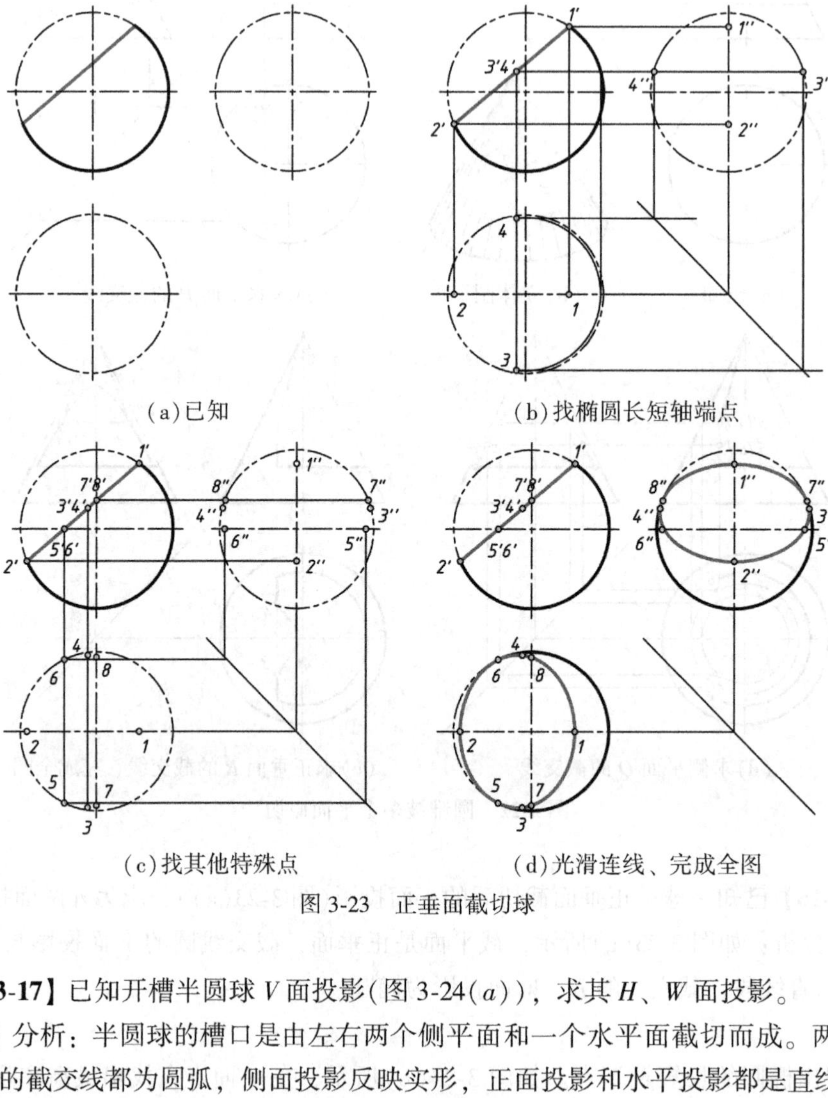

(a)已知　(b)找椭圆长短轴端点　(c)找其他特殊点　(d)光滑连线、完成全图

图 3-23　正垂面截切球

【例 3-17】已知开槽半圆球 *V* 面投影(图 3-24(*a*))，求其 *H*、*W* 面投影。

【解】分析：半圆球的槽口是由左右两个侧平面和一个水平面截切而成。两个侧平面截切形成的截交线都为圆弧，侧面投影反映实形，正面投影和水平投影都是直线。槽底水平面截切形成的截交线为圆弧，其水平投影反映实形，正面投影和侧面投影均为直线。

作图：

(1)如图 3-24(b)所示，作两个侧平面与半圆球的截交线。水平投影是直线，侧面投影为圆弧，投影可见。

(2)如图 3-24(c)所示，作水平面与半圆球的截交线。水平投影是圆弧，侧面投影为直线，投影可见。

(3)作出两个截平面的交线，侧面投影不可见，画虚线，并补全半球的轮廓线，完成全图(图 3-24(d))。

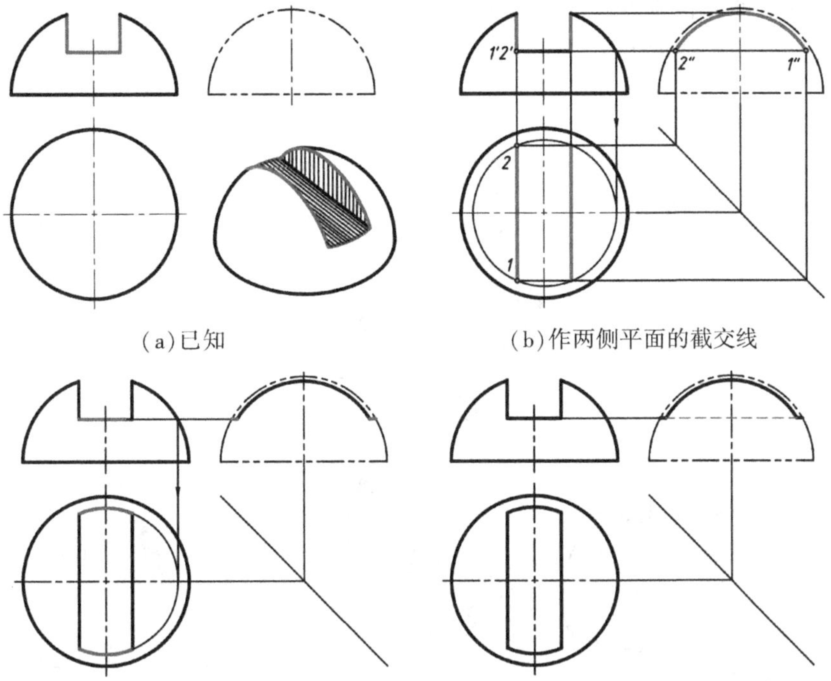

(a)已知　　(b)作两侧平面的截交线

(c)作水平面的截交线　　(d)完成全图

图 3-24　开槽半圆球的投影

3.3　立体的相贯

3.3.1　概述

两立体相交称为相贯，相交立体表面的交线称为相贯线。根据相贯的两个立体的表面性质，将立体相贯分为以下三种情况：1 平面立体与平面立体相贯、2 平面立体与曲面立体相贯、3 曲面立体与曲面立体相贯(图 3-25)。无论哪种相贯，相贯线都具有如下性质：

(1)表面性：相贯线位于立体的内表面或外表面上。

(2)共有性：相贯线是参与相交的两立体表面的共有线。因此，求相贯线的实质是求两立体表面一系列共有点。

(3)封闭性：由于立体具有一定的空间范围，故相贯线一定是闭合的。

如果将参与相贯的平面立体分解成若干平面，那么立体相贯的前两种情况求相贯线可归结为求若干平面与平面立体或曲面立体的截交线，此时相贯线是由若干段截交线组成的。因此，本节只介绍立体相贯的第三种情况中的两个回转体的相贯线画法。

3.3.2　两回转体相贯

两回转体相贯时，其相贯线一般是封闭的空间曲线，特殊情况为平面曲线或直线。求相贯线实质是求两回转体表面一系列共有点，然后依次光滑连线，并判断可见性。求两回转体相贯线的一般步骤如下：

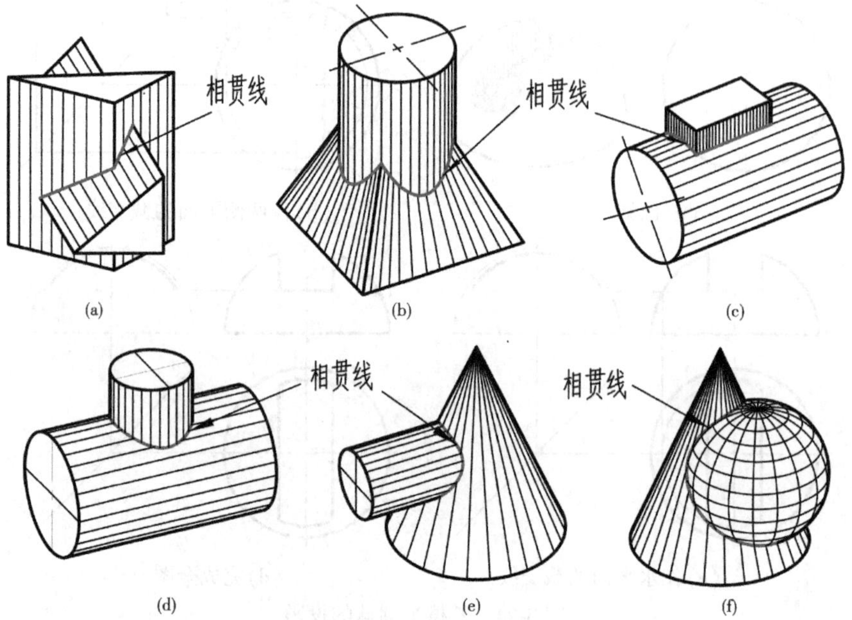

图 3-25　立体表面的相贯线

(1)形体分析。根据两回转体的表面形状、空间位置及两立体之间的相对位置，判断相贯线的数量、大致形状及对称性。

(2)求相贯线上的点。先取控制相贯线的空间范围和变化趋势的特殊点，如最高、最低、最左、最右、最前、最后点，以及转向轮廓线上的点(投影可见与不可见的分界点)。然后，根据作图精度要求再取若干个一般位置点。

(3)连线。依次光滑地连接各点的同面投影，并判别可见性。相贯线投影可见性的判别原则：只有当相贯线同时位于两回转体可见的表面时，该投影才是可见的；否则，不可见。

(4)完成两立体的投影。

下面介绍两种常用的求相贯线的作图方法：表面取点法和辅助平面法。

1. 表面取点法

表面取点法是利用立体表面的某面投影具有积聚性，来直接确定相贯线上点或线的一面投影或两面投影，然后用立体表面取点的方法求出它们的其他投影。

【例 3-18】已知轴线正交的两圆柱相贯(图 3-26(a))，求作相贯线的投影。

【解】分析：如图 3-26(a)和(b)所示，两圆柱正交，相贯线是一条封闭的空间曲线，且前后、左右对称。小圆柱的水平投影有积聚性，相贯线的水平投影为圆。大圆柱的侧面投影有积聚性，相贯线的侧面投影为圆弧。故相贯线的两个投影已知，只需求相贯线的正面投影，且相贯线前后部分的正面投影重合。

作图：

(1)找特殊点。如图 3-26(c)所示，找特殊点：首先在水平投影上定出相贯线的最左、最右、最前、最后点的投影 1、2、3、4，再在侧面投影上作出相应的投影 1″、2″、3″、4″，最后按照投影规律作出正面投影 1′、2′、3′、4′。

(2)取一般点。在水平投影或者侧面投影上取左右、前后对称的 4 个点(5，5″)、(6，6″)、(7，7″)、(8，8″)，并利用投影规律求投影正面投影 5′、6′、7′、8′。

(3)依次光滑地连接各点的正面投影。由于相贯线前、后对称，其正面投影前、后半曲线重合。

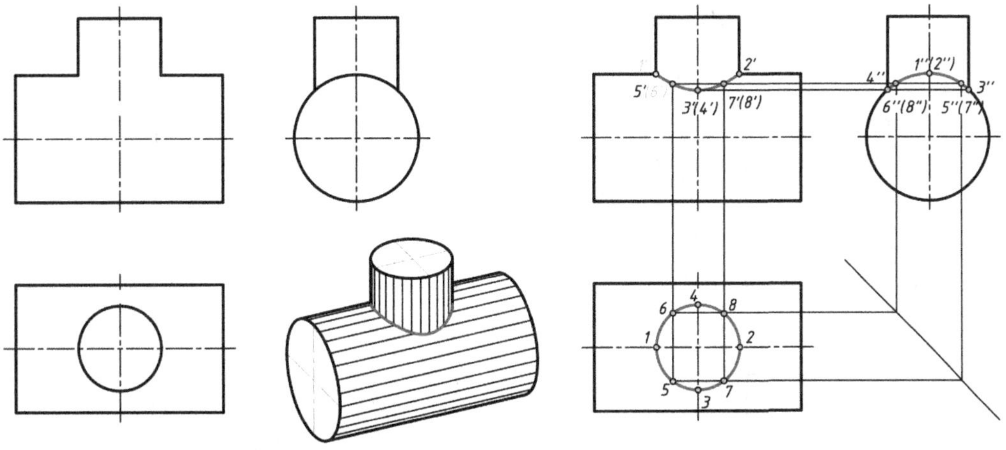

(a)已知　　(b)立体图　　(c)作图

图 3-26　两正交圆柱相贯

【例 3-19】求作轴线垂直交叉的两圆柱的相贯线(图 3-27(a))。

【解】分析：如图 3-27(b)所示，两圆柱互贯，轴线垂直交叉，相对位置为上下、左右对称，故相贯线是一条上下、左右对称的封闭空间曲线。由于两圆柱面分别在 H 面和 W 面上的投影有积聚性，所以，相贯线的水平投影和侧面投影都是已知的圆弧。因为相贯线具有对称性，可以只在对称的一半曲线上取点，所以最后作图结果要保持对称性。

作图：

(1)找特殊点。如图 3-27(c)所示，在相贯线的两个已知投影上取特殊点Ⅰ(1，1″)、Ⅱ(2，2″)、Ⅲ(3，3″)、Ⅳ(4，4″)，再利用投影规律求其正面投影 1′、2′、3′、4′。

(2)取一般点。如图 3-27(d)所示，在特殊点Ⅰ、Ⅲ和Ⅱ、Ⅳ之间分别取一般点Ⅴ(5，5″)和Ⅵ(6，6″)，再利用投影规律求其正面投影投影 5′、6′。

(3)依次光滑地连接各点的正面投影，判别可见性，并补全立体轮廓线的投影(图 3-27(e))。

如图 3-27(f)所示，若抽掉竖直的圆柱(投影用双点画线表示)，其相贯线的空间形状及其投影不变，只有可见性改变。

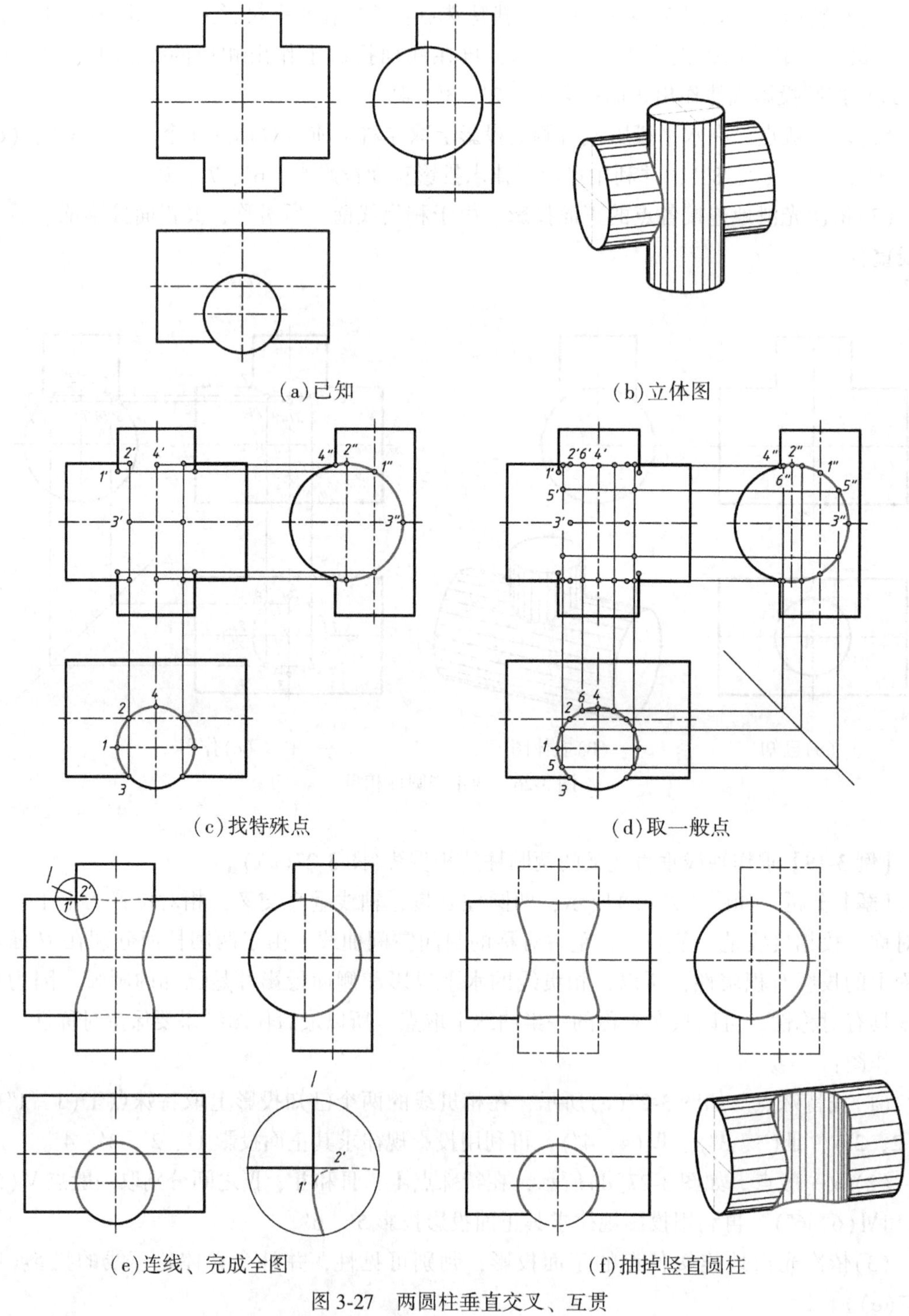

(a)已知　(b)立体图

(c)找特殊点　(d)取一般点

(e)连线、完成全图　(f)抽掉竖直圆柱

图 3-27　两圆柱垂直交叉、互贯

【例 3-20】已知圆柱与圆锥正交(图 3-28(a)),求相贯线的投影。

【解】分析:如图 3-28(b)所示,圆柱与圆锥前后对称,故相贯线是一条前后对称的封闭空间曲线。圆柱面的侧面投影有积聚性,相贯线的侧面投影为圆,要求正面投影和水平投影。

作图:

(1)找特殊点。如图 3-28(c)所示,在圆柱的侧面投影上取特殊点Ⅰ、Ⅱ、Ⅲ、Ⅳ(1″、2″、3″、4″),根据点在圆柱的最高、最低素线上求出Ⅰ、Ⅱ点的其他两面投影(1,1′)、(2,2′),利用纬圆法求出Ⅲ、Ⅳ点的其他两面投影(3,3′)、(4,4′)。

(2)取一般点。如图 3-28(d),在侧面投影中取左右、上下对称的四个点 5″、6″、7″、8″,并利用纬圆法求其他两面投影(5,5′)、(6,6′)、(7,7′)、(8,8′)。

(3)依次光滑地连接各点的正面投影,判别可见性,并补全立体轮廓线的投影,完成全图(图 3-28(e))。

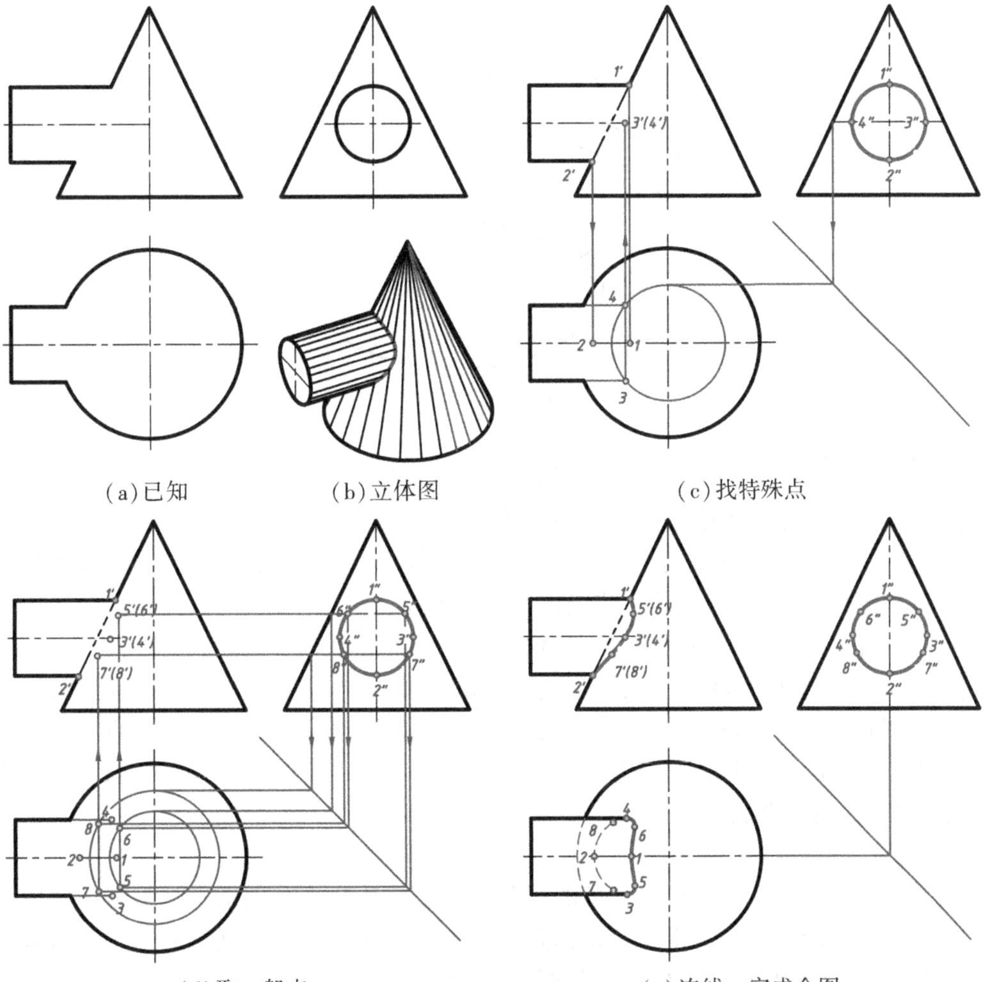

(a)已知　(b)立体图　(c)找特殊点

(d)取一般点　(e)连线、完成全图

图 3-28　圆柱和圆锥相贯

2. 辅助平面法

作两回转体的相贯线，用一辅助平面与两立体都相交，得到两组截交线，两组截交线的交点是辅助平面与两回转体表面的三面共有点，即为相贯线上的点，这种方法称为辅助平面法。如图 3-29 所示，求圆柱与圆锥相贯线时，假设一辅助水平面 P 与两立体都相交，平面 P 与圆柱的表面交线为两段直素线，平面 P 与圆锥表面的交线为圆，直素线与圆的两个交点 M 和 N 均是相贯线上的点。再假设不同高度的辅助水平面，同理可以求出相贯线上一系列的点。

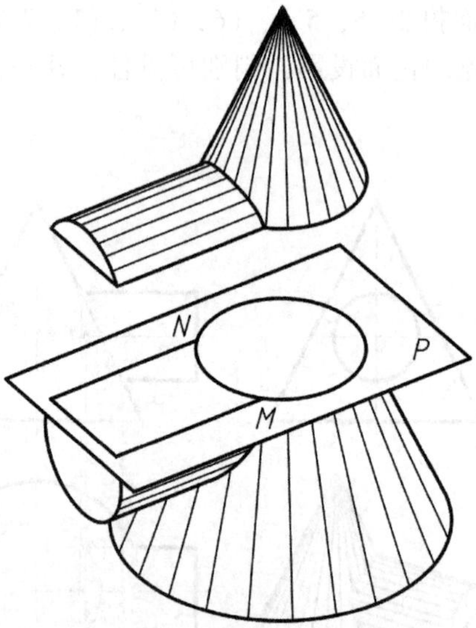

图 3-29　辅助平面法求相贯线上的点

为了能方便而准确地求解相贯线，辅助平面的选用原则是：

(1)应使辅助平面与两曲面立体相交后产生的两条截交线相交或相切(有共有点)；

(2)应尽可能地使辅助平面与曲面立体的截交线的投影形状最简单，如圆或直线。因此，一般选取投影面的平行面或垂直面作为辅助平面。

【例 3-21】已知圆锥与圆球正交(图 3-30(a))，求相贯体的两面投影。

【解】分析：如图 3-30(b)所示，圆锥与圆球的相贯线是一条前后对称且封闭的空间曲线。因圆锥和圆球的表面在任一投影面上的投影均无积聚性，故要采用辅助平面法求解相贯线的投影。由于圆锥轴线为铅垂线，因此选择一组水平面和一个过圆锥锥顶的正平面作为辅助平面进行解题更方便。

作图：

(1)求特殊点。如图 3-30(c)，过锥顶作辅助正平面 P_1，分别求它与圆锥、圆球的截交线，两者交点 Ⅰ(1，1′)、Ⅱ(2，2′)即为最高、最低点。Ⅱ点又为最右点。再过圆球水平转向轮廓线作辅助水平面 P_2，它与圆锥、圆球的截交线都是圆，两者其交点 Ⅲ(3，3′)、Ⅳ(4，4′)即为水平投影转向点。

(2)求一般点。如图 3-30(d)，在Ⅰ、Ⅲ点和Ⅲ、Ⅱ点之间作辅助水平面 P_3 和 P_4，同理，可求得一般点(5，5′)、(6，6′)、(7，7′)、(8，8′)，及其前后对称点。

(3)依次光滑地连接各点投影，其正面投影可见，水平投影中 3—1—4 段可见，3—2—4 段不可见，补全立体轮廓线，完成全图(图 3-30(e))。

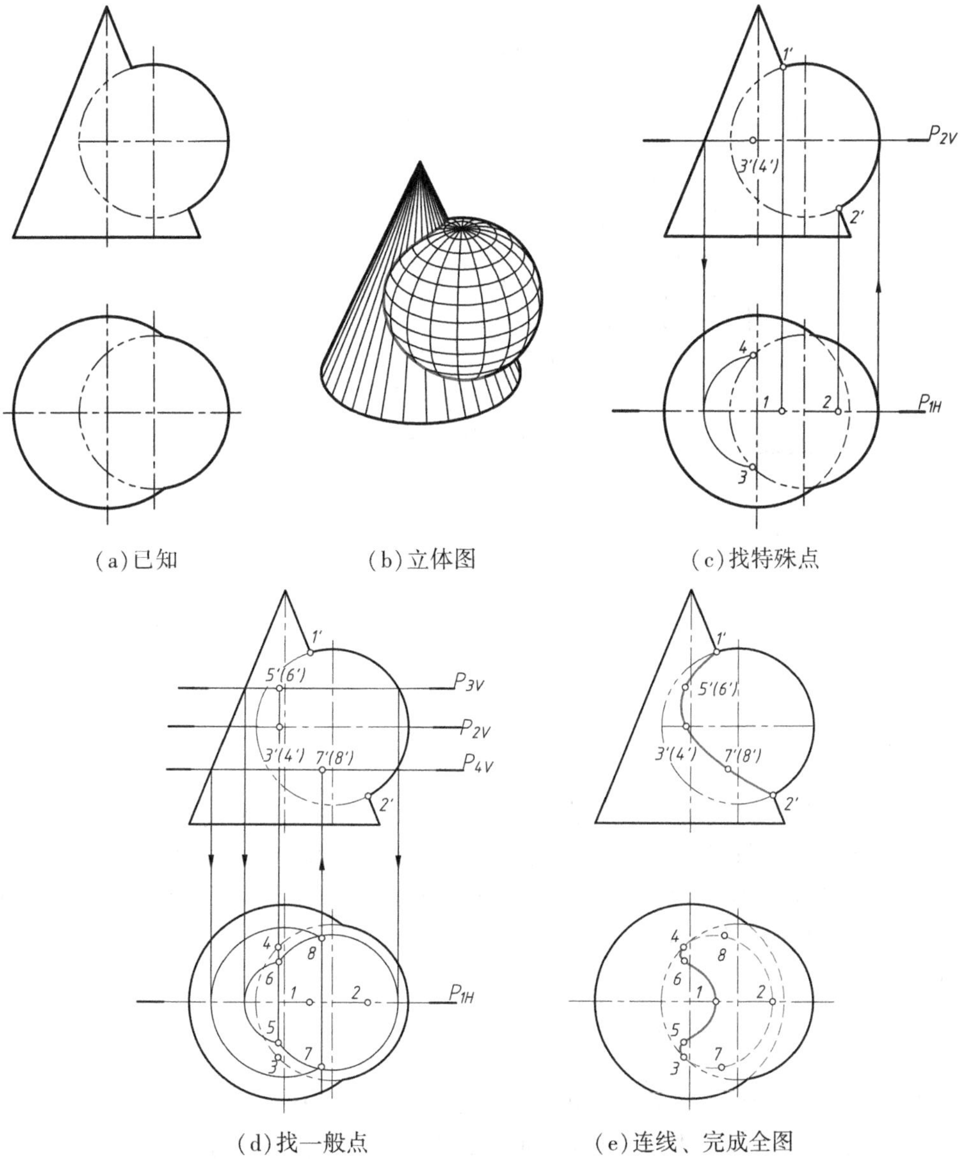

(a)已知　(b)立体图　(c)找特殊点

(d)找一般点　(e)连线、完成全图

图 3-30　圆锥与球相贯

3.3.3　相贯线的变化趋势分析

相贯线的空间形状取决于两回转体的几何形状、尺寸大小以及它们之间的相对位置。

下面分别讨论相贯线的几种变化趋势。

1. 回转体的虚实改变

相贯线的形成可以是两回转体外表面相交，也可以是外表面与内表面相交，或是两内表面相交，它们的交线作法相同，只是可见性要根据情况判断，如表 3-3 所示。

表 3-3　　**回转体的虚实改变**

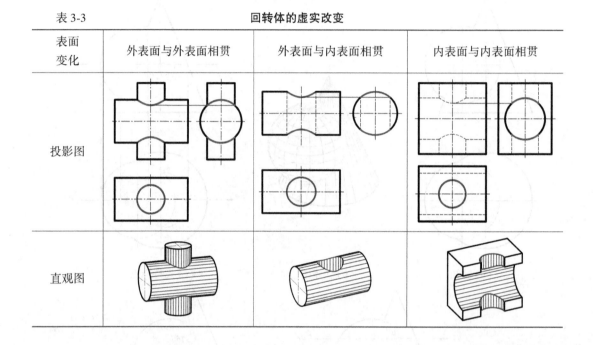

表面变化	外表面与外表面相贯	外表面与内表面相贯	内表面与内表面相贯
投影图	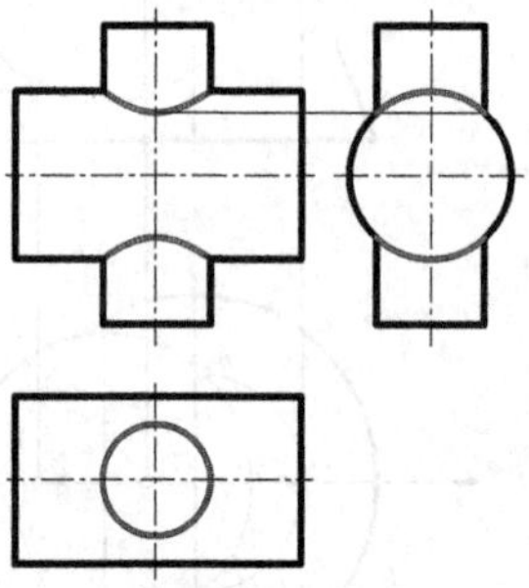	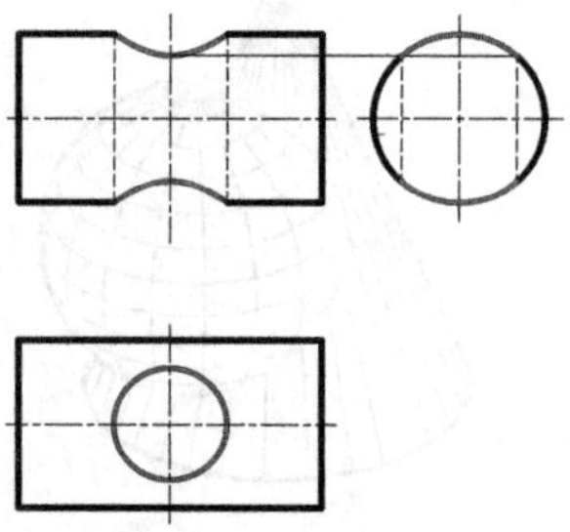	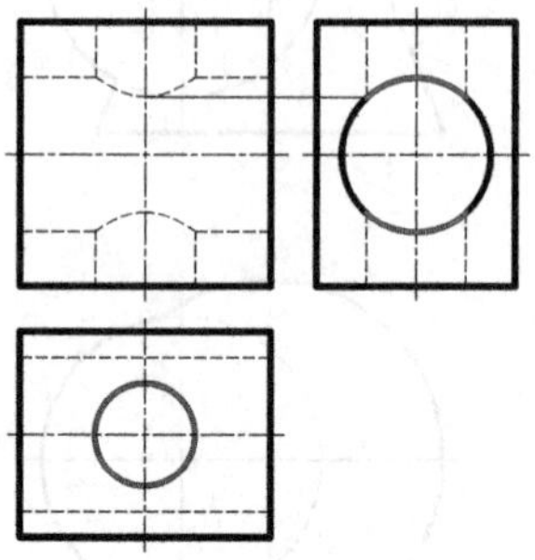
直观图	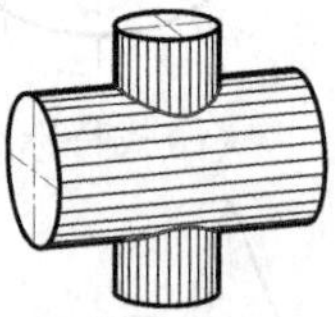	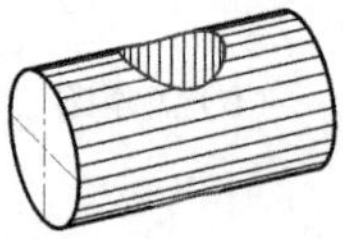	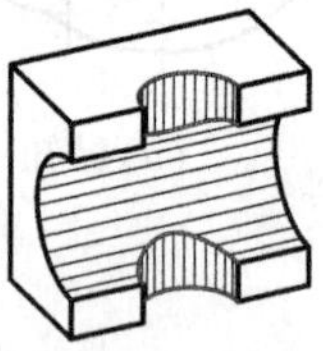

2. 回转体的形状大小改变

表 3-4 展示了正交两圆柱当它们直径大小改变时，相贯线的变化趋势。当水平圆柱较大时，相贯线是上下对称的两条空间曲线；当两圆柱直径相等时，相贯线变为两条平面曲线（椭圆），它们的正面投影积聚为直线；当竖直圆柱直径较大时，相贯线为左右对称的两条空间曲线。两个直径不等的圆柱正交时，相贯线总是绕过小圆柱的轴线，而弯向大圆柱的轴线。

3. 两回转体的相对位置改变

表 3-5 展示了两圆柱相贯时，形状大小不变，而轴线的相对位置变化时，其相贯线的变化趋势。两圆柱轴线垂直相交（正交）时，相贯线为前后、左右对称的空间曲线。当小圆柱向前移动，两圆柱轴线垂直交叉，如果小圆柱的所有素线全部与大圆柱相交（称为全贯），相贯线为左右对称的空间曲线，且相贯线的最前点向大圆柱的轴线靠近，当两圆柱相切时，相贯线在切点处相交为一点；当小圆柱继续向前移动，小圆柱只有部分素线与大圆柱相交（称为互贯），相贯线合成为一条左右对称的空间曲线。

表 3-4 **回转体的形状大小改变**

两圆柱的直径关系	水平圆柱较大	两圆柱直径相等	竖直圆柱较大
相贯线特点	上下两条空间曲线	两个互相垂直的椭圆	左右两条空间曲线
投影图	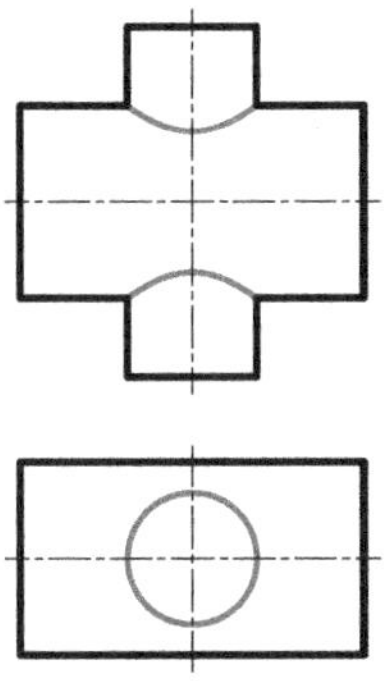	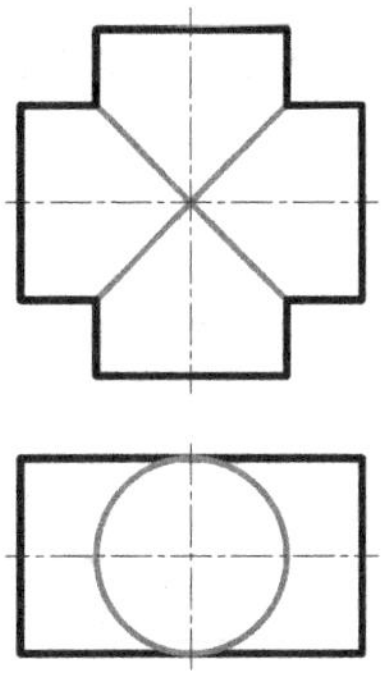	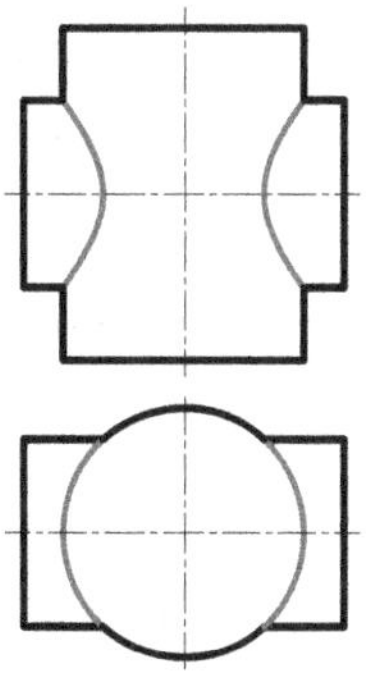
直观图	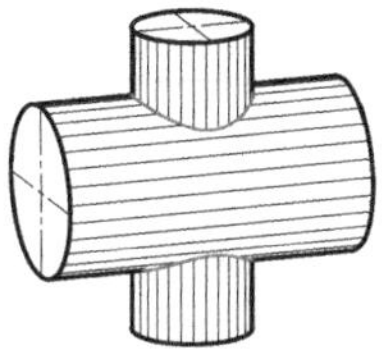	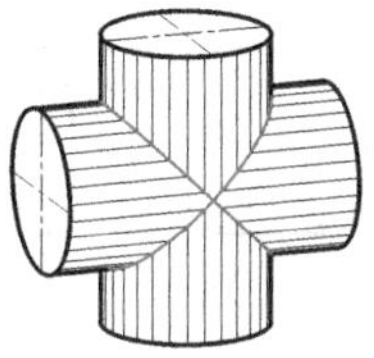	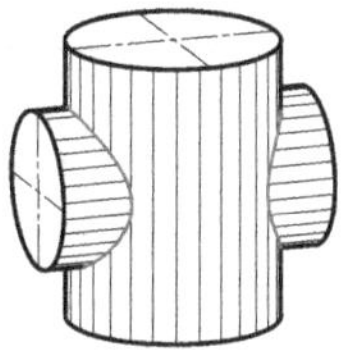

表 3-5 **两回转体的相对位置改变**

两圆柱轴线相对位置	两轴线垂直相交	两轴线垂直交叉		
	全贯	全贯		互贯
投影图	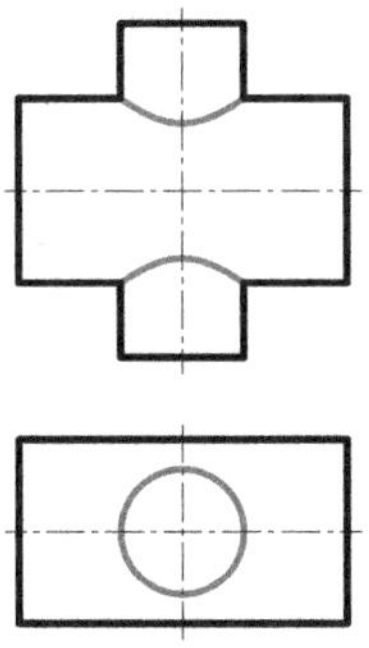	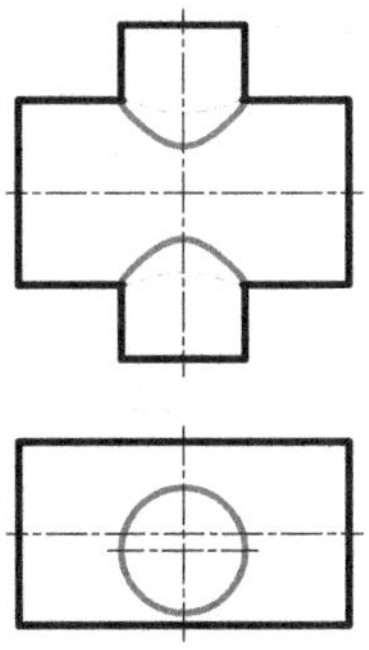	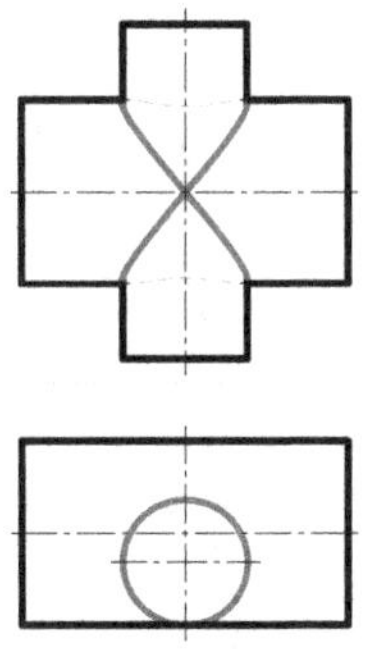	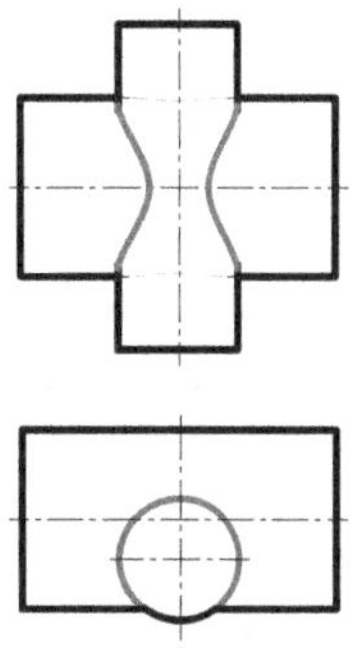
直观图	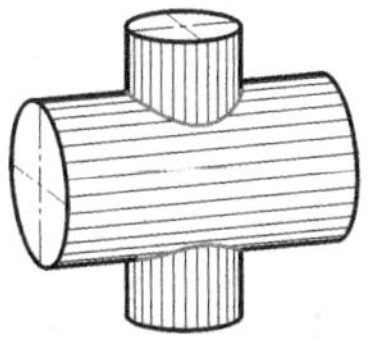	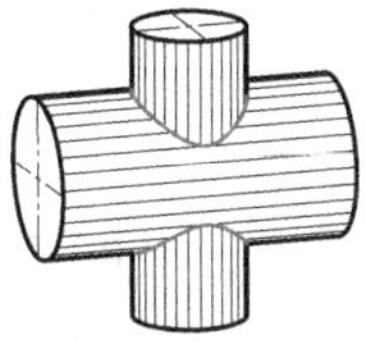	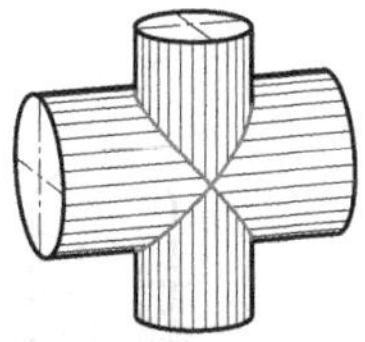	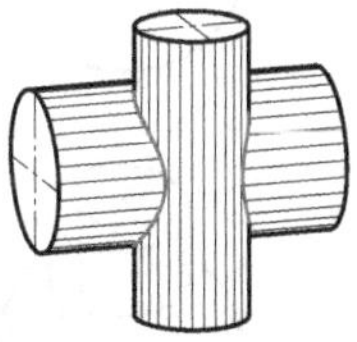

3.3.4 相贯线的特殊情况

两曲面立体的相贯线在一般情况下是空间曲线，在特殊情况下，相贯线可能是平面曲线或直线段。

(1)当两回转体相交，并公切于一个球时，其相贯线为椭圆，它在与两回转体轴线平行的投影面上的投影为直线段，如图3-31(a)所示。

(2)当两回转体共轴线时，其相贯线为垂直于轴线的圆，如图3-31(b)所示。

(3)当两回转体的轴线平行时，其相贯线为直线段或直线段和圆弧；当两锥面共顶点时，相贯线为直线段，如图3-31(c)所示。

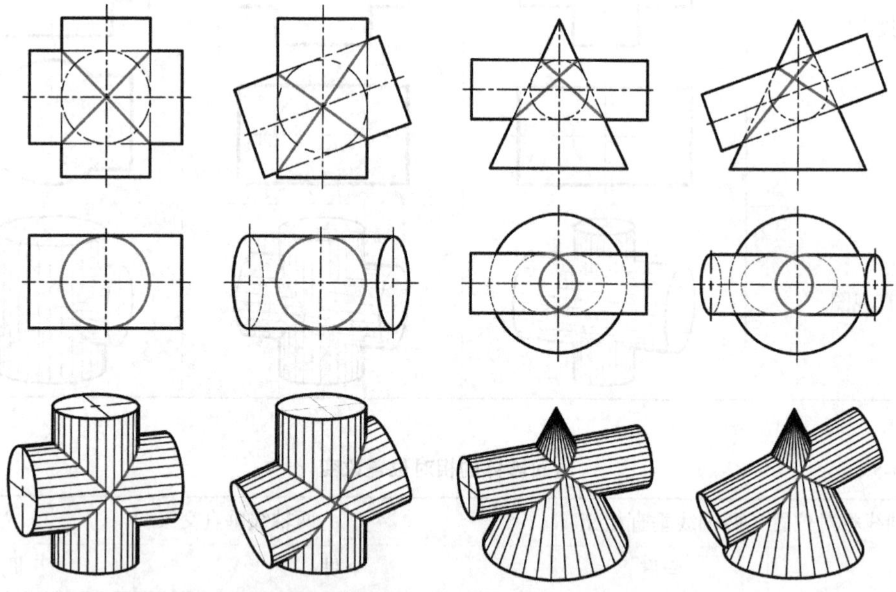

(a)两回转体含公切球、相贯线空间形状为椭圆

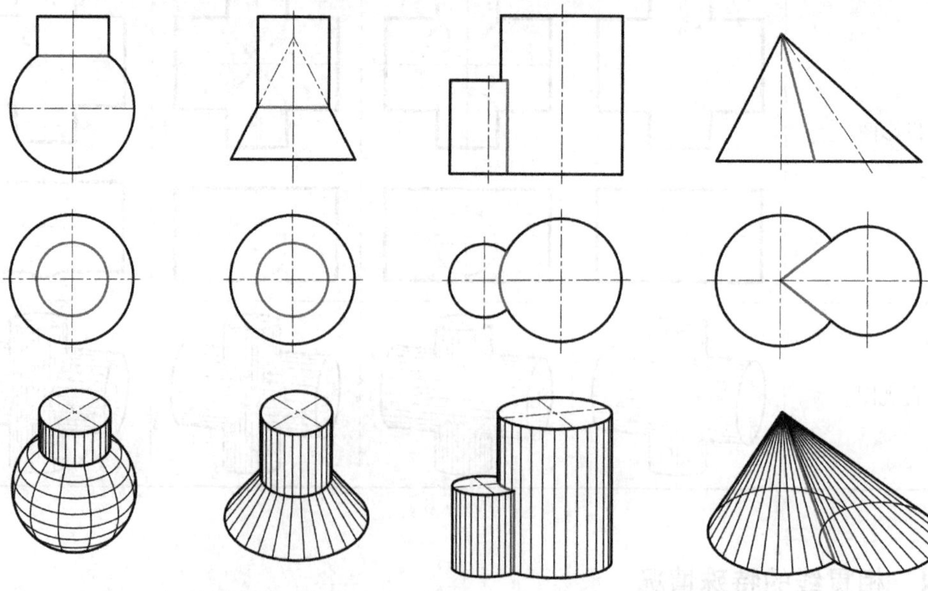

(b)相贯线为圆　　　　(c)相贯线为直线

图3-31　相贯线的几种特殊情况

3.4　立体的尺寸标注

3.4.1　基本体的定形尺寸

在机械工程中，不仅要用投影表达物体的形状结构，而且要用尺寸表达物体的大小。对单一基本体而言，主要表达的是定形尺寸。

定形尺寸是指确定基本体形状大小的尺寸。如图 3-32 所示，对于平面立体，一般要标注长、宽、高三个方向的尺寸，其中正六棱柱对边和对角尺寸是可以通过计算公式换算的，一般只标注对边尺寸；对于回转体，要标注回转面的直径或半径尺寸以及沿轴线方向的长度尺寸。

注意，在标注直径或半径尺寸时，应在尺寸数字前加注“Φ”或“R”符号。一般将直径尺寸注在反映非圆的投影图上，而将半径尺寸注在反映圆弧的投影上。当标注球面尺寸时，应在“Φ”或“R”前再加注“S”符号(图 3-32)。

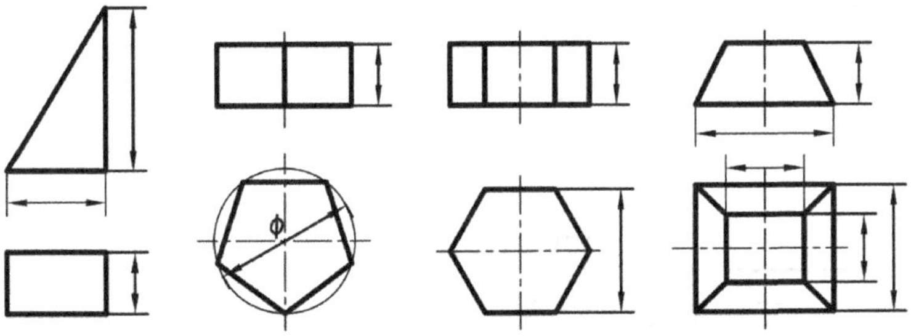

(a)平面立体

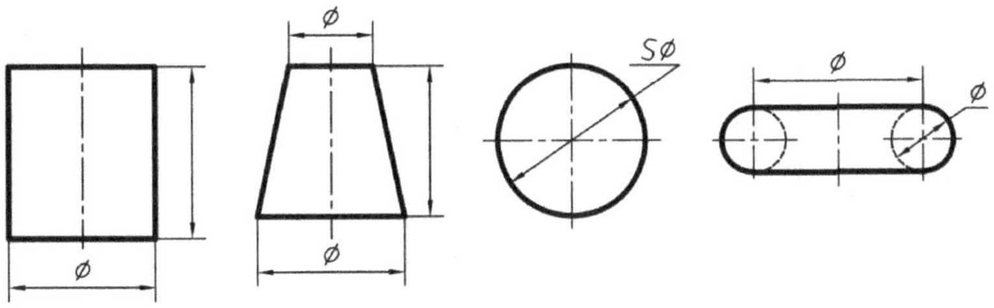

(b)回转体

图 3-32　基本体的尺寸标注

3.4.2　截切体和相贯体的尺寸标注

图 3-33 和图 3-34 给出了一些常见的截切体和相贯体的尺寸标注方法，除了要标注基本体本身的定形尺寸外，还需要标注截切平面的定位尺寸或相贯体间相对位置的尺寸，这样截交线和相贯线的形状大小也就确定了，而不应该再另外标注交线的尺寸。

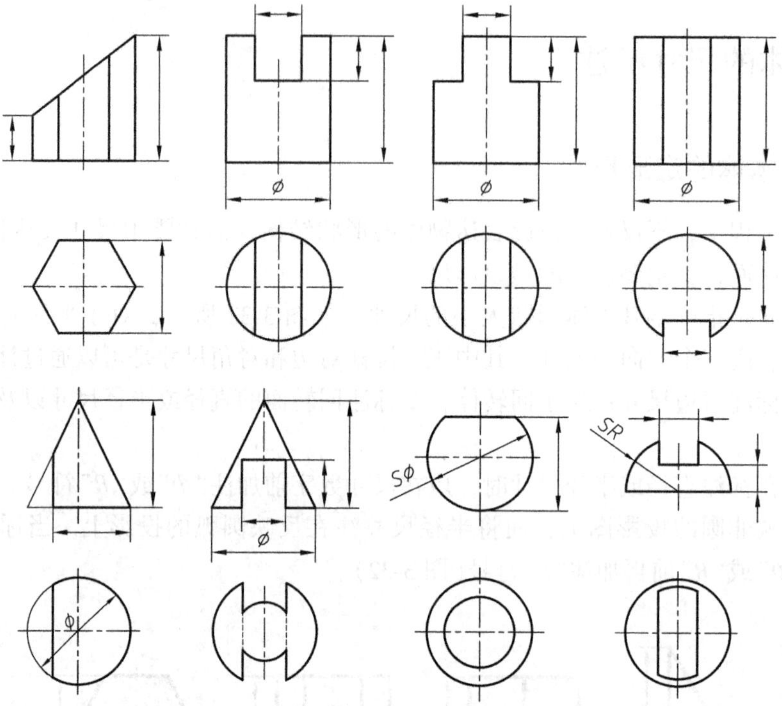

图 3-33　截切体的尺寸标注

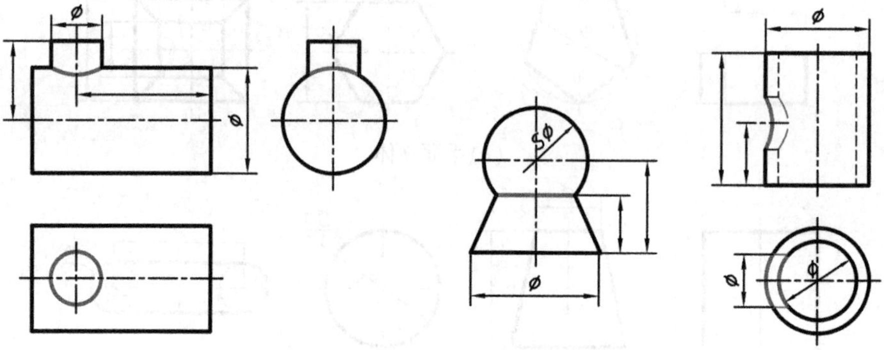

图 3-34　相贯体的尺寸标注

第 4 章　轴　测　图

4.1　轴测图的基本知识

前面章节所述多面正投影图的优点是度量性好、作图简便，缺点是无立体感，需有一定投影知识才能看懂。为弥补正投影图的不足，常采用具有立体感的轴测图作为辅助图样，轴测图的优点是立体感强，但有变形、表达形体不够全面的缺点。

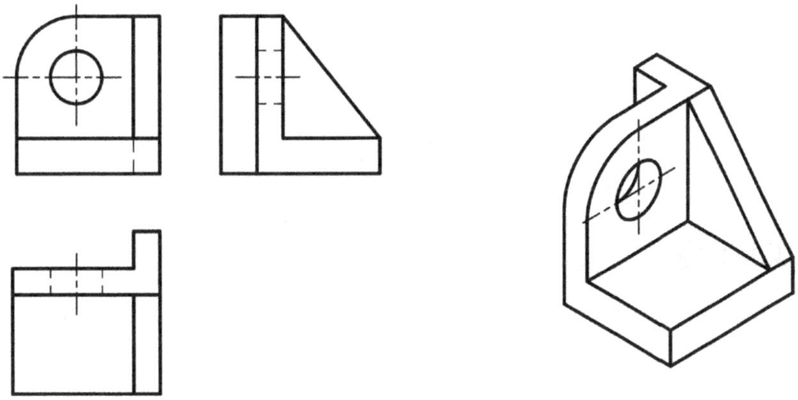

(a)正投影图　　(b)轴测图

图 4-1　正投影图与轴测图

4.1.1　轴测图的形成

轴测投影是将物体连同其直角坐标系，沿不平行于任一坐标平面的方向，用平行投影法投射到一个平面 P(该平面称为轴测投影面)上所得到的图形，它同时反映出空间形体的长、宽、高三个方向，这种图称为轴测投影图，简称轴测图。当投射线垂直于轴测投影面 P 时得到的图形称为正轴测图；当投射线倾斜于轴测投影面 P 时得到的图形则称为斜轴测图，如图 4-2 所示。S 为投射方向，P 为轴测投影面，O_1X_1、O_1Y_1、O_1Z_1 为轴测投影轴(简称轴测轴)，它是三条坐标轴 OX、OY、OZ 在轴测投影面上的投影。

4.1.2　轴测图的轴间角和轴向伸缩系数

在轴测图中，轴测轴之间的夹角称为轴间角，如图 4-2 所示 $\angle X_1O_1Y_1$、$\angle Y_1O_1Z_1$、

$\angle X_1O_1Z_1$。轴测轴上某段长度与相应坐标轴上某段长度的比值称为轴向伸缩系数，分别用 p、q、r 表示，即 $p=\dfrac{O_1X_1}{OX}$、$q=\dfrac{O_1Y_1}{OY}$、$r=\dfrac{O_1Z_1}{OZ}$。

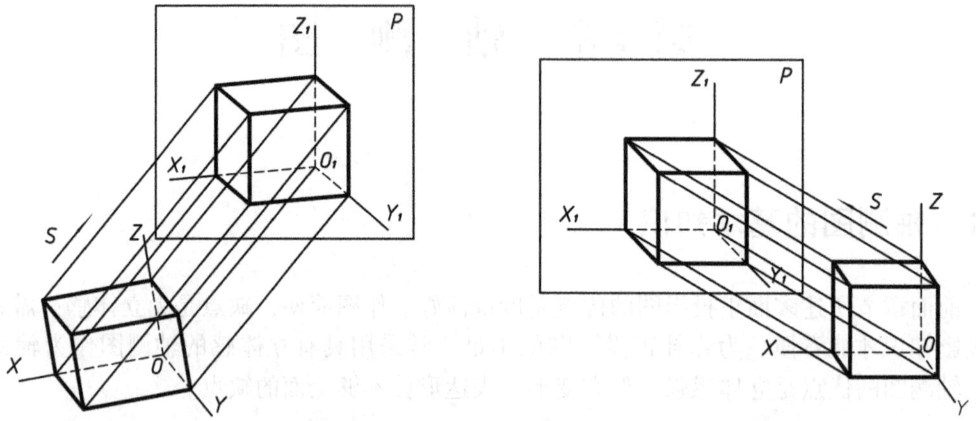

(a) 正轴测投影图　　(b) 斜轴测投影图

图 4-2　轴测图的形成

轴间角和轴向伸缩系数是绘制轴测图时必须具备的要素，不同类型的轴测图有其不同的轴间角和轴向伸缩系数。在绘制轴测图时，只要知道轴间角和轴向伸缩系数，便可根据形体的正投影图绘出其轴测图。

4.1.3　轴测图的投影特性

轴测图是采用平行投影法，故平行投影的基本特性仍然适用，主要有：

1. 平行性

相互平行的线段其轴测投影仍然互相平行。平行于坐标轴的线段，它的轴测投影平行于相应的轴测轴。

2. 定比性

互相平行的线段，其轴测投影长度与原长度之比相等。

在轴测投影中形体上平行于坐标轴的线段，其轴测投影与原线段实长之比，等于相应的轴向伸缩系数，故可以沿轴的方向按伸缩系数比例量取。

但与坐标轴不平行的直线段，未知伸缩系数比例，不能直接量度，只能按坐标作出其两端点再画出该直线。

4.1.4　轴测图的种类

按投影方向与轴测投影面是否垂直分为两大类：

(1) 正轴测投影图：投射方向垂直于投影面。

(2)斜轴测投影图：投射方向倾斜于投影面。

根据三个轴向伸缩系数是否相等，又可将正(或斜)轴测图分为：

(1)若三个轴向伸缩系数都相等，称为正(或斜)等轴测图，简称正(或斜)等测。

(2)若任意两个轴向伸缩系数相等，称为正(或斜)二轴测图，简称正(或斜)二测。

(3)三个轴向伸缩系数互不相等，称为三轴测图。

工程图样中一般采用正等测和斜二测，下面分别介绍这两种轴测图的画法。

4.2　正等轴测图的画法

4.2.1　轴间角和轴向伸缩系数

正等轴测投影是使三条坐标轴与轴测投影面的倾角都相等，根据计算，这时的轴向伸缩系数 $p=q=r\approx 0.82$，轴间角 $\angle X_1O_1Y_1=\angle Y_1O_1Z_1=\angle X_1O_1Z_1=120°$，如图 4-3(a)所示。

为作图简便，将伸缩系数简化为 1，即取 $p=q=r=1$。采用简化伸缩系数画出的正等轴测图，三个轴向尺寸都放大了约 1/0.82=1.22 倍，但这并不影响正等轴测图的立体感以及物体各部分的比例，如图 4-3(c)、(d)所示。

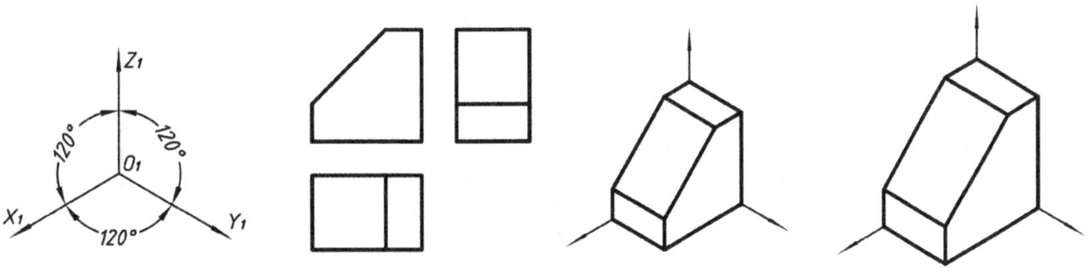

(a)轴间角　(b)正投影图　(c) $p=q=r\approx 0.82$　(d) $p=q=r=1$

图 4-3　正等轴测图

作图时，习惯上将 Z_1 轴画成垂直方向，X_1 轴和 Y_1 轴与水平线成 30°。坐标法是轴测图的最基本方法，它根据立体表面上各顶点的坐标，分别画出它们的轴测投影，然后依次连接立体表面的可见轮廓线。

除此之外，还可利用相对坐标衍生出切割法、端面法、叠砌法等作图方法。

4.2.2　平面立体的正等测

根据已给出的正投影图，利用坐标法就可绘制出正等轴测图。

【例 4-1】已知正六棱柱的两面投影图，如图 4-4(a)所示，试绘制其正等轴测图。

【解】根据坐标关系，画出立体表面各点的轴测投影图，然后连成立体表面的轮廓线，具体步骤如下：

(1)选定坐标原点，在水平和正面投影中设置坐标系，如图 4-4(b)所示；

(2)画出轴测轴，在 $X_1O_1Y_1$ 坐标面上定出各顶点 1、2、3、4、5、6 的位置，连接各顶点可得六棱柱的顶面，如图 4-4(c)所示；

(3)由顶面各顶点向下作 Z_1 轴的平行线，并根据六棱柱高度在平行线上截得棱线长度，同时定出底面各可见点的位置，不可见部分不需画出，如图 4-4(d)所示；

(4)根据底面各点，连接可见轮廓线，描粗，完成全图，如图 4-4(e)、(f)所示。

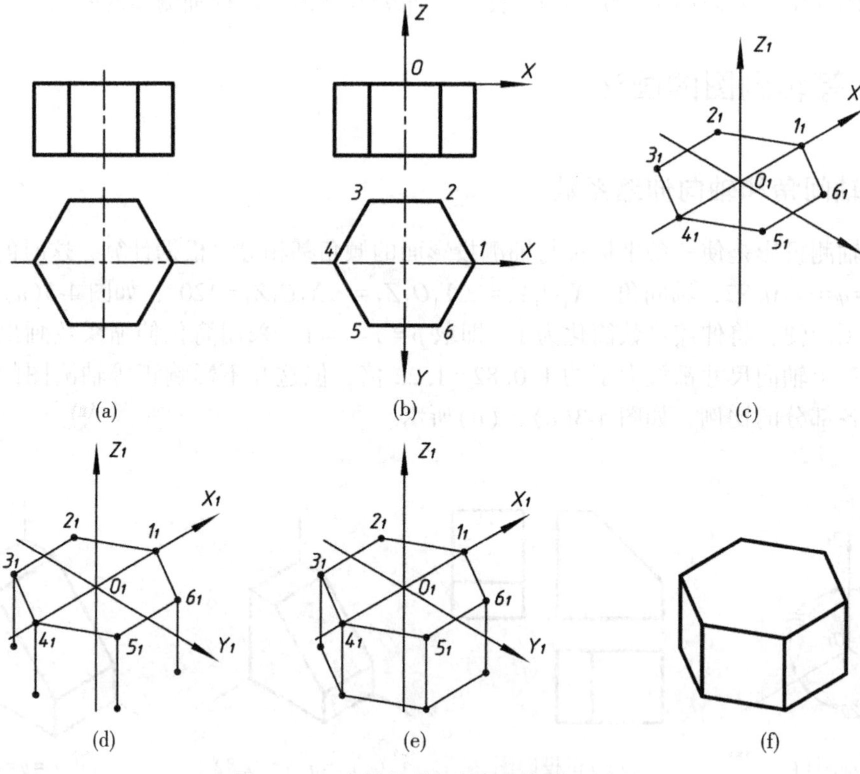

图 4-4　正六棱柱的正等轴测图作图步骤

【例 4-2】已知物体的两面投影图，如图 4-5(a)所示，试绘制其正等轴测图。

【解】根据立体的投影图分析，可设想为由长方体切割而成，因此可先画出长方体的正等轴测图，然后进行轴测切割，从而完成立体的轴测图。这种方法称为切割法。具体步骤如下：

(1)在水平和正面投影图中设置坐标系，如图 4-5(b)所示；

(2)画出轴测轴，作辅助长方体的轴测图，如图 4-5(c)所示；

(3)按图 4-5(d)~(f)所示步骤，依次切去多余部分；

(4)最后描粗可见轮廓线，完成全图，如图 4-5(g)所示。

4.2.3　平行于坐标面圆的正等测

当圆所在的平面平行于轴测投影面时，其轴测投影仍为圆；当圆所在的平面倾斜于轴测投影面时，其轴测投影为椭圆。

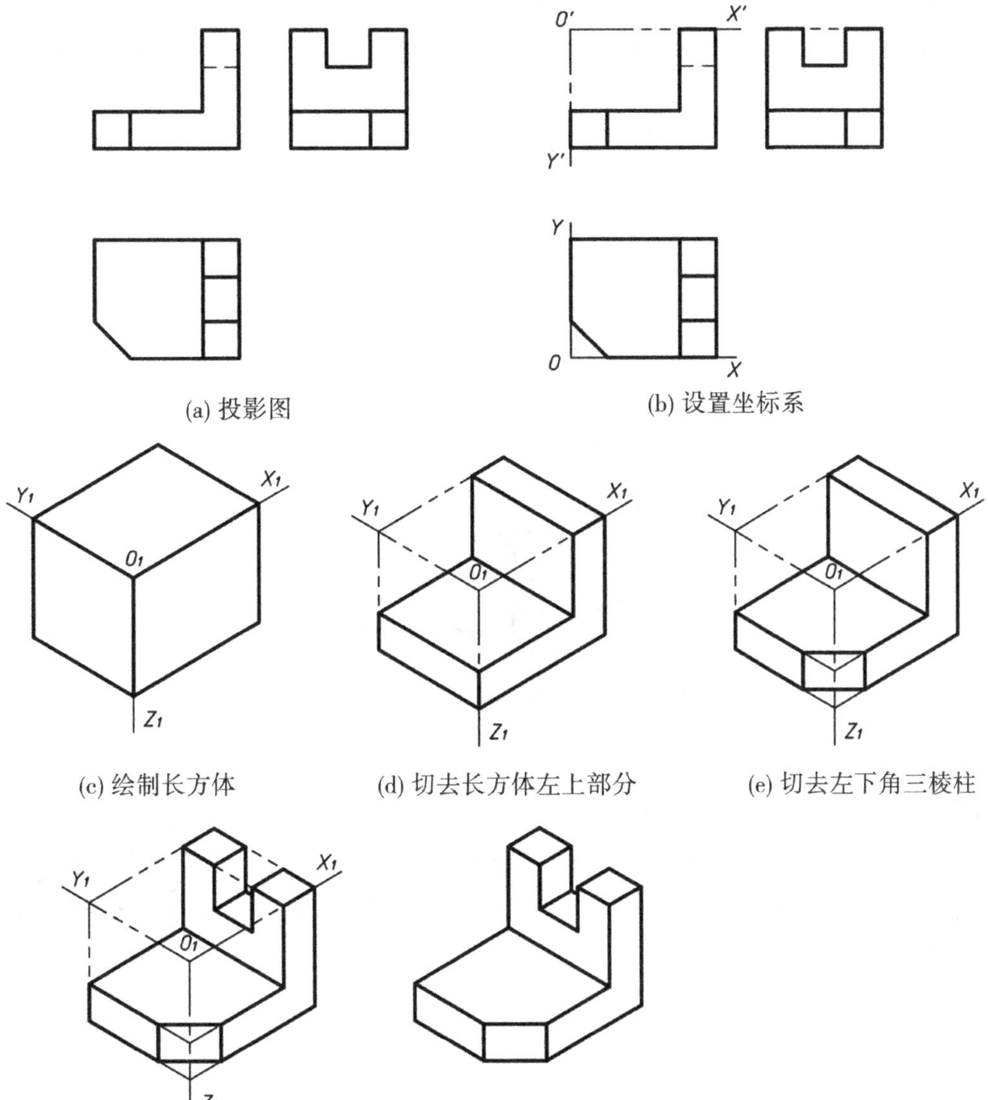

(a) 投影图　(b) 设置坐标系

(c) 绘制长方体　(d) 切去长方体左上部分　(e) 切去左下角三棱柱

(f) 切去右上中间部分四棱柱　(g) 整理加粗轮廓线完成作图

图 4-5　切割法作正等轴测图的步骤

平行于三个坐标面的圆直径相等时，它们的投影是三个大小相同，长短轴方向不同的椭圆，如图 4-6 所示。

圆在正投影中的外切正方形在正等测投影中变为菱形，在这个菱形中可作出四段圆弧连接成近似椭圆，称为菱形四心法(简称四心法)。这一方法仅适用于画平行于坐标面的圆的正等测图，下面介绍用四心法画椭圆的步骤：

(1)以圆心为坐标原点建立坐标系，作出圆的平行于坐标轴的外切正方形，如图 4-7(a)所示；

(2)画出轴测轴，作圆的外切正方形的轴测图，如图 4-7(b)所示；

(2)以菱形短对角线的两端点 O_1、O_2 为两个圆心，以 O_1A_1 或 O_2C_1 为半径画弧 A_1D_1 和 C_1B_1；

(3)再以 O_1A_1、O_2C_1 与长对角线的交点 O_3、O_4为另两个圆心，以 O_3B_1 或 O_4D_1 为半径画弧 A_1B_1 和 C_1D_1。

这四段圆弧组成了一个扁圆，用它近似代替平行于坐标面的圆的正等轴测图。

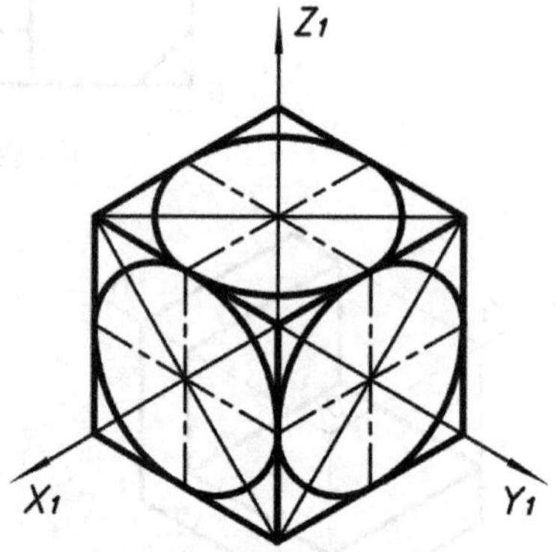

图 4-6　平行坐标面圆的正等轴测图

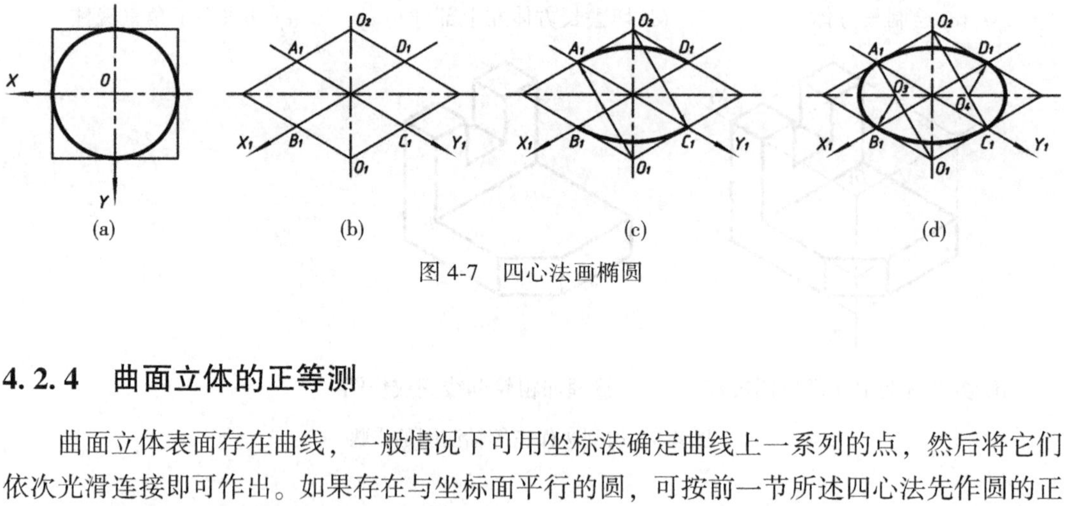

图 4-7　四心法画椭圆

4.2.4　曲面立体的正等测

曲面立体表面存在曲线，一般情况下可用坐标法确定曲线上一系列的点，然后将它们依次光滑连接即可作出。如果存在与坐标面平行的圆，可按前一节所述四心法先作圆的正等测，再完成其他部分的作图。

【例 4-3】已知截切后圆柱的投影(图 4-8(a))，试作出其正等轴测图。

【解】根据投影分析，可用切割法作图，先作出圆柱，再切割出缺口，具体步骤如下：

(1)设置坐标系，取圆柱的旋转轴线为 OZ 轴，底圆圆心为原点，底面为 XOY 坐标面，如图 4-8(b)所示；

(2)绘制轴测轴，采用四心法画底圆正等测；沿 Z 轴量取高度 h 确定顶圆圆心，用四心法绘制顶圆正等测，作上下两底圆切线可得圆柱正等测，如图 4-8(c)所示；

(3)沿 Z 轴量取高度 h_1 绘制截切处圆的正等测，沿 X 轴量取 b 确定截交线位置，如图 4-8(d)所示；

(4)绘制截切部分，如图 4-8(e)所示；

(5)绘制底圆与截切平台处圆的外轮廓切线，完成其他部分作图，如图 4-8(f)所示；

(6)擦去多余的线，将可见线加深，完成作图，如图 4-8(g)所示。

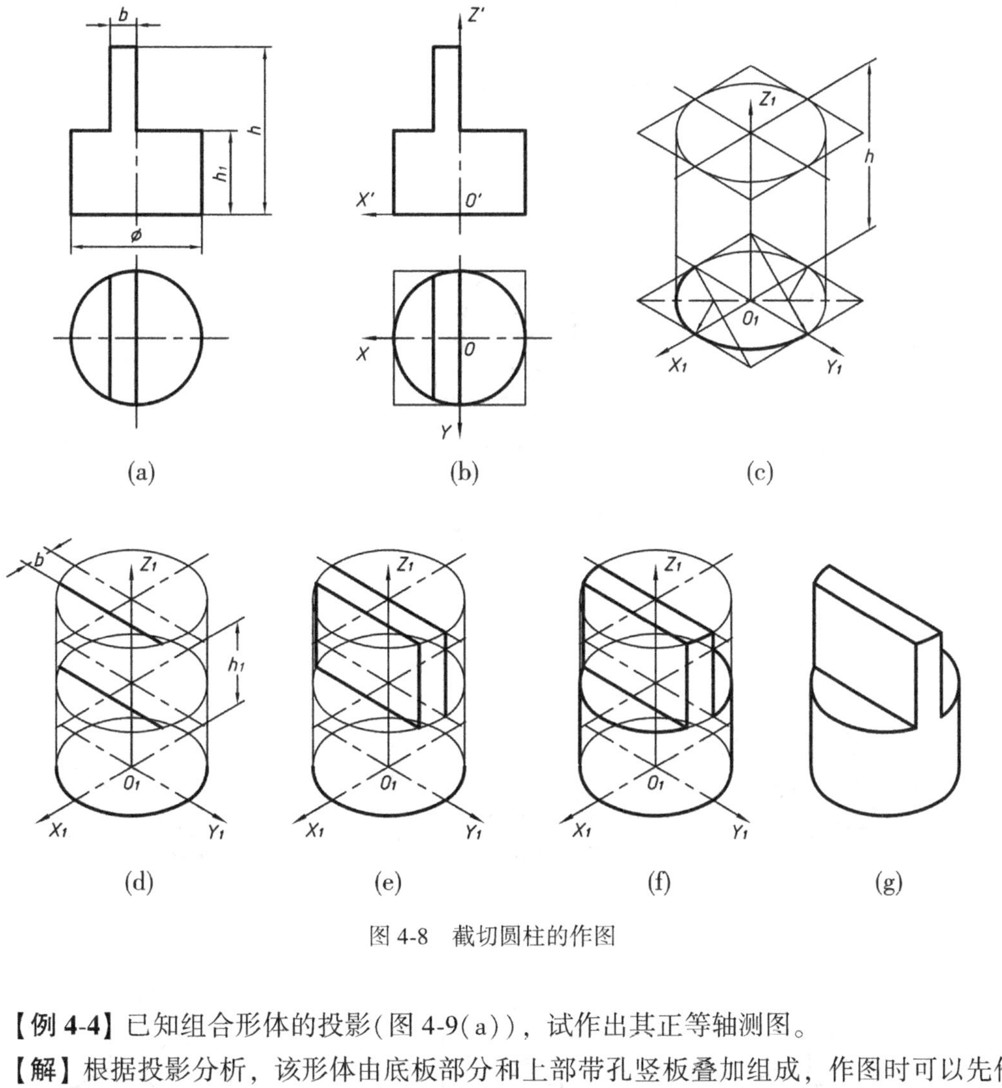

图 4-8 截切圆柱的作图

【**例 4-4**】已知组合形体的投影(图 4-9(a))，试作出其正等轴测图。

【**解**】根据投影分析，该形体由底板部分和上部带孔竖板叠加组成，作图时可以先作出底板，然后在底板上叠加作出竖板部分，这种作图方法称为叠加法。具体作图步骤如下：

(1)选择底板上端面为 XOY 坐标面设置坐标系，如图 4-9(b)所示；

(2)画出轴测轴，先作出还没有切圆角的长方体底板，并确定切点 1、2、3、4 位置，如图 4-9(c)所示；

(3)圆角(1/4 圆弧)在正等测图中为椭圆弧，可用简化作法以圆弧代替。过切点 1、2 作相应边的垂线 $O_2 1 \perp ab$、$O_2 2 \perp bc$，以交点 O_2 为圆心 $O_2 1$ 为半径在 1、2 两点间画圆弧，即可得圆角正等测图，同样方法可作出 3、4 点间圆角。如图 4-9(d)所示；

(4)按上一步骤作出底板下端面圆角，如图 4-9(e)所示；作底板右前部上下端面圆角处圆弧的切线，擦除不可见部分，完成底板部分正等测图，如图 4-9(f)所示；

(5)在已完成底板基础上，叠加作出竖板。沿 Z 轴量取 h，确定竖板圆孔中心，用四心法分别作出前后端面上的圆孔，需完成前后端面上圆孔的正等测图才可识别可见部分，如图 4-9(g)所示；

(6)作出竖板外轮廓线，如图 4-9(h)所示；

(7)加粗可见轮廓线，擦除不可见部分，完成作图，如图 4-9(i)所示。

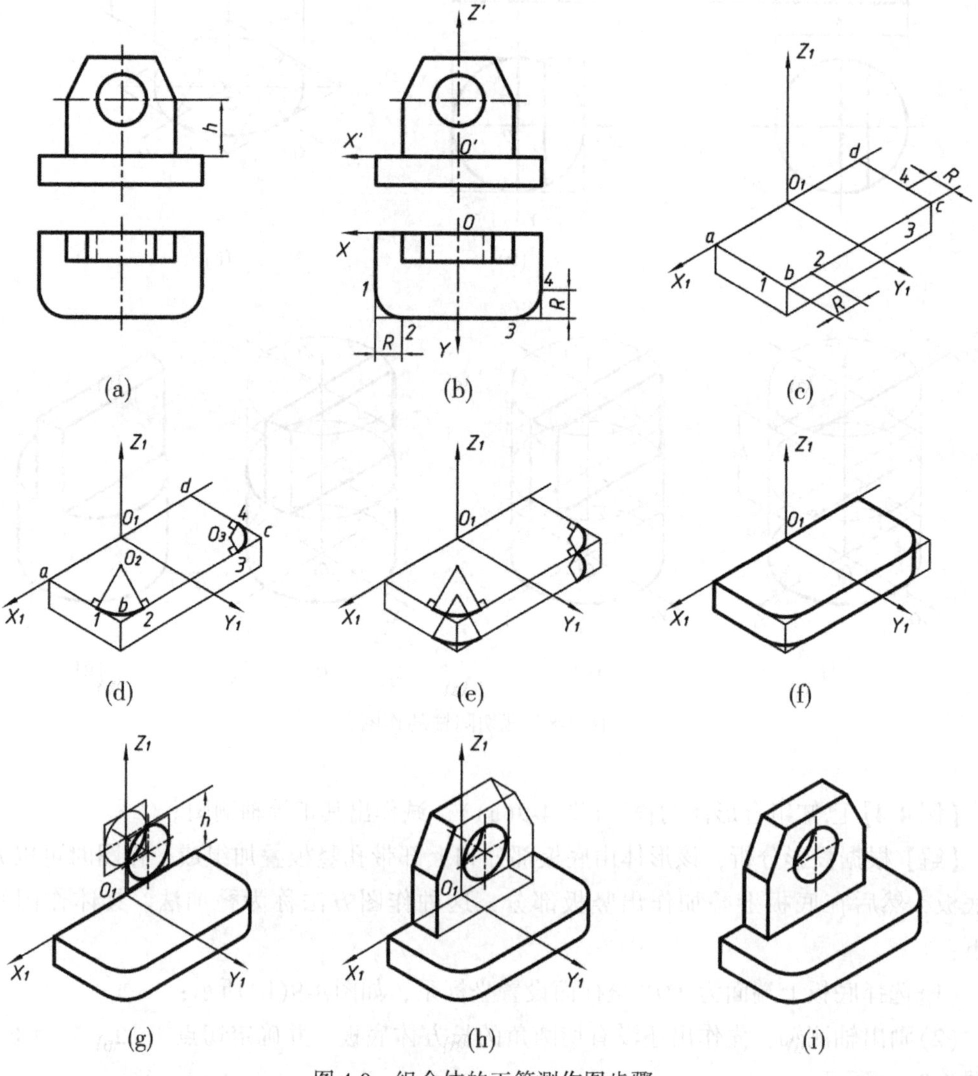

图 4-9　组合体的正等测作图步骤

4.3 斜二等轴测图的画法

为便于绘制物体的斜轴测图，可使物体上两个主要方向的坐标轴平行于轴测投影面。如图 4-2(b)所示，坐标轴 OX 和 OZ 平行于轴测投影面 P，这样轴测轴 O_1X_1、O_1Z_1 间的轴间角 $X_1O_1Z_1$ 为 90°，轴向伸缩系数 $p=r=1$，该面作图可反映实形，所以这种图特别适用于画正面形状复杂、曲线多的物体。轴测轴 O_1Y_1 的方向和轴向伸缩系数则由投射方向确定。

由于两个轴向伸缩系数是相等的，故称为斜二等轴测图，简称斜二测图。

4.3.1 轴间角和轴向伸缩系数

工程应用中通常将轴测轴 O_1Z_1 画成竖直，O_1X_1 画成水平，轴向伸缩系数 $p=r=1$；O_1Y_1 可画成与水平成 45°、30°或 60°角，根据情况可选择如图 4-10(a)所示向右下、右上倾斜，或者如图 4-10(b)所示向左下、左上倾斜，伸缩系数 q 取 0.5。

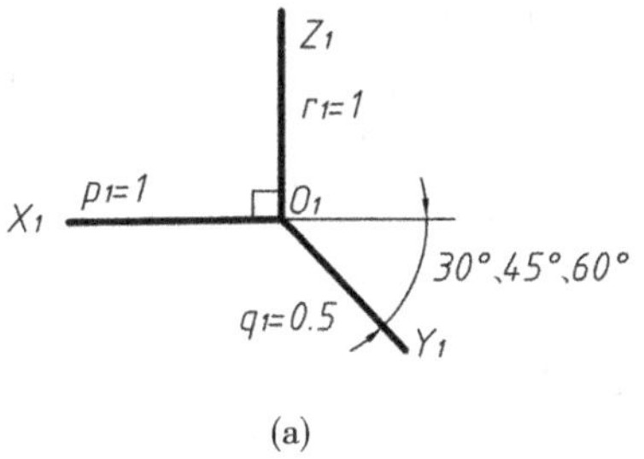

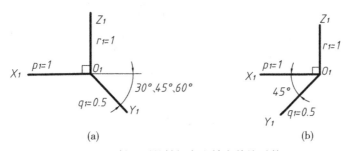

图 4-10 斜二测的轴间角和轴向伸缩系数

4.3.2 斜二测作图方法

斜二测作图方法与正等测一样，确定轴间角和轴向伸缩系数后，即可用坐标法作出。

【例 4-5】已知组合形体的投影如图 4-11(a)所示，试作出其斜二等轴测图。

【解】根据投影分析，将带有圆孔的正面设置为 XOZ 坐标面，该面的斜二测图反映实形，可使作图大为简化，沿 Y 轴量取长度时乘以伸缩系数 0.5，具体作图步骤如下：

(1) 如图 4-11(a)所示设置坐标系；

(2) 画出轴测轴，作出带圆孔前端面的实形，如图 4-11(b)所示；

(3) 沿 Y 轴量取长度 $0.5n$ 确定后端面圆孔及其余圆弧、轮廓线，如图 4-11(c)所示；

(4) 沿 Y 轴量取长度 $0.5m$ 作出底板部分，如图 4-11(d)所示；

(5) 作右侧三角形竖板及后面延伸部分，如图 4-11(e)所示；

(6) 加粗可见轮廓线，擦除不可见部分，完成作图，如图 4-11(f)所示。

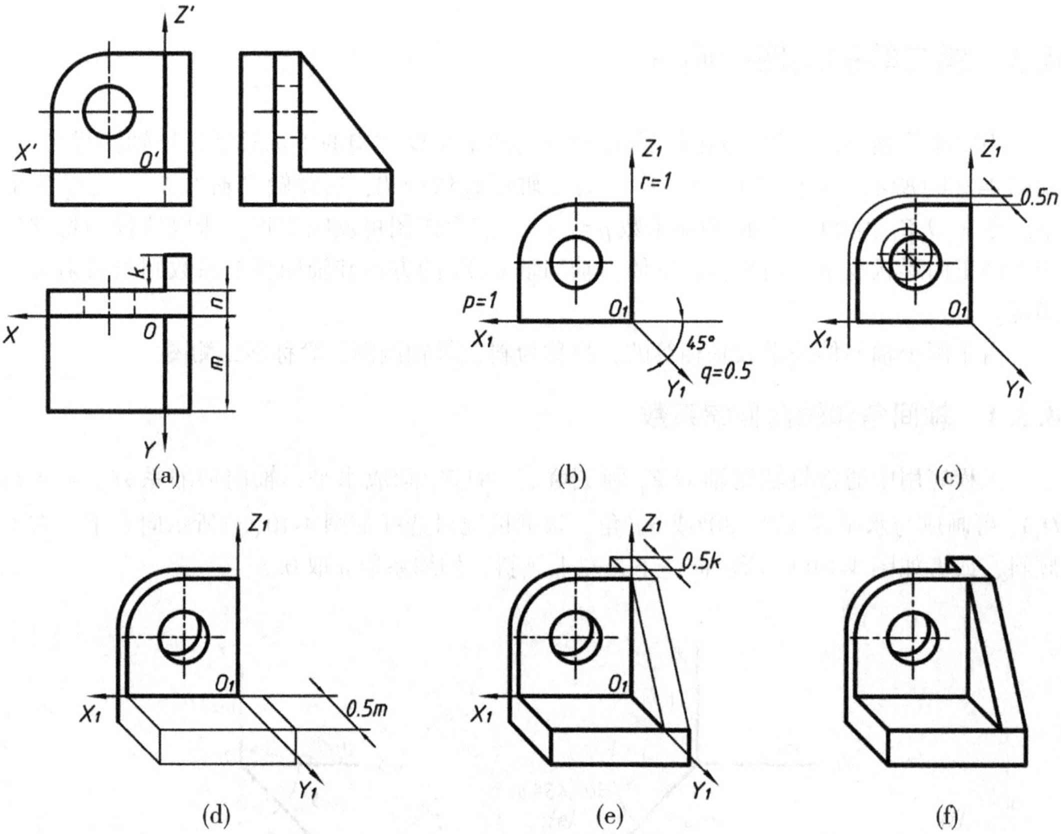

图 4-11　组合体的斜二测图

第 5 章　绘制和识读组合体的视图

通过对前面章节的学习，我们已经掌握了棱柱体、棱锥体(棱锥台)、圆柱体、圆锥体(圆锥台)等基本体的投影图，以及这些基本体截切或相贯后投影图的绘制方法。但是对于形状更为复杂的物体，如何求出它的投影图呢？对于复杂问题，我们可以将其转化为简单的类似问题来研究，从简单问题入手，进而求出复杂问题。对于复杂物体，我们也可以将它看作由若干个基本形体组合而成，分析每一个基本形体的形状、各个基本形体之间的组合方式，进而获知该物体的空间形状。对于这种能看作由若干个基本形体组合而成的立体，我们称之为组合体。

本章将介绍组合体的组合方式、组合体三视图的绘制、组合体的尺寸标注以及组合体视图的阅读等内容。机器零件可以抽象成为组合体，因此掌握好组合体视图的绘制、尺寸标注以及视图的阅读，为进一步学习零件图等内容打下基础。

5.1　组合体的形体分析

下面介绍组合体的基本概念，组合体的组合方式以及形体分析法。不仅在组合体视图的绘制中要用到形体分析法，在组合体视图的阅读、尺寸标注中也都要用到该方法。

5.1.1　组合体的基本概念

1. 组合体三视图的形成与投影特性

根据有关标准和规定，用正投影法所绘制出物体的图形称为视图。如图 5-1(a)所示，从前向后投射所得的视图称为主视图；由上向下投射得到的视图称为俯视图；由左向右投射得到的视图称为左视图。机械工程中常用上述的三个视图表达简单物体的形状。

在第 2 章 2.2.3 节中介绍过三面投影之间有“长对正，高平齐，宽相等”的投影关系。在三视图中，组合体的总长、总高、总宽，基本形体的长、高、宽尺寸，都满足以上投影关系。

当组合体与投影面间的相对位置确定之后，它就有左、右、前、后、上、下六个方位。如图 5-1(b)所示，主视图反映组合体左右、上下四个方位，左视图反映组合体前后、上下四个方位，俯视图反映组合体前后、左右四个方位。应特别注意，俯视图、左视图中远离正立投影面 V 的一侧视为组合体的前方；反之为后方。

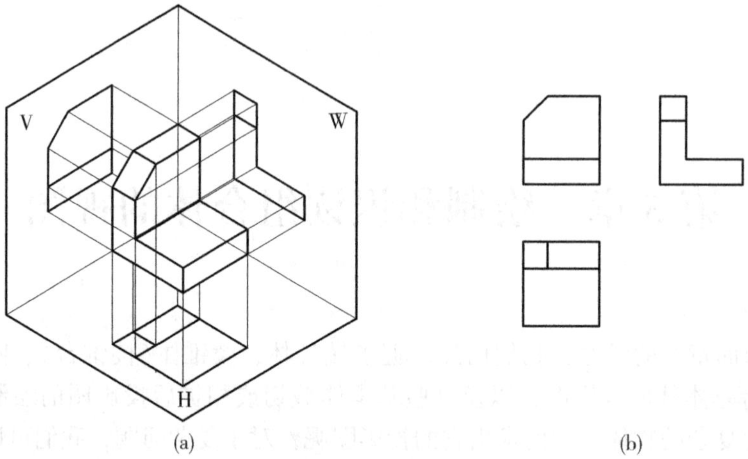

图 5-1　组合体三视图的形成及其投影规律

2. 形体分析法

组合体的形状比前面学过的基本体的形状要复杂，我们可以假想将组合体进行分解，将它分解为若干个基本形体，对于每一个基本形体可以利用前面学过的基本体、截切与相贯的知识将它的形状分析清楚，再研究各个基本形体之间的组合方式，尤其是相邻表面的连接关系，进而从整体上把握该组合体的空间形状与结构，这种分析的方法称为形体分析法。

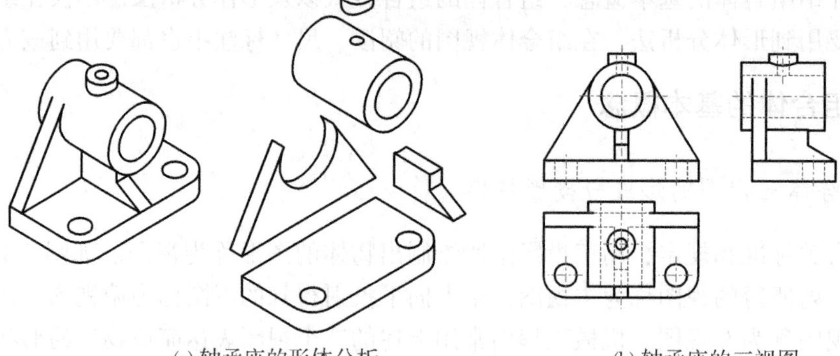

(a) 轴承座的形体分析　　(b) 轴承座的三视图

图 5-2　轴承座

零件轴承座的形状较复杂，难以直接画出它的视图。我们可以假想分解为凸台、轴承、支承板、底板和肋板这五个基本形体，如图 5-2(a) 所示。每个部分要么是基本体，要么是由基本体以截切或相贯的方式得到，由此可以画出每个基本形体的视图，进而画出整个组合体的视图，如图 5-2(b) 所示。

5.1.2 组合体的组合形式

组合体的组合形式可以分为叠加和切割。根据组合形式可以将组合体分为叠加式组合体、切割式组合体和综合式组合体。叠加式组合体可以看作由若干个基本形体以叠加的方式组合而成；切割式组合体则可以看作将一个基本体，用若干个面(包括平面、回转面或组合面)切割得到，比如在机件的表面开槽或者钻孔。通常复杂的组合体既有叠加的方式又有切割的方式，因此该类组合体称为综合式组合体。

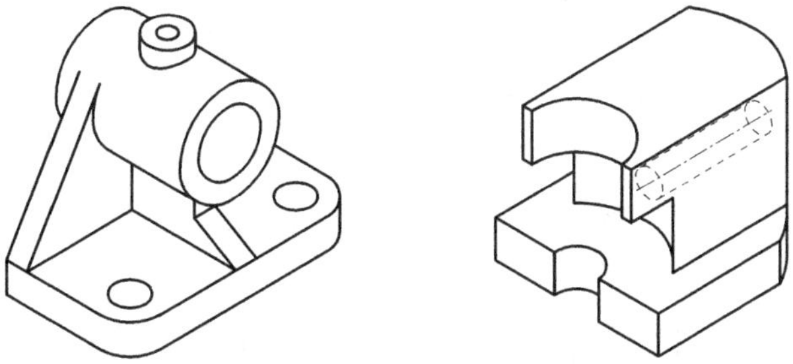

(a)叠加式组合体　　(b)切割式组合体

图 5-3　组合体的分类

5.1.3 组合体相邻表面的连接关系

无论是哪种类型的组合体，其相邻表面之间的连接关系可以概括为平齐、相交和相切三种。

1. 平齐

如图 5-4(a)所示的组合体，可以看作由上下两个长方体叠加而成，同时它们的前侧棱面并不在同一个正平面内，因此在主视图中两个面的投影间会出现一条可见轮廓线。如图 5-4(b)所示的组合体，也可以看作上下两个长方体叠加而成，但是它们前侧棱面在同一个正平面内，我们可以称为相邻面平齐共面。既然在同一个面内，那么两个面之间是不会存在分界线的，因此在主视图中两个面的投影间不存在可见轮廓线，但是为什么会出现一条虚线？请读者自行分析。如图 5-4(c)所示的组合体，也可以看作由上下两个长方体叠加而成，并且两个长方体的前后侧棱面都是平齐共面，因此在主视图中前后两个面之间都不存在分界线。

如图 5-5(a)所示的组合体，可以看作由上下两个基本形体叠加而成，在该组合体的中间有两个圆柱面，虽然它们的轴线重合，但是圆柱面直径大小不同，所以主视图中两个圆柱面的投影之间会出现一条可见轮廓线。如图 5-5(b)所示的组合体，仍然可以看作由上下两个基本形体叠加而成，但是中间的两个圆柱面直径相等，轴线共线，因此两个圆柱面之间是不存在分界线的。

总而言之，如果构成组合体的基本形体之间存在相邻面平齐共面，则在视图中这两个面之间不存在分界线；反之，则有分界线。表达时要注意不同情况下的区别。

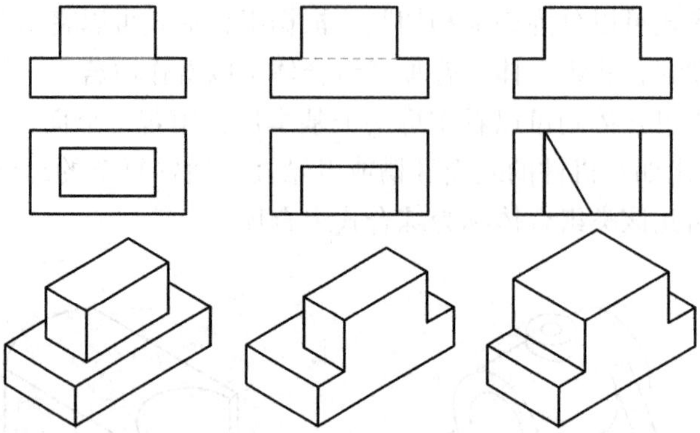

(a)　(b)　(c)

图 5-4　组合体形体分析示例(一)

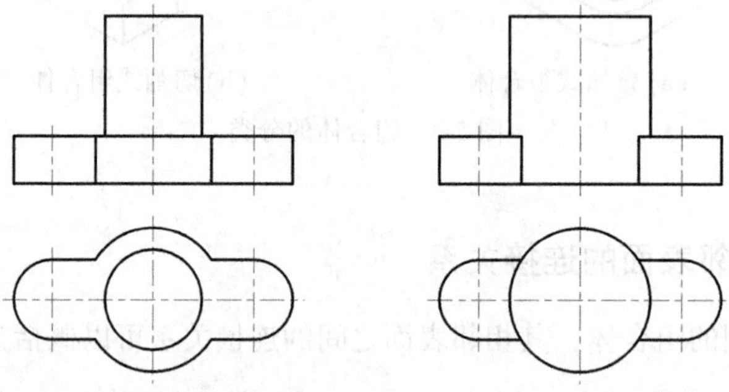

(a)　(b)

图 5-5　组合体形体分析示例(二)

2. 相交

组合体的基本形体之间，若存在表面相交，那么必然会产生交线。可以利用前面学过的截交线、相贯线的知识求出交线的投影，如图 5-6 和图 5-7(a)所示。

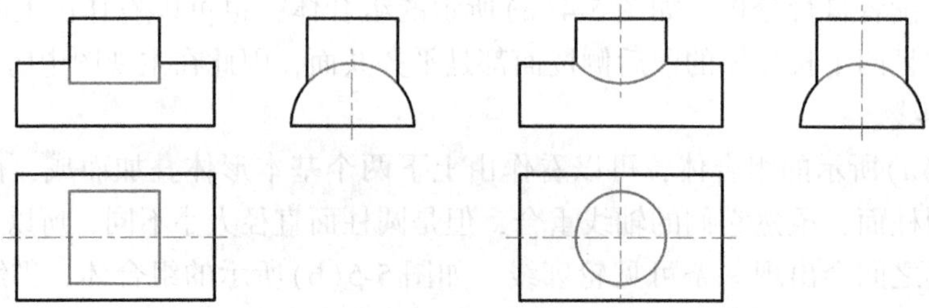

(a)　(b)

图 5-6　组合体形体分析示例(三)

3. 相切

若构成组合体的基本形体相邻表面相切，则在相切处不会产生交线，因为在相切处表面是光滑过渡，所以在视图中相切处没有轮廓线的存在，如图 5-7(b)和(c)所示。

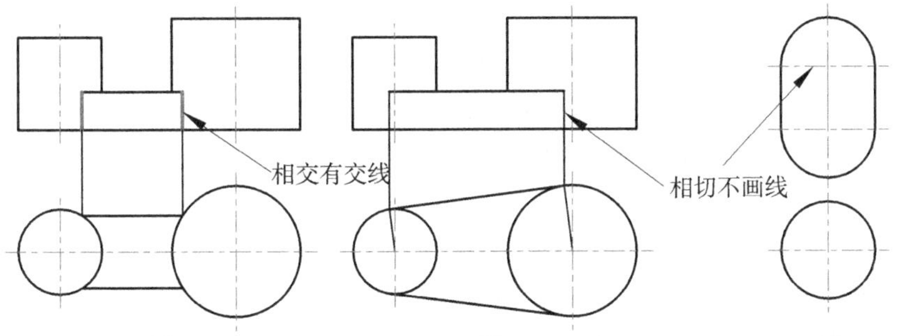

图 5-7 组合体形体分析示例(四)

5.2 组合体三视图的画法

要绘制出组合体的视图，首先需要对它进行形体分析。对于叠加式组合体，将它看作由若干个基本形体叠加而成，进而逐个画出这些基本形体的视图，同时注意这些基本形体相邻面的连接关系。对于切割式组合体，首先画出切割前基本体的视图，然后分析有哪些面对基本体做了切割，在相应视图上逐个画出产生交线的投影，并进行轮廓的整理。下面介绍绘制组合体三视图的一般步骤和方法。

5.2.1 绘制组合体三视图的步骤与方法

1. 形体分析

绘制组合体三视图时，常常出现漏线或多线的情况，究其原因是没有认真进行形体分析。要正确绘制出组合体视图，必须对组合体做形体分析。采用形体分析法，将一个复杂的组合体假想分解为若干个基本形体，并对它们的形状以及彼此之间相对位置进行分析，分析相邻面的连接关系，从而画出组合体的三视图。

2. 选择主视方向

在组合体的三个视图中，主视图是最重要的，它应该尽可能地反映出组合体的形状特征、各个基本形体的形状特征以及它们之间的相对位置。同时还要考虑：①在另外两个视图中尽量少地出现虚线；②尽量让长大于宽，便于布置视图。通常将组合体的主要表面或主要轴线放置到与投影面平行或垂直的位置。

进行主视方向选择之前，通常需要确定组合体的放置位置。放置位置可以按照以下顺序确定：

(1)按其正常工作位置放置，便于阅读与安装。

(2)按其加工或制造位置放置，便于生产与测量。

3. 选择比例布置图形

根据组合体的尺寸大小，选择合适比例(尽可能采用原值比例)，确定图纸的幅面大小。根据绘制图形大小，确定出各视图的对称中心线、轴线或者基线，力求将视图均匀布置在图纸上，保持视图间距合理，并留出尺寸标注的位置。

4. 绘制底稿

根据用形体分析法分解后的基本形体及其相对位置关系，逐个画出每一个基本形体的三视图，对于有相邻表面的基本形体，还要注意其连接关系。

绘制底稿时注意事项：

(1)绘制组合体三视图时，应该首先画出主要形体，再画次要形体。绘制每个基本形体的三视图时，先画具有积聚性或者反映实形的视图，再画其他视图。

(2)要注意基本形体的相邻表面之间的连接关系，如果是平齐共面，则两个面之间没有分界线；如果是相交，会产生交线；如果是相切，则相切处无交线。

(3)要注意进入形体内部的部分，因为组合体内部是一个整体，所以没有任何图线的存在。

5. 检查加深

底稿完成后，要仔细检查，修改查出的错误，擦除中间作图过程以及多余的图线。最后按照规定线型进行加深加粗，得到完整的组合体视图。

5.2.2　叠加式组合体的绘制示例

1. 形体分析

这里以图 5-2 所示的轴承座为例，它由凸台、轴承、支承板、底板和肋板组成。凸台和轴承可以看作两个轴线正交的圆筒相交，它们的内外表面都相交，因此会在内外表面上产生相贯线。支承板的左、右侧面与轴承的外圆柱面相切，前、后端面与圆柱面相交。底板与支承板左、右侧面相交，后端面平齐共面。肋板左、右侧面与底板、支承板、轴承相交，前端面与底板、轴承相交，后端面与支承板前端面平齐共面。

2. 选择主视方向

轴承座按照自然位置安放后，可以按照图 5-8 中箭头所示的 A、B、C、D 四个方向进行投射，得到不同的主视图。以 B 方向和 D 方向得到的主视图不能很好反映出轴承座的形状特征；*C* 方向得到的主视图，虚线较多，不能清楚反映出它的外形；而 *A* 方向得到的主视图不仅能反映出轴承座各个部分的形状特征，而且在另外两个视图中也尽量少地出现虚线，因此选择 *A* 方向作为主视方向。

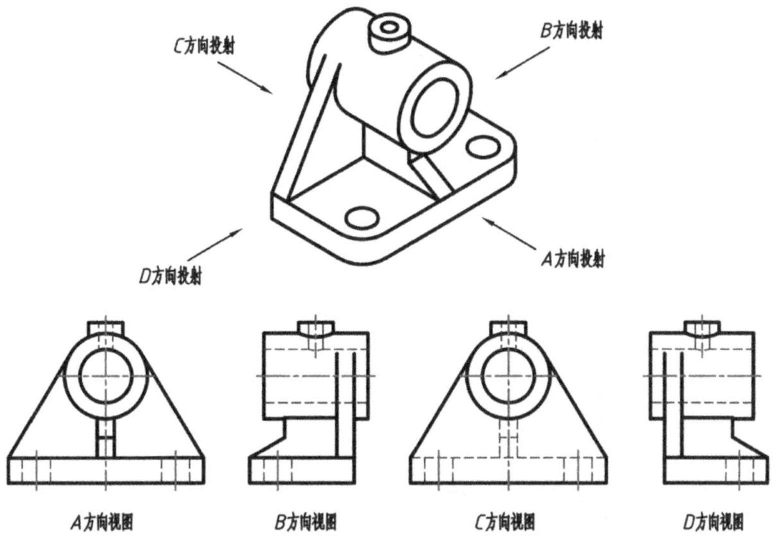

图 5-8　选择主视方向

3. 绘制视图

选择好绘图比例和图纸幅面后，考虑绘制图形的大小，将三个视图匀称地布置在图框内，画出各个视图的对称中心线、轴线或定位线，如图 5-9(a)所示。

按照形体分析法分解的各个基本形体，逐个画出它们的三视图，并分析它们之间的表面连接关系。首先画出轴承的三视图，先画其主视图，再画俯视图和左视图，如图 5-9(b)所示。接着画出底板的三视图，这里要考虑底板和轴承的前后位置关系，以及底板与轴承的上下位置关系，如图 5-9(c)所示。继续绘出支承板的三视图，需要注意支承板左、右侧面与底板的侧面相交，与轴承的圆柱面相切；支承板前后端面与圆柱面相交，如图 5-9(d)所示。最后画出肋板和凸台，注意它们和相邻面的连接关系，如肋板左、右侧面与圆柱面相交，凸台与轴承的内外表面都相交，如图 5-9(e)和(f)所示。

底稿完成后，仔细检查基本形体相交部分的画法，如轴承与支承板相交，轴承的转向轮廓线有部分交入支承板的内部，在视图中相应轮廓线要擦除；还要注意基本形体相邻面的连接关系的画法，如支承板左、右侧面与轴承相切，因此相切处无交线。修改错误，擦除多余图线，最后进行加深加粗。

在机械制图中，当不要求精确画出相贯线时，相贯线的投影允许进行简化，如用圆弧代替非圆曲线，即以大圆柱的半径作圆弧来代替，但要注意圆弧的方向，圆心要远离大圆柱的轴线，如图 5-10 所示。

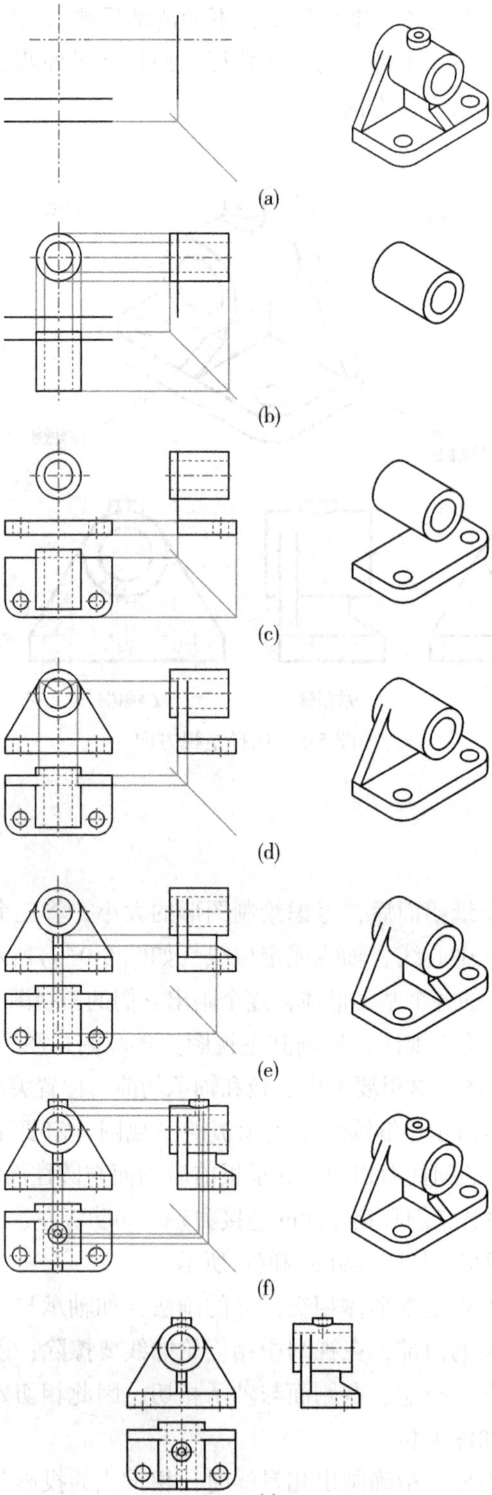

图 5-9　叠加式组合体画图步骤

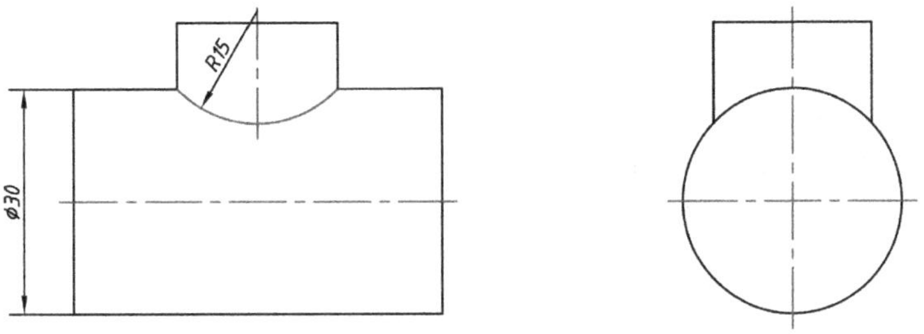

图 5-10　相贯线的简化画法示例

5.2.3　切割式组合体的绘制示例

1. 形体分析

如图 5-11 所示的镶块，可以看作由若干个面切割长方体得到。给出一个长方体，在其右侧用一个圆柱面进行切割，前后端用水平面和正平面各切去对称的一部分，左侧中间用圆柱面和水平面挖去中间一部分，还在中间从左至右挖了一个圆柱形通孔以及左侧挖了上下两个半圆形槽。

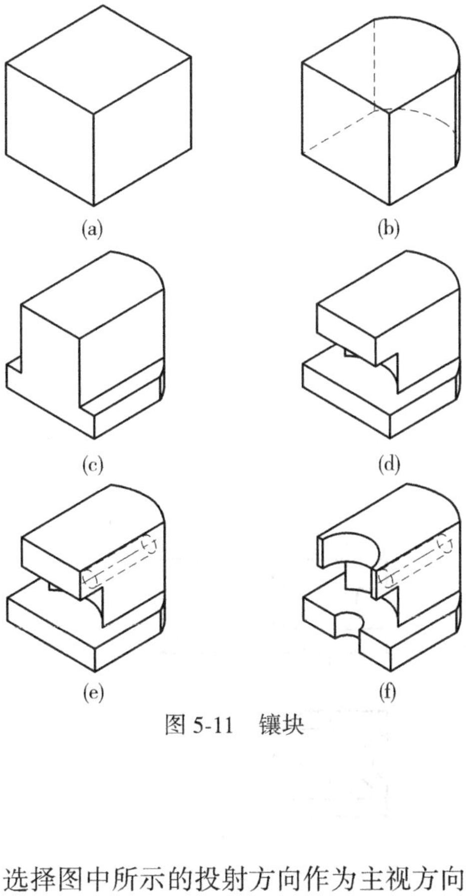

图 5-11　镶块

2. 选择主视方向

按照自然位置放置，选择图中所示的投射方向作为主视方向。

3. 绘制视图

选择好适当的比例，按照图纸幅面布置各个视图的位置。

(1)首先画出长方体的三视图，如图 5-12(a)所示。

(2)长方体右侧被圆柱面截切，先画出切割面具有积聚性的俯视图，然后在主视图和左视图中补画产生的交线并擦掉切除部分的轮廓线，如图 5-12(b)所示。

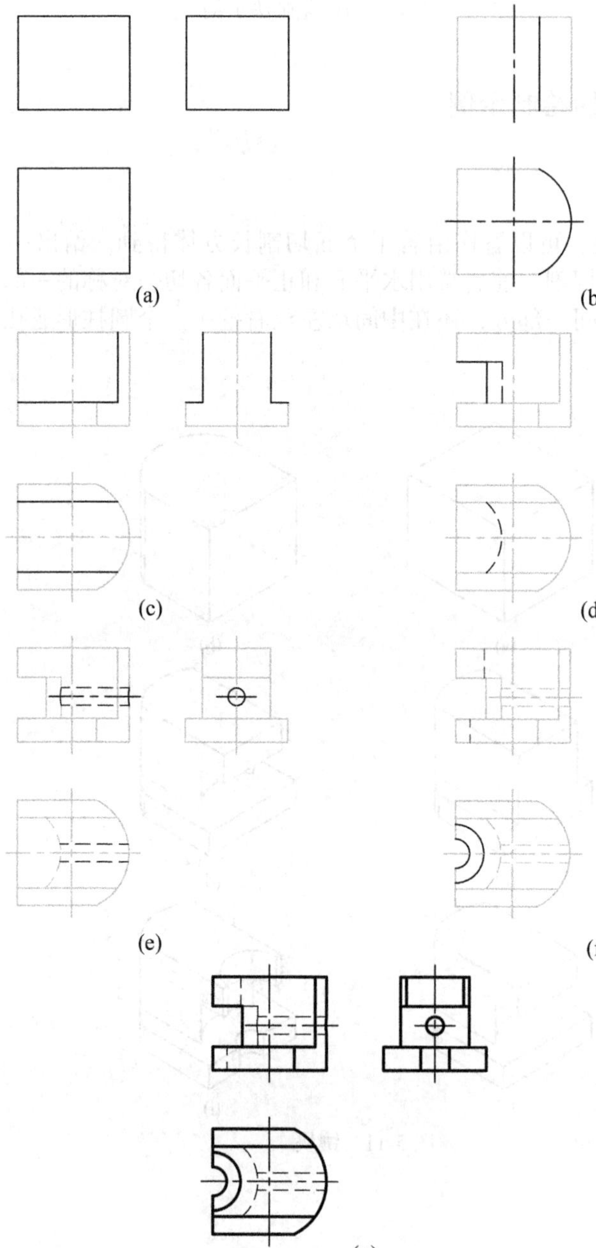

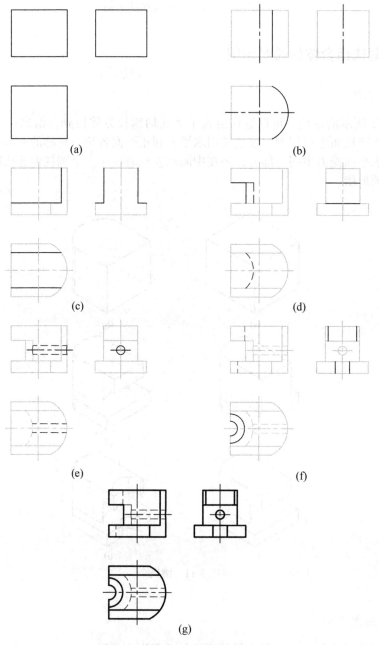

图 5-12　镶块三视图的绘制过程

(3)接着分析其前后上部被正平面和水平面切割，先画出其左视图，接着在其他视图中画出截切后的图形，如图5-12(c)所示。

(4)形体的左侧中间被水平面和圆柱面切割，先画出俯视图和左视图，再画出主视图，如图5-12(d)所示。

(5)形体中间有个从左至右的通孔，先画出左视图，然后在主视图和俯视图补画出产生的相贯线和转向轮廓线的投影，如图5-12(e)所示。

(6)最后分析在形体的左侧上下部分用半径不同的圆柱面切割，先画出俯视图，再画主视图和左视图，如图5-12(f)所示。

(7)校核底稿，修改错误，加深加粗图线，如图5-12(g)所示。

5.3　组合体的尺寸注法

组合体的三视图给出了组合体的形状，但是我们还需要知道它的尺寸，包括构成组合体的各个基本形体的形状大小，基本形体之间的相对位置以及它在长宽高三个方向上的总体尺寸。在机械专业中，零件的制造、装配、检验等都需要根据尺寸来进行，因此尺寸标注是一项极为重要、细致的工作。下面将介绍如何进行组合体的尺寸标注，标注的基本方法仍然是形体分析法。

5.3.1　尺寸标注的基本要求

对组合体进行尺寸标注，必须满足尺寸标注的基本要求：完整、正确、清晰。

1. 完整

标注的尺寸必须完整。完整并不仅仅意味着不能有遗漏的尺寸，也不能有多余的尺寸。

2. 正确

所谓尺寸的正确，就是标注的尺寸必须符合制图的标准。比如对于小于等于半圆的圆弧必须标注半径，且标注在图形为圆弧的视图上。

3. 清晰

尺寸应该标注在视图中合适的位置，通常标注在能反映出它的形状、特征的视图中，便于读图。此外，标注的尺寸还要考虑它的合理性，如是否方便进行生产加工等。

5.3.2　标注尺寸的种类

在组合体三视图中，通常需要标注三类尺寸：定形尺寸、定位尺寸和总体尺寸。

1. 定形尺寸

确定平面图形中基本图元形状大小的尺寸称为定形尺寸，如直线的长度、圆的直径、长方体的长宽高等尺寸。在组合体中，确定各基本形体形状大小的尺寸是定形尺寸。

2. 定位尺寸

确定平面图形中基本图元间相对位置的尺寸称为定位尺寸，如确定挖孔的中心位置的尺寸。组合体中确定各个基本形体之间相对位置的尺寸也是定位尺寸。标注定位尺寸时，要选择组合体在长、宽、高三个方向上的主要尺寸基准。所谓基准就是标注尺寸的起点，通常可以选择形体的对称面、底面、端面、较大的面或回转体的轴线等。

3. 总体尺寸

确定组合体总的长度、宽度和高度的尺寸称为总体尺寸。

5.3.3　基本形体的尺寸标注

1. 基本体的尺寸标注

基本体直接标注出定形尺寸，在第 3 章 3.4.1 节中图 3-32 给出常见基本体的尺寸标注。对于圆柱、圆锥、圆台和圆环等回转体，直径尺寸一般标注在非圆视图上。

2. 截切体的尺寸标注

对于截切体，首先标注被截切基本体的定形尺寸，再标注截平面的定位尺寸，不能直接标注截交线的尺寸，如第 3 章 3.4.2 节中图 3-33 所示。

3. 相贯体的尺寸标注

对于相贯体，首先标注相交立体的定形尺寸，再标注立体之间的定位尺寸，不要在相贯线上标注尺寸。定位尺寸的标注方法如图 5-13 所示。

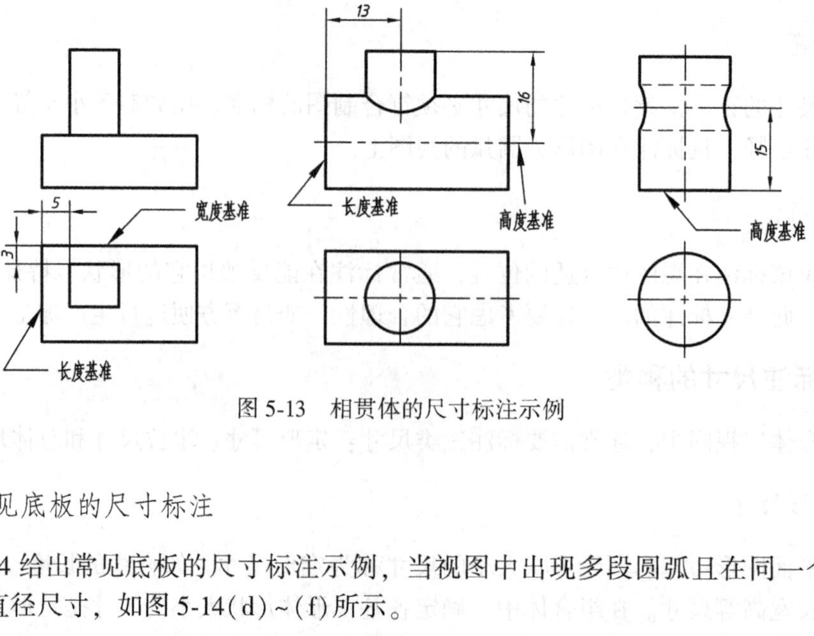

图 5-13　相贯体的尺寸标注示例

4. 常见底板的尺寸标注

图 5-14 给出常见底板的尺寸标注示例，当视图中出现多段圆弧且在同一个圆上时，标注圆的直径尺寸，如图 5-14(d) ~ (f) 所示。

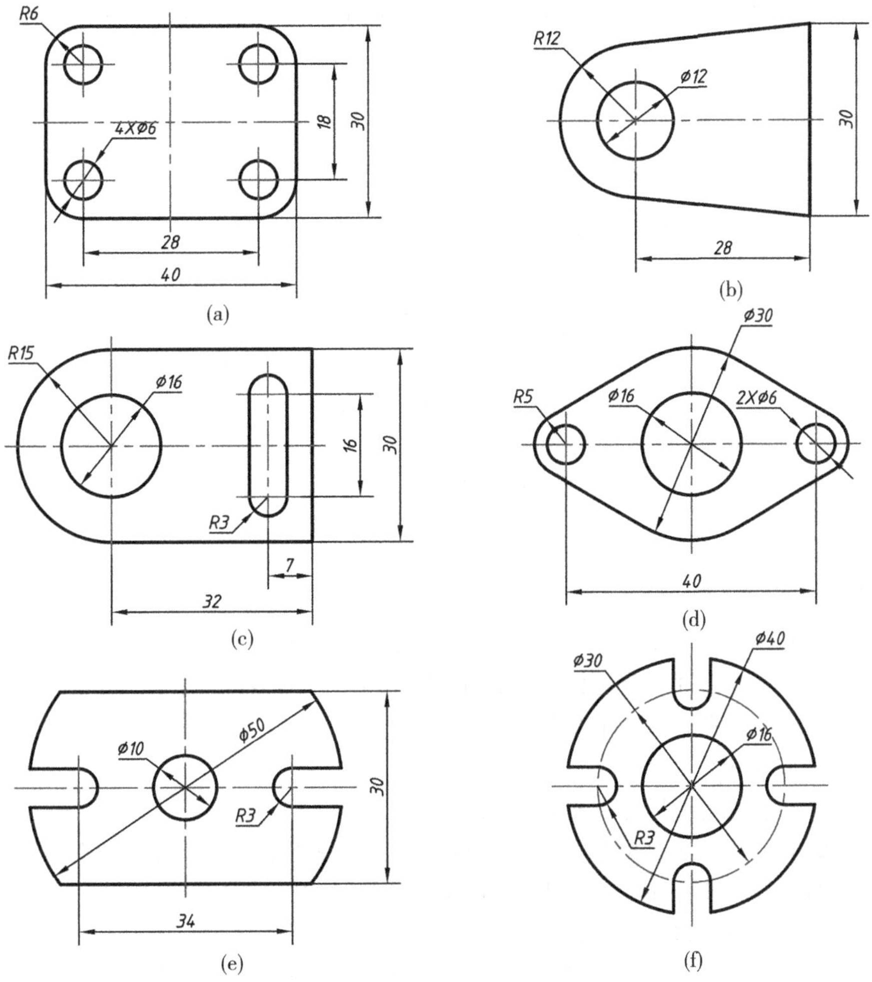

图 5-14　常见底板的尺寸标注

5.3.4　组合体的尺寸标注

下面以 5.2.2 节中轴承座为例，进行尺寸标注。

1. 形体分析

在绘制组合体视图的过程中已经进行过形体分析，因此对于其各个基本形体的定形尺寸很清楚，同时绘制中也考虑到了各基本形体之间的相对位置，对于它们之间的定位尺寸也很明确，如图 5-15 所示。如果是标注他人绘制的组合体视图，首先要读懂视图，分析出该组合体有哪些基本形体以及它们之间的位置关系，再行标注。

2. 选择尺寸基准

标注尺寸时，要选择组合体在长、宽、高三个方向上的主要尺寸基准。对于轴承座来说，按图中位置放置是左右对称的，因此长度方向上选择对称面作为主要基准；宽度方向上可以选择轴承的后端面为主要基准；高度方向上选择底板的底面作为主要基准。

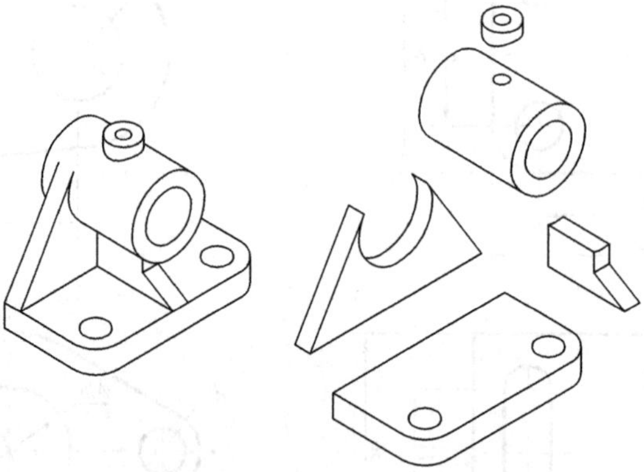

图 5-15　轴承座尺寸标注的形体分析

3. 标注各个基本形体的定形尺寸

根据形体分析，轴承座由轴承、凸台、支承板、底板和肋板组成，因此需要逐个标注基本形体的定形尺寸。通常先标注组合体中最重要的基本形体的尺寸，接着标注与已标注形体有尺寸联系的且在它旁边的形体，或者标注与主要尺寸基准有直接联系的其他基本形体，最后标注其他基本形体。

首先标注轴承的定形尺寸。轴承可以看作圆筒，有 3 个定形尺寸。为了使尺寸标注清晰，基本形体的尺寸标注要尽量集中，因而选择在左视图中对轴承进行集中标注。此时轴承内圆柱面的直径尺寸标注在虚线上，而虚线上标注尺寸不够清晰，因此尽量不要在虚线上进行尺寸标注，可以将该尺寸移到主视图中标注，如图 5-16(a)所示。

接着标注凸台的定形尺寸，只需要标注出它的内外圆柱面直径大小，选择在主视图中标注 $\phi10$ 和在府视图中标注 $\phi4$。凸台的高度通常用凸台上底面与底板的定位尺寸来确定，因此不需要另外标注，如图 5-16(b)所示。

底板可以看作长方体被挖孔和倒角得到，需要标注出底板的长、宽、高三个尺寸、孔的直径、倒角的半径，以及挖孔的定位尺寸。对于直径相同的孔只需要标注一处，且注写出孔的数量；对于对称的相同大小的倒角，其半径尺寸也只需要标注一处，不必重复标注。底板的尺寸应该集中标注在反映其形状特征的俯视图中，如图 5-16(c)所示。

其后标注与轴承和底板有尺寸联系的支承板的定形尺寸。支承板和底板长度一致，左右端面与轴承的外圆柱面相切，不需要标注尺寸，因此只需要标注厚度尺寸，如图 5-16(d)所示。

最后标注肋板的定形尺寸。肋板左右对称，后端面与支承板前端面共面，因此只需要标注其厚度以及正平与侧垂的截平面的定位尺寸，如图 5-16(e)所示。

4. 标注基本形体之间的定位尺寸

轴承座是左右对称的，因此在长度方向上各基本形体之间不用给出定位尺寸。在宽度方向上，轴承与底板的后端面不平齐，有前后位置关系，因此需要标注“4”这个定位尺寸。凸台和轴承之间也存在定位尺寸“15”。支承板和底板后端面平齐，肋板的后端面与支承板前端面共面，就不需要给出定位尺寸了。在高度方向上，支承板和肋板放置在底板上，不需要给出定位尺寸，但是需要给出轴承与底板之间的定位尺寸“30”。凸台和轴承之间的定位尺寸可以通过凸台上底面到底板下底面的距离来表示，如图 5-16(f)所示。

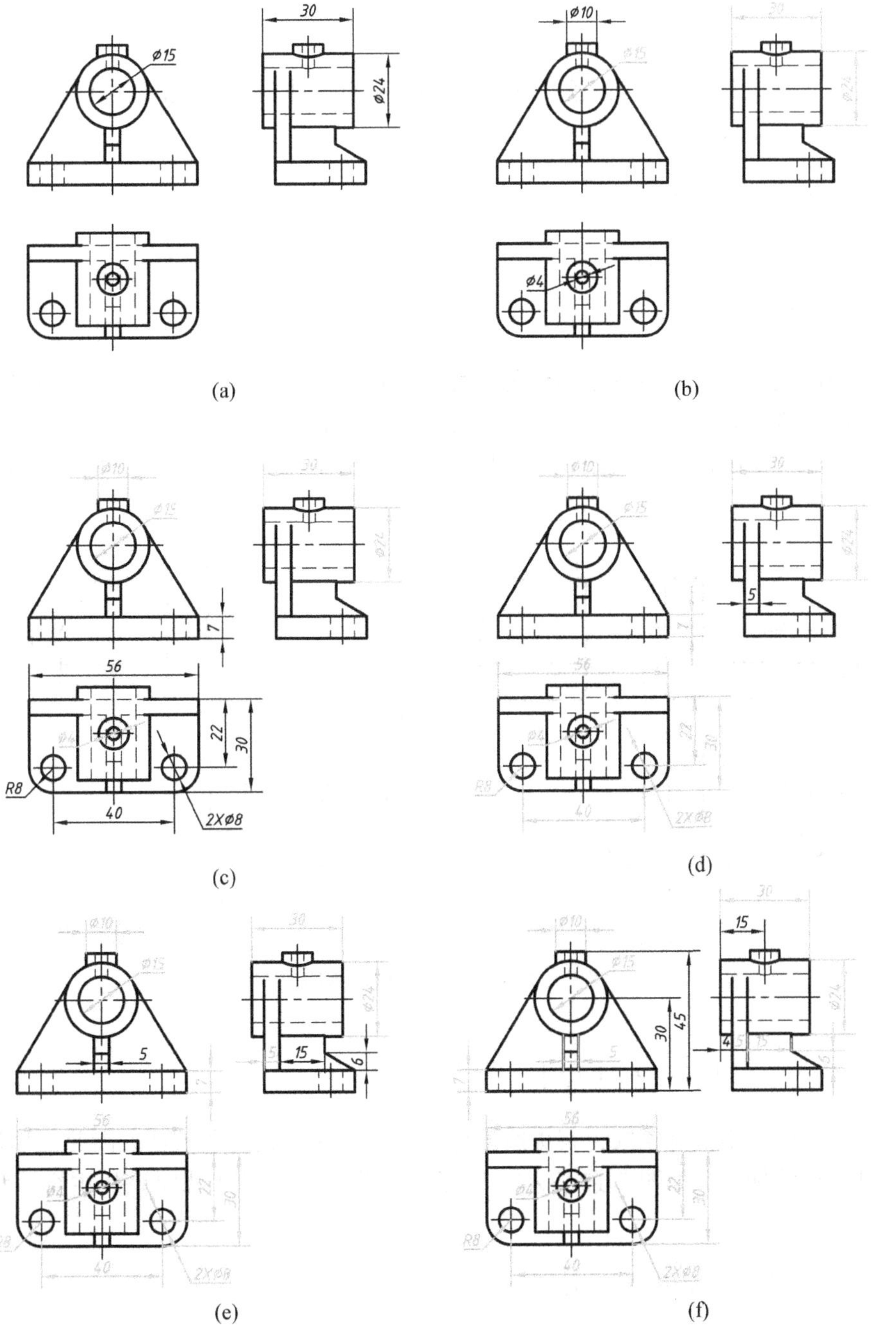

图 5-16　标注轴承座尺寸

5. 标注总体尺寸

轴承座的总长和底板的长度相同，轴承座的总宽可以由底板的宽加上轴承与底板后端面的定位尺寸得到，轴承座的总高可以由凸台与底板之间定位尺寸获得，因此不需要再行标注，否则就是重复尺寸。

6. 检查、调整尺寸

三类尺寸标注完后，按照完整、正确、清晰的要求来检查，删除多余尺寸，补画遗漏的尺寸，适当调整尺寸的位置。

5.3.5　尺寸标注的注意事项

标注尺寸时，要考虑如下情况。

1. 同一基本形体尺寸应该尽量集中在特征视图上标注

为了清晰表达组合体各基本形体的尺寸，应该将同一个基本形体的尺寸尽量集中，集中在能反映出其形状特征的视图上表达。如图 5-17 所示，构成该组合体的水平底板应将其尺寸集中在能反映出实形的俯视图中标注，侧立的平板应该集中在左视图中标注尺寸。

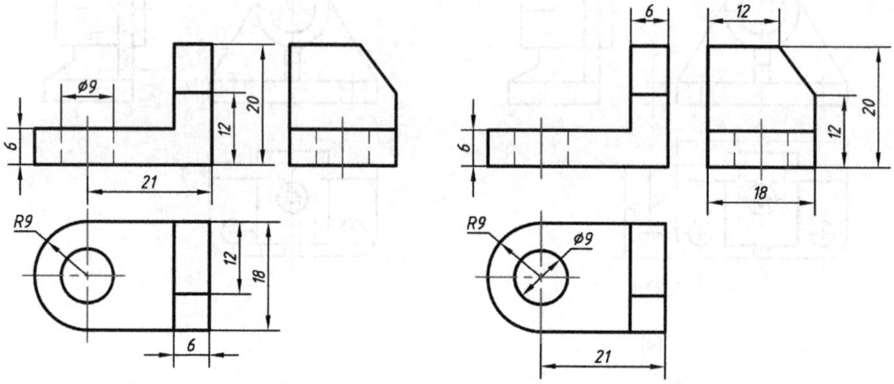

(a)不清晰　　(b)清晰

图 5-17　尺寸应该尽量集中在特征视图上标注的示例

2. 尽量避免在虚线上标注尺寸

虚线表达的是不可见轮廓，在虚线上标注尺寸往往导致表达不清，因此要尽量避免在虚线上进行尺寸标注。如图 5-17 所示，底板上圆孔的直径尺寸就应该从主视图移到俯视图中标注。

3. 圆弧尺寸标注的注意事项

圆弧的半径尺寸应标注在投影为圆弧的视图上，如图 5-18(a)所示；对与圆和超过半圆的圆弧应标注直径尺寸；对于同轴回转体的直径尺寸尽量标注在非圆视图上，如图5-18(b)所示；对于在同一个圆上的连续多段圆弧，应该标注直径，如图5-14(d)~(f)所示。

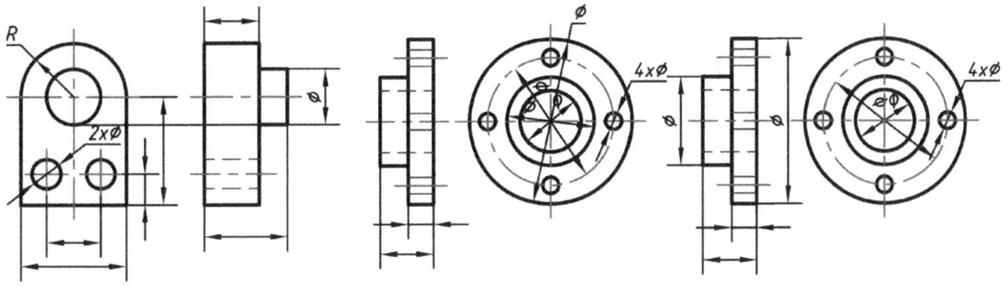

不清晰　　清晰

(a)　　(b)

图5-18　圆弧的尺寸标注示例

4. 交线上不要标注尺寸

对于截切产生的截交线，不应该标注交线尺寸，而是标注出截平面的定位尺寸。对于立体相交产生的相贯线，也不要标注尺寸，如第3章3.4.2节中图3-33和本章5.3.3节中图5-13所示。

5. 同一方向平行尺寸标注方法

同一方向相互平行的尺寸，要使小尺寸靠近图形，大尺寸依次向外排列，避免尺寸线和尺寸界线相交，尺寸线间距要一致，如图5-19所示。

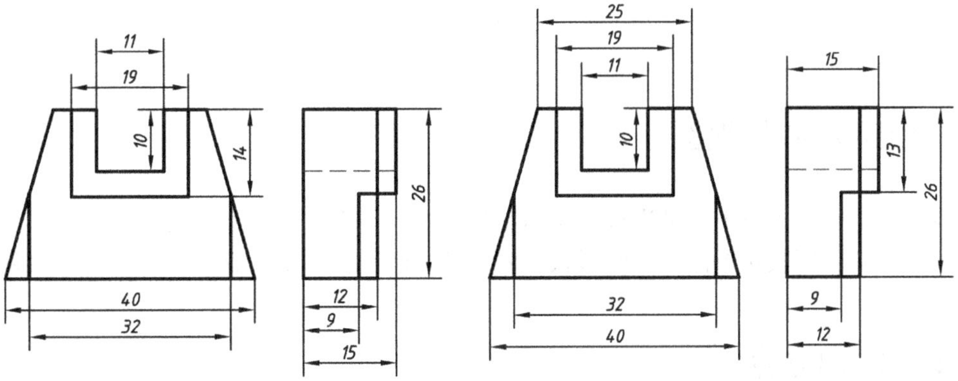

(a)不清晰　　(b)清晰

图5-19　平行尺寸标注示例

6. 对称结构尺寸标注方法

对称结构的尺寸不能只标注一半，如图5-20所示。

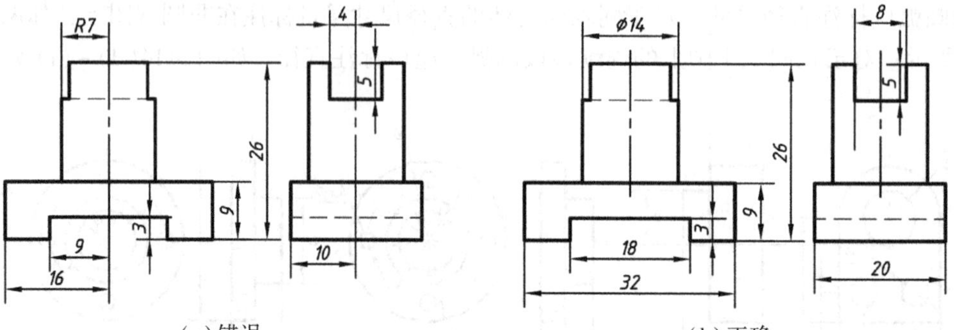

(a)错误　　　　(b)正确

图 5-20　对称结构尺寸标注示例

7. 尺寸标注应尽可能标注在轮廓线的外侧

尺寸标注应该尽量布置在轮廓线的外侧，布置在两视图之间，如图 5-21 所示。

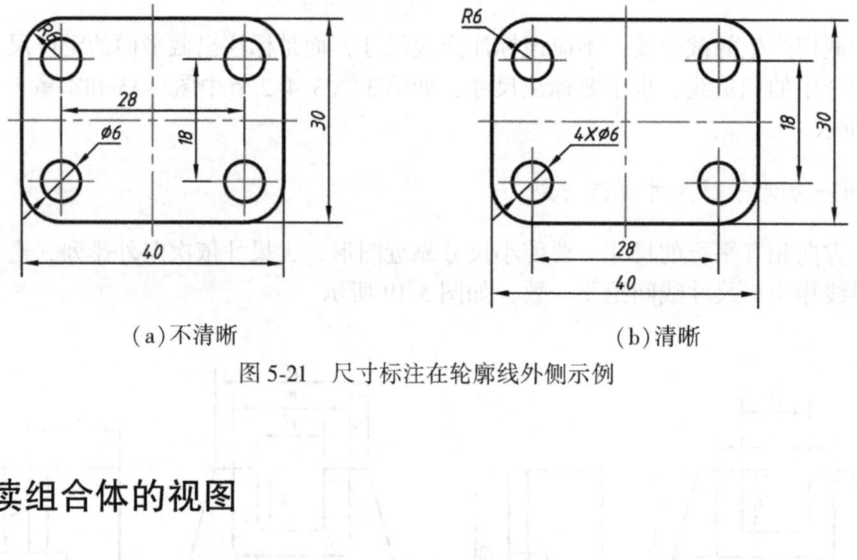

(a)不清晰　　　　(b)清晰

图 5-21　尺寸标注在轮廓线外侧示例

5.4　读组合体的视图

技术图纸是工程技术人员进行交流的工具，不仅要将空间形体的视图绘制出来，还要看懂绘制的视图所表达形体的空间形状。要读懂视图，就需要注意读图的要点，掌握读图的方法。

5.4.1　读图的要点

读图时要注意以下要点。

1. 阅读视图时，要将多个视图联系起来读

组合体的形状往往通过一组视图来表达，每个视图只能表达组合体的两个方向的形状，较少数量的视图不一定能将组合体的形状表达清楚。

如图 5-22 所示，给出六组视图，每组对应的俯视图都完全相同，但是主视图不同，表达的是不同形状的物体。

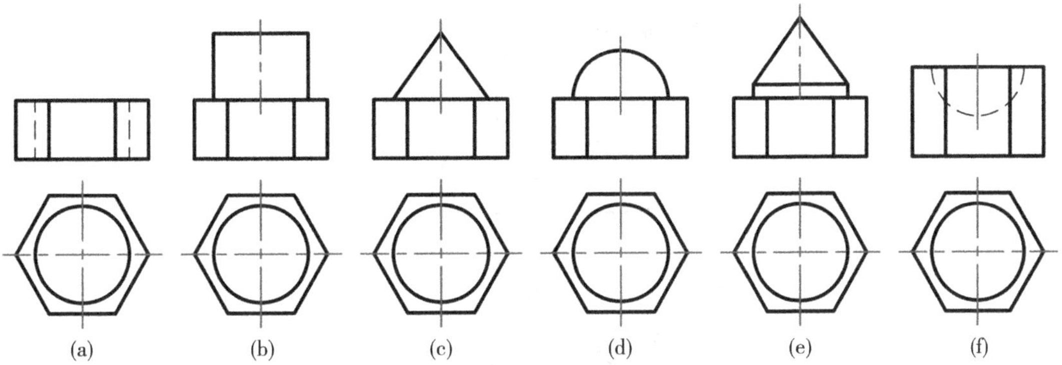

图 5-22 俯视图完全相同的六组视图

如图 5-23 所示，给出四组视图，每组的主视图和俯视图完全相同，但是左视图不同，分别表达的是不同空间形状的物体。

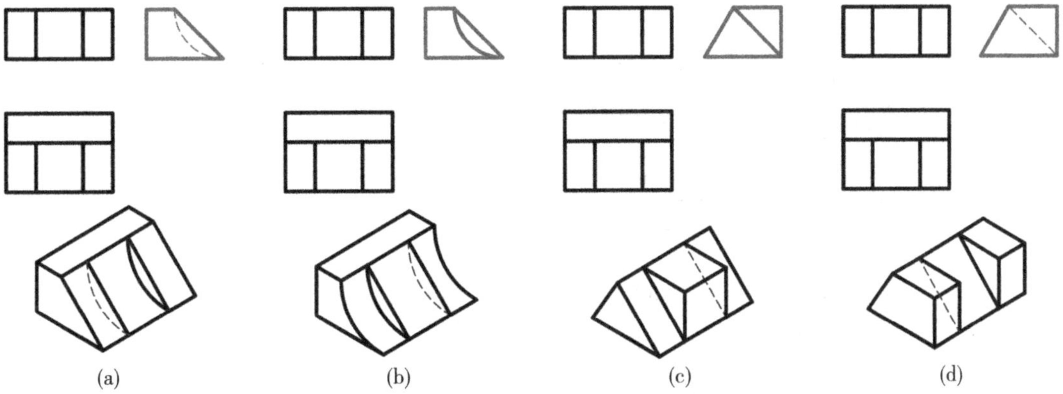

图 5-23 主视图、俯视图都相同的四组视图及立体图

因此读图时要将给出的多个视图联系起来读，才能准确想出它的完整形状。

2. 读懂组合体视图中图线和线框的含义

视图中图线表达的含义可以归纳为三种：(1)两个面交线的投影；(2)面的积聚性投影；(3)回转面转向轮廓线的投影。如图 5-24 所示，俯视图中的八条斜线表示棱台的上下底面与侧棱面的交线；主视图中的三条水平直线可以表示三个水平面的积聚性投影，俯视图中的圆也可以看作圆柱面的积聚性投影；主视图中矩形线框的两条垂线表示圆柱面转向轮廓线的投影。当然有些图线会有两种含义，比如主视图中最下方的水平直线，既可以看作水平面的积聚性投影，又可以看作棱台下底面与侧棱面交线的投影。

视图中每一个封闭的线框，都可以看作一个面(平面、回转面或组合面)的投影。如

图 5-25 所示，对于给定的视图中每一个线框进行分析，在其他视图中找到对应的投影，从而分析出它表示的是一个什么样的面。

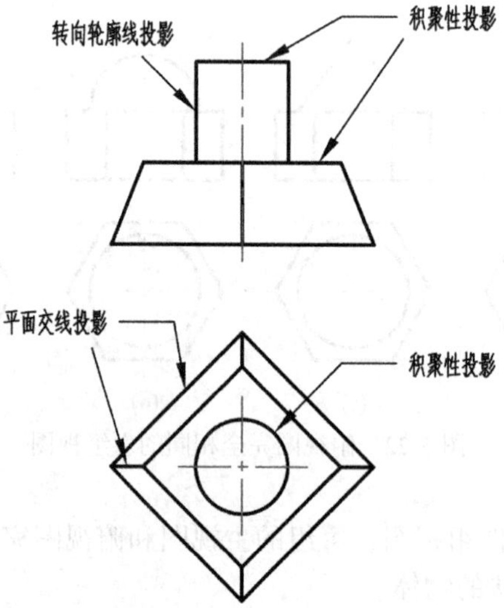

图 5-24　组合体视图中图线的含义示例

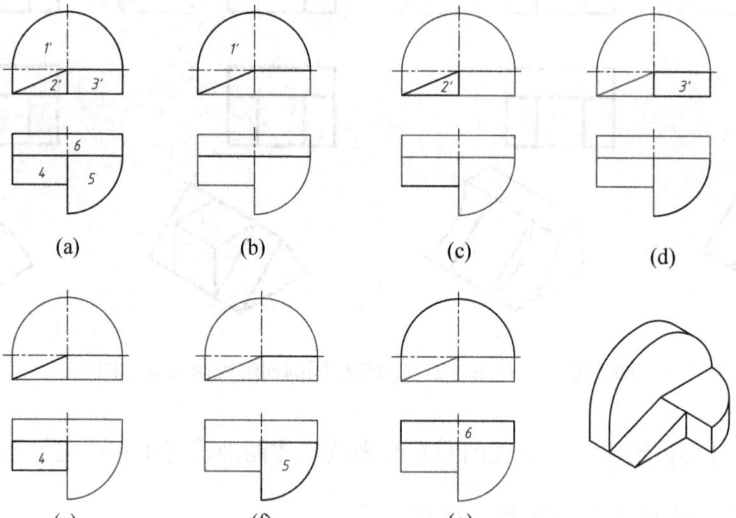

图 5-25　组合体视图中线框的含义示例

在图 5-25 的主视图中，包含线框 1′、线框 2′和线框 3′。线框 1 是一个粗实线框，表示从前往后投射，该面可见。它是由圆弧和直线所围成的线框，按照投影规律，这个面在俯视图中对应的投影应该在从最左到最右的范围内。根据正投影的三个特性，投影要么反映该面的实形，要么反映该面的类似形，要么表明该面是积聚的。很明显，在俯视图中从左至右的范围内，没有发现该线框的类似形，因此表明这个面的水平投影一定是积聚的。

那么从前往后比对它的投影，发现只有图 5-25(b)中所示的水平线 1 是它的投影。根据该面的两面投影，知道该面是正平面。按照上述方法，得知线框 2 表示的是一个正平面，线框 3′是一个竖直放置的四分之一个圆柱面，如图 5-25(c)和(d)所示。

在俯视图中，也有三个线框：分别是线框 4、线框 5 和线框 6。同样根据投影规律，这些线框在主视图中找不到类似形，根据“非类似，必积聚”，得知线框 4 表示的是一个正垂面，线框 5 表示的是水平面，线框 6 表示的是圆柱面，分别如图 5-25(e)～(g)所示。这样就可以将给出组合体的两个视图中所有的线框阅读清楚。

一般来说，对于视图中出现的相邻线框，要么表示两个相交的面，要么表示这是两个具有不同前后、左右或上下位置关系的面。在图 5-25 中，线框 1′和线框 2′相邻，它们表示具有前后位置关系的正平面；线框 4 和线框 5 也相邻，表示两个相交的平面。

3. 善于抓住特征视图

组合体的特征视图分为形状特征视图和位置特征视图。

能清晰表达物体形状特征的视图称为形状特征视图，如图 5-26 所示，两组视图表达的不同物体，左视图为形状特征视图。

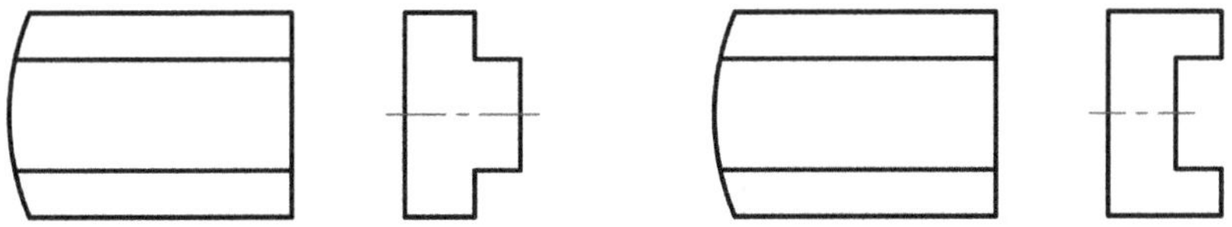

(a)　　　　(b)

图 5-26　组合体形状特征视图示例

能清晰表达组合体各基本形体之间相对位置的视图称为位置特征视图。如图 5-27 所示，两个不同的组合体，从主视图和俯视图中无法读出哪个部分是孔，哪个部分为凸块。而左视图清晰地表达出孔和凸块的位置，为位置特征视图。

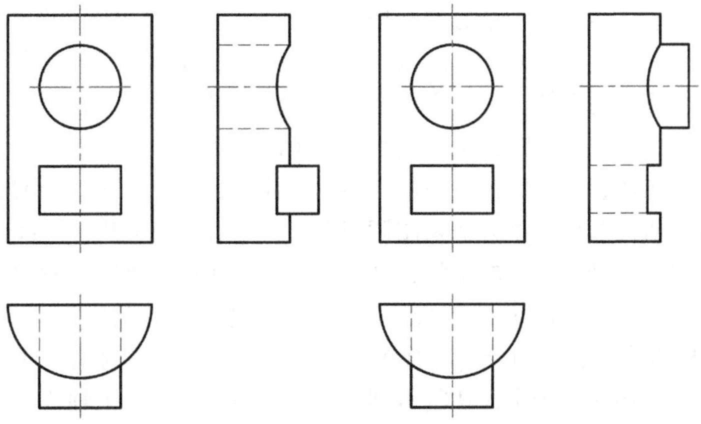

图 5-27　组合体位置特征视图示例

因此，读图时，要善于抓住物体的特征视图，较快想象出物体的形状。

5.4.2　读图的方法

组合体视图阅读的基本方法是形体分析法。对于组合体的视图，如果从整体上进行阅读，往往不容易读懂。可以先从主视图入手，因为通常主视图反映出组合体的形状特征，将主视图分解为若干个线框，每一个线框表达的是一个基本形体的投影。接着利用投影规律，联系其他视图，找到该基本形体在其他视图中对应的投影，从而读懂它的空间形状。依次读懂每一个线框表达空间形体的形状。此外，还需要从视图中找到各基本形体之间的位置关系，进而从整体上理解该组合体的空间形状。

【例 5-1】 如图 5-28 所示，读懂组合体的三视图，想象其空间形状。

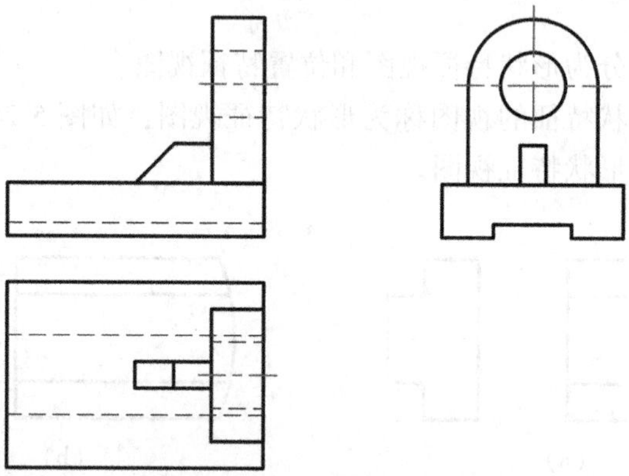

图 5-28　读组合体视图的示例(一)

【解】 如图 5-28 所示的三视图，主视图由三个粗实线框组成，每个粗实线框表达一个基本形体的视图，如图 5-29(a)所示，线框 1′、线框 2′和线框 3′分别表示基本形体 1、2 和 3 的主视图。对于基本形体 1，我们知道它的主视图，根据投影规律"长对正、高平齐、宽相等"，找到在其他视图中对应的线框 1 和线框 1″，如图 5-29(b)所示。利用前面学过的知识，容易知道它表示的是一个底部开槽的平板。同样的方法，如图 5-29(c)和(d)所示，可知形体 2 和形体 3 的空间形状。接着从已知视图中找出这三个基本形体之间的位置关系：形体 2 的下底面与形体 1 上底面重合，它们的右端面平齐，前后对称放置；形体 3 的右端面与形体 2 的左端面重合，下底面与形体 1 的上底面重合，前后对称放置。通过这样先局部后整体的读图，就能够搞清楚组合体的总体形状，如图 5-29(e)所示。

除了用形体分析法这个基本方法来阅读视图外，还有线面分析法。线面分析法是从图线和线框的角度出发，理解它们的空间含义，进而将一些局部难以读懂的部分搞清楚。

【例 5-2】 如图 5-30 所示，读懂组合体的三视图，想象其空间形状。

【解】 如图 5-30 所示，该组合体三视图的外轮廓都是带切口的矩形框，可知其为切割式组合体，是由长方体用若干个面切割得到。由主视图知其被一个轴线为正垂线的圆柱面切割；由俯视图可知，有两个正平面和两个侧平面分别切去左前和左后两个角；从左视图可知，有两个正平面和一个水平面在长方体的上底面挖了一个方槽。

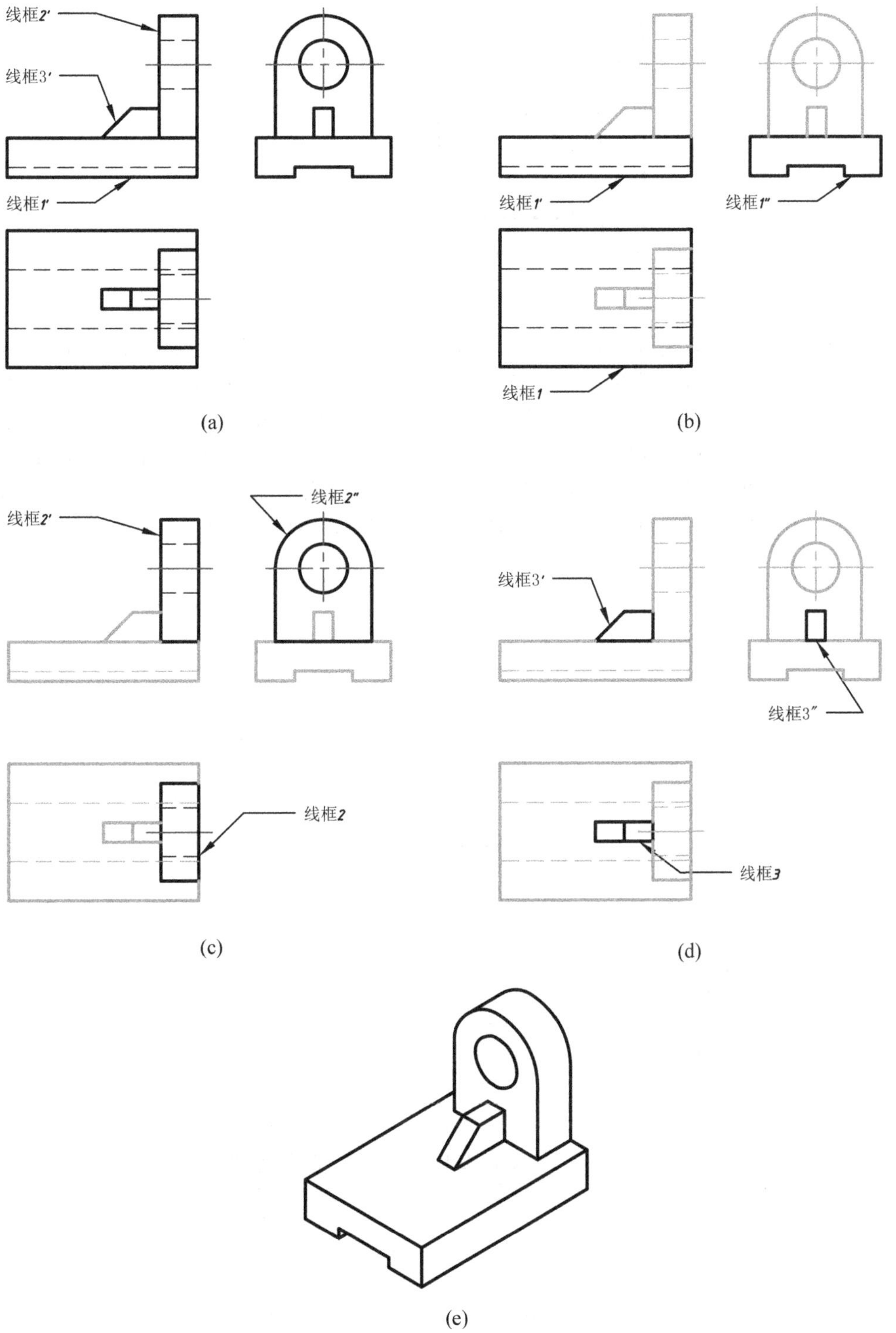

图 5-29　应用形体分析法来读图的示例

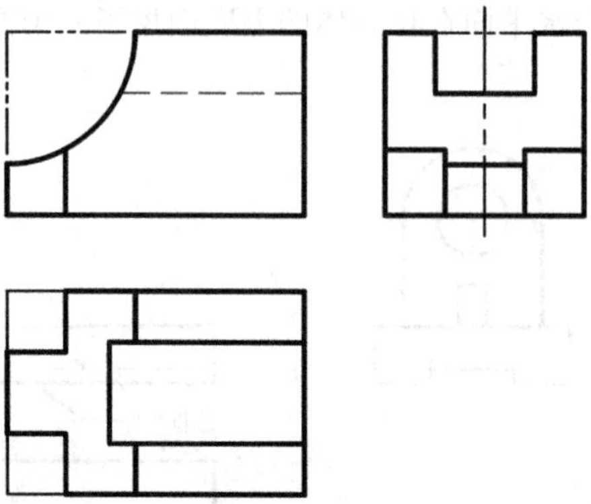

图 5-30　读组合体视图的示例(二)

三视图中有较多不规则线框，可采用线面分析法将其读懂。主视图中线框 1′在其他视图中对应的是深色的图线部分，可知其为正平面，如图 5-31(a)所示；线框 2′也为正平面，这两个相邻线框表示的是具有不同前后位置的正平面，如图 5-31(b)所示。俯视图中线框 3 表示一个圆柱面，如图 5-31(c)所示；线框 4 和 5 均为水平面，如图 5-31(d)和(e)所示；左视图中线框 6″和 7″是具有不同左右位置关系的侧平面，如图 5-31(f)和(g)所示。

经过上述分析，就可以构思出该组合体的空间形状，如图 5-31(h)所示。

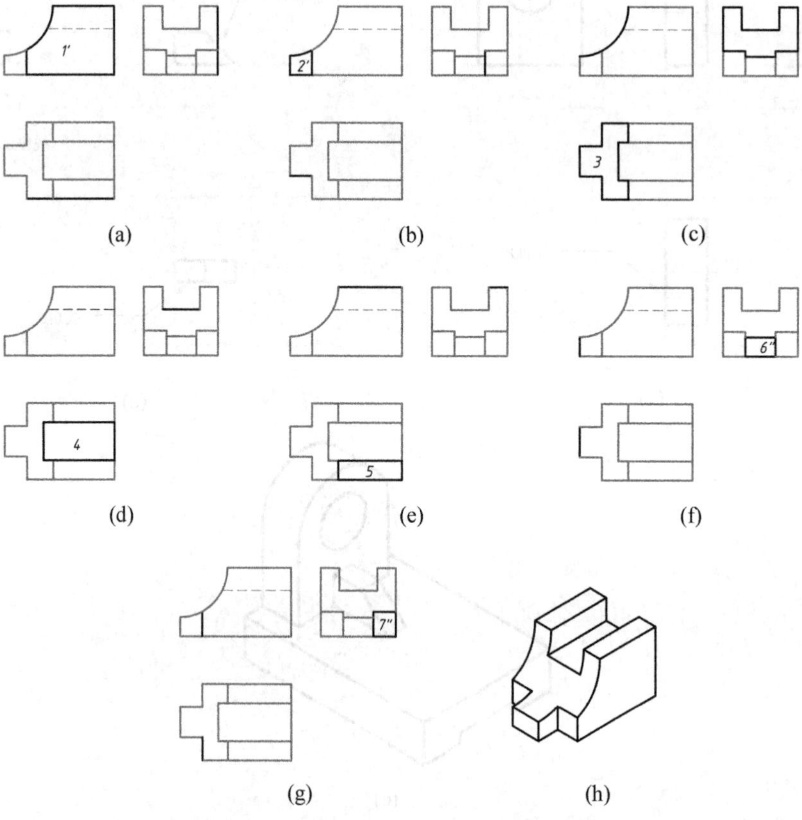

图 5-31　应用线面分析法来读图的示例

常见的组合体通常为既有叠加又有切割方式的综合式组合体，对这类组合体进行读图的时候，可以先采用形体分析法，将构成组合体的若干个基本形体的形状读懂，对于切割方式产生的视图中复杂的图线和线框，再采用线面分析法来分析。

【例 5-3】 如图 5-32 所示，读懂组合体的三视图，想象其空间形状。

【解】 首先采用形体分析法，从组合体的主视图入手，分为两个大的线框(线框 1′和线框 2′)，可认为该组合体由上下两个基本形体叠加而成，如图 5-33(a)所示。

根据投影规律找到线框 1′表达形体的其他视图，可知其为一个与正面平行的由半个圆柱体与长方体叠加而成的平板，线框中的圆在其他视图中对应为虚线框，知其为板上的圆柱通孔，如图 5-33(b)和(c)所示。

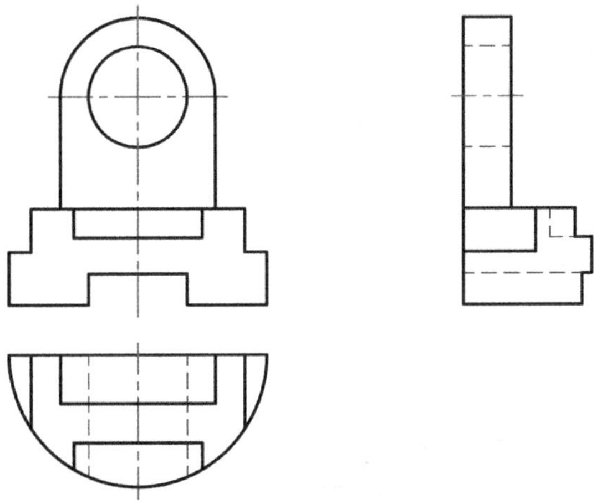

图 5-32 读组合体视图的示例(三)

同理找到线框 2′表达形体的其他视图，联系三个视图知其为截切半个圆柱体得到，如图 5-33(d)所示。在该视图中有较多不规则的线框，为了读懂它的空间形状，可采用线面分析法读懂局部细节部分。如图 5-33(e)所示，对于线框 3′表达的面，在俯视图中找不到正面投影的类似形，因此必定积聚，对应的是半个圆，可知其为圆柱面。对于俯视图中的复杂线框 4，在其他视图中找不到类似性，表明该面为水平面，如图 5-33(f)所示。采用同样的方法，请读者自行分析图 5-33(g)中线框 5 和线框 6 表示的是什么面。综合以上的分析，可以想象出该部分是将半个圆柱体，在左右侧分别用水平面和侧平面切掉一个角；在前上方用两个侧平面，一个水平面与一个正平面挖了一个凹槽；同时在其底部用两个侧平面与一个水平面挖了一个通槽，如图 5-33(h)所示。

在读懂上下部分的基础上，分析它们之间的相对位置和连接关系，两个基本形体左右对称，后端面平齐共面，可以想象出该组合体的整体形状，如图 5-33(i)所示。

在上面的例子中要注意：采用形体分析法，是从体的角度出发分解线框，因此线框 1′和线框 2′表示的是基本形体的投影；而线面分析法是从面的角度出发，线框 3′、线框 4、线框 5 和线框 6 表示的是面的投影。

综上所述，读图的步骤可以归结为以下四步：

(1)看视图，抓特征。

看视图——以主视图为主，联系其他视图，进行初步的投影分析和空间分析。

抓特征——找出反映形体形状特征较多的那个视图，在较短的时间里对形体有个大概的了解。

(2)分解形体对投影。

分解形体——参照特征视图，分解形体。

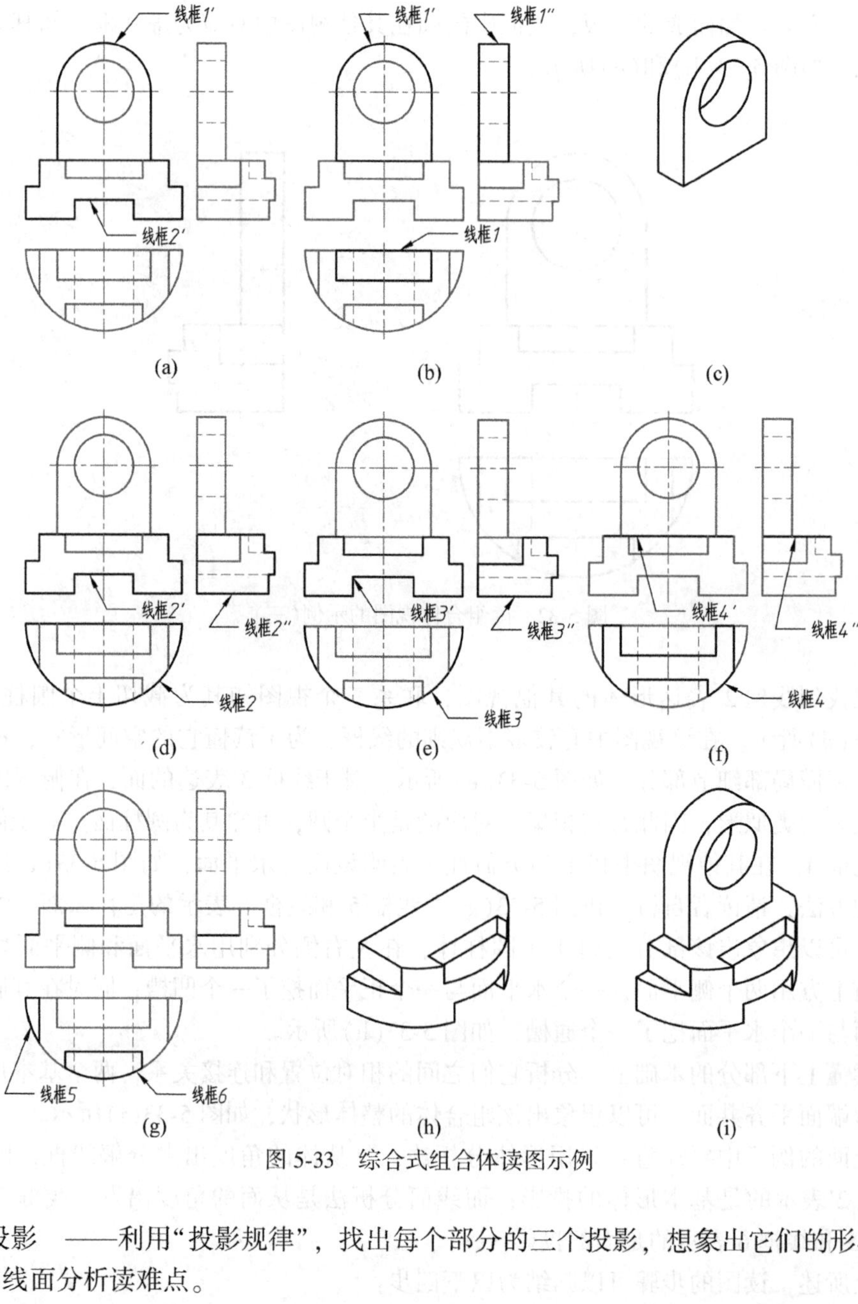

图 5-33　综合式组合体读图示例

对投影　——利用“投影规律”，找出每个部分的三个投影，想象出它们的形状。

(3)线面分析读难点。

采用线面分析法对较复杂表面进行分析，看懂局部细节。

(4)综合起来想整体。

在看懂每部分形体的基础上，进一步分析它们之间的组合方式(平齐、相切、相交)以及相对位置关系，从而想象出整体的形状。

5.4.3　读图的训练

常见的组合体视图阅读的训练方法有如下三种：

(1)根据给出组合体的两个视图，补画第三个视图，常称为“二补三”；

(2)补画出组合体视图中缺少的图线；

(3)构型设计。

构型设计是根据有限的视图来构思出不同形状、不同结构的组合体，并绘制出视图。这种训练方法可以锻炼空间想象力、形体构思能力和图样绘制的能力。这部分内容我们不展开，下面着重介绍另外两种练习方法。

1. 二补三

要正确补画出组合体的第三个视图，首先需要对于已知的两个视图进行阅读，采用形体分析法、线面分析法对物体进行分析，想象出其空间形状，再根据投影关系绘制出第三个视图。

【例 5-4】 如图 5-34 所示，已知物体的主视图和俯视图，补画出左视图。

【解】 分析：

从组合体的主视图入手，采用形体分析法，分解为线框 1′、2′、3′和 4′，分别对应半个圆筒Ⅰ、圆筒Ⅱ、左耳板Ⅲ和右耳板Ⅳ四个部分，如图 5-35(a)所示。利用投影规律，找到俯视图中对应的部分，想象出各部分的形状。半个圆筒Ⅰ和圆筒Ⅱ相交，在内外表面都会产生相贯线；耳板Ⅲ、Ⅳ前后端面及上底面与半个圆筒Ⅰ的外表面相交，Ⅲ、Ⅳ下底面和Ⅰ的下底面平齐共面，补画左视图要注意这些部分之间面的连接关系。

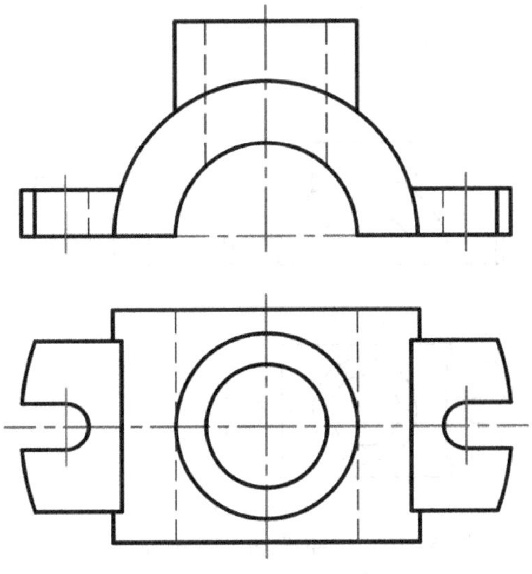

图 5-34　“二补三”示例一

作图：

(1)画出形体Ⅰ的左视图，如图 5-35(b)所示。

(2)画出形体Ⅰ和Ⅱ相交后的左视图，如图 5-35(c)所示。

(3)因为该组合体左右对称，所以左视图中只需要画出左耳板Ⅲ与形体线Ⅰ叠加后产生的图线，如图 5-35(d)所示。

(4)校核无误后，加深加粗图线，完成作图，如图 5-35(e)所示。

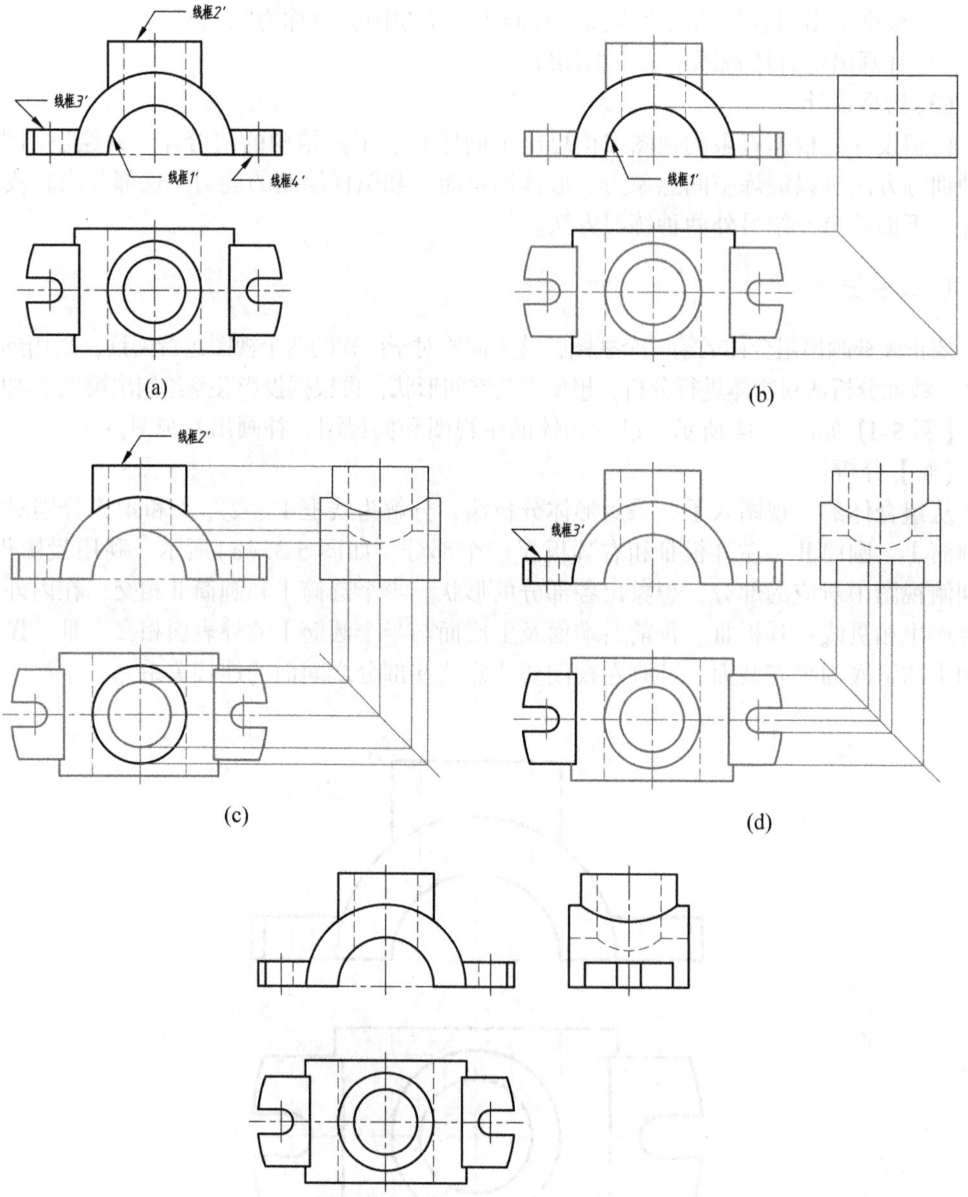

图 5-35 “二补三”示例一的作图过程

【例 5-5】如图 5-36 所示，已知物体的主视图和左视图，补画俯视图。

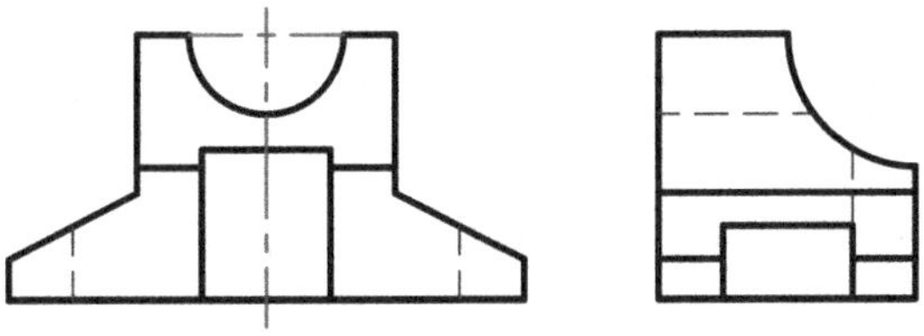

图 5-36 “二补三”示例二

【解】分析

从已知的主视图、左视图分析，它们的外轮廓均为带切口的矩形框，可知该组合体由长方体切割得到。从主视图分析，在长方体的左上角和右上角，分别用正垂面和侧平面切掉一部分；同时在上底面挖了一个半圆槽。从左视图分析，长方体的前上方被圆柱面挖掉一部分。如图 5-37(a)和(b)所示，采用线面分析法阅读线框 1″和线框 2′，可知在组合体的左右侧对称地挖了一个方槽。阅读线框 3′和线框 4″，可知长方体的前端也挖了一个方槽。根据上述的分析，逐个画出切割产生的交线，并整理轮廓，就可求出组合体的俯视图。

作图

(1)首先画出未切割前长方体的俯视图，如图 5-37(c)所示。

(2)在俯视图中补画出长方体挖掉两个角以及半圆槽产生交线的投影，如图5-37(d)所示。

(3)在俯视图中补画出在前上方挖掉四分之一个圆柱体产生交线的投影，并整理轮廓，如图 5-37(e)所示。

(4)在俯视图中补画左右两侧对称挖掉方槽产生的图线，并整理轮廓，如图 5-37(f)所示。

(5)在俯视图中补画在前端挖方槽产生的图线，并整理轮廓，如图 5-37(g)所示。

(6)校核无误后，加深加粗图线，完成作图，如图 5-37(h)所示。

2. 补缺线

要完整正确地补画出视图中的缺线，需要根据已知视图来想象组合体的形状，逐个分析每一个视图，补画出在其他视图中缺少的图线。

【例 5-6】如图 5-38 所示，补画出组合体三视图中所缺的图线。

【解】分析：

已知的三视图中，外轮廓都是带缺口的矩形框，可知该组合体是一个长方体被切割得到。先从主视图分析，长方体被一个正垂面截切。从俯视图可知，有两个正平面和一个侧平面在长方体的左侧挖了一个方槽。从左视图知，在长方体的上部分别有水平面和正平面前后对称的各切去一块。逐个分析每个视图，依次将切割产生的交线在其他视图中补画出来，这样就可以画出所有缺少的图线。

作图：

(1)根据主视图，将截交线的投影在其他视图中画出，如图 5-39(b)所示。

(2)根据俯视图，将挖槽产生的图线在主视图和左视图中画出，如图 5-39(c)所示。

(3)根据左视图，将切角产生的图线在主视图和俯视图中补画出来，并整理轮廓，如图 5-39(d)所示。

(4)校核无误后，加深加粗图线，完成作图，如图 5-39(e)所示。

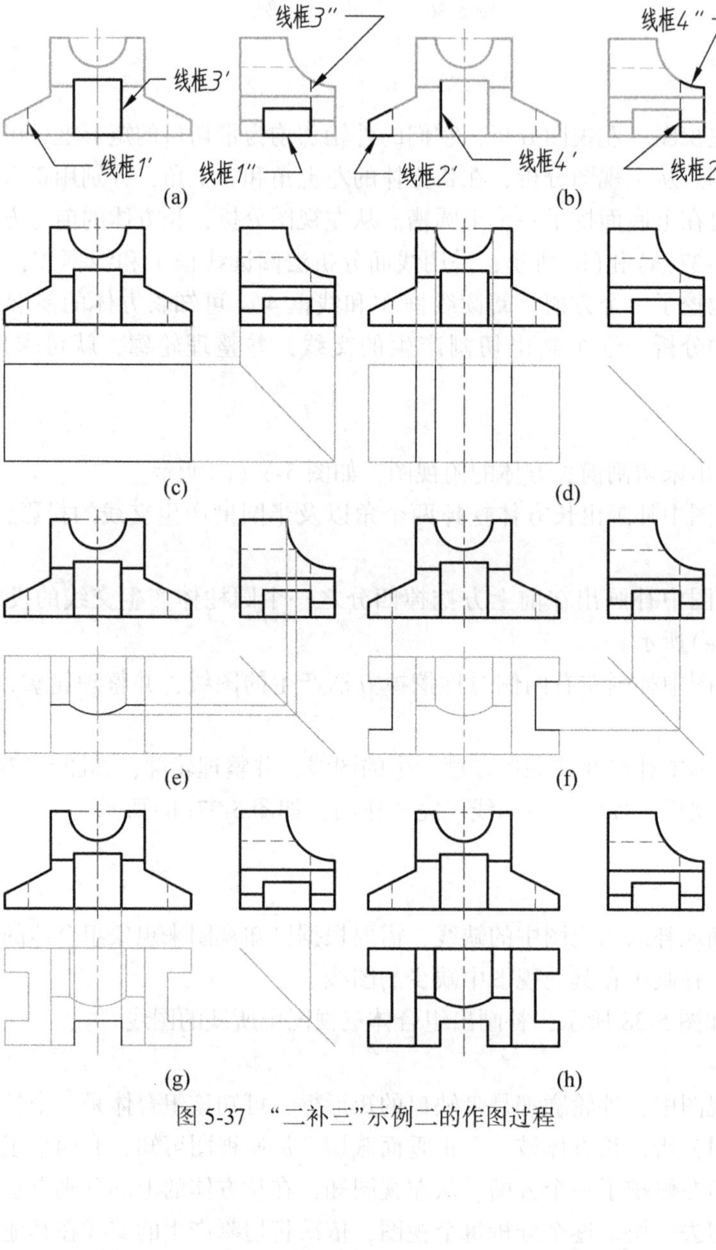

图 5-37　“二补三”示例二的作图过程

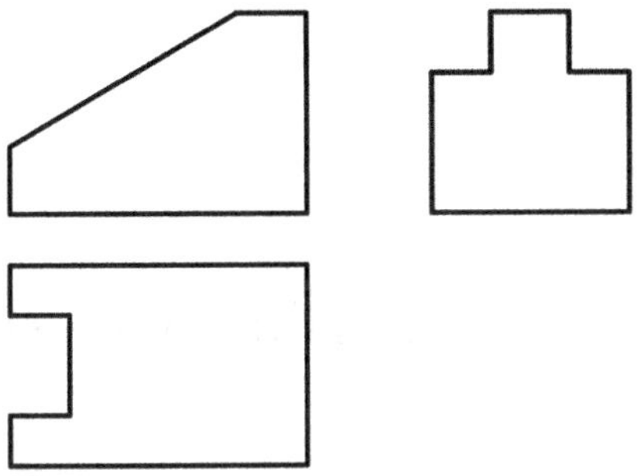

图 5-38 补缺线示例

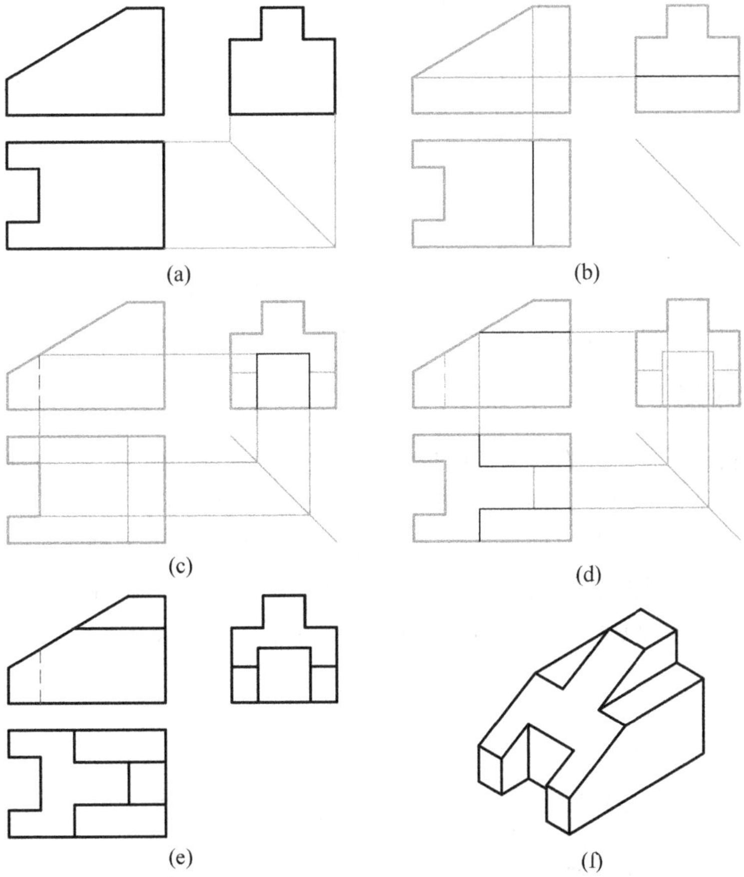

图 5-39 补缺线示例的作图过程

第 6 章　机件的表达方法

在实际生产中，机件的形状结构是比较复杂多样的，仅用前面介绍的主、俯、左三个视图有时不能将其表达清楚。为了准确、完整、清晰、规范地将机件的内外形状结构表达清楚，并便于读图，《技术制图》(GB/T 17451—1998，GB/T 17452—1998)和《机械制图》(GB/T 4458. 6—2002)等国家标准，规定了视图、剖视、断面图、局部放大图、简化画法和其他画法，供工程技术人员在图样表达时合理选用，这些内容是每个工程技术人员都应该熟练掌握并严格遵守的。

6.1　视图

根据国家标准《技术制图》的规定，用正投影法绘制出来的图样，称为视图。视图通常用于表达形体和机件的外形，通常分为基本视图、向视图、局部视图和斜视图。

6.1.1　基本视图

为了表达机件上下、左右、前后的形状，按照制图标准的规定，在原有的三投影面体系的基础上，再增加三个投影面，构成一个正六面体，如图 6-1(a)所示。该正六面体的六个面称为基本投影面，将机件置于正六面体内，分别向六个基本投影面做正投影，得到的六个视图称为基本视图，原来的三视图，即主视图、左视图、俯视图保持不变，另外三个视图根据投影方向分别称为右视图、仰视图和后视图，如图 6-1(a)所示。

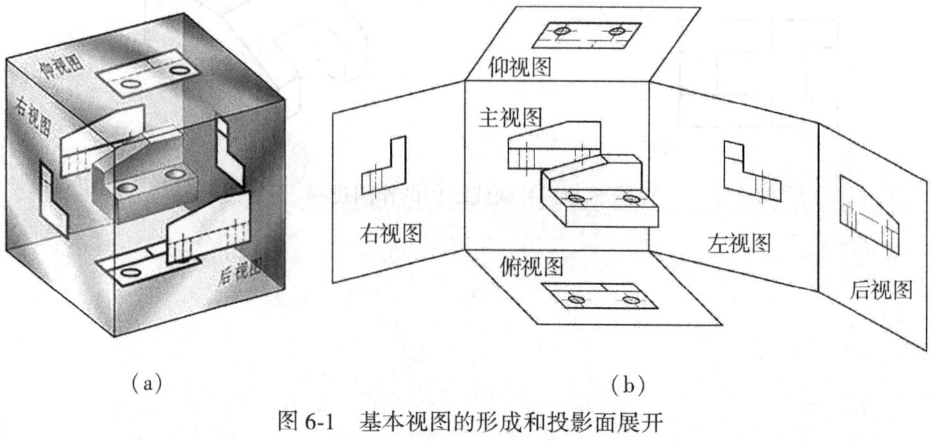

(a)　　　　(b)

图 6-1　基本视图的形成和投影面展开

六个基本投影面展开方式如图 6-1(b)所示，正立投影面 V 面保持不动，其他各面按图示方向旋转到与 V 面共面。由此可知，机件的主视图方向一旦确定，其他各个基本视图的投影方向就随之确定了，它们与主视图之间的相对位置也就随之确定了，如图 6-2 所示，六个基本视图之间的这种相对位置关系也称为按投影关系配置。

1. 六个基本视图的配置

在同一张图纸中按照上述关系配置基本视图，一律不注写视图名称，如图 6-2 所示。

2. 六个基本视图的投影对应关系

六个基本视图之间仍然符合“长对正、高平齐、宽相等”的投影对应关系。即：主视图、俯视图、仰视图、后视图之间长度相等；主视图、左视图、右视图、后视图之间高度相等；俯视图、左视图、右视图、仰视图之间宽度相等，如图 6-2 所示。

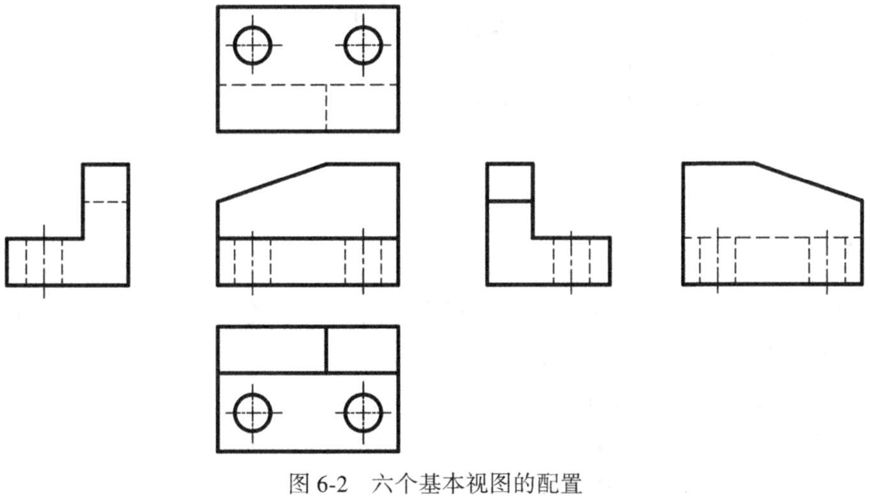

图 6-2　六个基本视图的配置

3. 选用原则

并非任何机件都需要画出六个基本视图，在实际制图时，应根据机件的形状和结构特点及复杂程度，按需选取，一般优先选用主、俯、左三个基本视图，然后再考虑其他视图，其中主视图是必不可少的。

6.1.2 向视图

在实际工作中，有时不能将六个基本视图绘制在同一张图纸中，或者基本视图之间有其他视图隔开，或者考虑更合理地利用图纸空间，常遇到不能按照图 6-2 所示的方式来配置基本视图的情况。所以，国家标准又规定了一种可以自由配置的视图，称为向视图。即向视图是基本视图的另一种配置形式。

由于向视图的位置可以自由配置，为便于读图且不致产生误解，所以必须予以明确标注。即在向视图的正上方标注视图的名称“×”(“×”为大写拉丁字母)，并在相应的视图附近用箭头指明投射方向，并标注相同字母。

为便于读图，在向视图中表示投射方向的箭头应尽可能配置在主视图上，以使所得视图与基本视图相一致，如图 6-3 中的 *A*、*B* 向视图。而绘制以向视图方式表达的后视图时，应将投射箭头配置在左视图或右视图上，如图 6-3 中的 *C* 向视图。

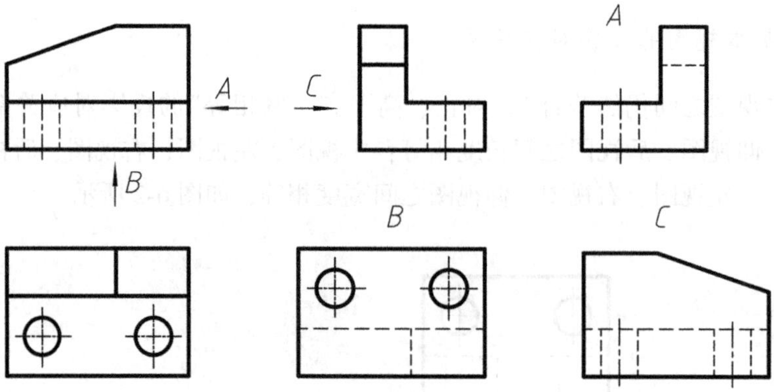

图 6-3　向视图

6.1.3　局部视图

将机件形体的某一部分向基本投影面投射所得的视图称为局部视图。局部视图的应用：当机件的主体形状已经由一组基本视图表达清楚，但部分结构尚需表达，而又没有必要或不便于画出完整的基本视图时，可采用局部视图。

如图 6-4 所示的机件，通过形体分析可知，该机件由空心圆柱、底板、左端凸台和右端凸台四部分组成。采用主视图和俯视图两个基本视图，已将主要结构空心圆柱和底板表达清楚，这两个视图中尚未清晰表达的是左、右两端的凸台的实形，若因此再画出另外的两个完整的基本视图(左视图和右视图)，大部分属于重复表达，而凸台为形体的非主体结构，所以为简化作图和便于读图，在绘制左视图时只绘出需要表达的左端凸台轮廓，其他结构省略不画；在绘制右视图时，只绘出右端凸台轮廓，其他结构省略不画，这样得到的两个视图就是局部视图，这种图形表达重点突出、清晰、易读。

局部视图的画法、配置和标注要注意以下几点：

(1)局部视图的断裂边界通常以波浪线表示，如图 6-4 中的 *A* 向局部视图。注意：波浪线不应超出实体范围，也不能画在中空的地方。

(2)当局部视图所表示的局部结构是完整的，且外轮廓线成封闭状态时，可省略表示断裂边界的波浪线，如图 6-4 中的 *B* 向局部视图。

(3)局部视图的标注方法同向视图。局部视图可以按基本视图投影关系配置，如图 6-4 中的 *A* 向局部视图。也可以根据需要灵活布置的图纸的恰当位置，如图 6-4 中的 *B* 向局部视图。

(4)当局部视图与基本视图按照投影关系配置，中间没有其他图形把它们隔开时，局部视图的标注可以省略，如图 6-4 中的 *A* 向局部视图的标注是可以省略的。当不满足上述条件时，标注不能省略，如图 6-4 中的 *B* 向局部视图，它与基本视图不是按照投影关系配置，其标注不能省略。

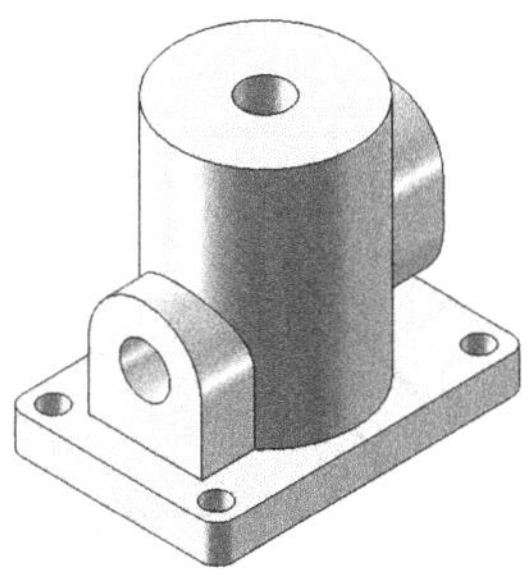
(a)

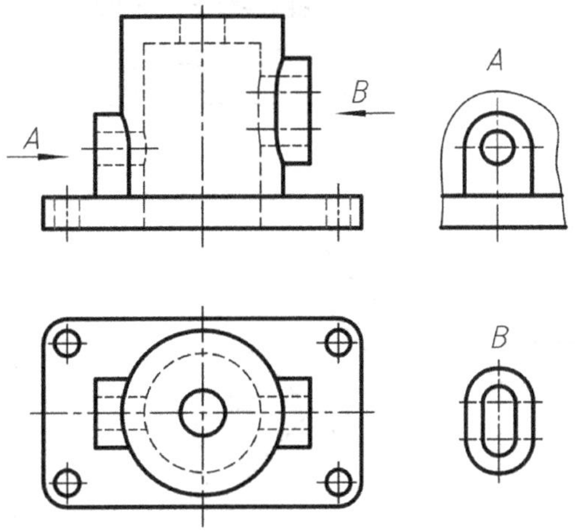

(b)

图 6-4 局部视图

6.1.4 斜视图

将机件向不平行于基本投影面的平面投射所得的视图，称为斜视图。

当机件上某部分倾斜结构不平行于任何基本投影面时，基本视图不能反映该部分的实形，也会给绘图、读图和尺寸标注带来困难。如图 6-5(a)所示，为了表达支撑板倾斜部分的实形，选择一个新的辅助投影面，使辅助投影面与机件上的倾斜部分平行，且垂直于另一个基本投影面(这里垂直于 *V* 面)。然后将该倾斜结构向新的辅助投影面做正投影，再将新投影面相对于与之垂直的基本投影面展开、铺平，就得到反映该倾斜结构实形的视图，即为斜视图。

斜视图一般按投影关系配置，标注方式同向视图，如图 6-5(b)所示，斜视图只需反映机件上倾斜结构的实形，其余部分省略不画，所以通常也采用局部视图的画法，其断裂边界通常用波浪线表示，如图 6-5(b)中的 *A* 向视图。如果表示的倾斜结构是完整的，且外轮廓线自行封闭，波浪线可省略不画，处理方法同局部视图中波浪线的画法。

必要时，也可以将斜视图配置在其他适当的位置，在不致引起误解的情况下，为便于画图允许将斜视图旋转配置，这时要加注旋转符号(带箭头的半圆弧)，如图 6-5(c)所示，标注在视图上方的字母应注写在旋转符号的箭头端，旋转符号箭头的指向应与图的旋转方向一致。

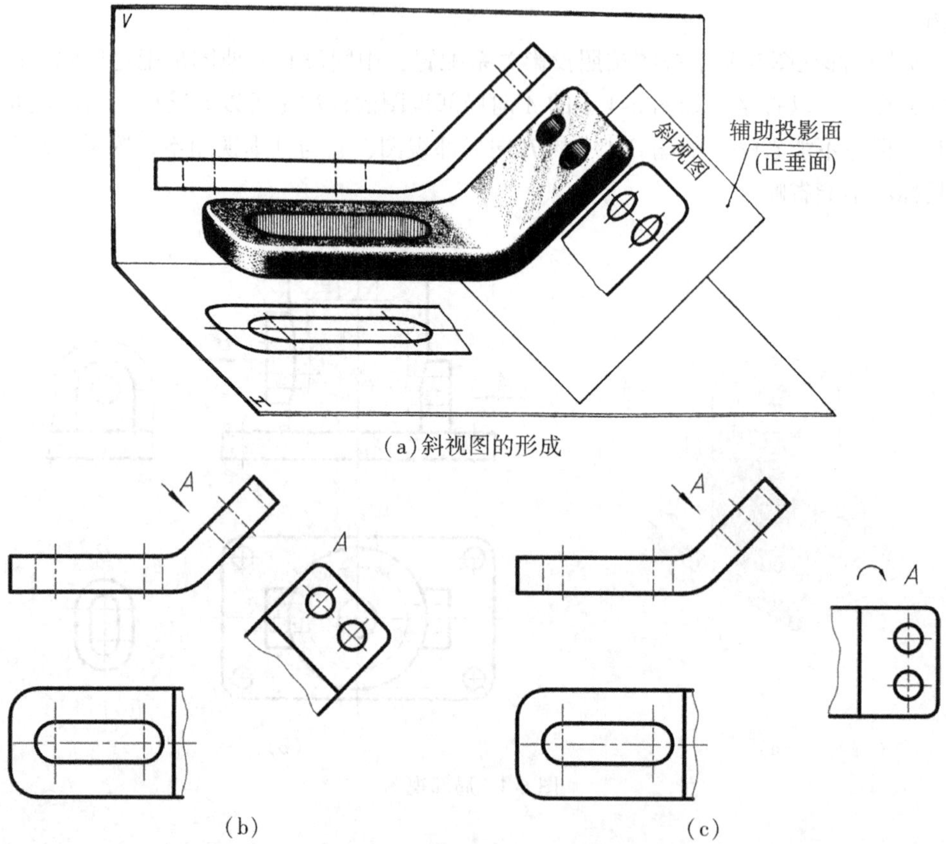

图 6-5　斜视图的形成和配置

6.2　剖视图

视图主要用于表达机件的外形，当机件的内部结构比较复杂时，视图中虚线较多，如果虚线与虚线重叠、虚线与实线重叠交错，会大大影响图形的清晰度，且不利于绘图和读图，也不便于标注尺寸。为解决这些问题，国家标准规定了剖视图的表达方法。

6.2.1　剖视图的概念和画法

1. 剖视图的概念

假想用剖切面剖开机件，将位于观察者和剖切面之间的部分移去，将其余部分向投影面投射所得的图形，称为剖视图，简称剖视。

如图 6-6 所示的机件，内部结构在主视图中不可见，为虚线表示，如图 6-7(a)所示，其主视图中不可见的结构正好都分布在前后对称面上，假想用通过前后对称面的剖切平面将机件剖开，如图 6-6 所示，移去挡住我们视线的前半部分，将后半部分向 V 面做正投影，绘制出来的视图就是剖视图，如图 6-7(b)所示。

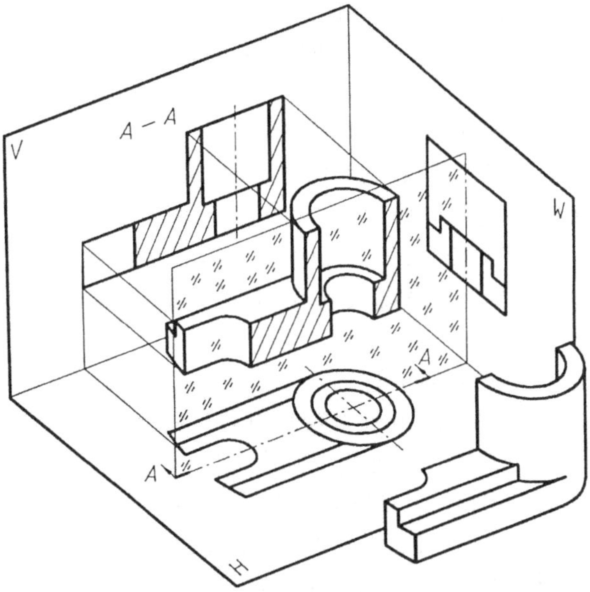

图 6-6 剖视图的形成

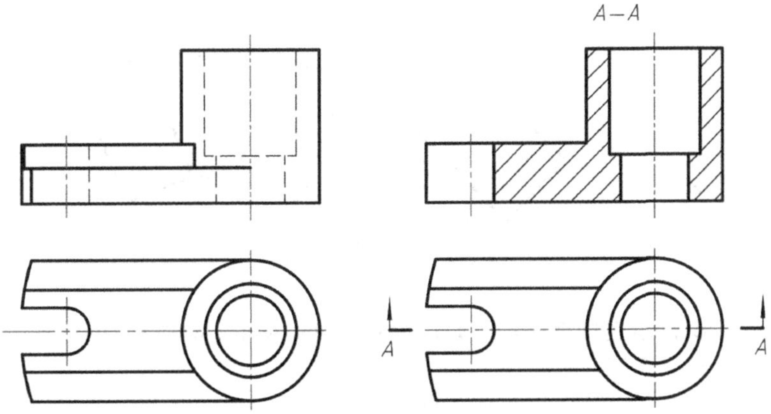

(a)视图 (b)剖视图

图 6-7 视图与剖视图对比

由图 6-7 可知，将视图与剖视图相比较，由于主视图采用了剖视的画法，将不可见结构变为可见，图中原有的虚线变成了粗实线，再加上剖面线的作用，使得机件内部结构表达既清晰，又有层次感，同时更利于绘图、读图和标注尺寸。

2. 剖视图的画法

1)剖切平面位置的确定

根据机件的结构特点，剖切面一般为平面(也可为柱面)，一般应通过机件内部结构的对称平面或孔的轴线，且平行于相应的投影面，如图 6-7 所示，剖切面为正平面且通过机件的前后对称面。

2)画剖视图时应注意的问题

(1)由于剖切是假想的，因此当机件的一个视图画成剖视图后，其他视图仍应完整地画出，不受剖切的影响。如果需要在一个机件上作几次剖切，每次剖切都应认为是对完整零件进行的，即与其他的剖切无关。根据物体内部形状、结构表达的需要，可把几个视图同时画成剖视图，它们之间相互独立，互不影响。

(2)剖切平面剖切到的机件断面轮廓和其后面的可见轮廓线，都用粗实线画出，不能有遗漏；剖切平面后面的不可见轮廓线(虚线)一般省略不画，只有对尚未表达清楚的结构，才用虚线画出。在没有剖开的其他视图中，表达内外结构的虚线也按同样原则处理。

(3)剖切时，要避免产生不完整要素或不反映实形的截断面。

3)剖面符号画法

在剖视图中，剖切面与物体的接触部分，称为剖面(或断面)区域。在断面上要画上剖面符号，如图 6-7(b)所示主视图断面上绘制的 45°细实线。不需在剖面区域中表示材料的类别时，可采用通用剖面线表示。通用剖面线用与图形的主要轮廓线或剖面区域的对称线成 45°的相互平行的细实线画出，如图 6-8 所示。当剖面线与图形的主要轮廓线或剖面区域的对称线平行时，该图形的剖面线应画成 60°或 30°，其倾斜方向仍应与其他图形的剖面线方向一致。同一物体各剖面区域的剖面线方向和间隔应一致。若需在剖面区域表示材料类别，应采用表 6-1 所示特定的剖面符号表示。

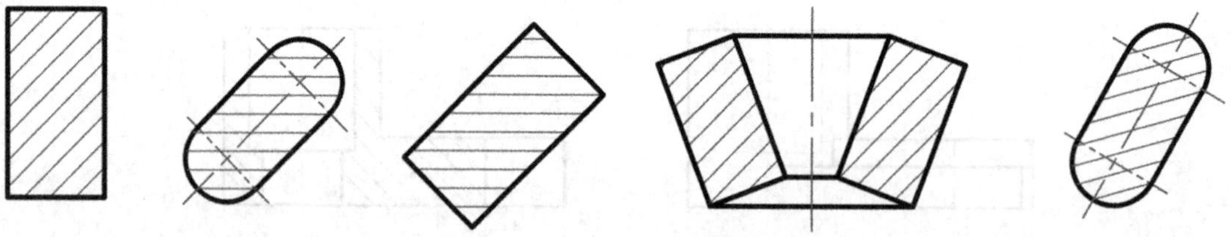

图 6-8　通用剖面线画法

表 6-1　　**部分特定的剖面符号(GB/T 17453—1998，GB/T 4457. 5—1994)**

金属材料（已有规定剖面符号者除外）	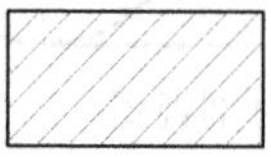	玻璃及供观察用的其他透明材料	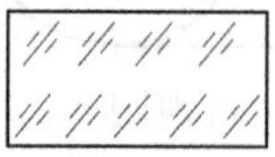	混凝土	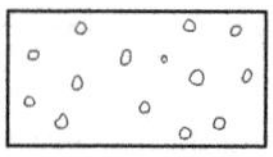
线圈绕组元件	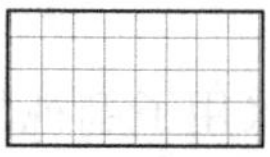	木材 纵剖面	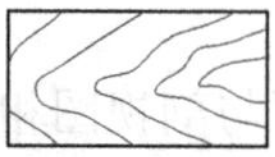	钢筋混凝土	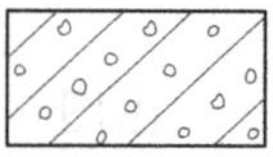
转子、电枢、变压器和电抗器等的叠钢片	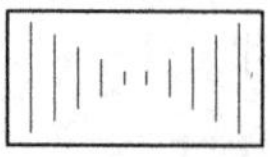	木材 横剖面	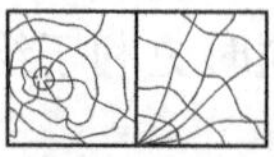	砖	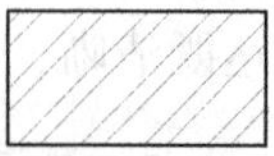
非金属材料（已有规定剖面符号者除外）	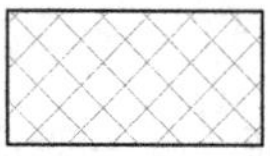	木质胶合板（不分层数）		格网（筛网、过滤网等）	
型砂、填砂、粉末冶金、砂轮、陶瓷刀片、硬质合金刀片等	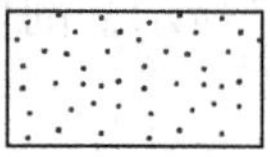	基础周围的泥土		液体	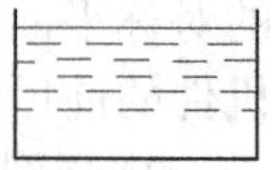

3. 剖视图的标注

在剖视图中，应将剖切位置、投影方向、剖视图的名称在相应的视图上进行标注，以明确剖视图与相应视图的投影关系。

1)注明剖切位置

用剖切符号来确定剖切平面的位置。剖切符号用于指明剖切面的起、讫和转折位置，用短粗线表示。短粗线长约5mm，起、讫处不要与轮廓线相交，应留有少许间隙，如图6-7(b)所示。

2)注明投影方向

在起讫两端用箭头表示投射方向，如图6-7(b)所示。

3)注明剖视图名称

用大写拉丁字母在剖切符号起讫、转折处标注；并用相同字母在剖视图的上方注明剖视图的名称“×—×”，如图6-7(b)中的*A—A*。

关于标注的省略：当剖视图按投影关系配置，中间又没有其他图形隔开时，可以省略用来表示投影方向的箭头；当剖切平面通过机件的对称平面或者基本对称平面，且按投影关系配置，中间又没有其他图形隔开时，可以省略标注。由此可知，图6-7(b)中的标注可以省略。

6.2.2 剖视图的种类

按照剖切范围的大小，国家标准规定剖视图分为全剖视图、半剖视图和局部剖视图三种。

1. 全剖视图

用剖切平面完全地剖开物体所得的剖视图称为全剖视图。全剖视图主要用于表达内部形状复杂的不对称机件或者外形简单的对称机件。不论哪一种剖切方法，只要“完全剖开，全部移去”，所得的剖视图，都是全剖视图。

如图6-9(a)所示的机件，前后对称，外形比较简单，内部结构复杂，孔、槽比较多，且孔、槽轴线大多位于对称面上，于是用一个过前后对称面的正平面作为剖切平面，完全剖开机件后，得到图6-9(b)中所示的全剖的主视图，将机件的内部结构全部清晰表达，消除了主视图中所有的虚线。

2. 半剖视图

当机件具有对称平面时，在垂直于对称平面的投影面上投影所得的图形，可以对称中心线为界，一半画成剖视，另一半画成视图，这种合成图形称为半剖视图。

半剖视图主要用于内、外结构形状都需要表达的对称机件，其优点在于它能在一个图形中同时反映机件的外部结构和内部结构，由于机件是对称的，所以依据半剖视图可以想象出整个机件的全貌。

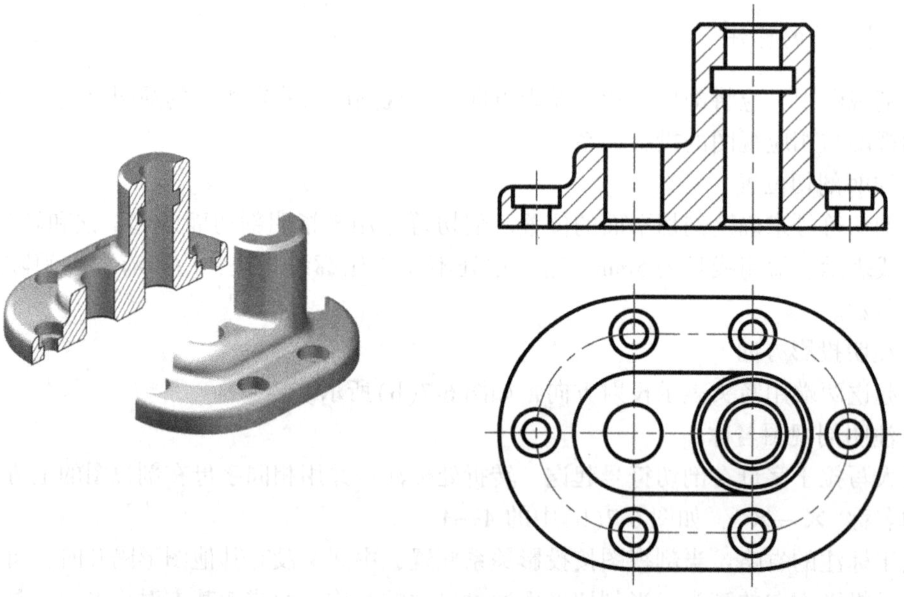

(a)完全剖开机件　　(b)主视图为全剖视图

图6-9　全剖视图

如图6-10(a)所示的机件，其结构前后对称，如果主视图采用全剖，会把机件前端的凸台剖掉，外形表达不够完整。由于机件左右对称，主视图具有左右对称性，所以将主视图以对称中心线为界，左半边为普通视图，主要用于表达外形，右半边用剖视主要表达内部结构，同时右半边已经表达清楚的内部轮廓(虚线已变为实线)，其在左半边中对称的虚线省略不画，如图6-10(c)所示，就形成了半剖的主视图。

同理，该机件前后对称，俯视图也反映前后对称性，如图6-10(b)所示，俯视图中也采用半剖视图，沿凸台上的孔轴线水平剖开，用后半部分反映出顶部的实形，用前半部分的剖视表达了原来被顶部遮挡的圆筒的外形及凸台内部结构，如图6-10(d)所示。

第五章介绍了组合体三视图中的尺寸标注方法，这些基本方法同样适用于剖视图。而且，在剖视图中，由于不可见轮廓线已变为可见轮廓线，更利于尺寸标注。如图6-10(d)所示，当采用半剖视图表达机件时，有些尺寸因缺少一侧尺寸边界而无法绘制尺寸界线，如主视图中的圆柱孔直径$\Phi 25$、$\Phi 20$，俯视图左侧顶面外形尺寸50、顶面圆孔定位尺寸38，及圆柱外径$\Phi 42$，都缺少一侧尺寸界线，且这些尺寸都为对称尺寸，此时，可将尺寸线长度绘制成原有长度的一大半，省略缺少尺寸界线一侧的箭头，尺寸数字按照正常尺寸标注规则注写。即尺寸标注内容不受表达方法的影响，不能因为缺少一侧轮廓线而将直径尺寸标注改为半径尺寸标注。

当机件的形状接近于对称(即基本对称)，且不对称结构已另有图形表达清楚时，也可采用半剖视图，如图6-11所示的主视图。

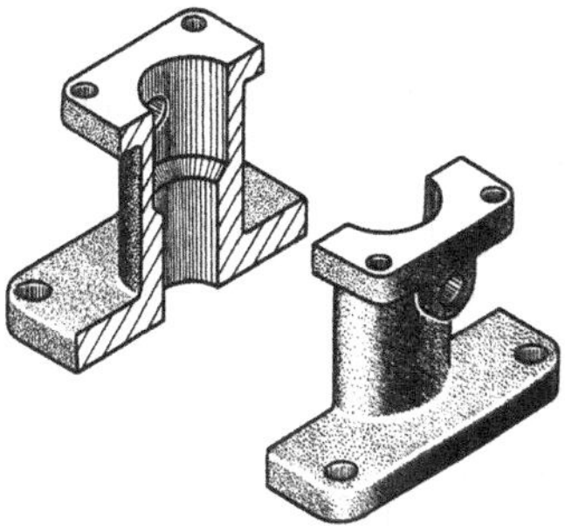

(a)

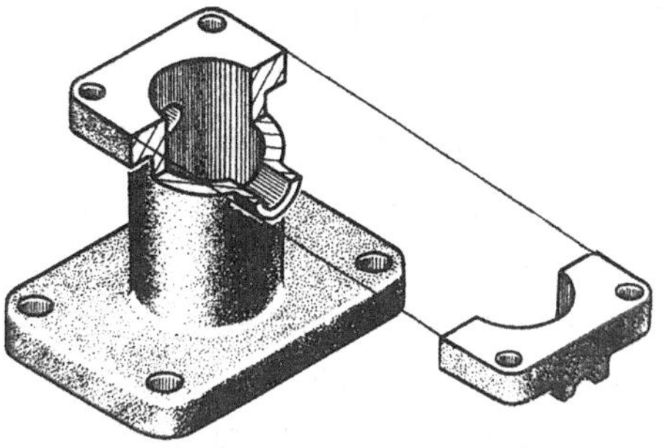

(b)

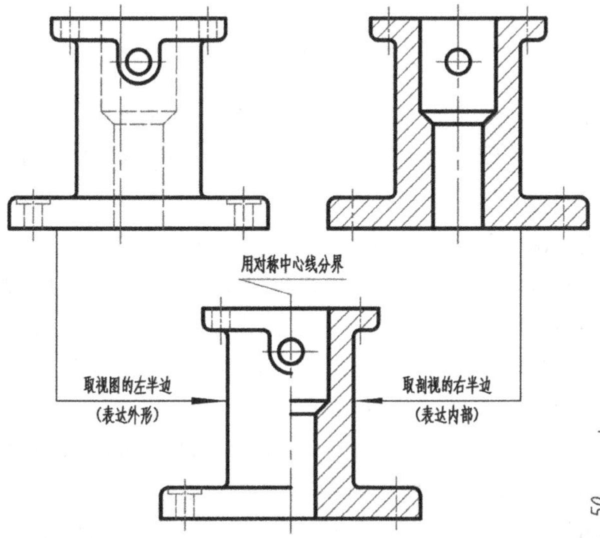

(c)主视图半剖视图的合成

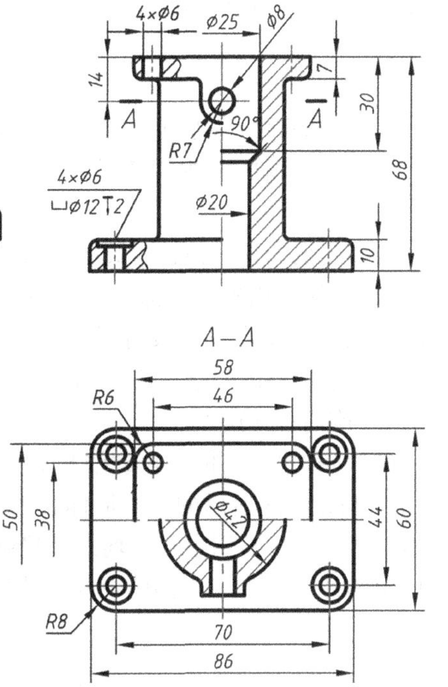

(d)半剖视图尺寸标注

图 6-10 半剖视图的形成

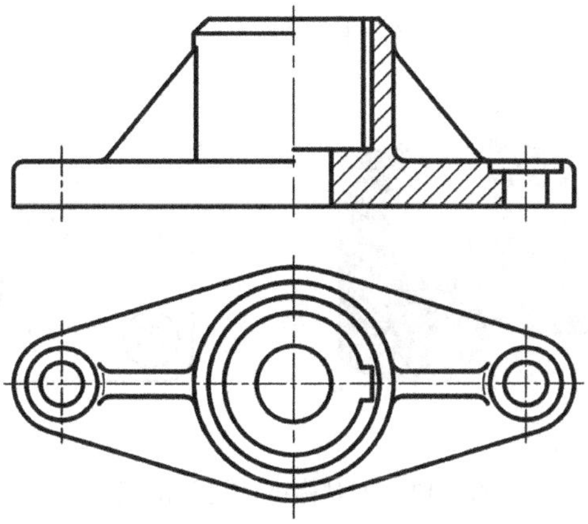

图 6-11 基本对称机件半剖视图

画半剖视图时应强调以下三点：

(1)半剖视图是由半个外形视图和半个剖视图组合而成，不是假象将物体剖去 1/4，所以视图和剖视图之间的分界线是细点画线，不能画成粗实线。

(2)由于物体的对称性，在半个剖视图中已表示出的机件的内部结构，其对称部分对应的细虚线不应再画出。半个剖视图中未表达清楚的结构，可在半个视图中作局部剖视图，如图 6-10(d)中顶部和底部的安装孔，在主视图的左半边分别做了局部剖，将孔剖开，虚线变为粗实线(局部剖的具体画法后续内容介绍)。

(3)半个剖视图的位置，通常可按以下原则配置：主视图中位于对称线右侧；俯视图和左视图中位于对称线前方。

3. 局部剖视图

用剖切平面局部地剖开机件，以波浪线或双折线为分界线，一部分画成视图以表达外形，其余部分画成剖视以表达内部结构，这样所得的图形称为局部剖视图，如图 6-12 所示。

局部剖视图是一种较为灵活的表达方法，以下几种情况适合采用局部剖视图。

(1)常用于内外结构都需要表达且不对称，或不宜采用全剖视图、半剖视图的地方。如图 6-12 所示的机件，没有对称性，主视图和俯视图都不适合做全剖或者半剖视图，为解决视图中虚线的问题，主视图采用两处局部剖，将不可见结构变为可见，俯视图采用一个水平剖切平面局部剖开前端凸台上的通孔，将机件内外结构、形状表达的清晰、合理。

(2)对称机件，但有轮廓线与对称中心线重合时，不宜采用半剖视图，通常用局部剖视图，如图 6-13 所示的三个形体，都是左右对称结构，但是主视图中对称中心线上都有其他轮廓线，不宜用半剖，均采用局部剖，此时应注意剖切范围大小的选择，请仔细分析对比图 6-13(a)~(c)三图中形体结构的差异和剖切范围大小的变化。

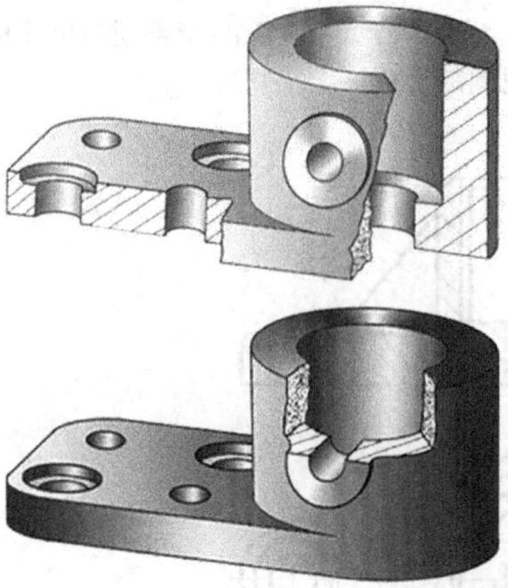

(a)

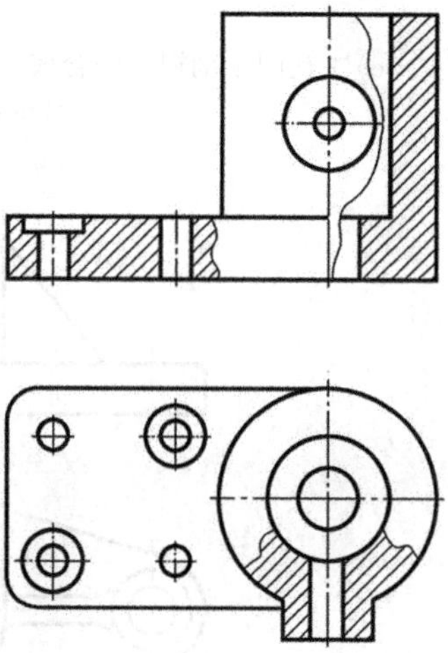

(b)

图 6-12　不对称机件局部剖视图

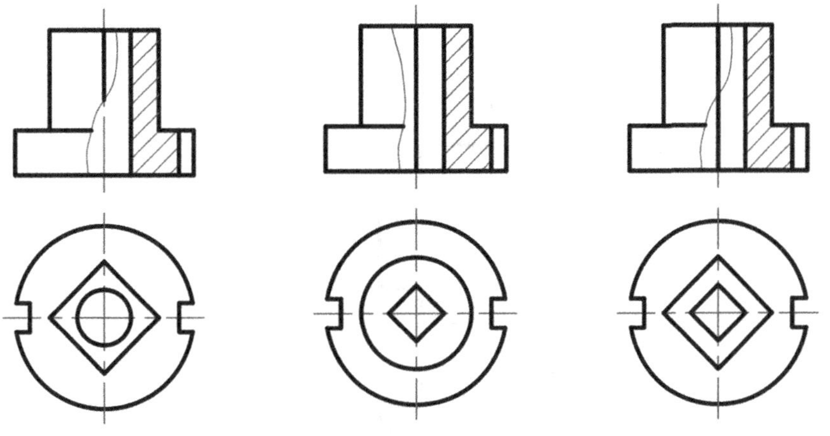

(a)　　(b)　　(c)

图 6-13　对称机件局部剖视图

画局部剖视图时应注意以下几点：

(1)视图与剖视的分界线波浪线，只能画在机件表面的实体部分，不能超出视图的轮廓线，不能画在其他轮廓线的延长线上，不能用轮廓线代替波浪线，也不能画在中空的地方，如图 6-14、图 6-15 所示。此时可以想象为剖切平面切到适当位置以后，将挡住视线的部分从形体上掰掉、去除，波浪线即表示断裂边界。

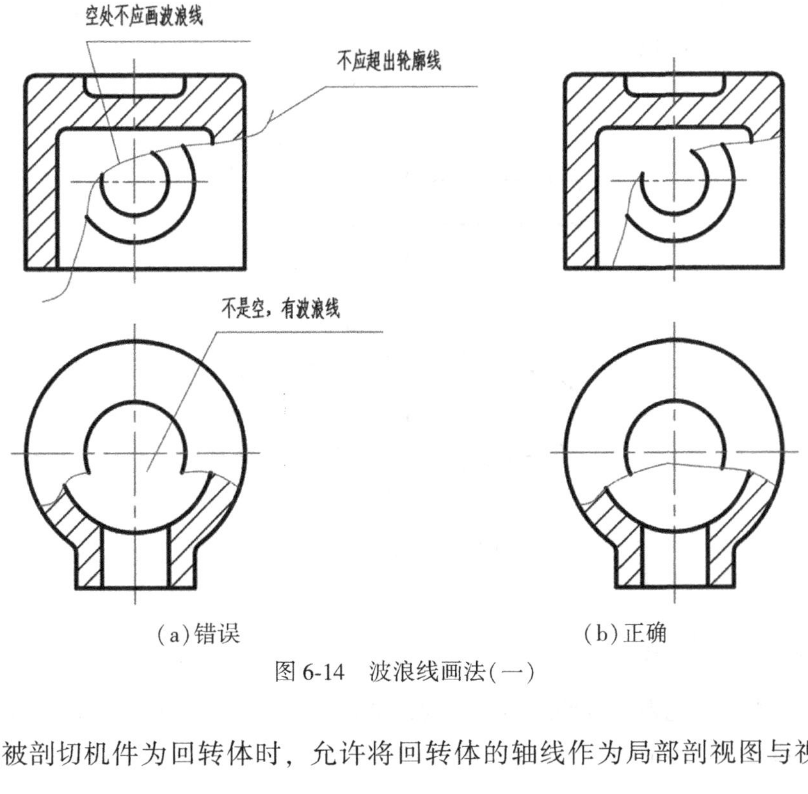

(a)错误　　(b)正确

图 6-14　波浪线画法(一)

(2)当被剖切机件为回转体时，允许将回转体的轴线作为局部剖视图与视图的分界线，如图 6-16 所示。

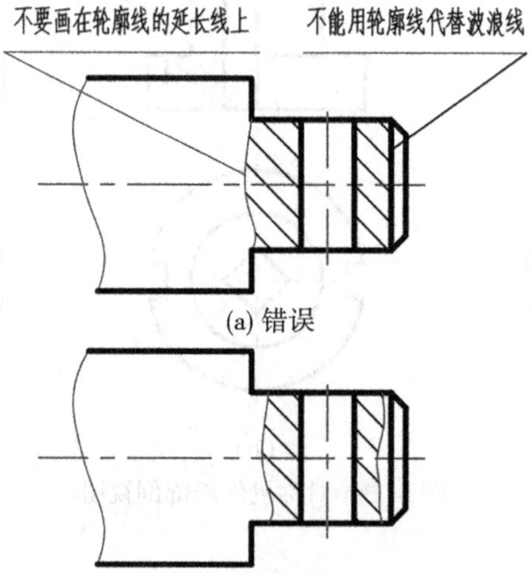

(a) 错误

(b) 正确

图 6-15 波浪线画法(二)

(3)局部剖视的表达比较灵活，运用得好，可使视图表达简明、清晰，但在同一个视图中，局部剖视的数量不宜过多，否则会使图形过于凌乱、破碎，不利于读图。

(4)局部剖视图的标注方法与全剖视图相同，由于局部剖视图一般都是从孔、槽、空腔的中心线处剖切，剖切位置比较明显，故一般可以省略标注。当剖切平面的位置不明显或剖视图不在基本视图位置时，应进行标注。

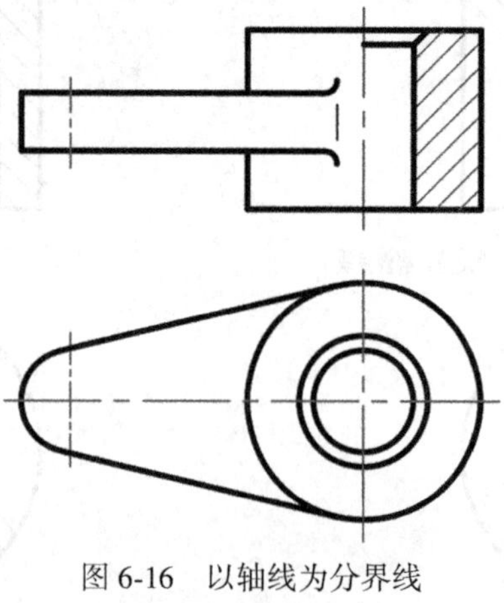

图 6-16 以轴线为分界线

6.2.3 剖切面的种类

剖视图能否清晰地表达机件的形状结构，剖切面的选择很重要。根据剖切面的数量和相对位置不同，常见的剖切面可分为三种：单一剖切面、几个相交的剖切面、几个平行的剖切面。

1. 单一剖切平面

采用单一剖切平面时，最常见的是仅用一个平行于基本投影面的剖切平面剖开机件，前面所讲的全剖、半剖和局部剖视都是采用单一剖切平面获得的，这里不再赘述。

当机件上倾斜部分的内形和外形，在基本视图上都不能反映实形时，可用一平行于倾斜部分且垂直于某一基本投影面的剖切面剖切，再投影到与剖切面平行的辅助投影面上，这种用不平行于任何基本投影面的剖切面剖开机件所得到的剖视图称为斜剖视图。

如图 6-17(a)所示的弯管，其顶部有斜板，斜板前端有凸台，凸台上有通孔。斜板的实形在主视图和俯视图中都无法表达，考虑到凸台上孔的位置，假想用通过孔轴线且与斜板平行的正垂面，即图中的 *A* 平面对弯管进行剖切，垂直于 *A* 平面做正投影得到 *A*—*A* 剖视图，就是一个斜剖视图，如图 6-17(b)所示。该图即清晰表达了凸台上小孔与弯管主孔的连通性，有表达了斜板的实形。由于弯曲部分在俯视图中不便于表达，所以在 *B* 平面处水平剖切，将上面弯曲部分去掉，得到 *B*—*B* 全剖的俯视图。

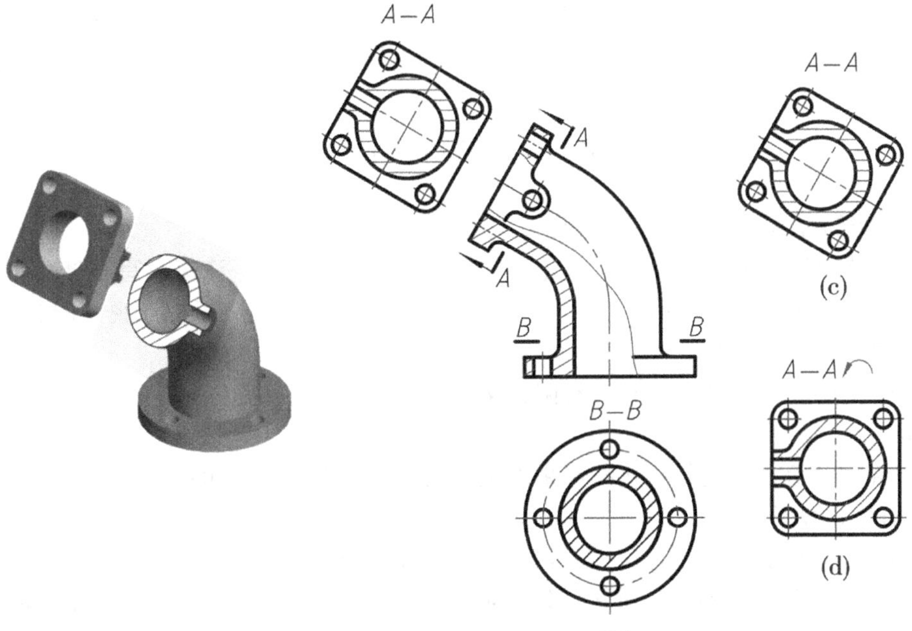

图 6-17　斜剖视图

画斜剖视图时应注意以下几点。

(1)斜剖视图要标注剖切符号、箭头和大写字母，并在剖视图上方用相同字母标注剖视图的名称“×—×”，如图 6-17(b)中的 *A*—*A*。

(2)为了看图方便，斜剖视图最好配置在箭头所指的方向，并符合投影关系，如图 6-17(b)所示。为了合理利用图纸，也允许将斜剖视图放置在其他位置，如图 6-17(c)所示。

在不致引起误解时，为便于画图，也允许旋转配置，即将斜剖视图旋转到水平方向来画图，但必须在剖视图上方标注出旋转符号及剖视图名称，如图 6-17(d)所示。

2. 几个相交的剖切面剖切

如图 6-18 所示，机件上有三种大小、形状不同的孔，需用两个相交的剖切面将其剖切，如图 6-18(a)所示，并将剖切面区域及有关结构绕剖切面的交线旋转到与选定的基本投影面平行，再进行投影，得到图 6-18(b)所示的 *A—A* 剖视图。这种用两相交且交线垂直于某一基本投影面的剖切面剖开机件，获得的剖视图称为旋转剖视图。

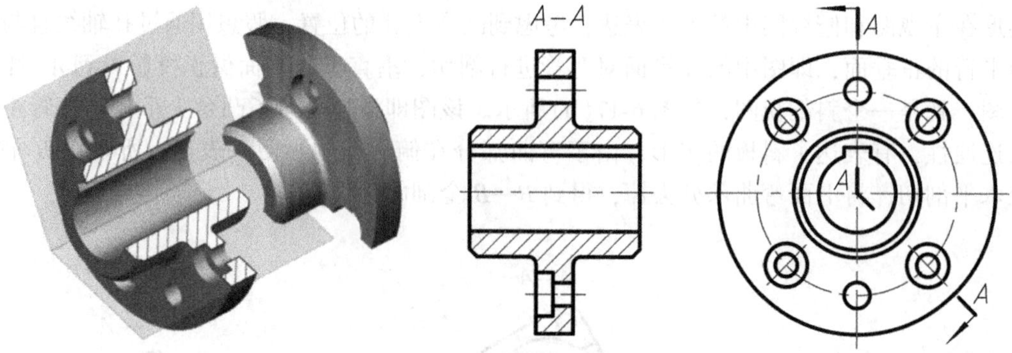

(a)　　　　　　　　　　　　　　(b)

图 6-18　旋转剖视图的形成

画旋转剖视图时应注意以下几点。

(1)旋转剖视图应在剖切平面起讫、转折处标注剖切符号，注写大写字母，并在剖切符号起讫处绘制箭头代表投影方向，并在剖视图的上方用相同字母标注视图的名称"×—×"，如图 6-18(b)中的 *A—A*。

(2)当剖切符号转折处的地方有限，又不致引起误解时，允许省略标注字母，如图 6-19 所示。

(3)剖切面后的可见结构仍按原来的位置投射，如图 6-19 中的小油孔，在俯视图中，仍按原有位置投影绘图。

(4)若剖切面剖切后产生不完整要素时，仍应将此部分按不剖绘制，如图 6-20 所示。旋转剖时，中间支臂被切到一小部分，支臂为实心不需要剖切，所以 *A—A* 中其按不剖绘制。

3. 几个平行的剖切面剖切

当机件的内部结构是分层排列时，可采用几个相互平行的剖切面把机件剖开，所得到的剖视图称为阶梯剖视图。

如图 6-21 所示，机件上有三种不同形状的孔，其轴线或对称中心线不在同一平面内，要把这些孔的形状都表达出来，需要用三个相互平行的剖切面来剖切，如图 6-21(a)所示，这样绘制出来的剖视图，如图 6-21(b)中 *A—A* 所示，就是阶梯剖视图。

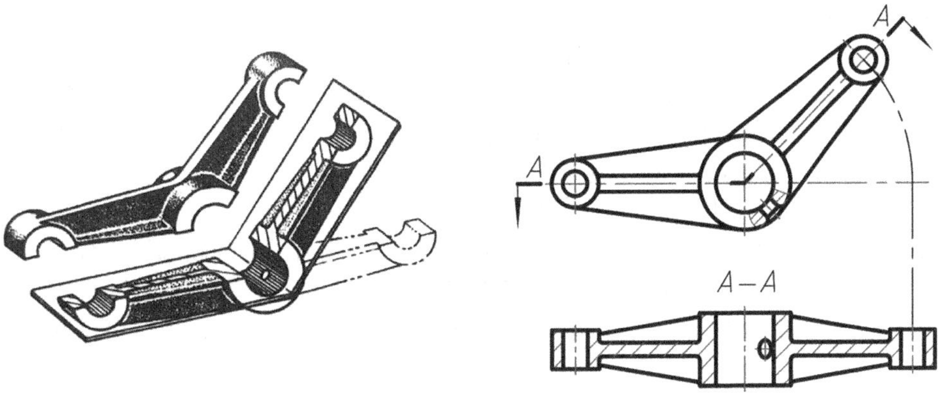

(a)　　　　　　　　(b)

图 6-19　旋转剖视图

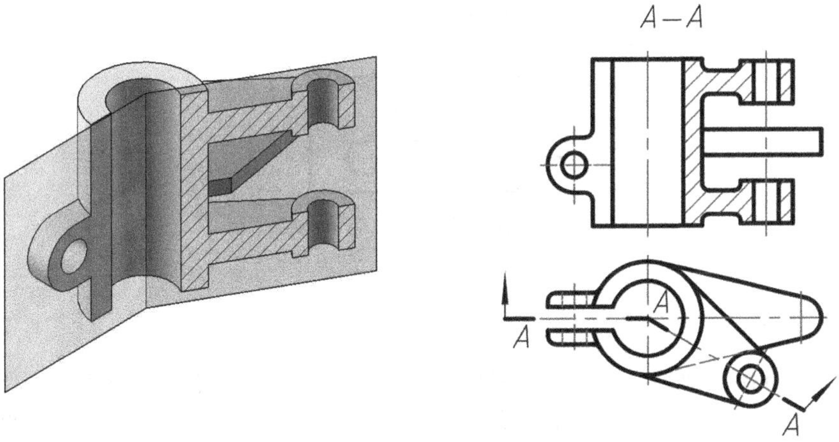

(a)　　　　　　　　(b)

图 6-20　旋转剖视中不完整要素按不剖绘制

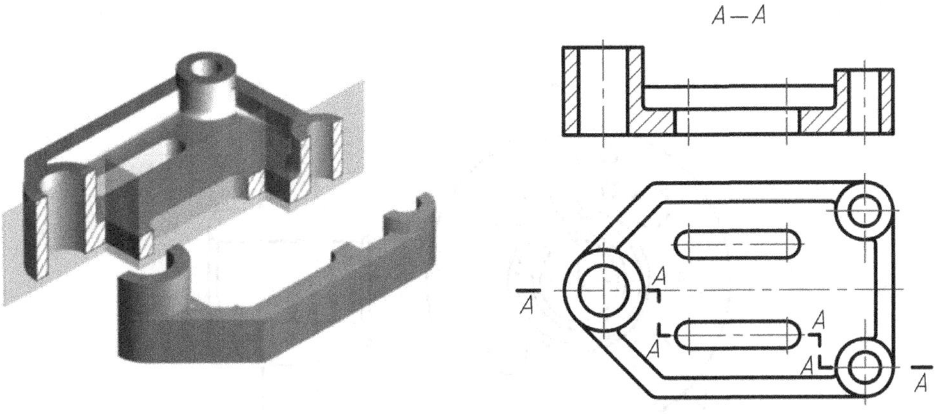

(a)　　　　　　　　(b)

图 6-21　阶梯剖视图

画阶梯剖视图时应注意以下几点：

(1)阶梯剖视图应在剖切平面起讫、转折处标注剖切符号，注写大写字母，并在剖切符号起讫处绘制箭头代表投影方向，并在剖视图的上方用相同字母标注剖视图的名称“×—×”。如果阶梯剖视图与其他基本视图按投影关系配置，中间又无其他图形隔开，可以省略投影方向的标注，如图 6-21 中的 *A—A*。

(2)虽然是多个剖切平面，但是剖切后所得的剖视图应看成一个完整的图形，所以不能在剖切平面的转折处画粗实线，剖切面的转折处也不应与图上的轮廓线重合。

(3)要正确选择剖切平面的位置，在剖视图内不应出现不完整要素。仅当两个要素在图形上具有公共对称中心线或轴线时，才允许以对称中心线或轴线为界各画一半，如图 6-22 所示。

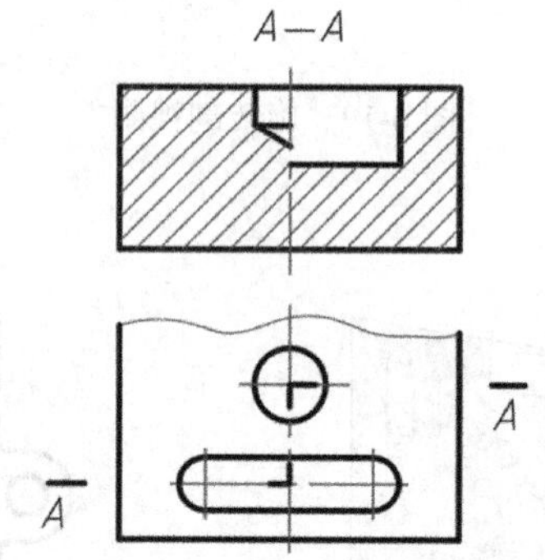

图 6-22　阶梯剖视图中的不完整要素

4. 复合剖切

当机件内部结构比较复杂，单一采用上述某一种剖切方法不能充分满足需要时，可以采用组合剖切面(多个剖切面，有相互平行的，也有相交的)剖切机件，所得的剖视图称为复合剖视图。

如图 6-23 所示的 *A—A* 剖视图，就综合了阶梯剖和旋转剖的两类剖切平面。图 6-24 所示的机件，由于键槽的存在采用了相交的平面剖切，同时由于键槽的特殊位置，又采用了圆柱面作为过渡平面。

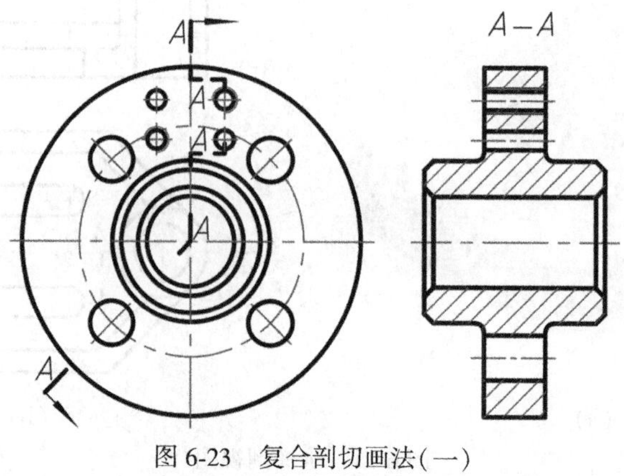

图 6-23　复合剖切画法(一)

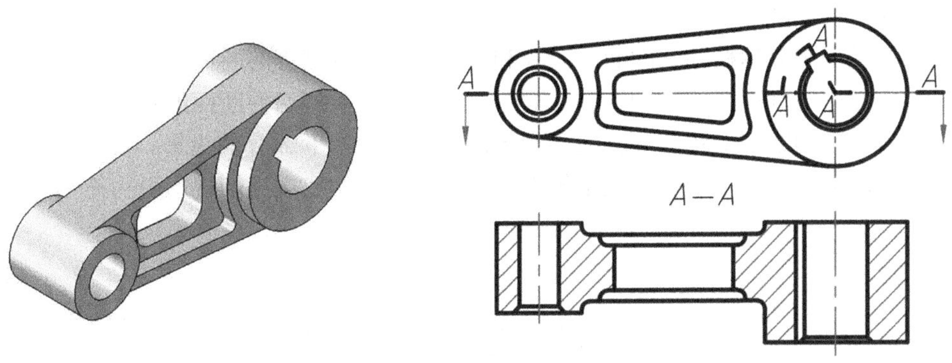

(a)　　　　(b)

图 6-24　复合剖切画法(二)

复合剖视图的剖切符号的画法和标注，与旋转剖视图和阶梯剖视图相同，如图 6-23 和图 6-24 所示，复合剖视图通常不建议省略标注的内容。

5. 用圆柱面剖切

以上所述的剖视图，剖切面都是平面，在特殊情况下，为满足机件结构的需要，也可用曲面剖切机件。如图 6-24 所示的复合剖视中，右侧轴孔的轴线之左的正垂剖切面和水平剖切面的连接面，就是按圆柱面剖切的概念作出的，只不过此圆柱面是剖切平面的过渡平面。

在图 6-25 中的“*A—A*”剖视图是用平面剖切后得到的，而“*B—B*”展开剖视图是用圆柱面剖切后按展开画法画出的。国标规定，采用柱面剖切机件时，剖视图应按展开绘制。

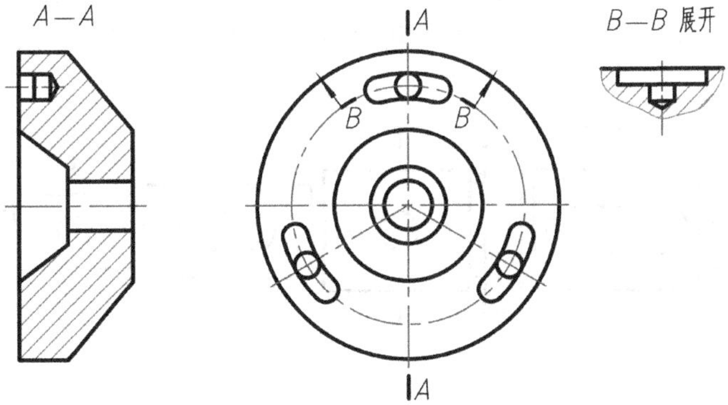

图 6-25　圆柱面剖切

6.3 断面图

6.3.1 断面图的概念

假想用剖切平面将机件的某处切断，仅画出剖切面与机件接触部分的图形，称为断面图，简称断面，如图 6-26 所示。

断面图常用来表达机件上的肋、轮辐和轴上的孔、键槽等的断面形状。

注意断面图与剖视图的区别是：断面图只画出机件被剖切的断面形状，而剖视图除了画出机件被剖切的断面形状以外，还要画出剖切平面后留下部分的投影，如图 6-26(b)所示。可见用断面图配合主视图来表示轴上键槽的形状，显然比用剖视图更为简明。

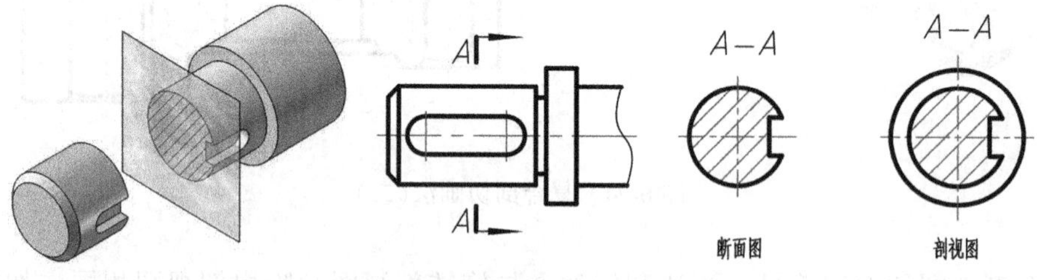

(a)　(b)

图 6-26　断面图的概念

6.3.2　断面图的种类

根据断面图在绘制时所配置位置的不同，可分为移出断面图和重合断面。

1. 移出断面图

画在原有视图以外的断面图称为移出断面图。

通过图 6-27(a)～(d)四个移出断面图，依次表达出了轴上面的键槽、圆柱通孔、通槽和圆锥坑这四个局部结构。注意，四个断面图的剖面符号应保持一致。

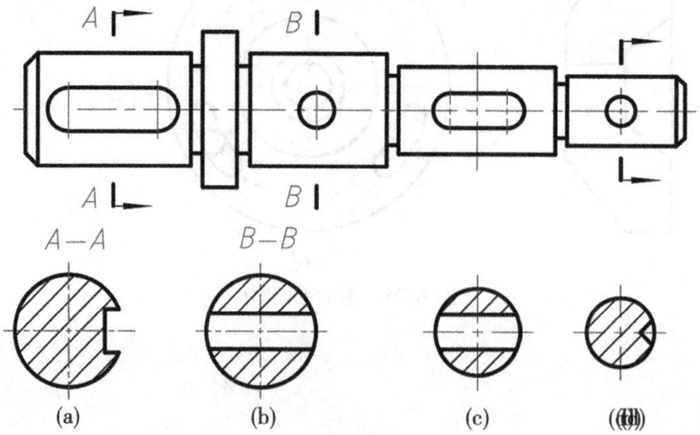

(a)　(b)　(c)　(d)

图 6-27　轴的移出断面图

移出断面图的画法：

(1)移出断面图的轮廓线用粗实线绘制，剖面区域内一般要画剖面符号。移出断面图应尽量配置在剖切符号或剖切平面迹线的延长线上，如图 6-27(c)和(d)所示。

(2)当剖切面通过回转面形成的孔或凹坑的轴线进行剖切时，这些结构均按剖视绘制，即孔口或凹坑口画成闭合，如图 6-27(b)中的圆形通孔、图 6-27(d)中的圆锥坑，以及图 6-30 断面图 *A—A* 中的圆柱形凹坑都是此种情况。

(3)当剖切平面通过非回转面形成的孔或者槽，会导致断面图出现完全分离的两部分时，这些结构也应按剖视绘制，如图 6-27(c)和图 6-28 所示。

(4)断面图应表示结构的正断面形状，因此剖切面要垂直于机件结构的主要轮廓线或轴线，如图 6-28 和图 6-29 所示。由两个或多个相交的剖切平面得出的移出断面图，中间应断开，如图 6-29 所示，两个断面图画在剖切平面延长线上，且中间断开。

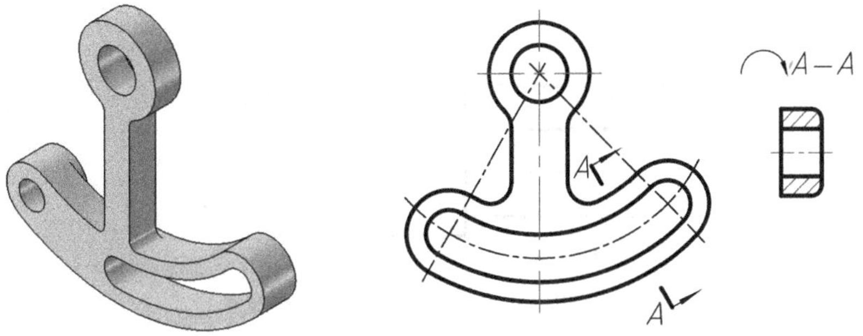

(a) (b)

图 6-28 剖切面垂直于主要轮廓线

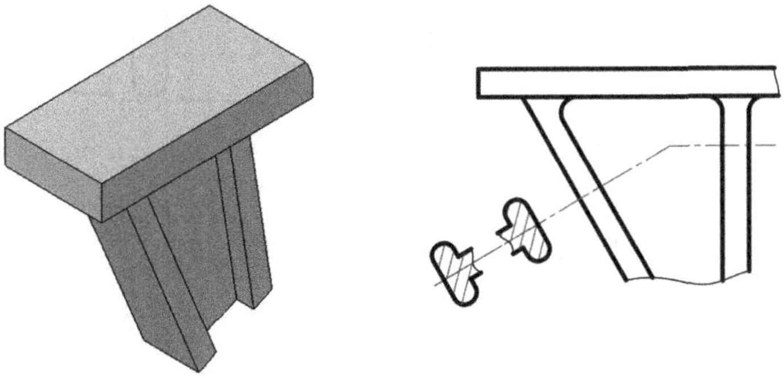

(a) (b)

图 6-29 两个相交的剖切面剖切

移出断面图的标注：

(1)移出断面图的标注与用单一剖切面获得剖视图的标注基本相同，一般在断面图上方标出名称“×—×”，在视图的相应部位标出剖切符号和箭头表示剖切位置和投影方向，并写上相同字母，如图 6-27 中的 *A—A* 断面图所示。

(2)当断面图对称时，可以省略投影方向的标注，如图 6-27(b)和(c)；此时也可以用细点划线表示剖切平面的位置，如图 6-27(c)和图 6-29 所示。

(3)配置在剖切符号或剖切平面迹线的延长线上的断面图，可省略字母和视图名称，如图 6-27(c)和(d)及图 6-29 所示；此时如果断面图对称，可省略所有的标注，如图 6-27(c)所示。

(4)如果移出断面图与原有视图按投影关系配置，且中间没有其他的图形把他们隔开，可省略投影方向的标注，如图 6-30 所示，*A—A* 断面图是剖开并向右投影得到的，它配置在了左视图的位置上，所以省略投影方向。

(5)当断面图具有对称性，在不影响原有视图表达的情况下，可将原有视图断开一部分，将断面图配置在视图中断处，如图 6-31 所示，此时断面图可省略标注，断面图的对称中心线即为剖切平面的位置。

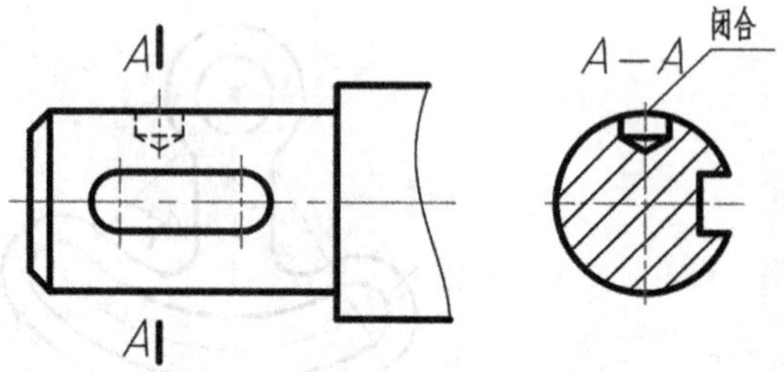

图 6-30　移出断面图按投影关系配置

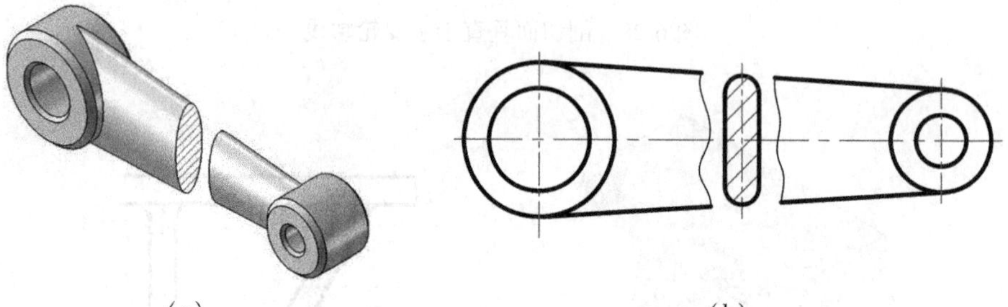

(a)　　(b)

图 6-31　移出断面图布置在视图中断处

2. 重合断面图

在不影响视图表达清晰和读图的情况下，断面图可按投影关系画在原有视图的内部，这种断面图称为重合断面图，如图 6-32 所示。

重合断面图的轮廓线用细实线绘制。当视图中的轮廓线和重合断面图的轮廓线重叠时，视图的轮廓线仍应连续画出，不受重合断面图的影响，如图 6-32(a)所示。移出断面图画法的其他规定都适用于重合断面图。

重合断面图的配置和标注与在剖切符号或剖切线延长线上的移出断面图相同，如图 6-32(b)所示。

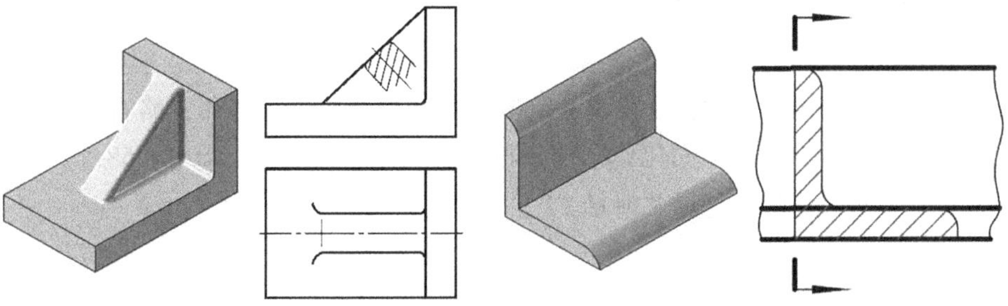

(a) (b)

图 6-32 重合断面图

6.4 其他表达方法

6.4.1 局部放大图

将机件的局部结构，用大于原图形所采用的比例绘制出的图形，称为局部放大图。

局部放大图可以画成视图、剖视图、断面图，它与被放大部位的表示方法无关。当机件上的某些细小结构在原图形中表示得不清楚，或不便于标注尺寸时，就可采用局部放大图，如图 6-33 所示。

局部放大图应尽量配置在被放大部位的附近。局部放大图的标注，如图 6-33 所示，用细实线圈出被放大的部位。当机件上有几个被放大的部位时，必须用罗马数字依次标明被放大的部位，并在局部放大图的上方以分式的形式，标注出相应的罗马数字和采用的绘图比例；当机件上被放大的部位仅一处时，只需在局部放大图的上方注明所采用的比例，无须标注罗马数字。

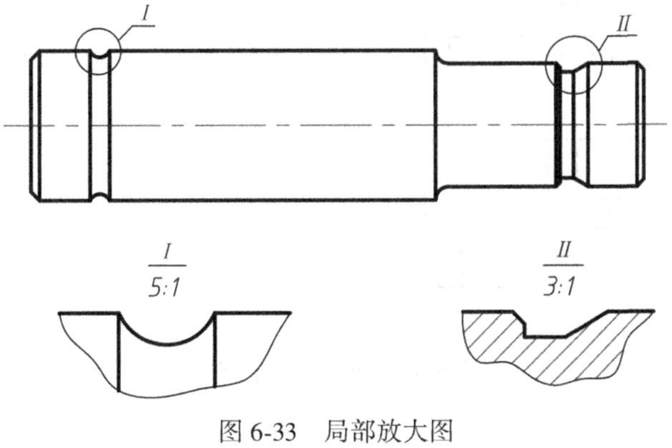

图 6-33 局部放大图

6.4.2　规定画法和简化画法

规定画法和简化画法是在视图、剖视、断面等图样画法的基础上，对机件上某些特殊结构上的某些特殊情况，通过简化图形(包括省略和简化投影等)和省略视图等办法来表示，达到在便于看图的前提下简化作图的目的。下面从国家标准 GB/T4458.1—2002 中摘要介绍一些常用的规定画法和简化画法。

1. 肋、轮辐及薄壁的规定画法

(1)对于机件上的肋、轮辐及薄壁，如果按纵向剖切，如图 6-34(a)所示，这些结构一律不画剖面符号，而用粗实线将它与邻接部分分开；若按横向剖切，即垂直于肋板剖切，如图 6-34(b)所示，表达的是它的断面结构，此时按照正常剖切来画，要画剖面符号，具体正确绘画方法如图 6-34(c)所示。

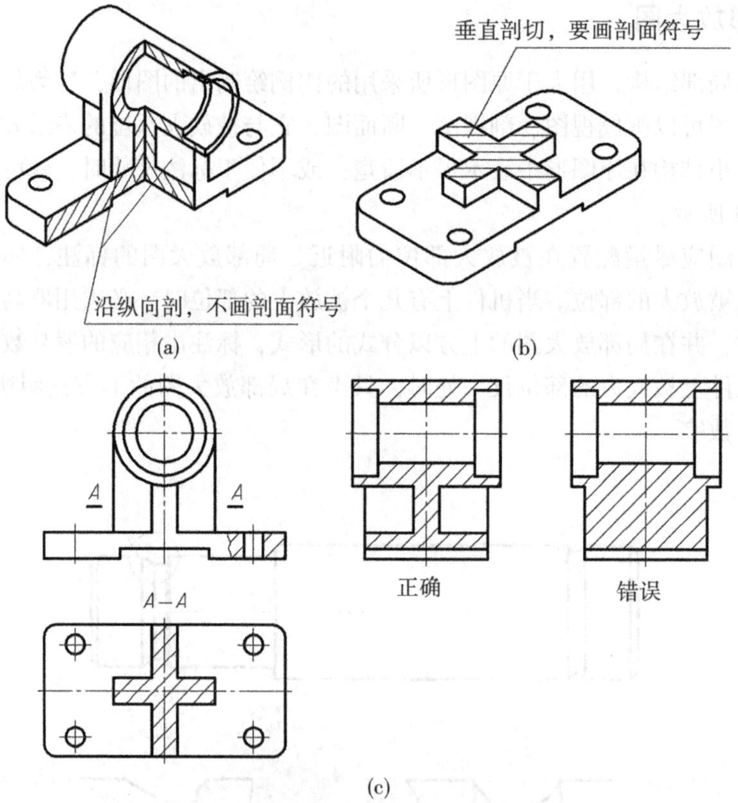

图 6-34　肋板的规定画法

(2)当零件回转体上均匀分布的肋、轮辐、孔等结构不处于剖切平面上时，可将这些结构旋转到剖切平面上画出，且对均布孔只需详细画出一个，其他只画出轴线即可，如图 6-35 和图 6-36 所示。表示圆柱形法兰和类似零件上均匀分布的孔的数量和位置，可按图

6-36 绘制，当肋板未处于剖切面上，不影响读图时，可将肋板假想旋转到剖切面上再绘图。

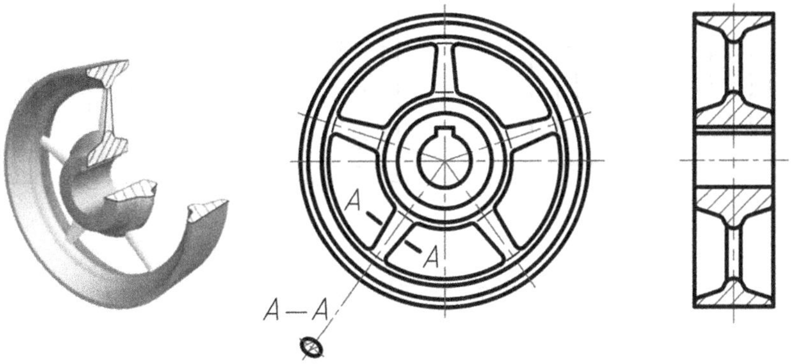

(a) (b)

图 6-35 均匀分布的轮辐的画法

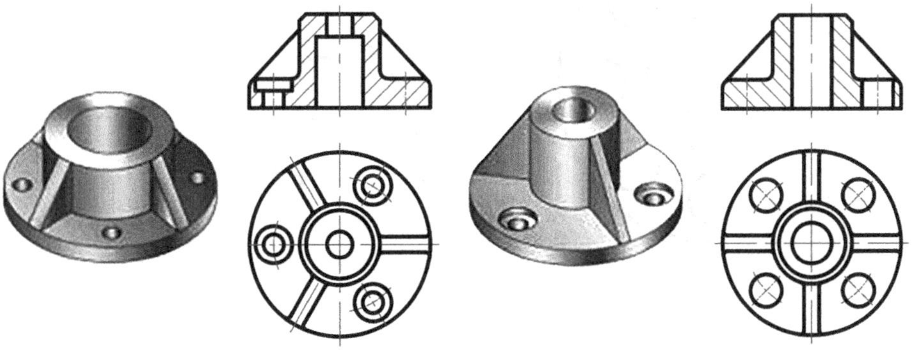

(a) (b)

图 6-36 剖视图中均匀分布的孔、肋的画法

2. 相同结构要素的简化画法

当机件具有若干相同结构要素(如孔、齿、槽等)，并按一定规律分布时，只需画出几个完整的结构，其余用细实线连接或画出它们的中心位置，在图中必须注明该结构的总数，如图 6-37 所示。

3. 对称结构的简化画法

在不致引起误解时，对于对称机件的视图可只画一半或四分之一，并在对称中心线的两端画出两条与其垂直的平行细实线，如图 6-38 所示。

4. 省略剖面符号

在不致引起误解的情况下，移出断面允许省略剖面符号，但标注必须遵照原来的规定，如图 6-39 所示。

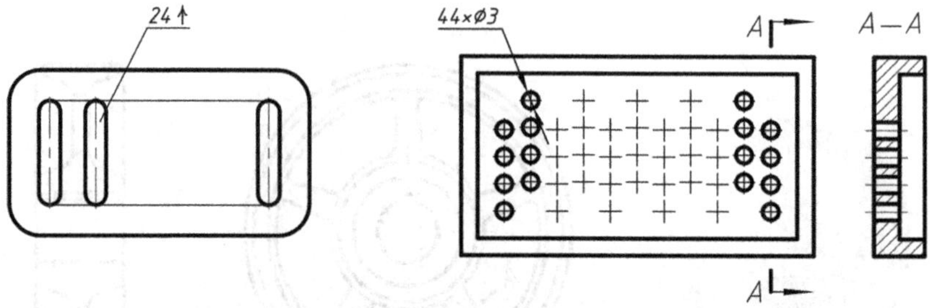

（a）　　　　　　　　（b）

图 6-37　相同结构的简化画法

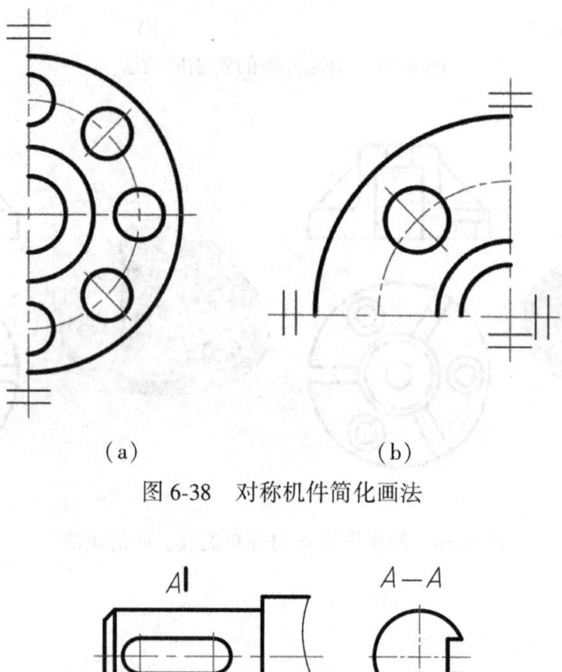

（a）　　　　　　　　（b）

图 6-38　对称机件简化画法

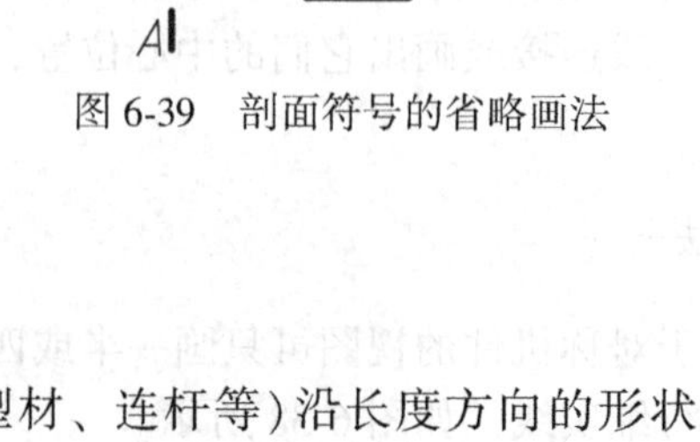

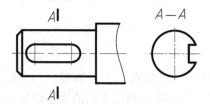

图 6-39　剖面符号的省略画法

5. 断开画法

较长的机件(轴、杆、型材、连杆等)沿长度方向的形状不变或按一定规律变化时，可断开后缩短绘制，断开后的结构应按实际长度标注尺寸，断裂边界可用波浪线或双折线表示，如图 6-40 所示。

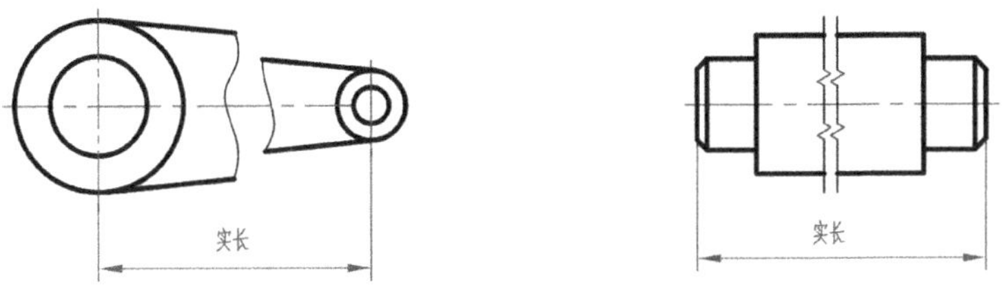

图 6-40 较长机件断开画法

6. 其他简化画法

(1)在不致引起误解时，图形中较小的截交线、相贯线和过渡线可以简化，例如用直线代替曲线，如图 6-41，用原有的轮廓线(圆柱转向轮廓线)代替小的截交线、相贯线。

(2)在不致引起误解时，零件图中的小圆角、锐边的小倒圆或 45°小倒角允许省略不画，但必须注明尺寸或在技术要求中加以说明，如图 6-42 所示。

(3)物体上斜度不大的结构，如在一个视图中已表达清楚时，在其他视图上可按小端画出，如图 6-43 所示。

(4)当回转体零件上的平面在图形中不能充分表示时，可用两条相交的细实线表示这些平面，如图 6-44 所示。

(5)机件上有网纹或者滚花时，可以只在轮廓线附近用粗实线示意画出一小部分，并在图中或技术要求中注明这些结构的具体要求，如图 6-45 所示。

(6)与投影面倾斜角度小于或者等于 30°的圆或者圆弧，其投影可以用圆或者圆弧代替，如图 6-46 所示。

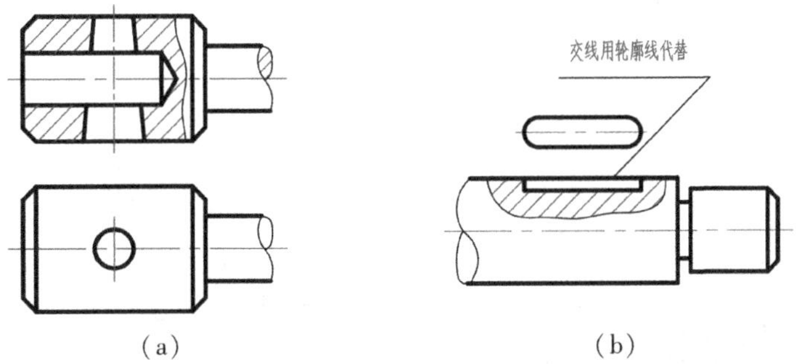

(a) (b)

图 6-41 较小截交线、相贯线用轮廓线代替

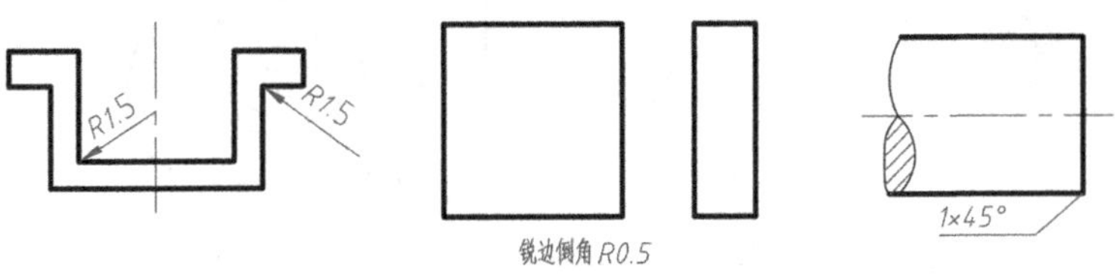

(a) (b) (c)

图 6-42 小圆角、锐边的小倒角的简化

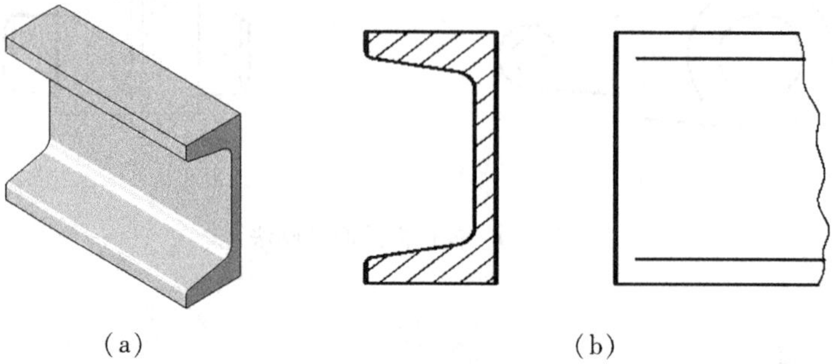

图 6-43　较小倾斜结构的简化

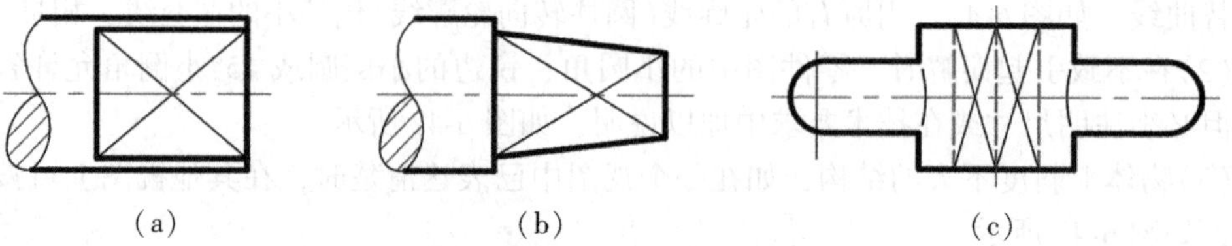

图 6-44　回转体上平面的表示法

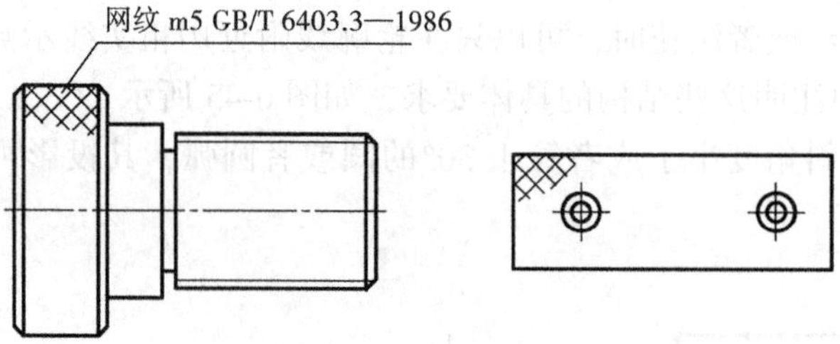

图 6-45　网纹、滚花的简化

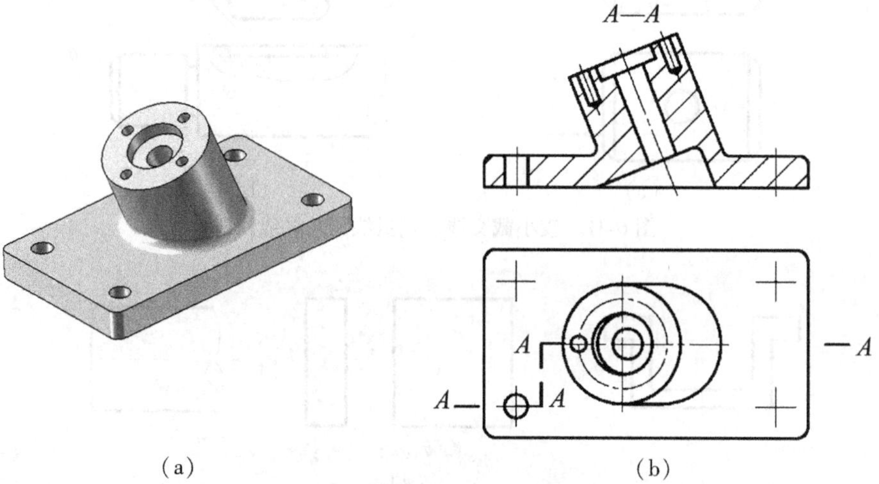

图 6-46　较小倾角的圆和圆弧的简化

6.5 表达方法综合举例

前面介绍了机件的各种表达方法，在绘制工程图样时，应根据机件的具体结构特点，灵活选用视图、剖视图、断面图等各种表达方法。对于同一机件，可以有多种表达方案，应加以比较，择优选取。选择表达方案的一般要求是：根据机件的结构特点，首先应考虑看图方便，在完整、清晰表达机件内外形状、结构的前提下，力求绘图简便。

要完整清晰地表达机件，首先应对要表达的机件进行结构和形状分析，根据机件的内部及外部结构特征和形状特点选好主视图。主视图要尽量多地反映机件的结构形状，并根据机件的内、外结构的复杂程度决定在主视图中是否采用剖视图，采用何种剖视图，并在此基础上选取其他视图的数量和表达方法，其他视图的选择要力求做到"少而精"，避免过多重复画出已在其他视图中表达清楚的结构。多个视图结合在一起，既有各自的表达重点，又能相互补充，达到完整、清晰表达的目的。

由于同一机件往往可以选用几种不同的表达方案，在确定表达方案时，还可结合尺寸标注等问题一起综合考虑。图 6-47(a)所示为一阀体，图 6-47(b)~(e)是阀体的四种不同表达方案，各表达方案分析如下。

6.5.1 分析机件形状

阀体的主体结构是不同直径的同轴圆柱体，内部开有同轴的不同直径的圆柱孔；顶部有一圆形顶板，顶板上开有圆周方向均匀分布的四个安装孔；底部有一方形底板，底板上开有四个对称分布的安装孔；中部有一横向突出的空心圆柱体，轴线和主体柱体轴线垂直相交，两圆柱体相贯，内部的孔也相贯，此圆柱体外端有一圆棱形端板，端板两边开有 U 形槽。

6.5.2 各种表达方案的分析、比较

通常选择最能反映机件特征的投影方向作为主视图的投影方向。在主视图中为了兼顾表达机件的内形，也表达一部分机件的外形，图 6-47(b)和图 6-47(e)所示的表达方案一和表达方案四，主视图选用的都是局部剖视图。由于在这两种表达方案中机件的结构都是前后对称的，所以图 6-47(b)方案一的俯视图采用了半剖视图，其不仅剖切出了中部圆柱内腔，还表达了上顶板和下底板的实形及其上小孔的分布；图 6-47(e)方案四的俯视图用的是全剖视图，这样上顶板被切掉，上顶板的实形通过采用 *A* 向局部视图来表达，显然这种表达方案所采用视图较多，表达机件结构不够集中，相较而言，图 6-47(b)方案更优。

图 6-47(d)所示的方案三和以上两种方案相比较，其主视图用的是全剖视图，机件的内腔开孔表达得非常清晰，并增加了左视图(由于机件结构是前后对称的，采用的是半剖视图)，不仅把中部柱体前端板实形表达清楚，且一定程度表达了机件的整体外形。一般我们在表达机件的内、外结构形状时，当机件有对称面时，可采用半剖视图；当机件无对称面，且内、外结构一个简单、一个复杂时，在表达中要突出重点，外形复杂要以视图为

主，内形复杂要以剖视图为主。对于无对称平面而内、外形状都比较复杂的机件，当投影不重叠时，可采用局部剖视图；当投影重叠时，可分别表达。

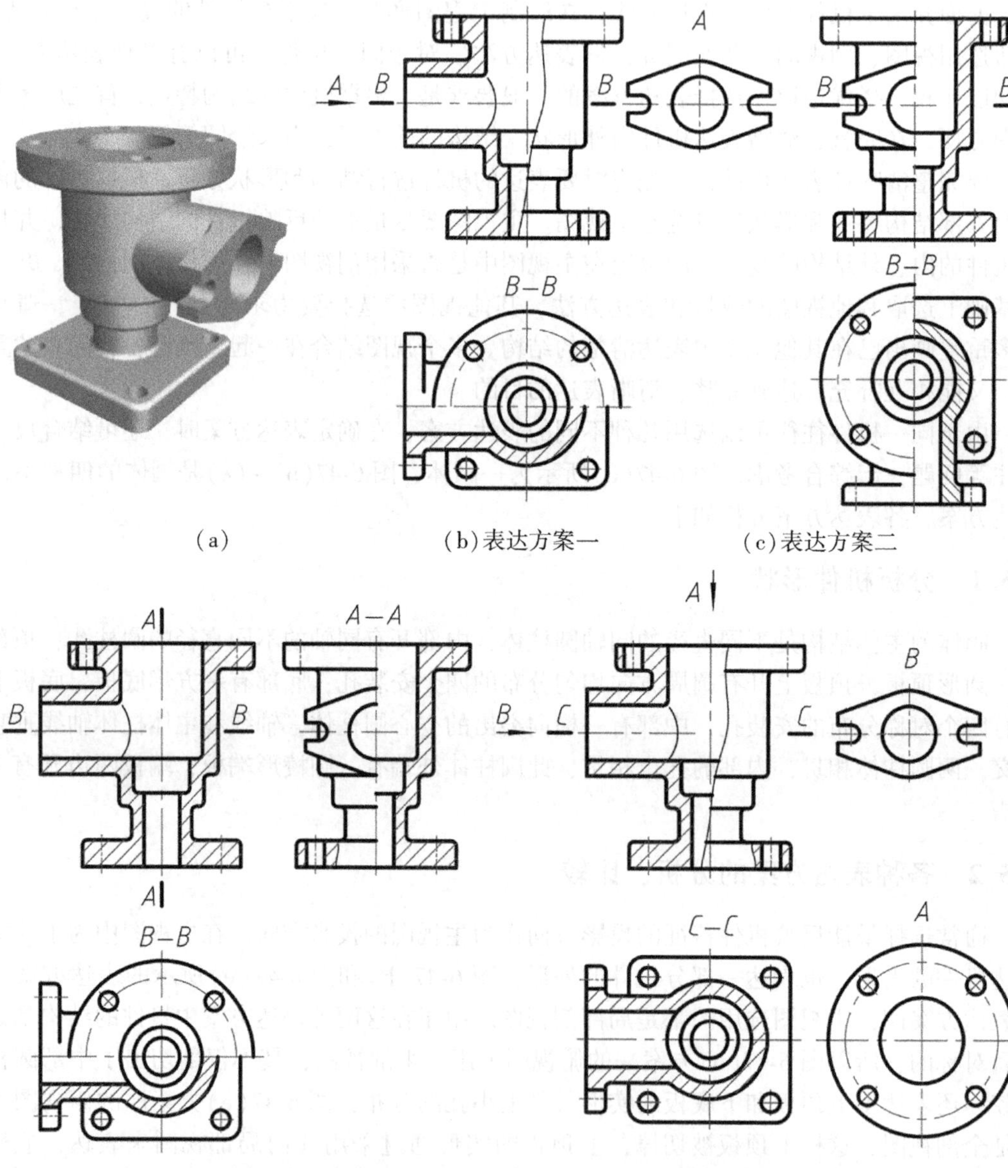

(a)　(b)表达方案一　(c)表达方案二

(d)表达方案三　(e)表达方案四

图 6-47　回转体上平面的表示法

图 6-47(c)所示的方案二，主视图的投影方向和其他三种不同，当物体处于这种安放位置时，机件结构是左右对称的，因而主、俯视图均可采用半剖视图，就已经把机件的所有内、外结构形状都表达清楚了，无须再选用其他视图。

6.5.3 用标注尺寸来帮助表达机件的形状

机件上的某些细节结构，还可以利用所标注的尺寸来帮助表达，它和图形一起共同实现对机件的形与量的描述，是必不可少的。

第 7 章　标准件和常用件

各种机械或部件在装配和安装过程中，广泛使用螺钉、螺母、垫圈、键、销、轴承等零部件。机械、电器等行业对这些零部件的需求量很大，为了便于专业化生产、提高生产效率、降低成本，国家标准将它们的结构形状、尺寸精度、表面质量、表示方法等进行了标准化，称之为标准件。本章主要介绍它们的规定画法和标记。

还有一些零件，应用也较为广泛，国家标准对它们的结构和部分重要参数进行了标准化和系列化，习惯上称之为常用件，如齿轮、花键等。本章主要介绍它们的图样画法和尺寸标注。

7.1　螺纹及螺纹紧固件

7.1.1　螺纹的形成

假设圆柱表面有一动点 A，该点在绕圆柱轴线作匀速圆周运动的同时，沿圆柱表面直素线方向做匀速直线运动，这两种运动的合成称为螺旋线运动，其轨迹线称为圆柱螺旋线，如图 7-1 所示。

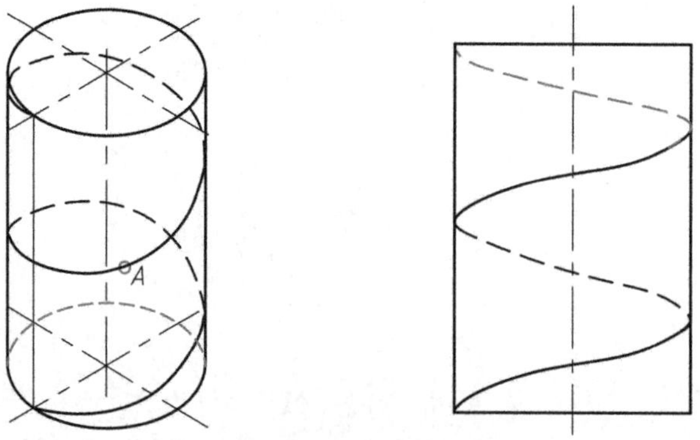

图 7-1　螺旋线的形成

螺纹是根据螺旋线原理加工而成的。在车床上加工螺纹的方法如图 7-2 所示，刀具沿轴线方向匀速直线运动的同时，工件绕轴线做匀速旋转运动，刀尖相对于工件就形成了螺旋线运动，在工件表面切削出具有连续的凸起和沟槽的轮廓，就是螺纹。

螺纹是零件上的一种常见结构，分为外螺纹和内螺纹，内外螺纹成对使用。

在圆柱或圆锥外表面上形成的螺纹称之为外螺纹，如图 7-2(a)所示；在圆柱或圆锥内表面上形成的螺纹称之为内螺纹，如图 7-2(b)所示。在圆柱表面上形成的螺纹称为圆柱螺纹，在圆锥表面形成的螺纹称为圆锥螺纹。

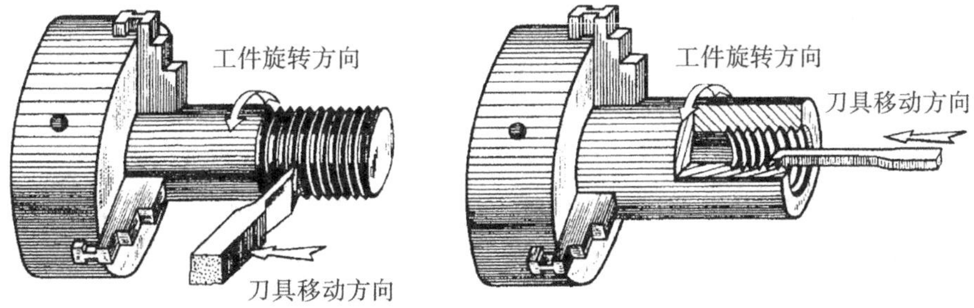

(a) 车外螺纹　　(b) 车内螺纹

图 7-2　车床上加工螺纹

7.1.2　螺纹的要素

1. 螺纹牙型

牙型是指螺纹轴向剖面的轮廓形状。螺纹的牙型有三角形、梯形、锯齿形、矩形和方形等。不同牙型的螺纹有不同的用途，如三角形螺纹用于连接两个零件，如图 7-3(a)和(b)，梯形、锯齿形螺纹用于传递动力等，如图 7-3(c)和(d)所示。

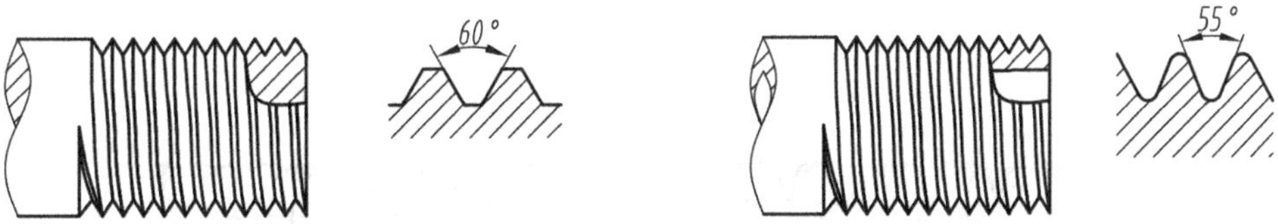

(a)普通螺纹　　(b)管螺纹

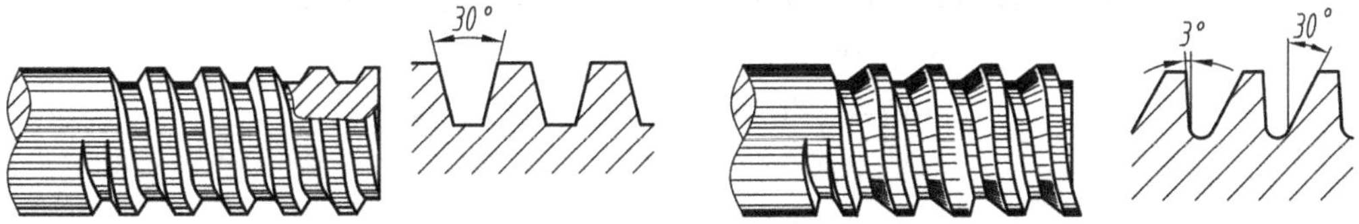

(c)梯形螺纹　　(b)锯齿形螺纹

图 7-3　常用标准螺纹的牙型

2. 直径

螺纹的直径分为大径、中径和小径三种，如图 7-4(a)和(b)所示。

(1)大径：外螺纹牙顶或内螺纹牙底所在的假想圆柱面的直径。外螺纹大径用 d 表示，内螺纹大径用 D 表示，如图 7-4(a)和(b)所示。对于普通的公制螺纹、梯形螺纹、锯齿形螺纹大径又称为公称直径。

(2)小径：外螺纹牙底或内螺纹牙顶所在的假想圆柱面的直径。外螺纹小径用 d_1 表示，内螺纹小径用 D_1 表示，如图 7-4(a)和(b)所示。

(3)中径：通过螺纹的牙型上沟槽和凸起宽度相等的假想圆柱的直径。外螺纹中径用 d_2 表示，内螺纹中径用 D_2 表示，如图 7-4(a)和(b)所示。

3. 线数 n

零件表面螺纹的条数称为线数，用 n 表示。螺纹有单线和多线之分，沿一条螺旋线形成的螺纹称为单线螺纹，如图 7-4(c)所示；沿两条或两条以上螺旋线形成的螺纹称为多线螺纹，如图 7-4(d)所示。

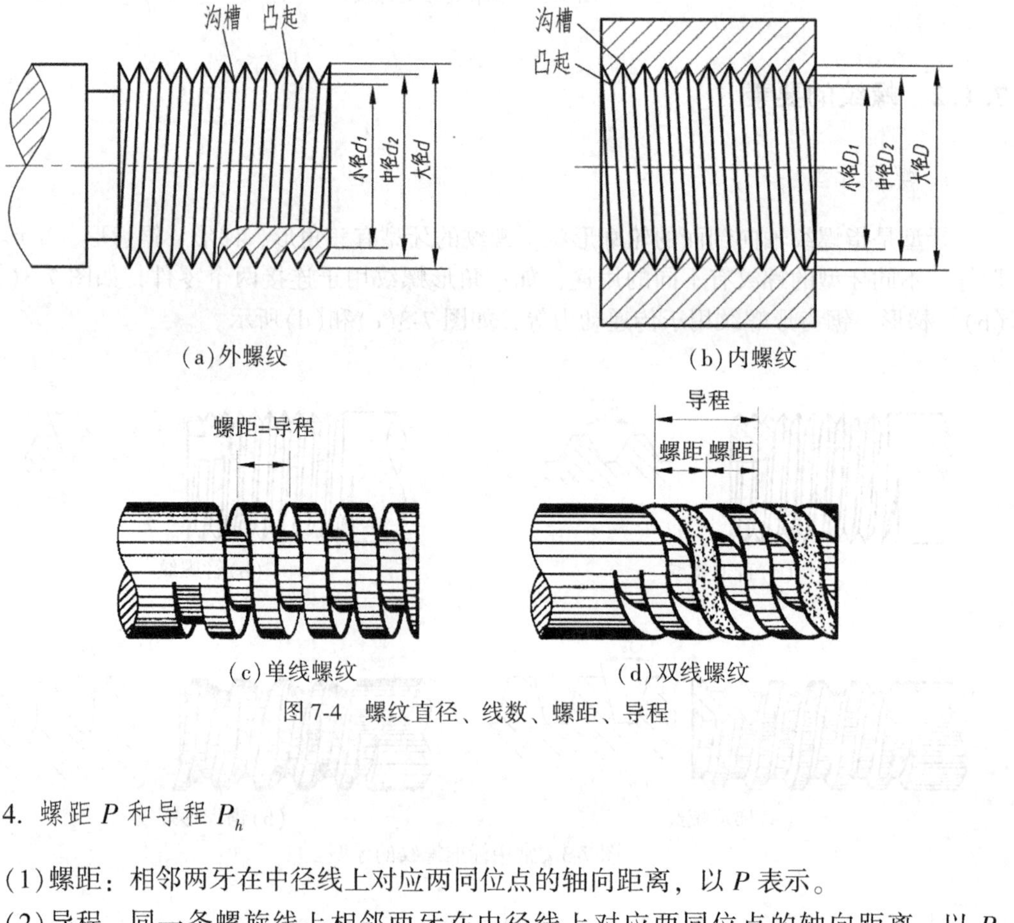

(a)外螺纹　(b)内螺纹

(c)单线螺纹　(d)双线螺纹

图 7-4　螺纹直径、线数、螺距、导程

4. 螺距 P 和导程 P_h

(1)螺距：相邻两牙在中径线上对应两同位点的轴向距离，以 P 表示。

(2)导程：同一条螺旋线上相邻两牙在中径线上对应两同位点的轴向距离，以 P_h 表示。

螺距与导程的对应关系为：$P_h = nP$。在图 7-4(c)中所示为单线螺纹，其导程等于螺距，图 7-4(d)所示为双线螺纹，其导程 P_h 等于螺距的 2 倍，即 $P_h = 2P$。

5. 旋向

螺纹的旋向分为左旋和右旋两种。内、外螺纹旋合时，顺时针旋入的螺纹为右旋，逆时针旋入的为左旋，工程中常用的是右旋。如图 7-5 所示，为两种旋向的螺纹，若如将螺纹轴线铅垂放置，螺纹右上、左下为右旋，螺纹左上、右下为左旋。

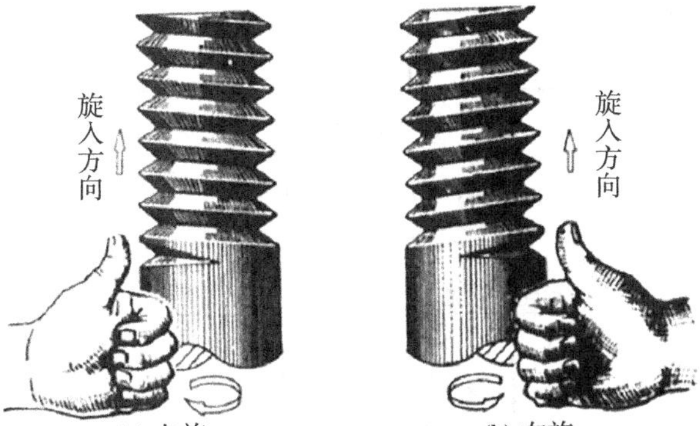

(a) 左旋　(b) 右旋

图 7-5　螺纹旋向

内、外螺纹通常是成对配合使用的，只有内、外螺纹的上述五个要素全部相同时才能旋合在一起。在螺纹要素中，牙型、大径、螺距是决定螺纹的三个基本要素。凡是这三个基本要素符合国家标准的螺纹称为标准螺纹；牙型符合标准，大径或螺距不符合标准的螺纹称为特殊螺纹；牙型不符合标准的螺纹称为非标准螺纹，如方形螺纹。

7.1.3 螺纹的规定画法

螺纹是由空间曲面构成的，其真实画法比较复杂，在加工制造时也不需要它的真实投影，所以为了简化作图，国家标准对有关螺纹和螺纹紧固件的画法做出了规定，其内容如下。

1. 外螺纹的规定画法

如图 7-6 所示，在投影为非圆的视图上，螺纹的大径画粗实线；小径画细实线；表示螺纹有效长度的螺纹终止线画粗实线；画出螺杆端部的倒角或倒圆，小径线画至倒角线。在投影为圆的视图上，螺纹的大径画粗实线整圆；螺纹的小径画约 3/4 圈的细实线圆弧；倒角圆省略不画。

小径的尺寸可在螺纹标准(见附录)中查阅，但实际画图时通常按近似值约为大径的 0.85 倍画出，即 $d_1 \approx 0.85d$，但大、小径两线之间的间距不应小于 0.7mm。

2. 内螺纹的规定画法

如图 7-7 所示，在投影为非圆的剖视图上：螺纹的小径画粗实线；大径画细实线；螺纹终止线画粗实线；画出钻孔结构，孔径与内螺纹小径相等，其锥顶画成 120 °角，对于通孔无此结构；剖面线画到粗实线为止。在投影为圆的视图上，螺纹的小径画粗实线整圆；大径画约 3/4 圈的细实线圆弧；倒角圆省略不画。

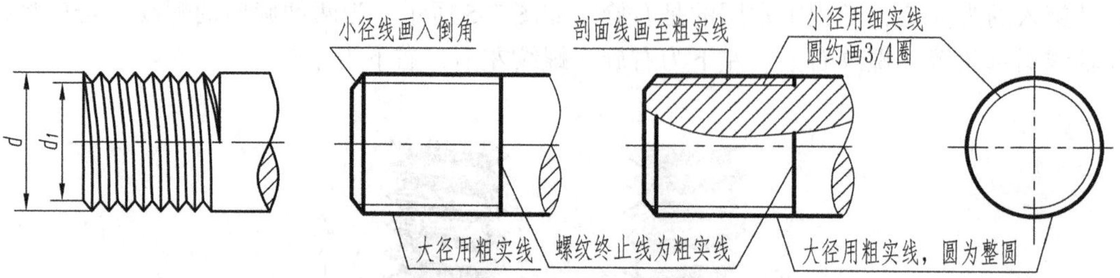

图 7-6　外螺纹的画法

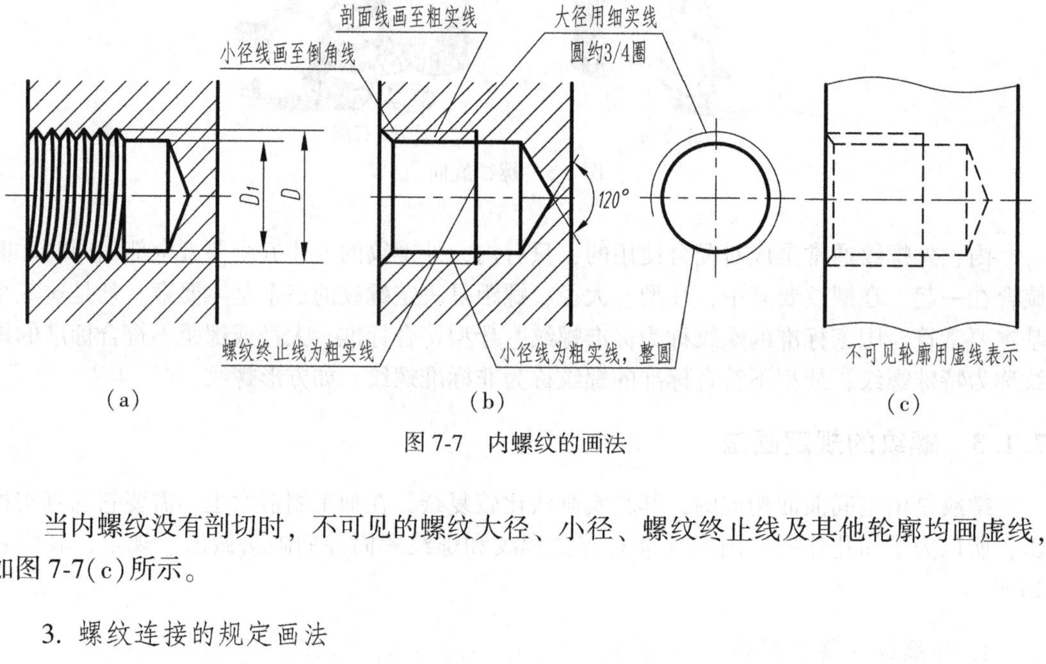

图 7-7　内螺纹的画法

当内螺纹没有剖切时，不可见的螺纹大径、小径、螺纹终止线及其他轮廓均画虚线，如图 7-7(c)所示。

3. 螺纹连接的规定画法

当内、外螺纹旋合在一起时，需画其连接图。在剖视图中：实心螺杆按照不剖来画，两者旋合部分应按外螺纹画，其余部分仍按各自的画法画出，如图 7-8 所示。画图时应注意：螺杆表示外螺纹大径的粗实线应与表示内螺纹大径的细实线对齐；螺杆表示小径的细实线应与表示内螺纹小径的粗实线对齐；剖面线画到粗实线为止。

7.1.4　螺纹的标注

由于螺纹采用统一的规定画法，为了便于识别螺纹的种类及其要素，对螺纹必须按规定格式在图中标注其牙型、直径、螺距等基本要素。

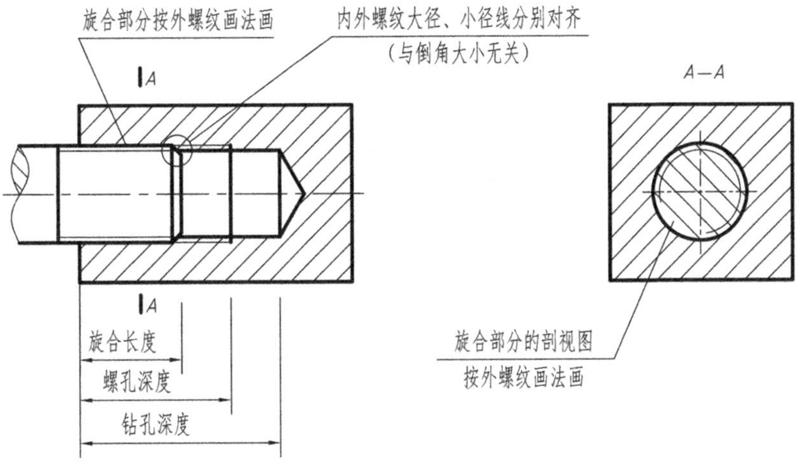

图 7-8 内、外螺纹连接的规定画法

1. 普通螺纹标注

普通螺纹的标注格式为：

螺纹特征代号 公称直径(×螺距) 旋向-公差带代号-旋合长度代号

普通螺纹牙型为等腰三角形，且牙型角为 60°，如图 7-3(a)所示，其牙型特征代号用“M”表示。同一公称直径的普通螺纹，可能有多种螺距，把最大螺距的螺纹称为粗牙普通螺纹，其余螺距的螺纹统称为细牙普通螺纹。所以，粗牙普通螺纹螺距可省略不标，细牙普通螺纹必须标注螺距。当旋向为右旋时，可省略不注；左旋螺纹标注“LH”。

螺纹公差带代号包括中径公差带代号和顶径公差带代号，当两者相同时，只标注一个代号，外螺纹公差带代号中字母用小写表示，内螺纹公差带代号中字母用大写表示。

螺纹旋合长度分短、中、长三种，分别用 S、N、L 表示。按中等旋合长度考虑时，可不标注。

例如：M20×2 LH-5g6g-S，表示普通外螺纹，大径为 20mm，细牙，螺距为 2mm，左旋，中径公差带代号为 5g，顶径公差带代号为 6g，短旋合长度。

2. 梯形和锯齿形螺纹的标注

梯形和锯齿形螺纹的标注格式为：

螺纹特征代号 公称直径×螺距 旋向 - 中径公差带 - 旋合长度

梯形螺纹的牙型为等腰梯形，牙型角为 30°，如图 7-3(c)所示，牙型特征代号用“Tr”表示。锯齿形螺纹的牙型为非等腰梯形，牙型角一边为 30°，另一边为 3°，如图 7-3d所示，牙型特征代号用“B”表示。如果是多线螺纹，则螺距处标注“导程(螺距)”；左旋螺纹用“LH”表示，如果是右旋螺纹，则不标注；两种螺纹只标注中径公差带；旋合长度只有中等旋合长度(N)和长旋合长度(L)两种，若为中等旋合长度则不标注。

例如：Tr40×14(P7)-7H 表示公称直径为 40mm，导程为 14mm，螺距为 7mm 的双线右旋梯形内螺纹，中径公差带为 7H，中等旋合长度。

3. 管螺纹代号的标注

管螺纹位于管壁上，用于管子、管接头、旋塞、阀门等零件的连接，其尺寸单位是英寸。牙型为等腰三角形，牙型角为 55 °，如图 7-3b 所示。有非螺纹密封的内、外管螺纹，其特征代号为 G；用螺纹密封的圆柱内、外管螺纹，其特征代号分别为 R_p、R_1；还有用螺纹密封的圆锥内、外管螺纹，其牙型符号分别用 R_c、R_2。

(1)非螺纹密封的管螺纹，其内、外螺纹均为圆柱管螺纹，标注格式为：

[螺纹特征代号] [尺寸代号] [公差等级代号] - [旋向]

其牙型特征代号用 G 表示，尺寸代号有 1/8、1/2、1、$1\frac{1}{2}$等，外螺纹的公差等级代号分 A、B 两级，内螺纹则不标注；左旋螺纹在公差等级代号后加“LH”，右旋不标。

例如：G 1/2 A–LH，表示非螺纹密封的左旋外管螺纹尺寸代号为 1/2 英寸，公差等级为 A 级。

(2)用螺纹密封的管螺纹包括用螺纹密封的圆柱内、外管螺纹(牙型特征代号为 Rp、R_1)、用螺纹密封的圆锥内、外螺纹(牙型特征代号为 Rc、R_2)其标注格式为：

[螺纹特征代号] [尺寸代号] - [旋向]

左旋螺纹在尺寸后加“LH”，右旋不标。

例如：$R_c\,1\frac{1}{2}$表示圆锥内螺纹，尺寸代号为 $1\frac{1}{2}$，右旋。

注意：管螺纹所标注的尺寸代号是指该螺纹所在的管子的管孔直径，不是该螺纹的大径，所以管螺纹的螺纹标记应采用指引线方式引出标注，指引线从大径引出。常见螺纹标注示例见表 7-1。

7.1.5　常用的螺纹紧固件

螺纹紧固件就是用一对内、外螺纹的连接作用将两个或两个以上的机件连接、紧固在一起的零件。常用的螺纹紧固件有螺栓、螺母、双头螺柱、螺钉等，如图 7-9 所示。为使连接可靠、安全，常配有垫圈等零件。

1. 螺纹紧固件的规定标记

螺纹紧固件的结构、型式、尺寸均已标准化，并由专业工厂大批量生产成“标准件”。使用者只需根据需要，按其名称、代号等规定标记直接选购。附录中列出了常用螺纹紧固件的视图图例、规定标记和主要规格尺寸示例。

螺纹紧固件的规定标记应包含如下内容：

名称　标准编号-规格尺寸-性能等级。

其中标准编号，为该螺纹紧固件编号和颁发标准年号组成；规格尺寸一般由螺纹代号×公称长度组成。性能等级是标准规定的某一等级时，可省略不注。表 7-2 列出了常用的螺纹紧固件的规定标记。

表 7-1　　　　　　　　　　**常用螺纹的种类、用途和标注示例**

螺纹种类			特征代号	标注示例	标注的含义
连接螺纹	普通螺纹	粗牙	M	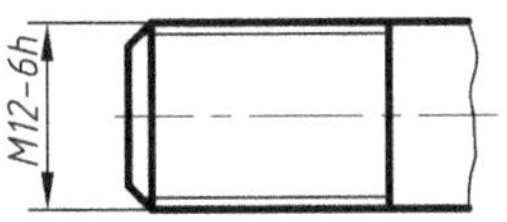	粗牙普通螺纹，公称直径为 12mm，右旋，中径和大径(顶径)的公差带代号均为 6h，中等旋合长度
		细牙	M	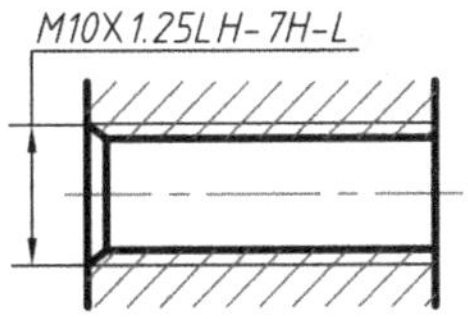	普通螺纹，公称直径为 10mm，细牙，螺距为 1.25mm，左旋，中径和小径(顶径)的公差带代号均为 7H，长旋合
	管螺纹	非螺纹密封的管螺纹	G	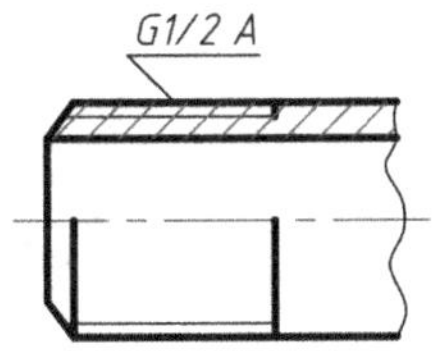	非螺纹密封管螺纹，尺寸代号为 1/2 英寸，右旋，公差等级为 A
		用螺纹密封的管螺纹	Rc Rp R	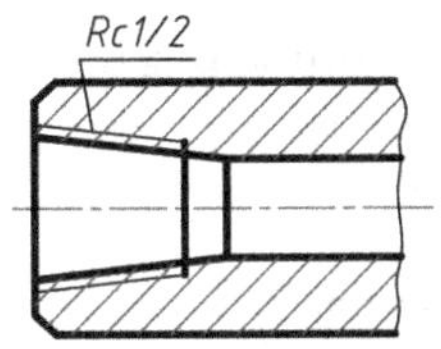	用螺纹密封圆锥内管螺纹，尺寸代号 1/2 英寸，右旋
传动螺纹	梯形螺纹		Tr	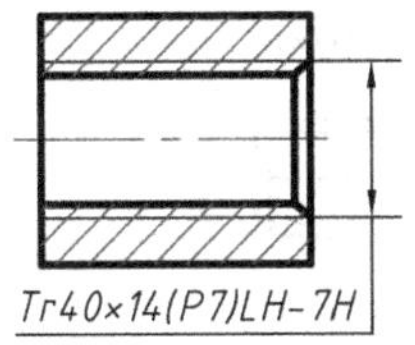	梯形螺纹，公称直径 40mm，双线，导程为 14mm，螺距为 7mm，左旋，中径公差带代号为 7H，中等旋合长度
	锯齿形螺纹		B	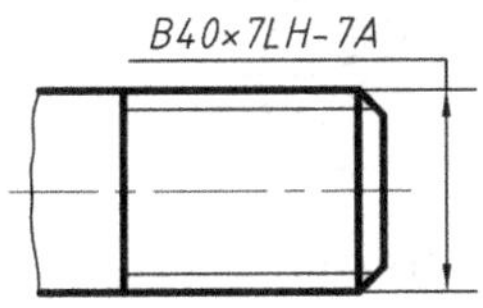	锯齿形螺纹，公称直径为 40mm，单线，螺距为 7mm，左旋，中径公差带代号为 7A

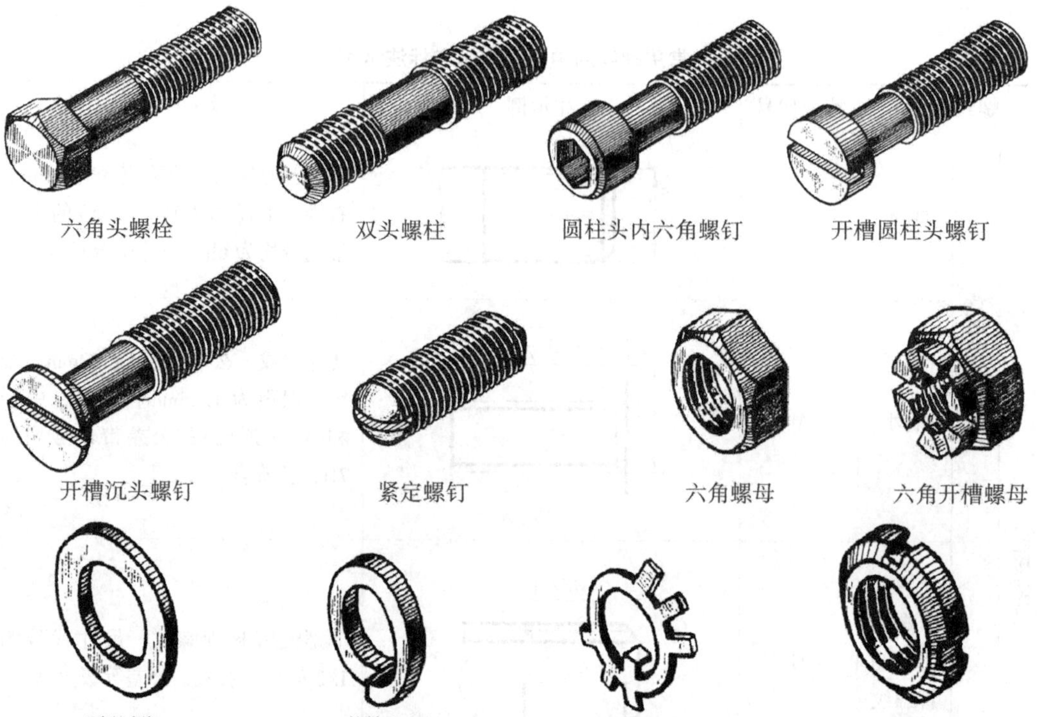

图 7-9　常用的螺纹紧固件

表 7-2　　　　**常用螺纹紧固件规定标记**

名称	图例及规定标记示例	说明
六角头螺栓	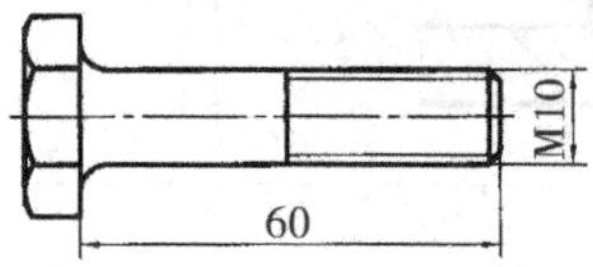 螺栓 GB/T 5782　M10×60	表示 A 级六角头螺栓，螺纹规格 M10，公称长度 $L=60$mm
双头螺柱	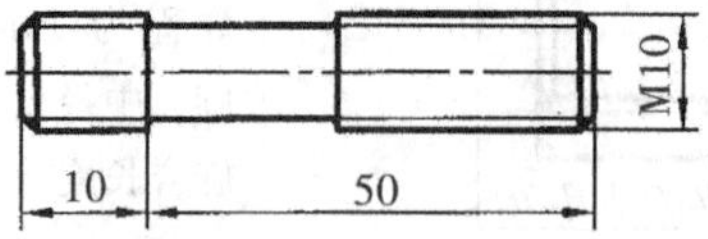 螺柱 GB/T 898　M10×50	表示 B 级双头螺柱，两端均为粗牙普通螺纹，螺纹规格 M10，公称长度 $L=50$mm，$b_m=d$
开槽圆柱头螺钉	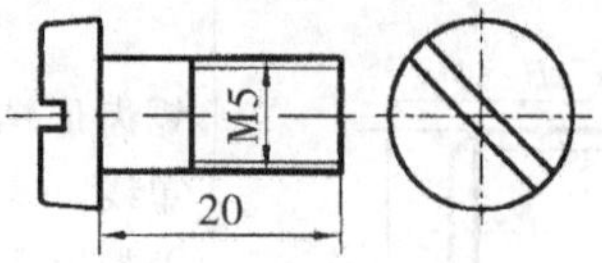 螺钉 GB/T 65　M5×20	表示开槽圆柱头螺钉，螺纹规格 M5，公称长度 $L=20$mm

续表

名称	图例及规定标记示例	说明
开槽沉头螺钉	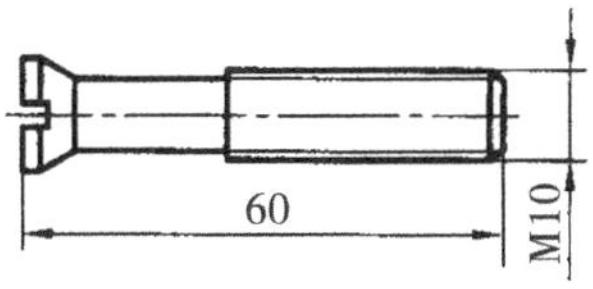 螺钉 GB/T 68 M10×60	表示开槽沉头螺钉，螺纹规格 M10，公称长度 $L=60$mm
紧定螺钉	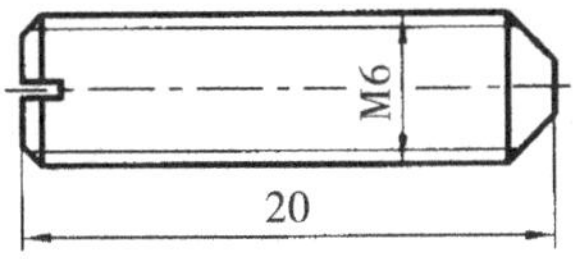 螺钉 GB/T 71 M6×20	表示开槽锥端紧定螺钉，螺纹规格 M6，公称长度 $L=20$mm
六角头螺母	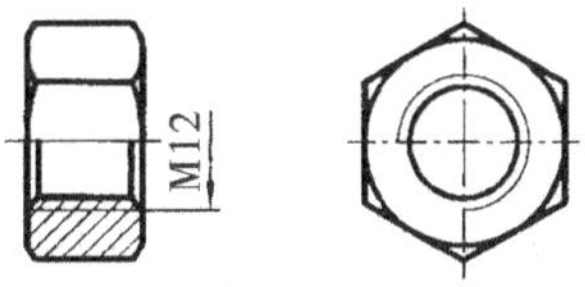 螺钉 GB/T 6170 M12	表示六角头螺母，螺纹规格 M12，公称长度 $L=20$mm
平垫圈	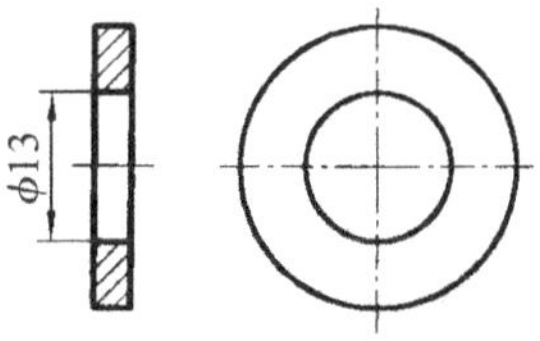 垫圈 GB/T 97.1 12-140HV	表示平垫圈，公称尺寸 $d=12$mm（与之配合使用的螺栓的公称直径为 12mm），性能等级为 140HV
弹簧垫圈	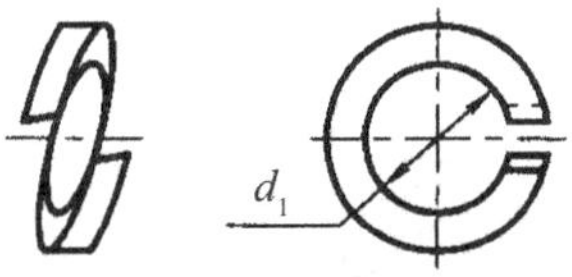 垫圈 GB/T 93 20	表示标准型弹簧垫圈，规格（与之配合使用的螺栓的公称直径）为 20mm

2. 常用螺纹紧固件的比例画法

螺纹紧固件的各部分尺寸可以根据其规定标记从相应的国家标准中查出，但在绘图时为作图方便，紧固件往往不需按实际数据画出，而是采用比例画法。所谓比例画法，是指除了公称长度需计算、查表确定外，其他各部分尺寸都取与螺纹大径 d（或 D）成一定比例的数值来画。

六角头螺栓、六角头螺母、垫圈的各部分画图的比例尺寸折算及比例画法如图 7-10 所示。其他常用螺纹紧固件的比例画法在后续相关内容中叙述。

7.1.6 螺纹紧固件的装配图画法

螺纹紧固件连接的常见基本形式有：螺栓连接（图 7-11（a））、双头螺柱连接（图 7-11

(b))、螺钉连接(图 7-11(c))。

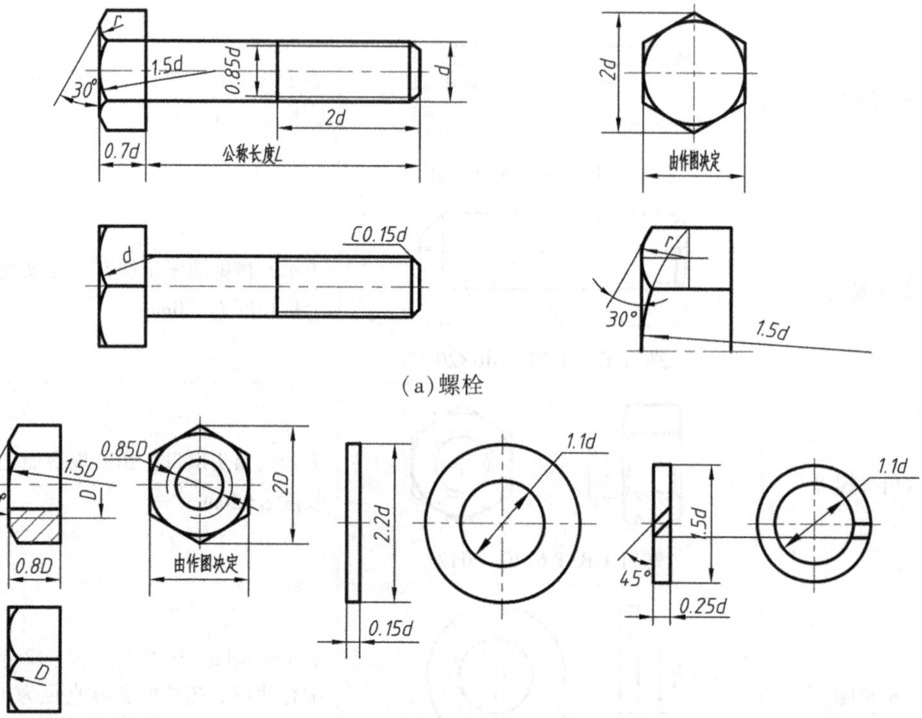

(a)螺栓

(b)螺母　(c)平垫圈　(d)弹簧垫圈

图 7-10　六角头螺栓、螺母、垫圈的比例画法

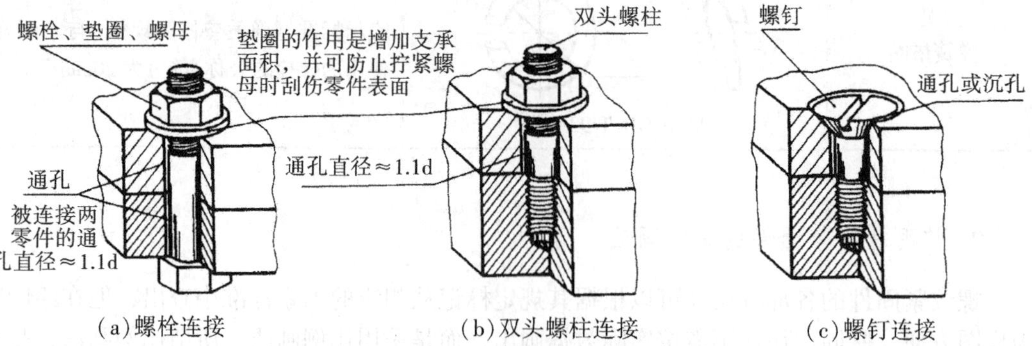

(a)螺栓连接　(b)双头螺柱连接　(c)螺钉连接

图 7-11　常见螺纹紧固件的连接形式

用一组图形表达上述螺纹紧固件连接形式，其所画图形为简单的装配图，在画装配图时，有如下基本规定：

(1)两零件的相接触表面只画一条轮廓线；不接触的表面画两条轮廓线。

(2)剖视图中，相邻接两个零件的剖面线方向相反，或者方向一致、间隔不相等；但同一零件在各个剖视图中的剖面线方向一致、间隔相等。

(3)在剖视图中，当剖切平面通过螺纹紧固件等标准件的轴线剖切时，这些零件按不剖画出，即只画其外形。

1. 螺栓连接的画法

如图 7-12(a)所示，在两块不厚的零件上钻通孔，其孔径大于螺栓螺纹大径(约 $1.1d$)，装入螺栓、套上垫圈后，再拧紧螺母，构成螺栓连接。螺栓连接的画图步骤如下：

(1)根据紧固件螺栓、螺母、垫圈的标记，按照比例画法计算出它们的全部比例尺寸。

(2)确定螺栓的公称长度 L 时，可按以下方法计算。

$$L_{计} \approx \delta_1+\delta_2+h+m+a$$

式中，δ_1、δ_2 分别为两被连接零件的厚度；m、h 分别为螺母、垫圈的厚度；a 为螺栓伸出螺母外的长度，$a\approx(0.2\sim0.4)d$。估算出 $L_{计}$后，通过查表，在螺栓公称长度 L 系列中，查出一个比 $L_{计}$值大且相近的标准值作为螺栓的公称长度 L。

【例题】已知螺纹紧固件的标记为：

螺栓 GB/T 5782 M20×l

螺母 GB/T 6170 M20

垫圈 GB/T 97.1 20

被连接件的厚度 $\delta_1=25$，$\delta_2=25$。

【解】由附录查得 $m=18$，$h=3$(m 和 h 也可由比例画法计算得到)；

取 $a=0.3\times20=6$

计算 $L_{计}=25+25+3+18+6=77$

根据 GB/T 5782 查得大于 $L_{计}$最接近的标准长度为 80，取为螺栓的有效长度，同时查得螺栓的螺纹长度 $b=46$(也可按比例画法中 $b=2d$ 来画图)。

(3)按照上述尺寸绘制螺栓连接装配图，如图 7-12(b)所示，其中各紧固件均按比例画法来画。

2. 双头螺柱链接

如图 7-11(b)所示，当被连接的零件中有一个较厚或不适宜钻成通孔，而不便用螺栓连接时，常采用双头螺柱连接，双头螺柱两端均有螺纹，其连接特点是：先将双头螺柱的一端(旋入端)全部旋入被连接零件的螺孔中，再将带通孔的零件穿过双头螺柱另一端(紧固端)，最后套上垫圈、拧紧螺母。

双头螺柱连接规定画法示意图如图 7-13(a)所示，剖视图中双头螺柱、螺母、垫圈按照不剖来画。双头螺柱比例画法如图 7-13(b)所示。为了保证连接强度，双头螺柱旋入端长度 b_m与被旋入零件(机体)材料有关，根据国家标准规定有四种规格：

$b_m=d$	(GB/T 897—1988)	用于钢、青铜或者硬铝
$b_m=1.25d$	(GB/T 898—1988)	用于铸铁
$b_m=1.5d$	(GB/T 899—1988)	用于铸铁
$b_m=2d$	(GB/T 900—1988)	用于铝或其他较软材料

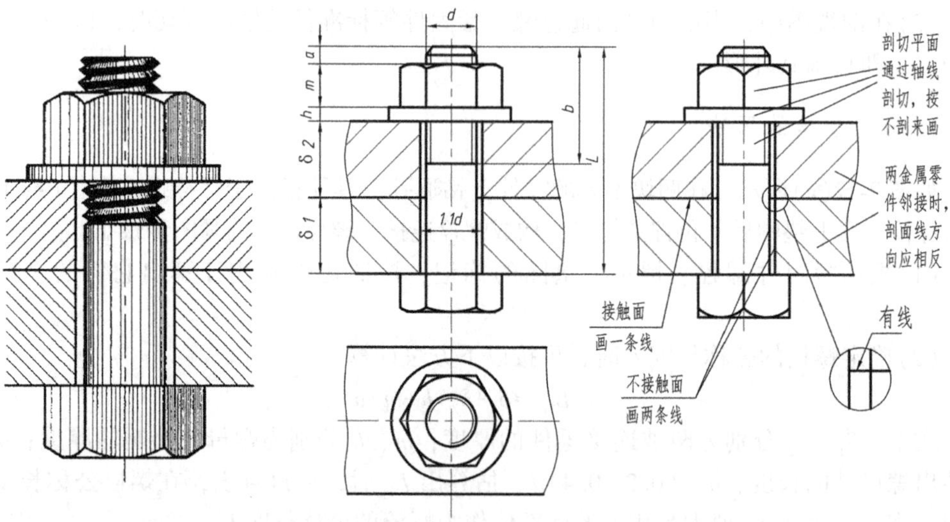

(a)螺栓连接规定画法示意图　　　(b)螺栓连接规定画法

图 7-12　螺栓连接画法

螺孔深度可取 b_m+0.5d，钻孔深度取 b_m+d，如图 7-13(c)所示。

双头螺柱公称长度 L 是无螺纹部分杆长度与拧螺母的紧固端螺纹长度之和，比例画法中，该螺纹长度可取 2d 的近似值画出。

双头螺柱公称长度 L 可按下式估算：

$$L_{计}=\delta+h+m+a$$

式中，各取值方式与螺栓连接相似。估算出 $L_{计}$ 后，可查表，取比 $L_{计}$ 值大且相近的 L 标准数值即可。其规定画法如图 7-13(d)所示。

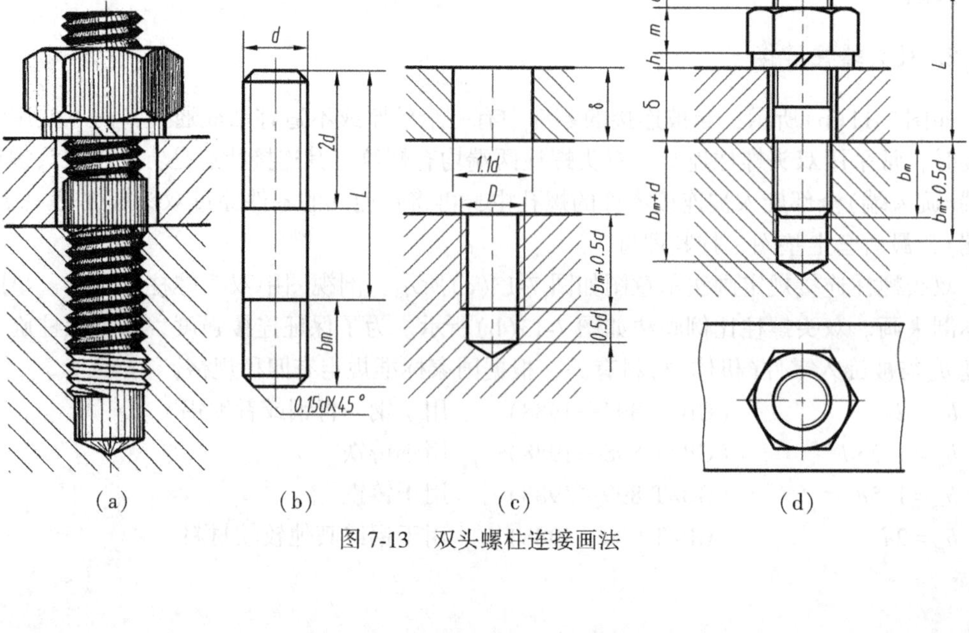

(a)　　(b)　　(c)　　(d)

图 7-13　双头螺柱连接画法

3. 螺钉连接

螺钉连接多用于受力不大，不经常拆装的零件的连接，如图 7-11(c)所示，其特点是：将螺钉直接拧进螺孔或穿过通孔后拧入螺孔，仅靠螺钉与一个零件上的螺孔旋合将被连接件紧固。

螺钉连接规定画法示意图如图 7-14(a)所示，剖视图中螺钉按照不剖来画。螺钉连接规定画法如图 7-14(b)和(c)所示，螺钉比例画法数值如图中所注。

螺钉公称长度 L 可按下式估算：

$$L_{计}=\delta+b_m$$

如图 7-14(b)和(c)所示，δ 为光孔零件的厚度，b_m 为旋入端长度(与双头螺柱相同，可根据被旋入零件的材料决定)，根据上式初算出的螺钉长度还要按照相应国标里的长度系列选择接近的标准长度。

画图时应注意：

(1)圆柱头螺钉是以钉头的底平面作为画螺钉的定位面，而沉头螺钉则是以锥面作为画螺钉的定位面的，如图 7-14(a)所示。

(2)螺纹终止线应在螺孔顶面以上，如图 7-14(b)和(c)所示。

(3)螺钉头部的起子槽在非圆的视图上画在中间，在投影为圆的视图中，起子槽通常画成 45 °的粗实线，当槽宽小于 2mm 时可以涂黑表示。

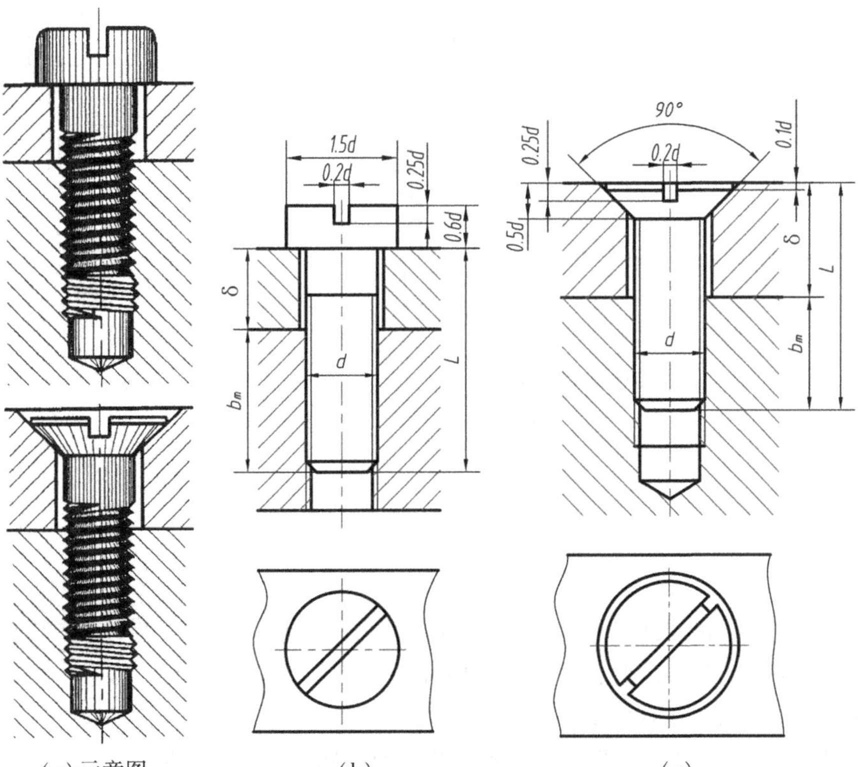

(a)示意图　　　(b)　　　(c)

图 7-14　螺钉连接画法

紧定螺钉用于固定两个零件的相对位置，使它们不产生相对运动。紧定螺钉端部形状有平端、锥端、圆柱端等，图 7-15 所示为锥端紧定螺钉，用于固定轴与轮子的相对位置。

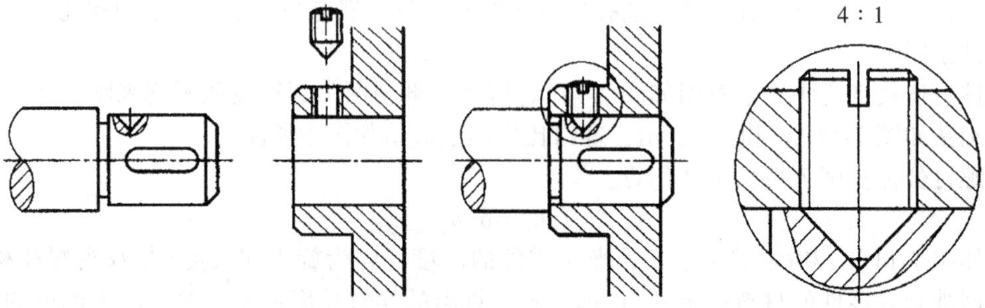

图 7-15　紧定螺钉

4. 螺纹紧固件的简化画法

在装配图中螺纹紧固件除可采用前述的比例画法外，还可采用简化画法，即螺栓头部、螺母头部的倒角省略不画，如图 7-16 所示。

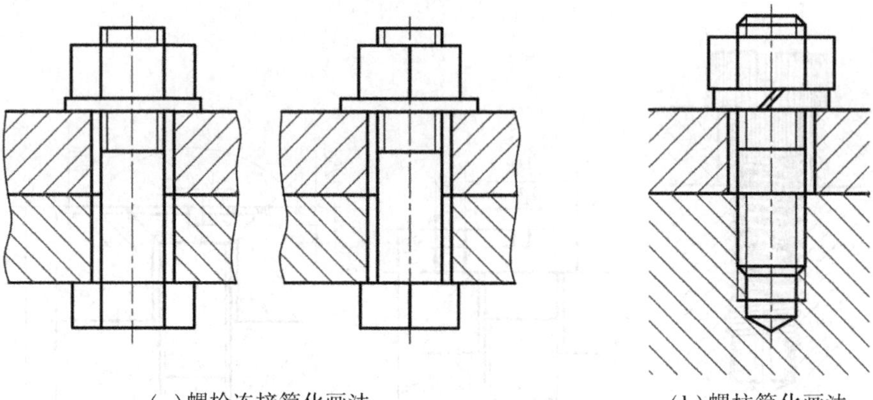

(a)螺栓连接简化画法　　(b)螺柱简化画法

图 7-16　螺纹紧固件的简化画法

7.2　齿轮

齿轮是广泛用于机器或部件中，用于传递动力和运动的零件。齿轮的参数中只有模数、压力角已经标准化，因此，它属于常用件。

常见的齿轮传动形式有以下三类：

(1)圆柱齿轮：一般用于两平行轴之间的传动，如图 7-17(a)所示。

(2)圆锥齿轮：通常用于两相交轴之间的传动，如图 7-17(b)所示。

(3)蜗轮蜗杆：主要用于两交叉轴之间的传动，如图 7-17(c)所示。

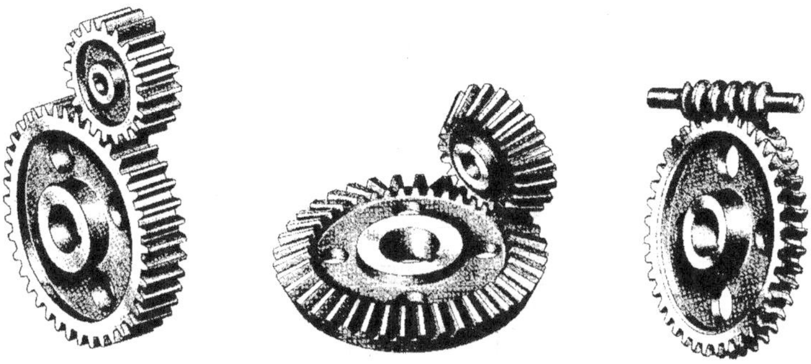

(a) 圆柱齿轮　　(b) 圆锥齿轮　　(c) 蜗轮蜗杆

图 7-17　常见的齿轮传动

在传动中，为了运动平稳、啮合正确，轮齿的齿廓曲线可以制成渐开线、摆线或圆弧，通常采用渐开线齿轮。

齿轮分为标准齿轮和非标准齿轮，具有标准齿的齿轮为标准齿轮。本节只介绍渐开线标准齿轮的基本知识及其规定画法。

7.2.1　圆柱齿轮

常见的圆柱齿轮有直齿、斜齿、人字齿三种，其中直齿圆柱齿轮是应用最广的一种齿轮。直齿圆柱齿轮的轮齿与轴线方向平行，其轮齿形状如图 7-18 所示，图中所注几何参数代号详述如下。

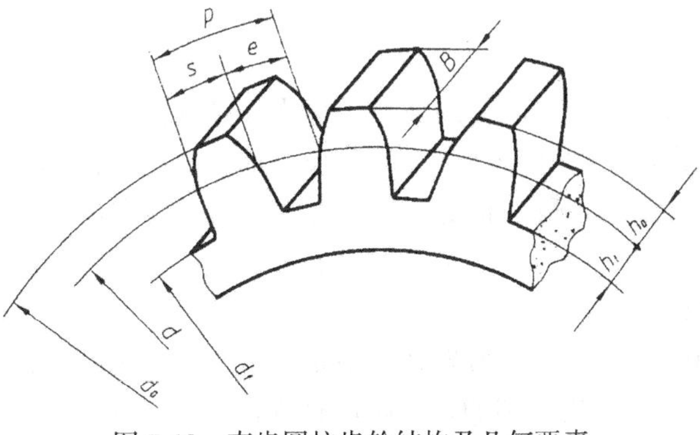

图 7-18　直齿圆柱齿轮结构及几何要素

1. 圆柱齿轮几何要素的名称和代号

直齿圆柱齿轮简称直齿轮，图 7-19 是两个直齿轮啮合的示意图。图中 O_1、O_2 表示两齿轮的圆心，C 为两齿轮的齿廓在 O_1O_2 中心连线上的啮合接触点，称为节点。分别以

O_1C、O_2C 为半径画两相切的圆，齿轮传动可以看作这两个圆做无滑动的纯滚动，这两个圆称为节圆。

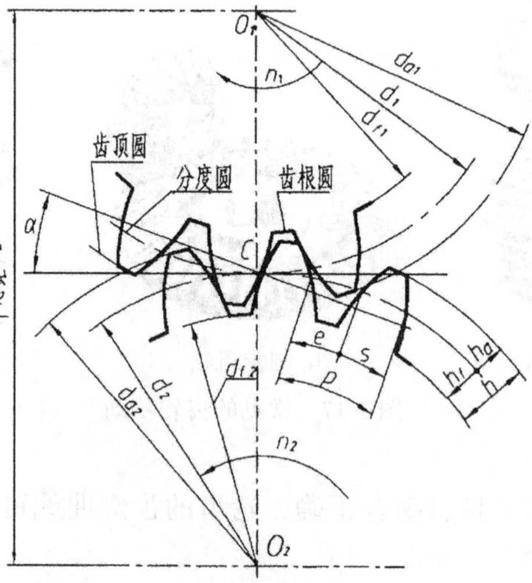

图 7-19　圆柱齿轮各部分名称和代号

1) 齿顶圆 d_a、齿根圆 d_f

通过轮齿顶部的圆称为齿顶圆，其直径用 d_a 来表示；通过轮齿根部的圆称为齿根圆，其直径用 d_f 来表示。

2) 分度圆 d

分度圆是设计、制造齿轮和进行各部分尺寸计算的基准圆，也是分齿的圆，因此称为分度圆，其直径用 d 表示。对于标准齿轮，节圆和分度圆是重合的，即分度圆直径等于节圆直径。

3) 齿距 p、齿厚 s

分度圆上相邻两齿廓对应点之间的弧长，称为分度圆齿距，用 p 表示。两啮合的齿轮齿距应相等。每个轮齿的尺廓在分度圆上的弧长，称为分度圆齿厚，用 s 表示。相邻轮齿间的齿槽在分度圆上的弧长，称为槽宽，用 e 表示。对于标准齿轮，

$$s=e=p/2,\ p=s+e。$$

4) 齿高 h、齿顶高 h_a、齿根高 h_f

齿顶圆距齿根圆的径向距离称为齿高，用 h 表示。分度圆距齿顶圆的径向距离称为齿顶高，用 h_a 表示。分度圆距齿根圆的径向距离称为齿根高，用 h_f 表示。

$$h=h_a+h_f。$$

5) 模数 m

以 z 表示齿轮的齿数，则

分度圆周长 $=z\cdot p=\pi\cdot d$

所以　$d=(p/\pi)\cdot z$，令 $m=p/\pi$；则有 $d=m\cdot z$，

即模数 m 是齿距和 π 的比值。因此，若齿轮的模数大，其齿距就大，齿厚也大，即

齿轮的轮齿就大。若齿数一定，齿轮的模数越大，其分度圆直径就越大，轮齿也越大，齿轮的承载能力也就越大。

模数是设计和制造齿轮的基本参数。为了设计和制造方便，减少不同模数齿轮加工刀具的数量，国家标准已将模数标准化，其系列值见表 7-3。

表 7-3　**标准模数(GB1357—1987)**

第一系列	1　1.25　1.5　2　2.5　3　4　5　6　8　10　12　16　20　25　32　40　50
第二系列	1.75　2.25　2.75　(3.25)　3.5　(3.75)　4.5　5.5　(6.5)　7　9　(11)　14　18　22　28　36　45

6) 压力角 α

两啮合齿轮的齿廓在节点 C 处的公法线(即尺廓的受力方向)与两节圆的内公切线(即节点 C 处的瞬时运动方向)所夹的锐角，称为压力角 α。只有模数和压力角都相同的齿轮才能相互啮合，进行传动。

7) 传动比 i

主动齿轮的转速 n_1(r/min)与从动齿轮的转速 n_2(r/min)之比，称为传动比，即 n_1/n_2。对于一对啮合齿轮：

$$i=n_1/n_2=z_2/z_1$$

8) 中心距 a

两圆柱齿轮轴线之间的最短距离，称为中心距，即

$$a=(d_1+d_2)/2=\mathrm{m}(z_1+z_2)/2$$

2. 圆柱齿轮几何要素的尺寸计算

标准齿轮中，轮齿各部分的尺寸都是以模数为基本参数来计算。设计齿轮时，先要确定模数和齿数，其他尺寸都可由模数和齿数计算出来，计算公式见表 7-4。

表 7-4　**标准直齿圆柱齿轮几何要素尺寸计算公式**

几何要素名称	代号	公　式
齿顶圆直径	d_a	$d_a=\mathrm{m}(z+2)$
齿根圆直径	d_f	$d_f=m(z-2.5)$
分度圆直径	d	$d=mz$
分度圆齿距	p	$P=\pi m$
分度圆齿厚	e	$e=\pi m/2$
齿顶高	h_a	$h_a=m$
齿根高	h_g	$h_g=1.25m$
中心距	a	$a=(d_1+d_2)/2=m(z_1+z_2)/2$

3. 圆柱齿轮的规定画法

在工程图样中齿轮的轮齿不需画出其真实投影，机械制图国家标准 GB4459. 2—1984 规定了它的画法，简介如下。

1)单个圆柱齿轮的画法

如图 7-20(a)所示，齿顶圆和齿顶线用粗实线绘制；分度圆和分度线用点画线绘制；齿根圆和齿根线用细实线绘制(也可省略不画)。

在剖视图中，当剖切平面通过齿轮的轴线时，轮齿一律按不剖处理，不画剖面线，齿根线用粗实线绘制，如图 7-20(b)所示。若为斜齿或人字齿，非圆外形视图通常画成半剖视图或者局部剖视图，且需要在未剖外形图上用三条与轮齿方向一致的平行细实线来表示齿线的形状，如图 7-20(c)和(d)所示。

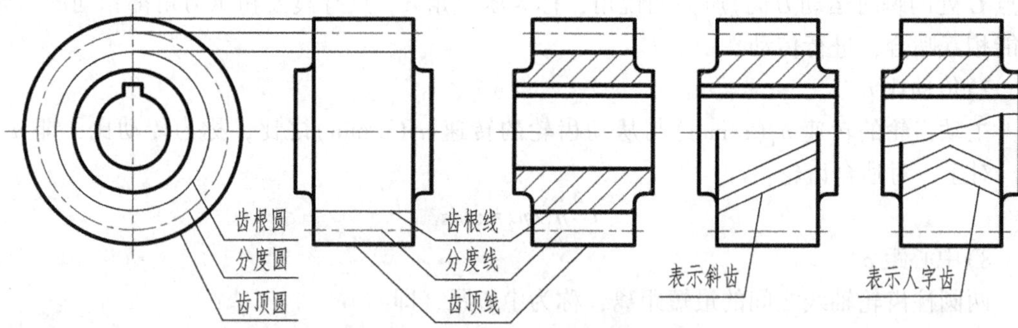

图 7-20　单个圆柱齿轮的规定画法

2)圆柱齿轮的啮合画法

当两标准圆柱齿轮相互啮合时，它们的分度圆处于相切位置，此时分度圆又称为节圆。

在画齿轮啮合图时必须注意啮合区的画法，如图 7-21 所示，国家标准对齿轮啮合的画法规定如下：在投影为圆的视图中，啮合区内齿顶圆均用粗实线绘制，如图 7-21(a)所示，或按省略画法，如图 7-21(b)所示；在剖视图中，当剖切平面通过两啮合齿轮的轴线时，在啮合区内，两齿轮的节线重合，用点画线绘制，将一个齿轮的轮齿用粗实线绘制，另一个齿轮的轮齿被遮挡的部分用虚线绘制，通常按照主动齿轮遮挡从动齿轮来绘制，如图 7-21(a)中的剖视图所示。在不剖的非圆外形视图中，啮合区的齿顶线不画，节线用粗实线绘制，如图 7-21(c)～(e)所示。

7.2.2　圆锥齿轮简介

锥齿轮通常用于垂直相交两轴之间的传动。由于圆锥齿轮的轮齿是分布在圆锥面上，所以轮齿一端大一端小，齿厚是逐渐变化的，直径和模数也随着齿厚的变化而变化。为了计算和制造方便，国标规定根据大端模数来决定其他各基本尺寸。锥齿轮各部分几何要素的名称，如图 7-22 所示。

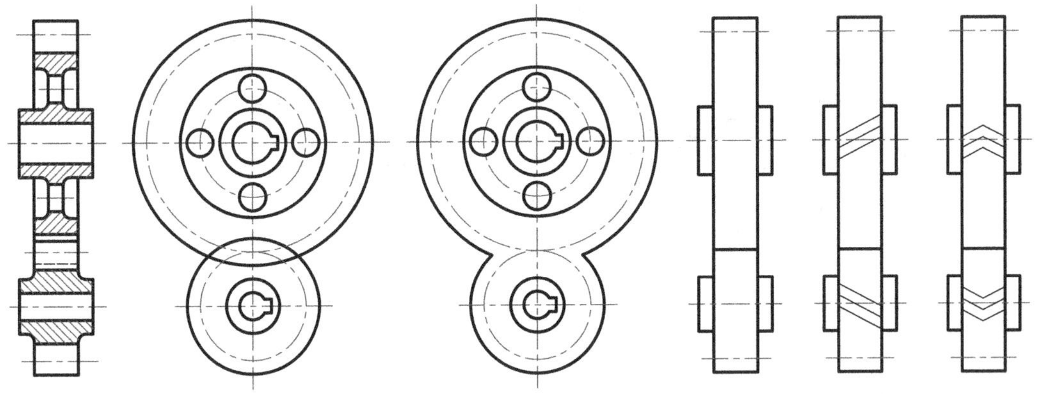

(a)直齿　(b)　(c)直齿　(d)斜齿　(e)人字齿

图 7-21　圆柱齿轮啮合的规定画法

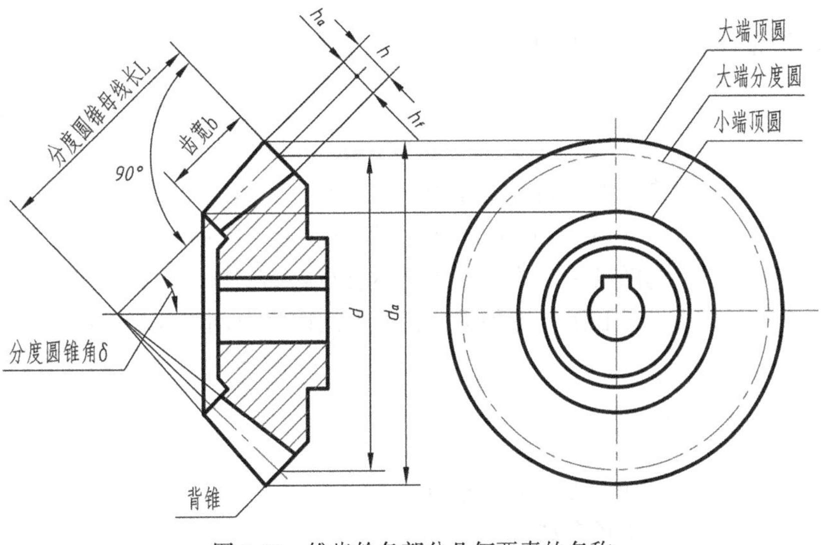

图 7-22　锥齿轮各部分几何要素的名称

锥齿轮各部分几何要素的尺寸与模数 m、齿数 z 及分度圆锥角 δ 有关。其计算公式为：齿顶高 $h_a=m$，齿根高 $h_f=1.2m$，齿高 $h=2.2m$；分度圆直径 $d=mz$，齿顶圆直径 $d_a=m(z+2\cos\delta)$，齿根圆直径 $d_f=m(z-2.4\cos\delta)$。

锥齿轮的规定画法，与圆柱齿轮基本相同。单个圆锥齿轮的规定画法，见图 7-22。锥齿轮的啮合画法如图 7-23 所示。

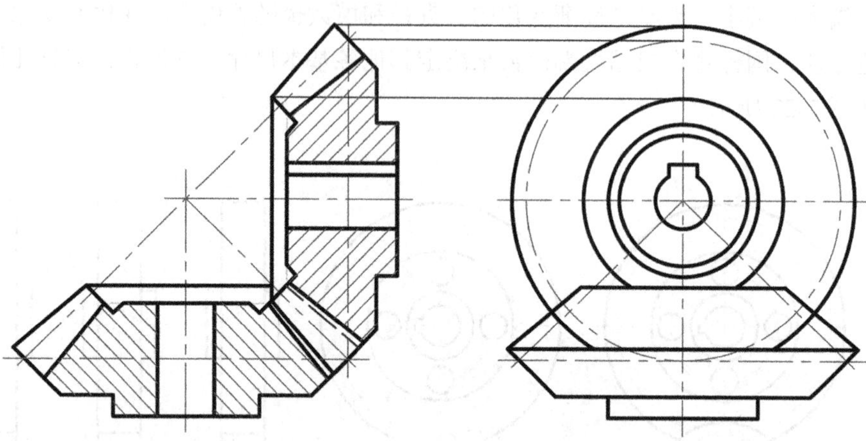

图 7-23　锥齿轮的啮合画法

7.3　滚动轴承

滚动轴承是支撑轴的部件，它具有摩擦阻力小、结构紧凑等特点，在机器中被广泛使用。

7.3.1　滚动轴承的结构、种类

1. 滚动轴承的结构

滚动轴承的种类很多，但其结构大体相同，一般由外圈、内圈、滚动体、保持架四部分组成，如图 7-24 所示。其中，外圈通常装在机体或轴承座内，一般固定不动；内圈装在轴上，与轴配合在一起随轴一起旋转；滚动体装在内圈与外圈之间的滚道中，滚动体有钢球、圆柱滚子、圆锥滚子和滚针等种类；保持架用以将滚动体互相隔离开，防止其互相摩擦和碰撞。

2. 滚动轴承的种类

滚动轴承按内部结构和受力情况可分为三类：

向心轴承——主要承受径向载荷；

推力轴承——主要承受轴向载荷；

向心推力轴承——能同时承受径向载荷和轴向载荷。

7.3.2　滚动轴承的画法

滚动轴承是标准部件，其结构、尺寸都已经标准化。因此，在画图时不需画出它的零件图，只需在装配图中根据外径、内径、宽度等几个主要尺寸，按照比例画出它的结构特征就可以了。

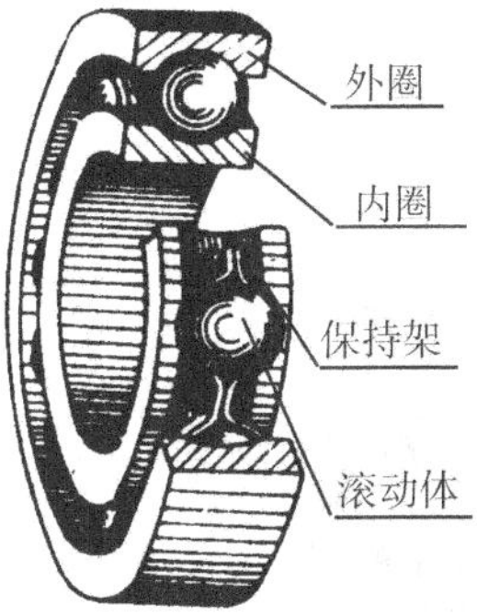

图 7-24 滚动轴承的结构

滚动轴承通常可采用三种画法绘制，即通用画法、特征画法和规定画法。通用画法和特征画法的绘图方法较为简单，可参见相应的国家标准。规定画法能较详细地表达轴承的主要结构形状，必要时，可采用规定画法绘制滚动轴承。常见的深沟球轴承、圆锥滚子轴承和推力球轴承的规定画法见表 7-5。

表 7-5 **常用滚动轴承的形式和规定画法**

轴承名称 及代号	结构	规定画法
深沟球轴承 60000 型 GB/T 276—1994	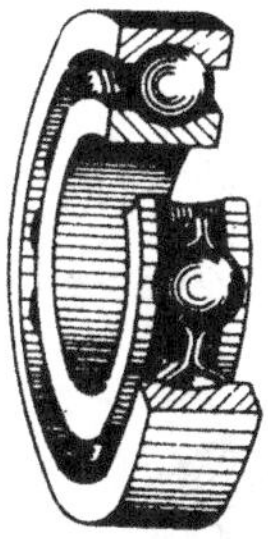	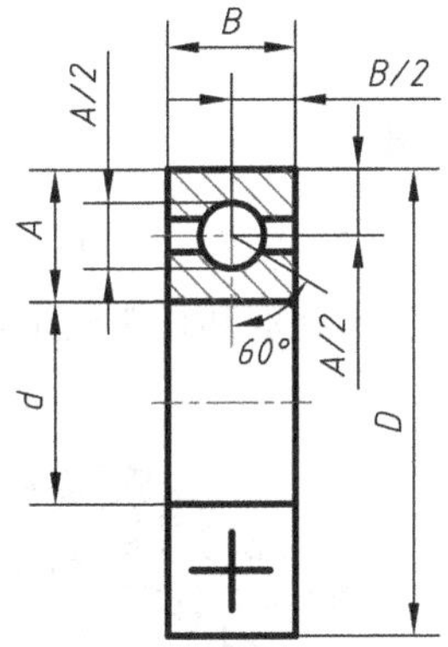
圆锥滚子轴承 30000 型 GB/T 297—1994	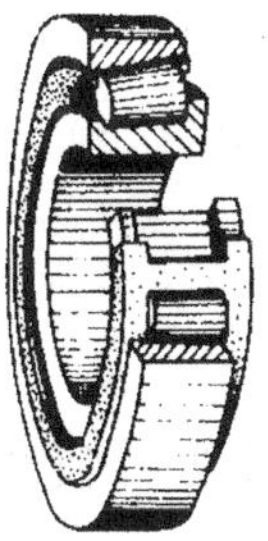	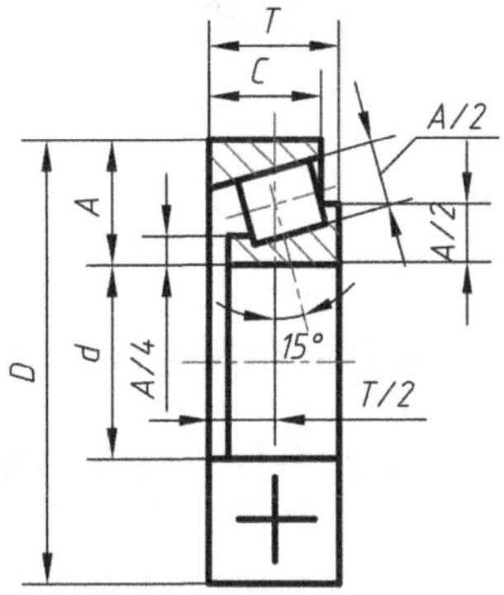

续表

轴承名称 及代号	结构	规定画法
推力球轴承 50000 型 GB/T 301—1994	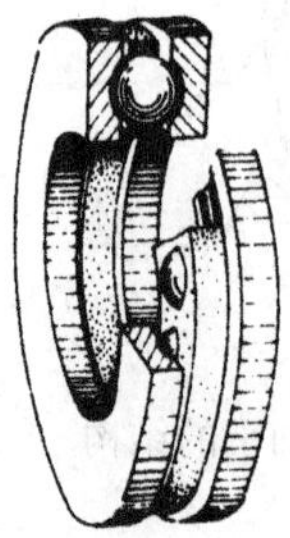	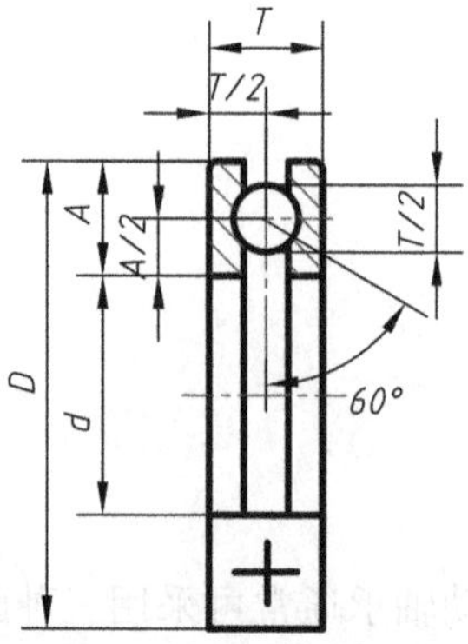

在装配图中用规定画法绘制滚动轴承时，轴承的保持架及倒角均省略不画。一般只在轴的一侧用规定画法表达轴承，在轴的另一侧应按通用画法绘制。在装配图的剖视图中用规定画法绘制滚动轴承时，轴承的滚动体不画剖面线，各套圈的剖面线方向可一致、间隔相同。在不致引起误解时，还允许省略剖面线。

7.4　其他标准件和常用件

7.4.1　键

键用于联结轴和装在轴上的齿轮、带轮等转动零件，起传递扭矩的作用。常用的键有普通平键、半圆键和钩头楔形健等，如图 7-25 所示。其中最常用的是普通平键。

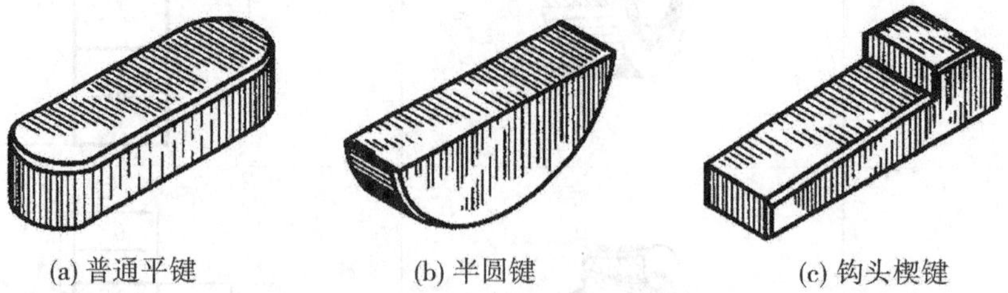

(a) 普通平键　　(b) 半圆键　　(c) 钩头楔键

图 7-25　常用键

1. 键的画法和规定标记

键的标记由名称、规格、国标代码三部分组成，各种键的标记和画法见表 7-6。

表 7-6 **常用键的画法和标记**

名 称	形式和尺寸	规定标记示例
普通平键	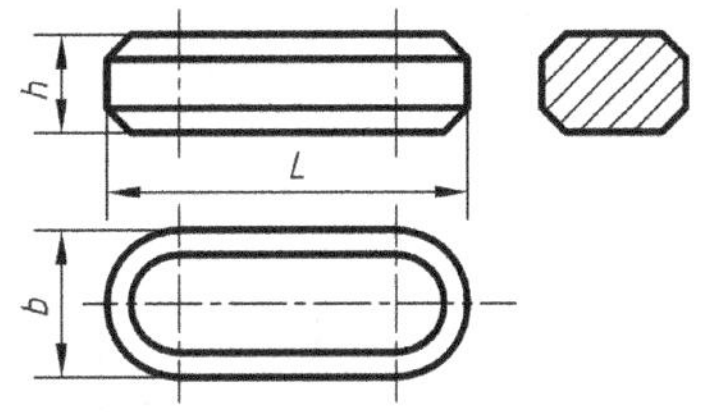	宽 $b=12$mm，高 $h=8$mm，长 $L=30$mm 规定标记： 键 12×30 GB/T 1096—2003
半圆键	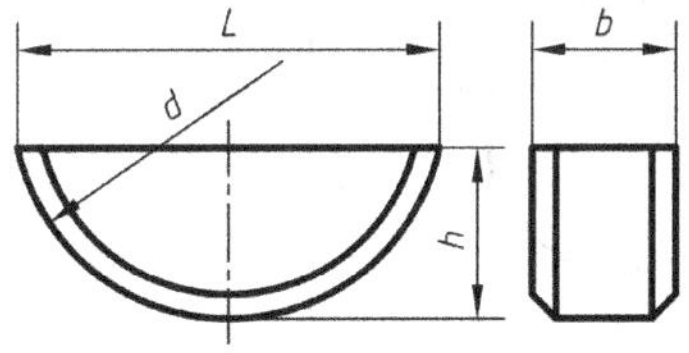	宽 $b=6$mm，直径 $d=25$mm 规定标记： 键 6×25 GB/T 1099. 1—2003
钩头楔键	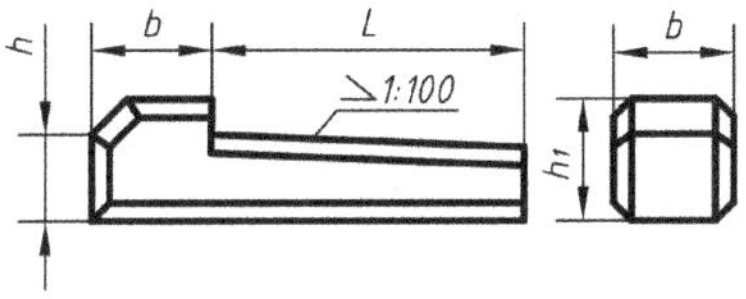	宽 $b=16$mm，高 $h=10$mm，长 $L=100$mm 规定标记： 键 16×100 GB/T 1565—2003

2. 键联结的画法

采用键联结时，要在轮、轴的表面各开一键槽，将键嵌入，如图 7-26(a)和(b)及图

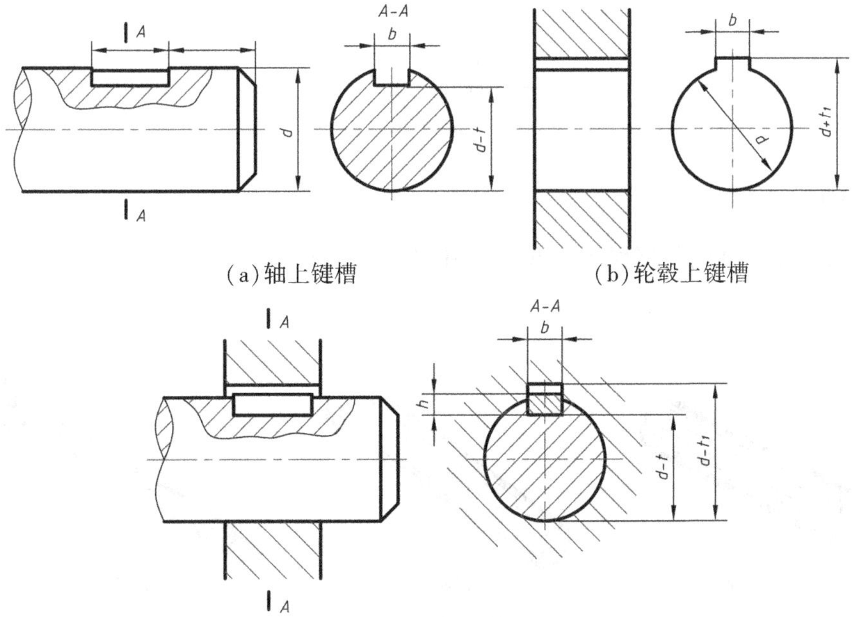

(a)轴上键槽　(b)轮毂上键槽

(c)联结图

图 7-26　普通平键联结及键槽尺寸

7-27(a)和(b)所示。键的两侧面是工作面，因此，它的两侧面应与轴、轮毂的两侧面紧密接触，在联结图中要画一条线，键的顶面为非工作面，它与轮毂之间有间隙，要画两条线，如图 7-26(c)和图 7-27(c)所示。

轴、轮毂上的键槽是标准结构要素，其尺寸 b，t，t_1 等应按轴径查阅相应的标准，见附录。

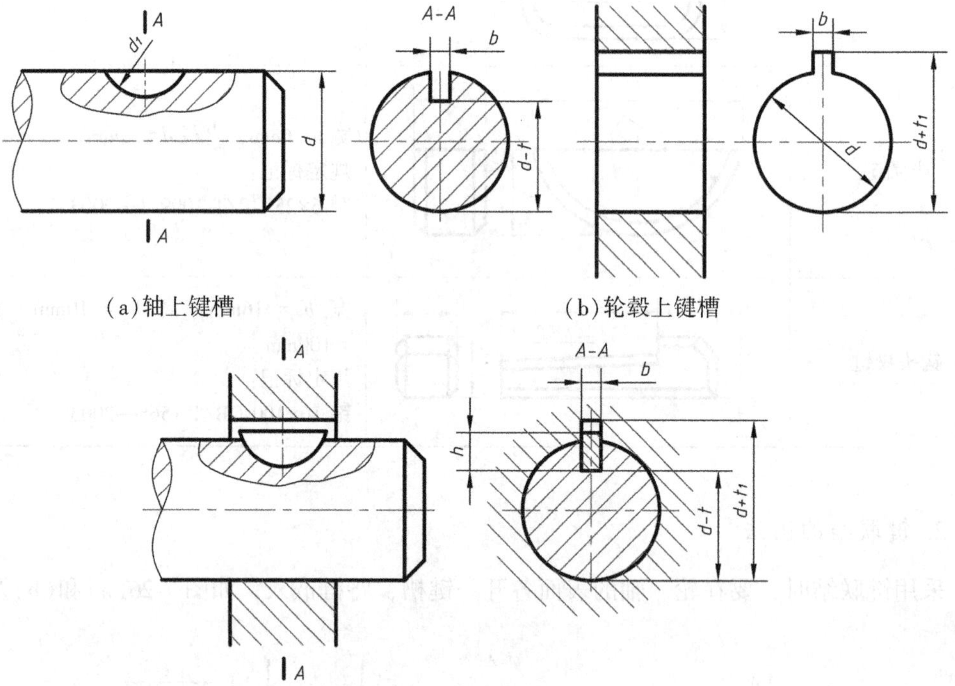

(a)轴上键槽　(b)轮毂上键槽

(c)联结图

图 7-27　半圆键联结及键槽尺寸

7.4.2　销

销通常用于零件间的联结或定位。常用的销有圆柱销、圆锥销和开口销，如图 7-28 所示。

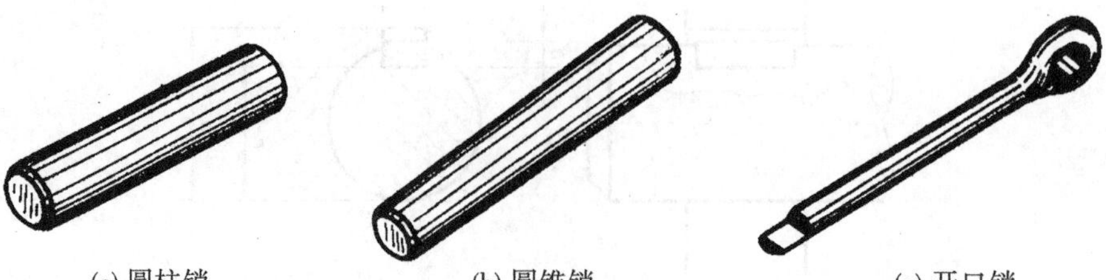

(a) 圆柱销　(b) 圆锥销　(c) 开口销

图 7-28　常用销

1. 销联结的画法

图 7-29(a)和(c)分别为圆柱销和圆锥销的连接示意图。销作为联结和定位的零件时，有较高的装配要求，所以加工销孔时，一般两零件一起加工。销的侧表面为工作面，联结时应与销孔接触，装配图中接触面画一条线，如图 7-29(b)和(d)所示。

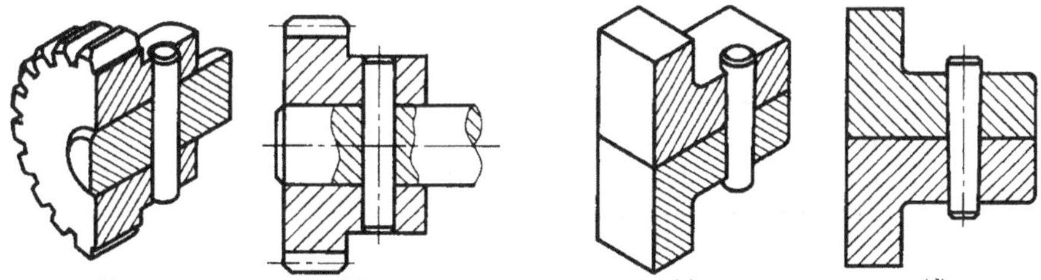

(a) (b) (c) (d)

图 7-29 圆柱销、圆锥销连接

开口销常与带孔螺栓和槽形螺母配合使用，它穿过螺母上的槽和螺杆上的通孔，并在销的尾部叉开，以防止螺母松动，如图 7-30 所示。

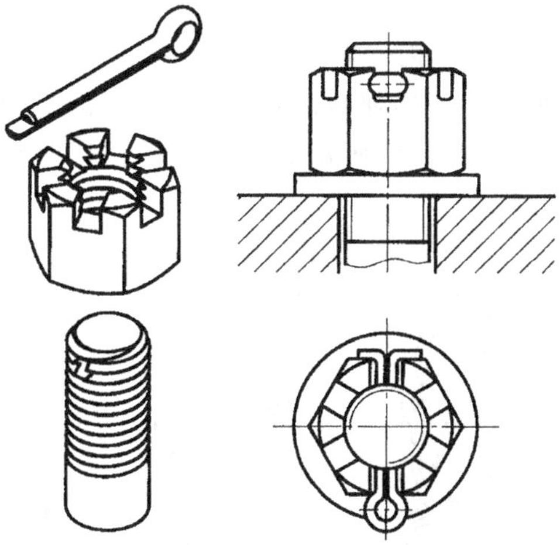

图 7-30 开口销连接

2. 销的标记

销的标记内容与键类似，见表 7-7。要注意的是，圆锥销有两端直径，公称直径指小端直径；开口销的公称直径指轴(或螺杆)上孔的直径，销本身的直径要比公称直径小一些。

表 7-7　　**常用销的标记**

名　称	形式和尺寸	规定标记示例
圆柱销	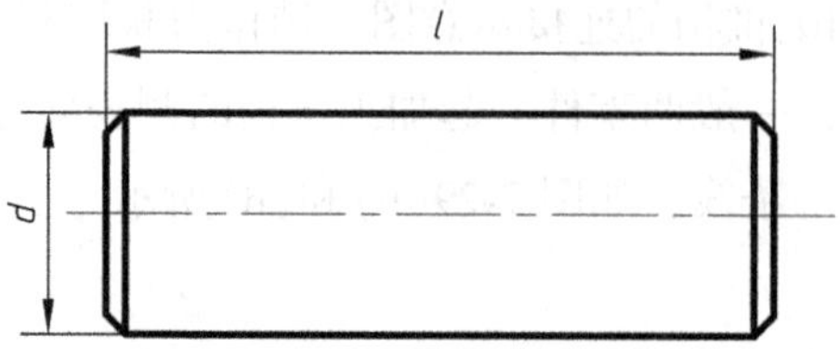	公称直径 $d=12$mm，公差为 $m6$，长度 $l=30$mm 规定标记： 销 GB/T 119. 1 12 m6×60
圆锥销	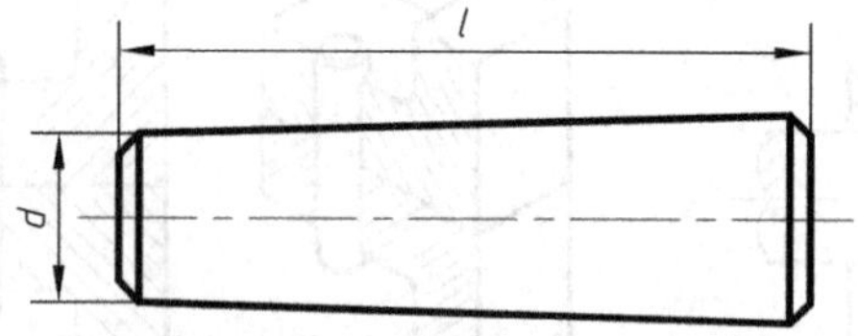	公称直径 $d=10$mm，长度 $l=70$mm 规定标记： 销 GB/T 117　10×70
开口销	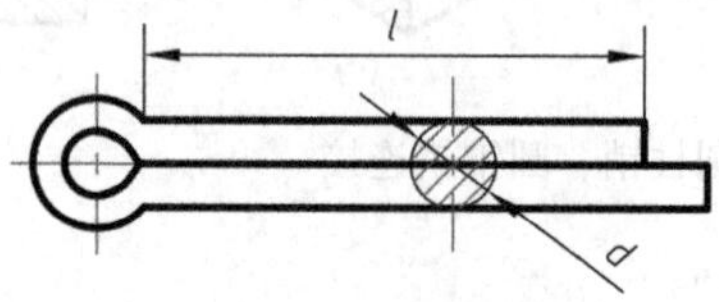	公称直径 $d=5$mm，长度 $l=50$mm 规定标记： 销 GB/T 91 5×50

7. 4. 3　弹簧

弹簧用途广泛、形式多样，属于常用件，它主要用于减震、夹紧、测力、储能、复位等方面，其特点是外力去除后能立即恢复原状。

弹簧的种类很多，常见的有螺旋弹簧(图 7-31(a)～(c))、蜗卷弹簧(图 7-31(d))。本节只介绍普通圆柱螺旋压缩弹簧的画法和尺寸计算，其他种类的弹簧的画法请查阅 GB4459. 4—1984 中的有关规定。

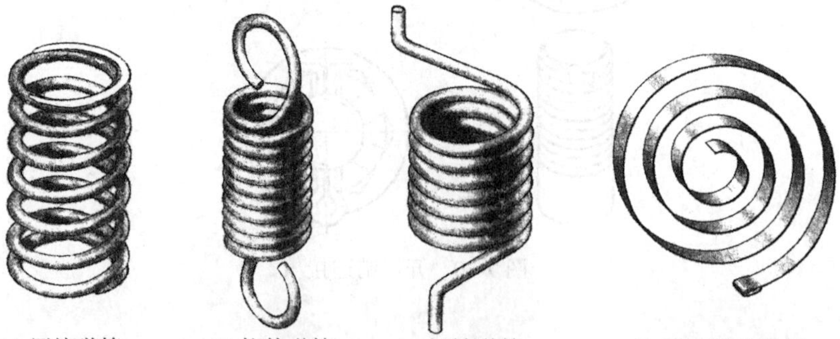

(a) 压缩弹簧　(b) 拉伸弹簧　(c) 扭转弹簧　(d) 平面蜗卷弹簧

图 7-31　常用弹簧

1. 圆柱螺旋压缩弹簧各部分名称和尺寸关系(图 7-32)

簧丝直径 d——制造弹簧的钢丝直径。

弹簧外径 D——弹簧圈的最大直径。

弹簧内径 D_1——弹簧圈的最小直径，$D_1=D-2d$。

弹簧中径 D_2——弹簧圈的平均直径，$D_2=(D+D_1)/2=D-d=D_1+d$。

支撑圈数 n_2——为使弹簧各圈均匀、支撑平稳，制造时需将弹簧两端并紧、磨平的圈数。

有效圈数 n——除支撑圈外，其余保持节距相等，参加工作的圈数。

总圈数 n_1——有效圈数与支撑圈数之和。

节距 t——除支撑圈外，相邻两圈的轴向距离。

自由高度 H_0——弹簧不受外力作用时的高度。

展开长度 L——制造弹簧的坯料长度。

旋向——弹簧的螺旋方向，分为左旋和右旋。

2. 圆柱螺旋压缩弹簧的规定画法

弹簧不需按真实投影作图，国标的规定画法如图 7-32 所示。其要点如下。

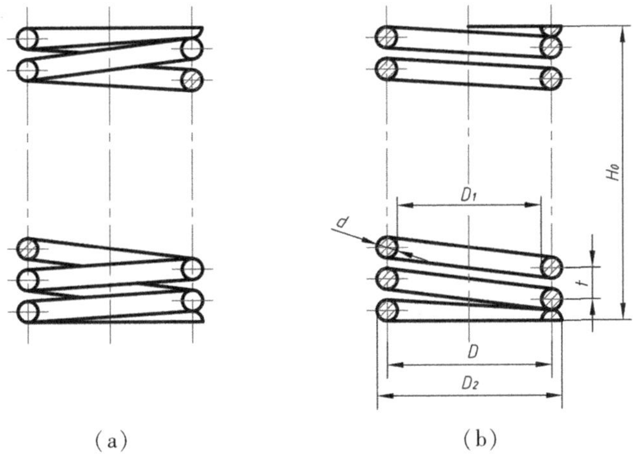

（a）　　　　（b）

图 7-32　圆柱螺旋压缩弹簧的画法

（1）弹簧在平行于弹簧轴线的投影面的视图中，各圈的轮廓线画成直线。

（2）弹簧的有效圈数在 4 圈以上时，可以只画出两端各 1～2 圈，中间部分省略不画，且可以适当缩短图形长度。

（3）右旋弹簧在图上一律画成右旋；左旋弹簧允许画成右旋，但不论画成左旋还是右旋，一律要加注“左”字。

（4）在装配图中，被弹簧挡住的部分一般不画出，可见部分应从弹簧的外轮廓线或从弹簧钢丝的剖面的中心线画起，如图 7-33（a）所示；当弹簧被剖切时，如弹簧钢丝的直径等于或小于 2mm 时，剖面可以涂黑表示，如图 7-33（b）所示，也可采用示意画法如图 7-33（c）所示。

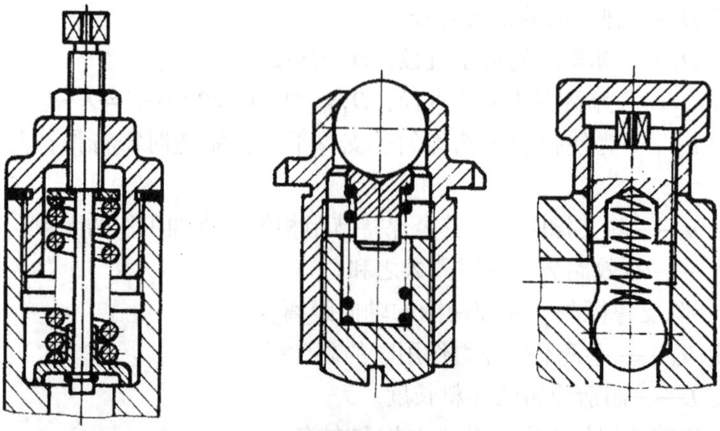

(a) 不画挡住部分的零件轮廓　　(b) 簧丝剖面涂黑　　(c) 簧丝示意画法

图 7-33　装配图中弹簧的规定画法

第8章　零　件　图

8.1　零件图的内容

零件是组成机器和部件的基本单元，任何机器都是由各种零件装配而成。表达单个零件形状、结构、大小和技术要求的图样称为零件工作图，简称零件图。零件图要反映出设计者的意图，表达机器(或部件)对零件的要求，同时要考虑到结构和制造的可行性与合理性，是制造和检验零件的依据，是设计部门提交给生产部门的重要技术文件。因此，图样中必须包括制造和检验该零件时所需要的全部资料。

一张完整的零件图(图8-1为一轴承盖的零件图)应具有下列内容：

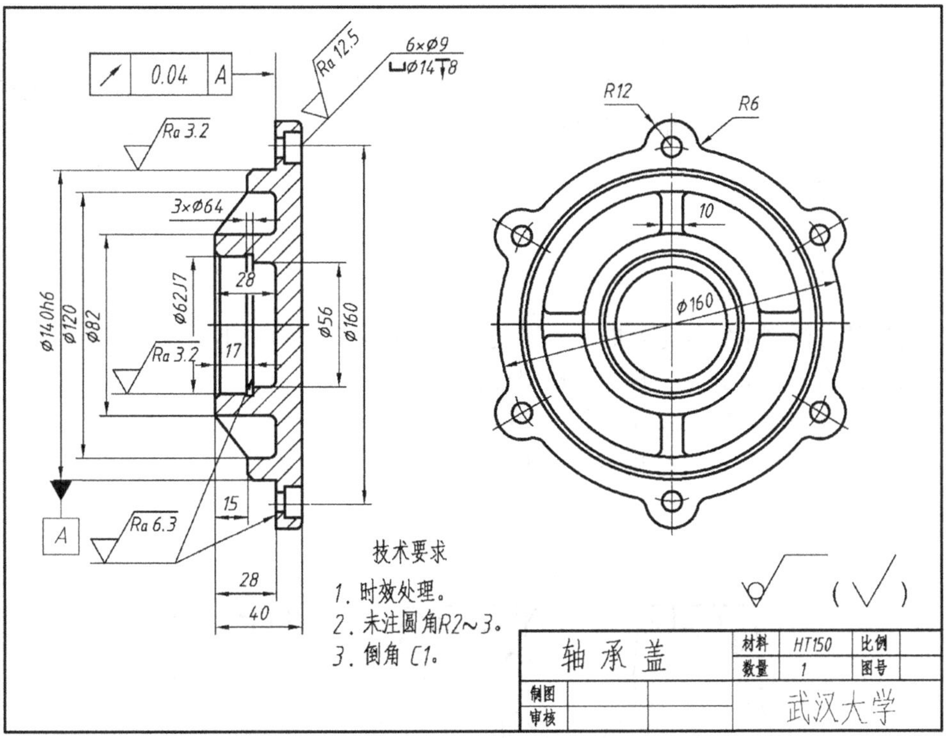

图8-1　轴承盖零件图

1. 视图

用一组视图(其中包括六个基本视图、剖视图、断面图、局部放大图和简化画法等)正确、完整、清晰地表达出零件的内外形状和结构。

2. 尺寸

用一组尺寸，正确、完整、清晰、合理地标注出零件制造和检验时所需的全部尺寸。

3. 技术要求

用一些规定的代号、数字和文字，简明、准确地标注或说明零件制造、检验、装配和使用过程中应达到的各项技术要求。如零件表面粗糙度、尺寸公差、形状和位置公差，材料的热处理和表面处理等。

4. 标题栏

标题栏一般位于图框的右下角，需填写零件名称、材料、数量、比例、图样的编号、制图人员与校核人员的姓名和日期等内容。

8.2　零件上常见工艺结构及尺寸标注

绝大部分机械零件都需要经过铸造、锻造、机械加工等过程才能制造出来，因此，设计零件时，不仅要满足它在机器或部件中的作用，即设计要求，还要考虑制造工艺对它的影响。下面先介绍几种常见的工艺结构。

8.2.1　铸造工艺结构

1. 起模斜度

用铸造的方法制造零件毛坯时，为了便于将模样从砂型中取出，在铸件的内、外壁一般沿起模方向有一定的斜度，称为起模斜度，也称为拔模斜度。起模斜度通常取 1 ∶ 10 ~ 1 ∶ 20，斜度比较小，如图 8-2(a)所示。在零件图上可以不予标注，也不一定画出，如图 8-2(b)所示，必要时，可以在技术要求中用文字说明。

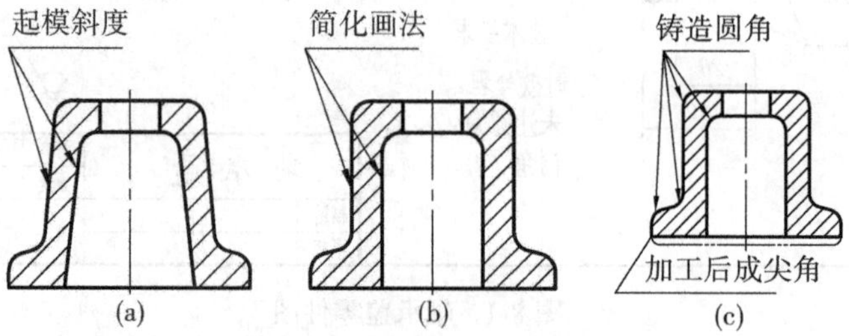

图 8-2　起模斜度铸造圆角

2. 铸造圆角

为了防止起模时尖锐处砂型脱落，或浇铸时金属溶液冲坏砂型以及尖锐处应力集中，避免产生裂纹、缩孔，铸造时，砂型在转弯时通常做成圆角，称为铸造圆角，如图 8-2(c)所示。因此，铸造件非加工面留有铸造圆角，同一铸件的圆角半径大致相等，一般为 $R2 \sim R5$，不必一一标注，可统一在技术要求中用文字注明，如图 8-1 中技术要求中的第 2 项，“未注圆角 $R2 \sim R3$”。

3. 铸件壁厚

在浇铸零件时，为了避免各部分冷却速度的不同而产生缩孔或裂缝，如图 8-3(a)所示，铸件壁厚应保持大致相等或逐渐变化，如图 8-3(b)和(c)所示。

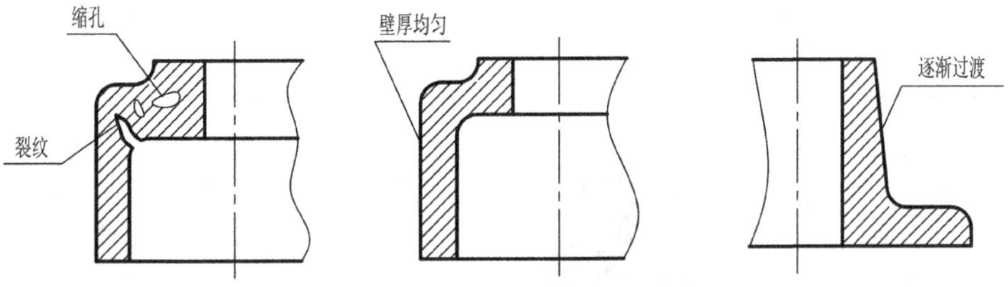

(a)不正确　(b)正确　(c)正确

图 8-3　铸件壁厚

4. 过渡线

由于受到铸造圆角的影响，使得铸造件表面的交线显得不够明显，若不画这些线，零件的结构会表达不清楚。为了在读图时能正确区分不同表面，图样中仍需按照其理论位置，用细实线绘制出这些交线，此时称为过渡线。过渡线不宜与轮廓线相连。

随着零件的结构和组合方式的不同，过渡线的画法也不同。

(1)平面与曲面相交时，轮廓线相交处画出圆角，过渡线端部留出空白，如图 8-4 所示。

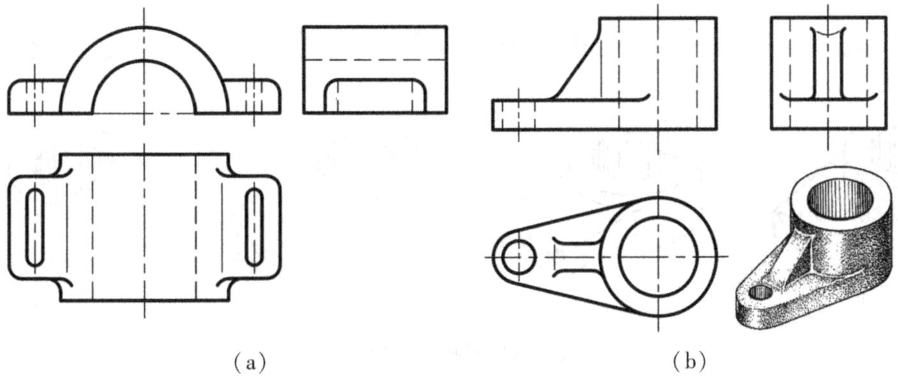

(a)　(b)

图 8-4　平面与曲面相交过渡线画法

(2)两曲面相交时，轮廓线相交处画出圆角，曲面交线端部与轮廓线间留出空白，如图 8-5(a)所示。

(3)两曲面相切时，切点附近留出空白，如图 8-5(b)所示。

(4)肋板与圆柱面相交或相切时，其过渡线的形状取决于肋板的断面形状及两者的相交或相切关系，画法如图 8-6 所示。

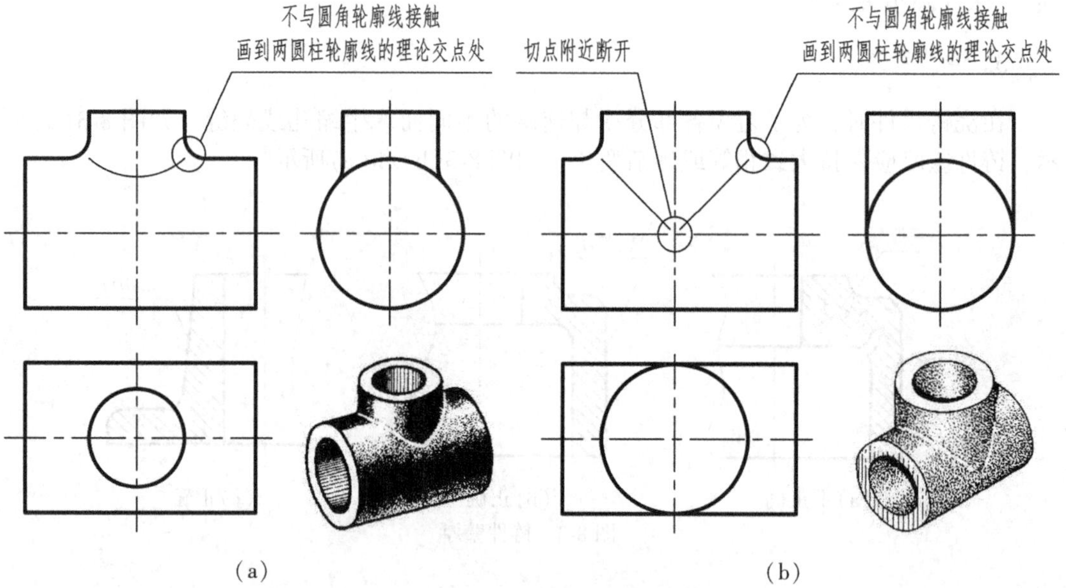

图 8-5　两曲面相交过渡线画法

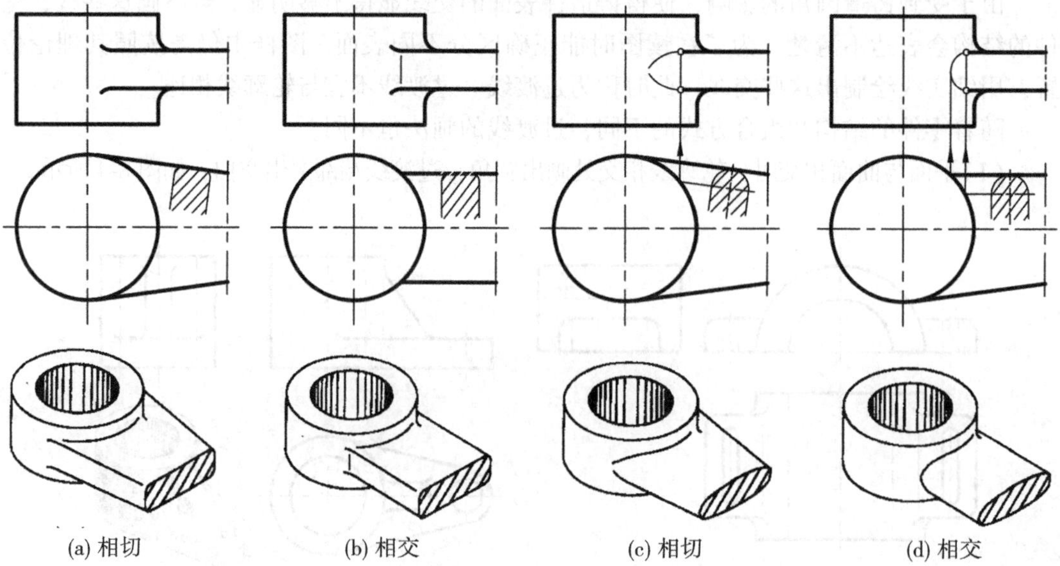

图 8-6　肋板与圆柱面相交或相切过渡线画法

8.2.2 零件上的机械加工结构

1. 倒角

为了去除零件的锐边、毛刺或便于装配和保护装配面，一般在轴或孔的端部加工成倒角，在轴肩转折处加工成圆角，如图 8-7 所示。一般 45°倒角按“*C* 宽度”注出，如图 8-7(a)和(b)所示。30°或 60°倒角，应分别注出宽度和角度，如图 8-7(c)所示。轴肩转折处圆角通常尺寸较小，在原图中不便于标注尺寸，可在相应的局部放大图进行尺寸标注，如图 8-7(d)所示。

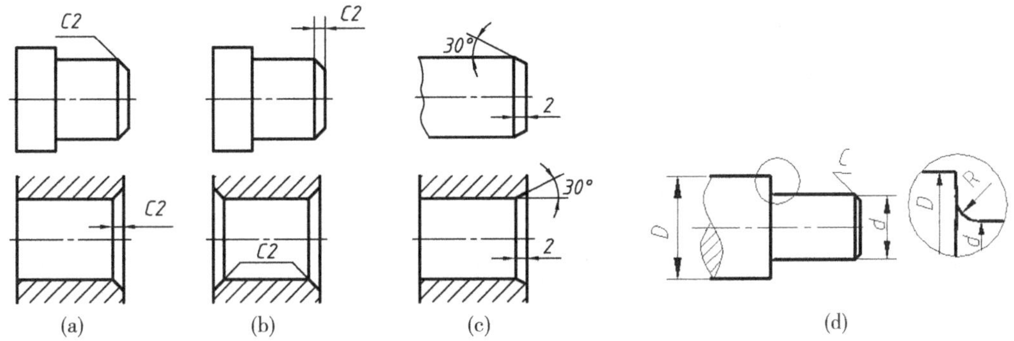

图 8-7 倒角和圆角

2. 退刀槽和越程槽

退刀槽和越程槽是在轴的根部或孔的底部做出的环形沟槽。在切削加工中，特别是在车螺纹和磨削时，为了便于退出刀具或使砂轮可以安全越过加工面，常常在零件的待加工面的末端先加工出退刀槽或砂轮越程槽，如图 8-8(a)和(b)所示。沟槽的作用：一是保证加工到位；二是保证装配时相邻零件的端面靠紧。一般用于车削加工中的(如车外圆，车螺纹，镗孔等)叫退刀槽，用于磨削加工的叫砂轮越程槽简称越程槽。退刀槽和越程槽的尺寸标注方法相同，一般按“槽宽×槽深”或“槽宽×直径”注出，如图 8-8(c)所示。

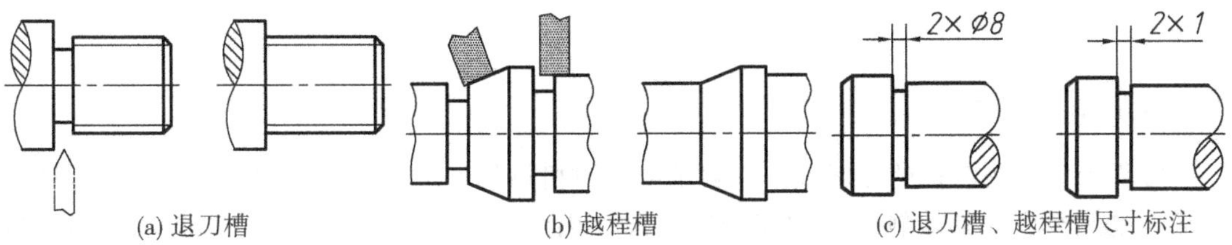

图 8-8 退刀槽和越程槽

3. 钻孔、扩孔

用钻头钻孔时，盲孔底部有一个 120°的锥顶角，如图 8-9(a)所示。钻孔深度是指不包含锥坑的圆柱孔的深度，如图 8-9(b)所示。用钻头扩孔是先用小钻头钻出小孔，再用大钻头把一部分小孔扩成大孔，两孔之间也包含部分 120°的锥顶角，扩孔深度也不包含锥孔，如图 8-9(c)所示。

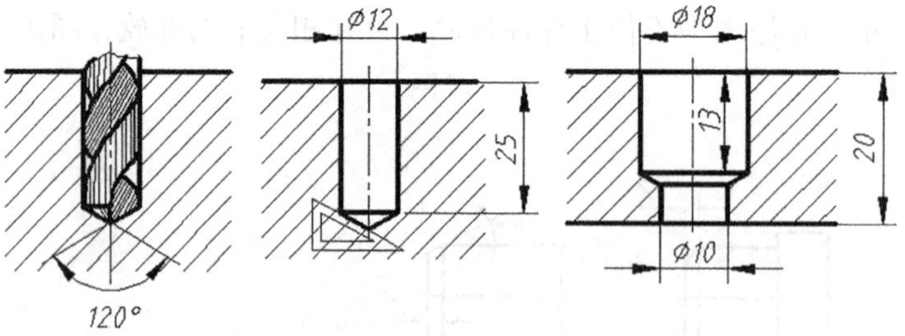

(a)　(b)　(c)

图 8-9　钻孔和扩孔深度尺寸注法

用钻头钻孔时，要求钻头轴线尽量垂直于被钻孔的端面，以保证钻孔准确和避免钻头折断，图 8-10 表示了三种钻孔端面的正确结构。

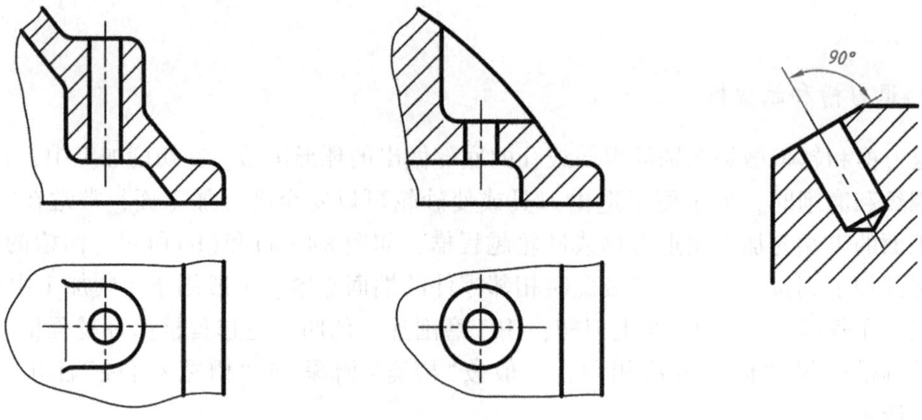

(a)　(b)　(c)

图 8-10　钻孔端面

4. 凸台和凹坑

零件上与其他零件的接触面，一般都要经过机械加工。为了减少加工面积，并保证零件表面之间有良好的接触，常常在铸件上设计出凸台、凹坑、凹槽或者凹腔，如图 8-11 所示。

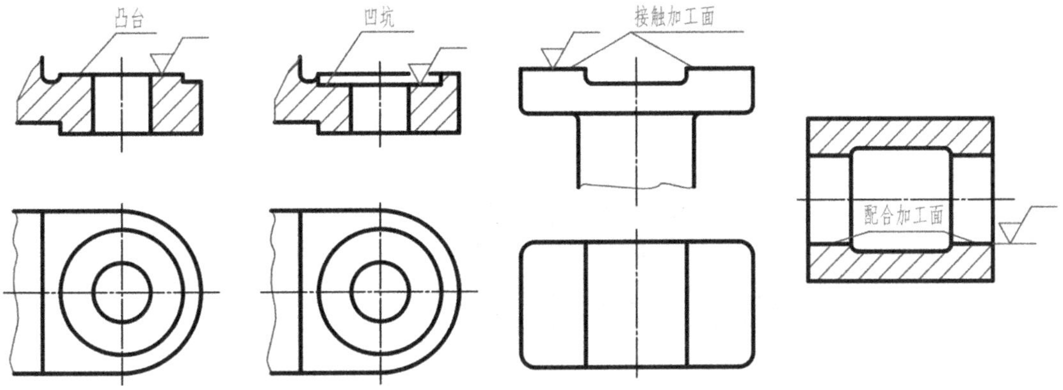

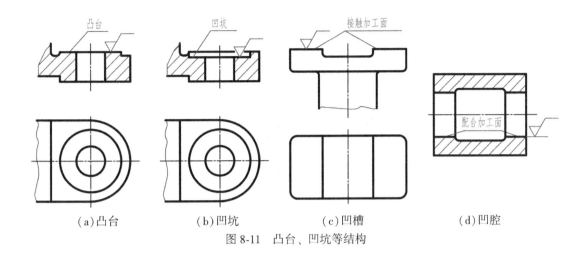

(a)凸台　(b)凹坑　(c)凹槽　(d)凹腔

图 8-11　凸台、凹坑等结构

8.2.3　零件图中的尺寸标注

零件的视图只用来表示零件的结构形状，其各组成部分的大小和相对位置是根据视图上所标注的尺寸数值来确定的。零件图上的尺寸是加工和检验零件的重要依据，是零件图的重要内容之一，是图样中指令性最强的部分。零件图中的尺寸标注，在要求正确、完整、清晰的同时，还要求合理，即零件图上所注的尺寸必须既满足设计要求，以保证机器的质量；又能满足工艺要求，以便于加工制造和检测。

1. 正确选择尺寸基准

度量尺寸的起点称为尺寸基准，即零件在机器或部件中装配或加工测量时，用于确定其位置的线、面。零件图中的尺寸标注，应从基准出发，以便于加工过程中的尺寸测量和检验。按用途不同，尺寸基准可以分为：

(1)设计基准，是根据零件的结构特点及设计要求所选定的基准。通常是机器工作时确定零件位置的一些线或者面。可通过分析各零件在部件中的作用和装配时的定位关系来确定，如图 8-12 所示，图中的轴，按照其安装位置可知其轴向设计基准为尺寸 A 右边尺寸界线所指的面，径向的设计基准为轴线，如图 8-12 所注。

(2)工艺基准，是在加工过程中在机床夹具中的定位表面或测量时用于定位的线或者面。由于在机床上加工时通常以轴的小端作为轴向定位面，所以图 8-12 中的轴，其轴向工艺基准为左端面，径向的工艺基准为轴线，如图 8-12 所注。

从设计基准出发标注尺寸，能保证所设计的零件在机器中的工作性能；从工艺基准出发标注，则便于加工和测量。因此，选择尺寸基准时，最好把设计基准和工艺基准统一起来。当设计基准和工艺基准不统一时，所注尺寸应在保证设计要求的前提下，满足工艺要求。

基准确定之后，主要尺寸应从设计基准出发标注，一般尺寸则应从工艺基准出发标注。

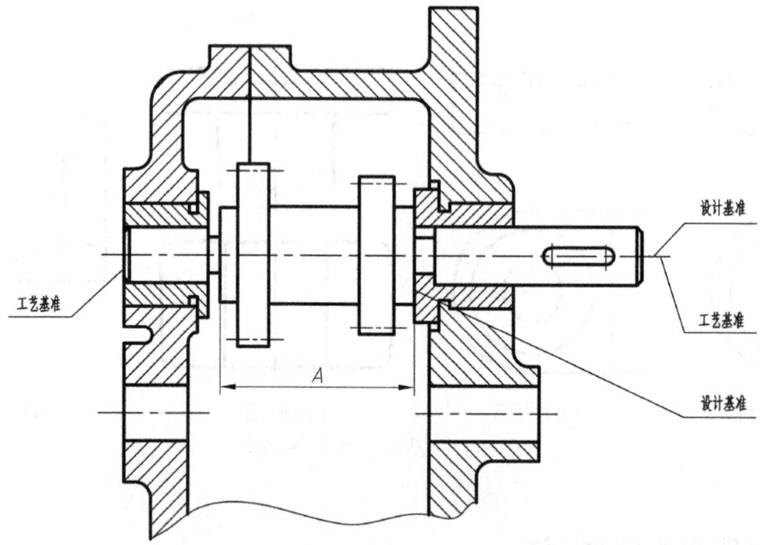

图 8-12　尺寸基准

2. 功能尺寸应从设计基准出发直接标注

功能尺寸是影响零件工作性能和精度的尺寸，这些尺寸应从设计基准出发直接注出。这样，能够直接提出尺寸公差、形状和位置公差的要求，还可以避免加工误差的积累，以保证设计要求。图 8-12 中的轴上装有两个齿轮，为保证齿轮在箱体内位置正确，有合理的工作空间，尺寸 A 必须直接标注出来，而且以设计基准为尺寸标注起点，如图 8-12 所示。

3. 避免注成封闭尺寸链

图中在同一方向按一定顺序依次排列连接起来的尺寸标注形式称为尺寸链。按加工顺序，在一个尺寸链中总有一个尺寸是在加工最后自然得到的，这个尺寸称为封闭环；尺寸链中的其他尺寸称为组成环。如果尺寸链中所有各环都注上尺寸而形成封闭形式则成为封闭尺寸链，如图 8-13(a)所示。如果尺寸链封闭，则尺寸链中任一环的尺寸误差，都是其余各环尺寸误差之和，会因误差累积而造成尺寸误差过大不能满足设计要求。因此，通常将尺寸链中不重要的尺寸作为封闭环(也称开口环或补偿环)不注尺寸(图 8-13(b))，使误差都集中在这个开口环上，从而保证了其他重要尺寸的精度。

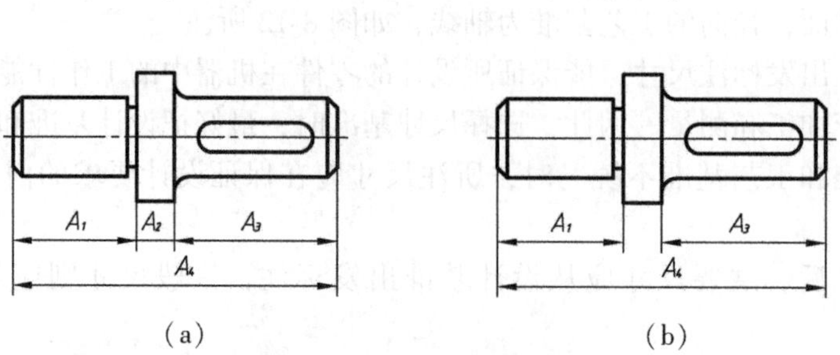

图 8-13　不能标注封闭尺寸链

4. 加工面与非加工面尺寸要分开标注

对于铸造或锻造零件，毛坯面间的尺寸是同时平行产生的，即尺寸之间的误差已经同时形成，因此在同一方向上，一个加工面很难同时保证由该加工面注出的与多个毛坯面间的尺寸的精度要求，所以同一方向上的加工面与非加工面(毛面)应各选择一个基准分别标注有关尺寸，并且两个基准之间只允许有一个联系尺寸。如图 8-14(a)所示，*A* 为加工面与加工面之间的尺寸，*C*、*D* 为非加工面与非加工面之间的尺寸，在该方向上由一个尺寸 *B* 把它们联系起来，是合理的。图 8-14(b)中 *A*、*B*、*C*、*D* 四个尺寸都是以底部为基准，同时注出了三个非加工面和一个加工面的距离，由于三个非加工面是同时平行产生的，尺寸之间的误差已经形成，在对底部进行加工时很难同时保证到这三个非加工面之间的尺寸精度，所以不合理。

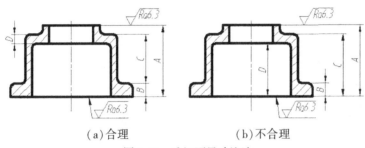

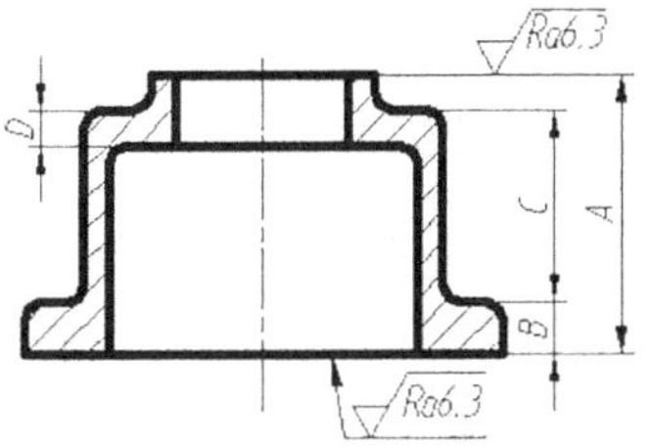

(a)合理　　(b)不合理

图 8-14　毛坯面尺寸注法

5. 所标注的尺寸应便于加工、测量

零件在加工时，都有一定的加工顺序。尺寸标注应尽量与加工工序一致，以便于加工测量，且易保证加工精度。图 8-15 给出了轴套的两种尺寸标注方法。机械加工中，同轴孔通常是按照孔的直径由小到大依次加工出来的，所以图 8-15(a)中内孔的轴向尺寸是按加工工序标注的，便于加工时看图、测量，因而是合理的；图 8-15(b)中的尺寸不符合加工顺序，且不便于测量，因而是不合理的。

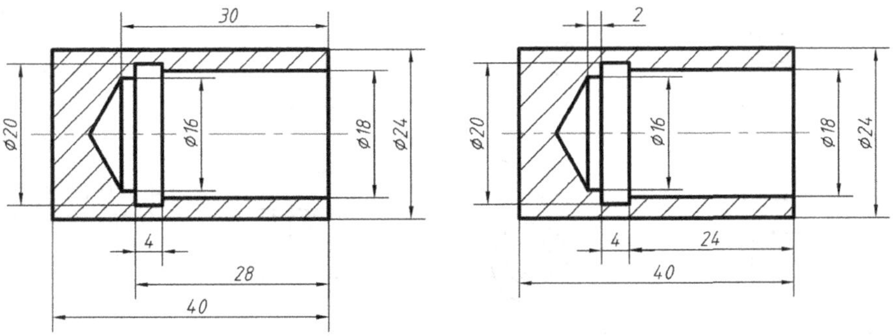

(a)合理　　(b)不合理

图 8-15　轴套尺寸标注对比

6. 零件上常见孔类尺寸注法

零件上常见光孔、沉孔、螺纹孔的尺寸标注方法见表 8-1。

表 8-1　**常见孔的尺寸注法**

结构名称	旁注法		普通注法	说明
光孔	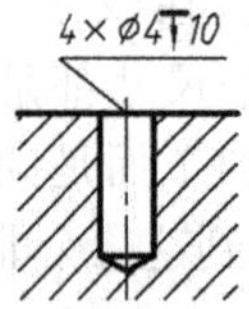	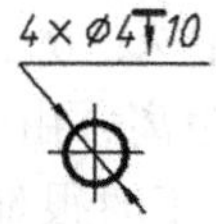	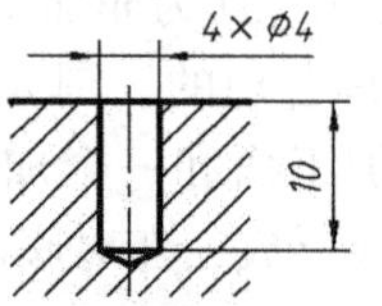	4 个均匀分布的孔，直径为 4，深度为 10
螺纹孔	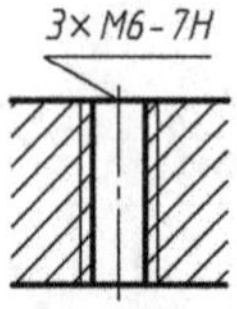		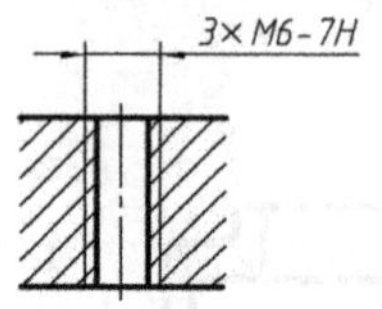	3 个均匀分布的螺纹孔，大径 M6，螺纹公差等级为 7H
	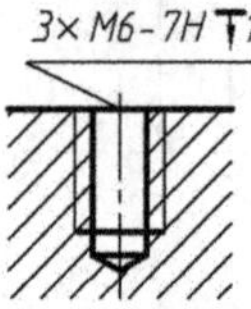	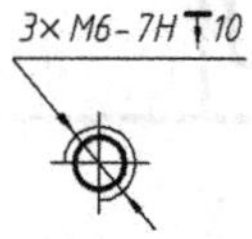	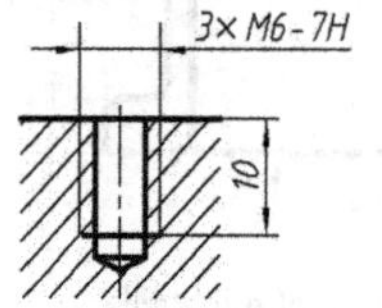	3 个均匀分布的螺纹孔，大径为 M6，螺纹公差等级为 7H，螺孔深度为 10
	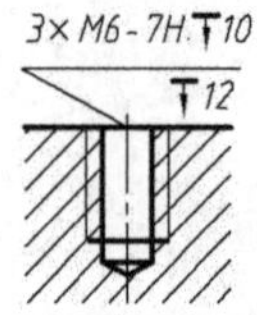	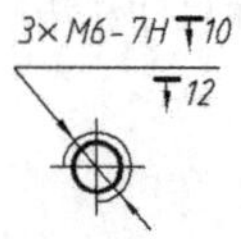	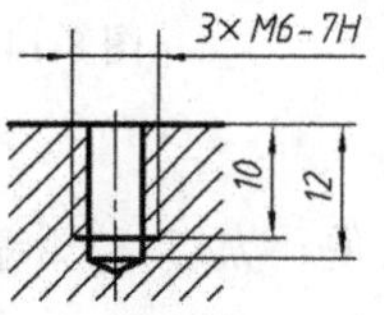	3 个均匀分布的螺纹孔，大径为 M6，螺纹公差等级为 7H，螺孔深度为 10，钻孔深为 12
沉孔	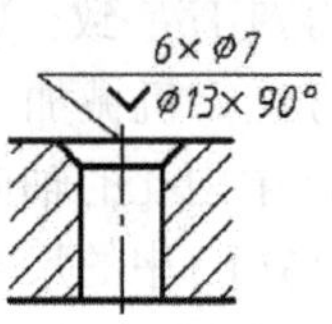	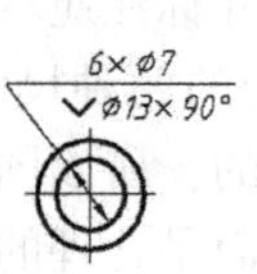	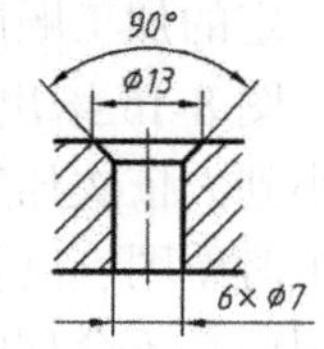	6 个直径为 7 的孔均匀分布，锥形沉孔的直径为 13，锥角为 90°
	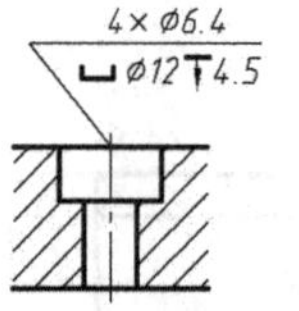		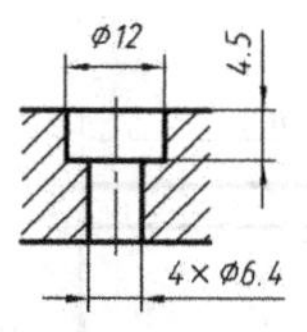	4 个直径为 6.4 的孔均匀分布，柱形沉孔的直径为 12，深度为 4.5
	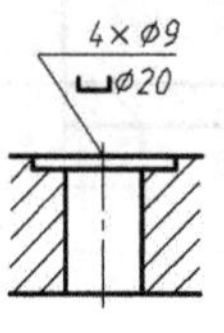		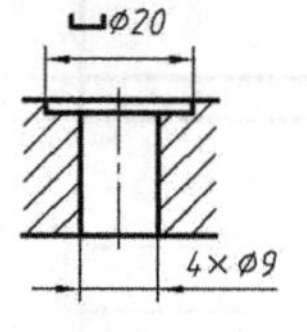	4 个直径为 9 的孔均匀分布，锪平 $\phi20$ 的深度不需标注，一般锪平到光面为止

8.3 零件视图选择与表达分析

虽然零件的结构形状是千变万化各不相同的，其表达方案也是各异的，但从零件的结构形状和表达方法的共性来分析，一些常见的零件可以分成四种类型：轴套类、盘盖类、叉架类和箱壳类。其中每一类零件的结构都有相似之处，因此视图选择和尺寸标注都有共同之处，其表达方法一般也类似。下面以部分零件为例，分析各类零件的常见表达方法。

8.3.1 视图选择的一般原则

零件的视图是零件图的重要内容，表达一个零件所选用的一组视图，应能正确、完整、清晰、简明地表达零件上各组成部分的内外结构形状和位置，并符合设计和制造要求，使看图方便、绘图简便。

要达到上述要求，应该在仔细分析零件形状结构特点的基础上，灵活运用国家标准规定的各种表达方法(如视图、剖视、断面以及简化和规定画法等)，选择一组恰当的图形构成较合理的表达方案。一般来说视图数量应适当，且每个视图都要有表达的重点，互相补充而不重复。

1. 零件的结构分析方法

在表达零件之前，必须先了解零件的结构形状，零件的结构形状是根据零件在机器中的作用和制造工艺上的要求确定的。机器或部件有其确定的功能和性能指标，而零件是组成部件的基本单元，所以每个零件均有一定的作用，如具有支承、传动、连接、定位、密封等一项或几项功能。

机器或部件中各零件间按确定的方式连接起来，应结合可靠，装配方便。两零件的结合可能是相对固定，也可能是相对运动的；相邻零件某些部位要求相对靠紧，另有些部位则必须留有间隙，在零件上往往由相应的结构来实现这些装配要求。

零件的结构必须与设计要求相适应，且有利于加工和装配。由功能要求确定主体结构，由工艺要求确定局部结构。零件的外形和内形，以及各相邻结构间都应是相互协调的。

零件结构分析的目的是为了更深刻地了解零件，使画出的零件图既表达完整、正确、清晰，又符合生产实际的要求。

2. 主视图的选择

主视图是零件图的核心，选择主视图时应先确定零件的安放位置，再确定投射方向。

1)确定零件的安放位置

一般按零件的工作位置(自然位置)或加工位置来选择安放位置。如壳体、叉架等加工方法和位置多样的零件，应尽量符合零件在机器上的工作位置，这样读图比较方便，也利于指导安装。对于盘盖、轴套等以回转体构型为主的零件主要在车床或外圆磨床上加工，应尽量符合零件的主要加工位置，即轴线水平放置(零件在主要工序中的加工位置)，这样便于工人加工时看图操作。

2)确定主视图的投射方向

选择投射方向时，应尽量使主视图最能反映零件的形状特征，即在主视图上尽量多地反映出零件内外结构形状及它们之间的相对位置关系。

3. 其他视图的选择

一个主视图是很难把整个零件的结构形状表达完全的，因此，一般在选择好主视图后，还应选择适当数量的其他视图与之配合，才能将零件的结构形状完整清晰地表达出来。一般应优先考虑选用左、俯视图，然后再考虑选用其他视图。

一个零件需要多少视图才能表达清楚，只能根据零件的具体情况分析确定。一般主要考虑以下几点：在保证充分表达零件结构形状的前提下，尽可能使视图的数目要恰当，避免过多重复表达零件的某些结构形状；选择的表达方法应正确、合理，使每一个视图都有其表达的重点内容，具有独立存在的意义。

总之，零件的视图选择是一个比较灵活的问题，一般应多考虑几种方案，加以比较后，力求用较好的方案表达零件。通过多画、多看、多比较、多总结，不断实践，才能逐步提高表达能力。

8.3.2　典型零件表达分析

1. 轴套类零件

轴一般是用来支承零件和传递动力的，套一般是装在轴上，起轴向定位、传动或联接作用。这类零件包括各种轴、丝杆、套筒、衬套等，如图8-16所示就是一个传动轴的零件图。

1)结构特点

轴套类零件的结构比较简单，大多是由位于同一轴线上数段直径不同的回转体(圆柱或圆锥)组成，且轴向尺寸一般比径向尺寸大。这类零件一般用来支撑传动零件以传递动力，因此常带有键槽、销孔、螺纹、退刀槽、越程槽、中心孔、油槽、圆角、锥度等结构。为去除金属锐边和便于轴上零件装配，轴的两端均有倒角。

2)常用表达方法

(1)轴套类零件主要在车床和磨床上加工成形，为便于操作人员对照图样进行加工，多按加工位置选择主视图的位置，即将轴线水平放置，以垂直轴线方向作为主视图投射方向。

(2)画图时一般大头在左，小头在右，以符合零件最终加工位置；通常使平键键槽朝前、半圆键键槽朝上，以利于形状特征的表达。

(3)根据所确定的主视图，结合轴向尺寸标注，及圆柱直径尺寸标注，一般即可把轴套上各回转体的相对位置和主要形状表示清楚，如图 8-16 所示。

(4)常用局部视图、断面图、局部放大图等图样画法补充表达主视图中尚未表达清楚的部分，如键槽、退刀槽、越程槽和中心孔等，如图 8-16 所示。

(5)对于形状简单而轴向尺寸较长的部分可以断开后用断开画法缩短绘制。

(6)空心套类零件，由于多存在内部结构，主视图一般采用全剖、半剖或局部剖绘制。

2. 盘盖类零件

盘盖类零件包括手轮、胶带轮、飞轮、法兰盘、端盖、盘座等，如图 8-1 和图 8-17 所示。轮一般用来传递动力和扭矩，盘主要起支承、轴向定位以及密封等作用。

1)结构特点

盘盖类零件的主体结构一般也为同轴线的回转体或其他平板形，大多具有良好的对称性，与轴套零件不同的是，轮盘类零件轴向尺寸小而径向尺寸较大。端盖在机器中起密封和支撑轴、轴承或轴套的作用，通常有一个端面是与其他零件连接的重要接触面，因此，常设有作为定位或连接用的安装孔、支撑孔等结构；而且这类零件上常有退刀槽、凸台、凹坑、倒角、圆角、轮齿、轮辐、筋板、螺孔、键槽等结构。

2)常用表达方法

(1)盘盖类零件主要是在车床上加工，所以主视图通常也按加工位置摆放，即轴线水平放置，对有些不以车床加工为主的零件可按形状特征和工作位置确定。

(2)通常采用两个视图，若有内部结构，主视图常采用半剖、全剖或局部剖视图来表达，另一视图表达外形轮廓和各组成部分，如连接孔、轮辐、筋板等的数量和分布情况，如图 8-1 和图 8-17 所示。

(3)基本视图中还未表达清楚的局部结构，常用局部视图、局部剖视图、断面图和局部放大图等补充表达，如图 8-17 所示。

3. 叉架类零件

叉架类零件包括各种用途的拨叉、连杆、支架、摇杆、支座等，如图 8-18 所示。拨叉主要用在机床、内燃机各种机器上的操纵机构上，用以操纵机器、调节速度。支架主要起支承和连接作用。

1)结构特点

叉架类零件结构形状大多比较复杂，且相同的结构不多。这类零件多数由铸造或模锻制成毛坯后，再经必要的机械加工而成。这类零件上的结构，一般可分为工作部分和联系部分。工作部分指该零件与其他零件配合或连接的套筒、叉口、支承板、底板等；联系部分指将该零件各工作部分连系起来的薄板、筋板、杆体等。零件上常具有铸造或锻造圆角、拔模斜度、凸台、凹坑或螺孔、销孔等结构。

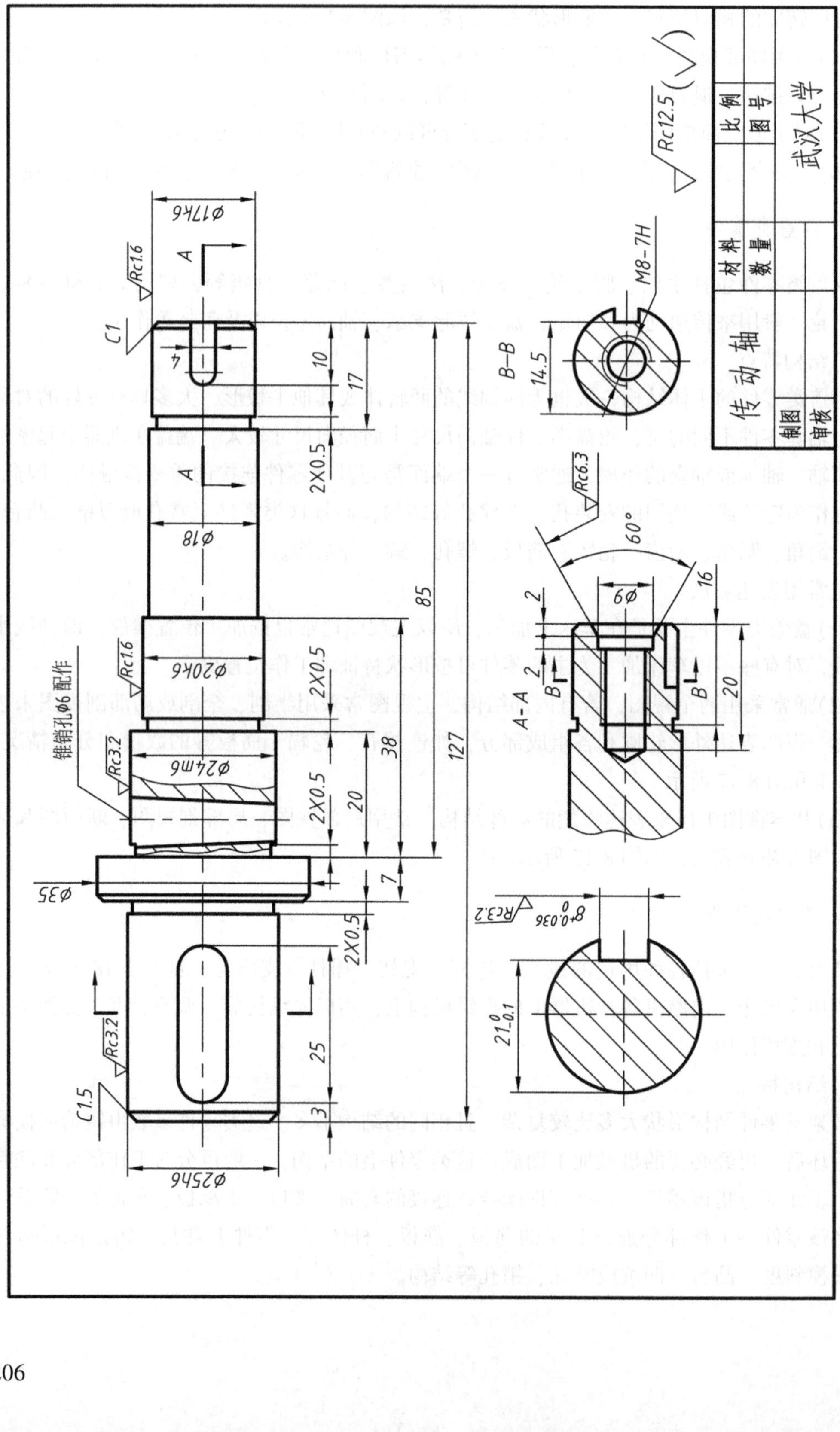
Rc12.5
比 例
图 号
武汉大学
材 料
数 量
传 动 轴
制图
审核
φ17k6
Rc1.6
A
C1
4
10
17
2X0.5
φ18
85
φ20k6
Rc1.6
锥销孔φ6配作
Rc3.2
φ24m6
2X0.5
20
38
127
φ35
7
2X0.5
Rc3.2
25
C1.5
3
φ25k6
B-B
14.5
M8-7H
Rc6.3
60°
A-A
2
6φ
16
2
B
B
20
$8^{+0.036}_{0}$
Rc3.2
$21^{0}_{-0.1}$

图8-16　传动轴零件图

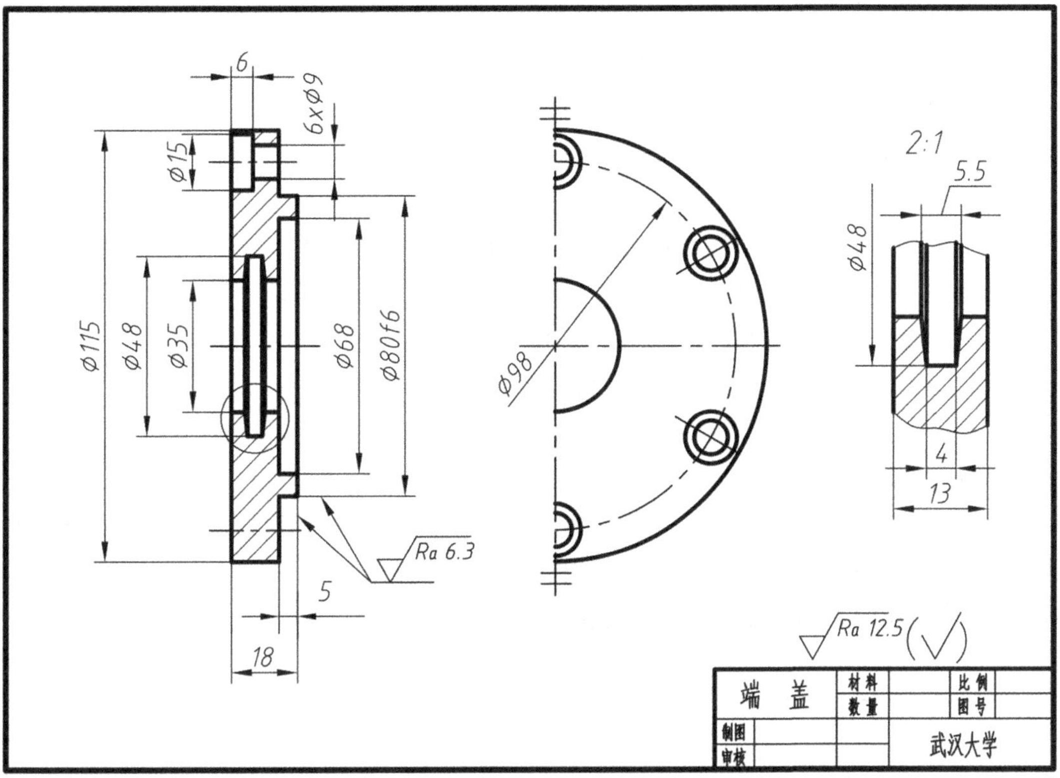

图 8-17 端盖零件图

2) 常用表达方法

(1) 叉架类零件因为形状较为复杂，需经不同的机械加工方法加工成型，而加工位置难以分出主次。所以，在选择视图时，主要按形状特征和工作位置(或自然位置)确定，按最能反映零件形状特征的方向作为主视图的投射方向，如图 8-18 所示主视图。

(2) 除主视图外，一般还需 1~2 个基本视图才能将零件的主要结构表达清楚。由于它的某些结构形状不平行于基本投影面，所以常常采用斜视图表达零件上的倾斜结构，如图 8-18 中的 *A* 向斜视图。

(3) 常用局部视图或局部剖视图表达零件上的凹坑、凸台等结构。

(4) 筋板、杆体等连接结构常用断面图表示其断面形状，如图 8-18 中表达肋板厚度的移出断面图。

4. 箱壳类零件

箱壳类零件是指箱体、座体、外壳等，一般可起容纳、支承和密封等作用。

1) 结构特点

箱壳类零件是机器或部件上的主体零件之一，其结构形状往往比较复杂，多为铸件，主要用来包容、支撑和保护运动零件或其他零件，因此，这类零件多为有一定壁厚的中空腔体，箱壁上常伴有支撑孔、与其他零件装配的孔或螺孔等结构。为使运动零件得到润滑和冷却，箱体内常存放有润滑油，因此，也常见注油孔、油槽、放油孔和观察孔等结构。为了使它与其他零件或基座装配在一起，这类零件常用安装底板、安装孔等结构。

2) 表达方案

(1) 箱壳类零件多数经过较多工序加工制造而成，各工序的加工位置不尽相同，因而主要按工作位置放置。如图 8-19 所示为一油泵的泵体，图示位置即为其工作位置。

(2) 通常以垂直于主要孔中心线的方向作为主视图的投射方向，采用通过主要孔的全剖、阶梯剖或旋转剖视图来表达内部结构形状；或者沿着主要孔中心线的方向作为主视图的投射方向，主视图重点表达零件外形。如图 8-19 所示，主视图采用旋转剖视，主要表达泵体的内部结构。

(3) 一般需要三个或三个以上的基本视图才能将其主要结构形状表示清楚。如图 8-19 所示，泵体左侧为凹腔，右端为凸起，结构不同，所以选用左视图和右视图分别表达左右两端的内外结构，俯视图采用对称的简化画法，主要表达外形。

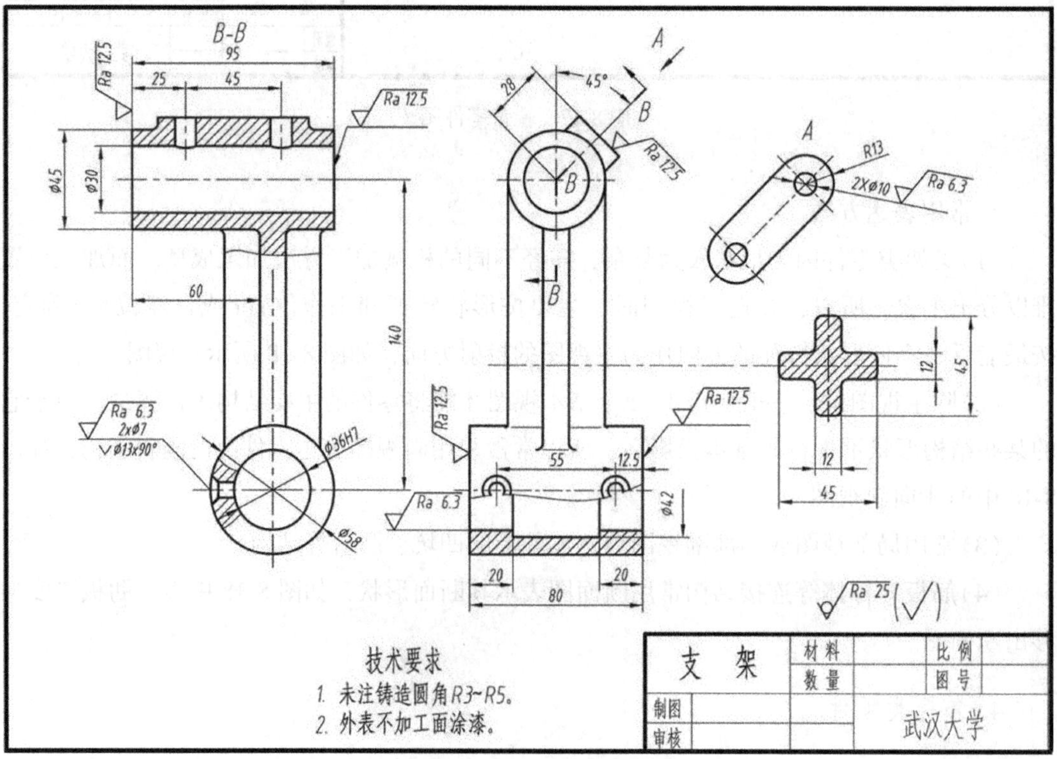

图 8-18　支架零件图

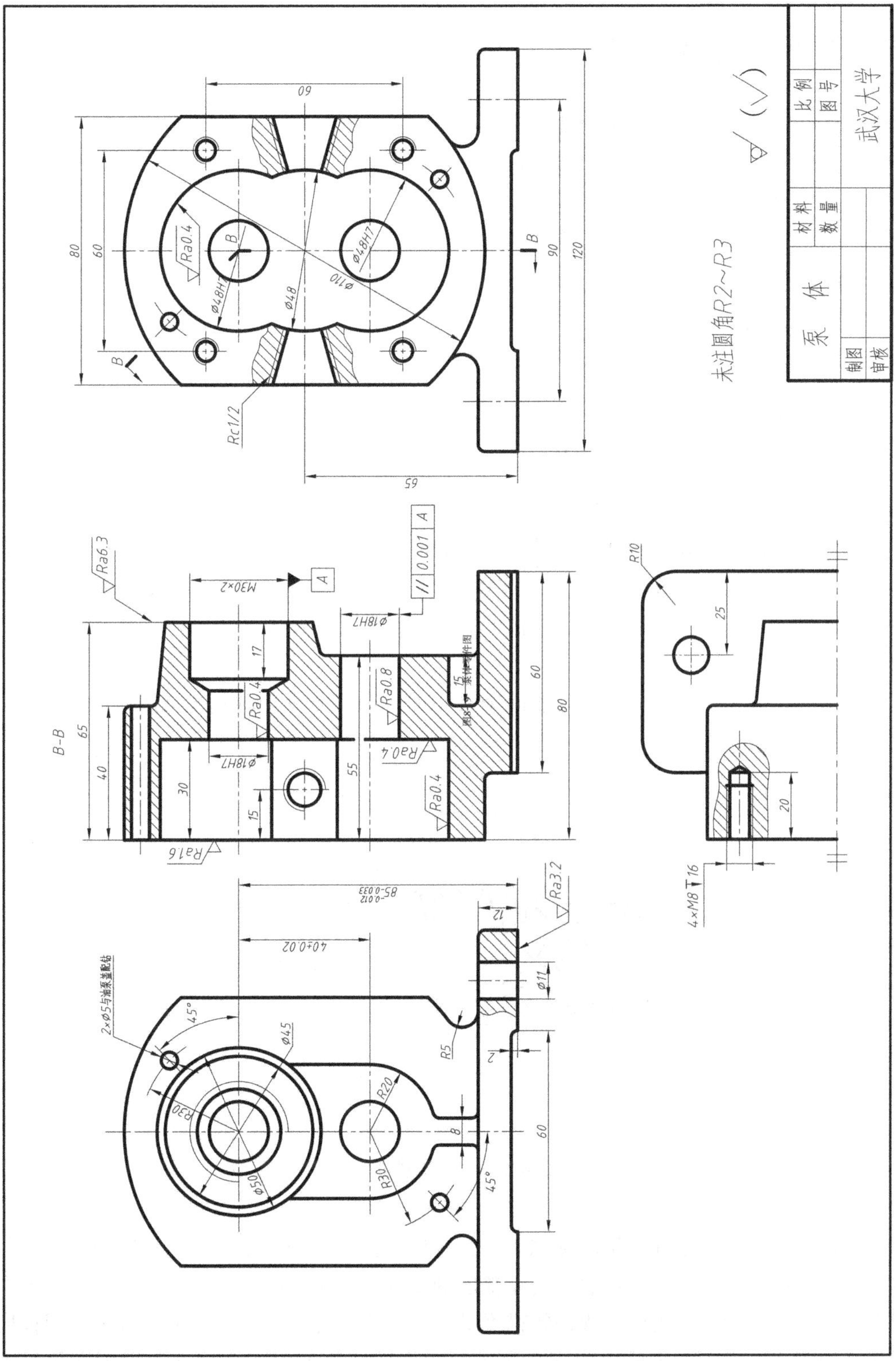

图8-19 泵体零件图

8.4 零件图的技术要求

在零件图中，除了用一组视图表达零件的内外形状和结构，用尺寸表示零件的大小以外，还必须注明零件在制造和检验时应达到的质量要求，即技术要求。为了能够全面地认识零件图，现对这部分内容作简单的介绍。

零件图上正常标注出的技术要求的内容有：

(1)表面粗糙度；

(2)尺寸公差；

(3)形状位置公差及材料、热处理、表面镀涂。

8.4.1 表面结构的表示法

1. 表面结构的概念

表面结构是指零件表面的几何形貌。它是表面粗糙度、表面波纹度、表面纹理、表面缺陷和表面几何形状的总称。国家标准(GB/T 131—2006)对表面结构的表示法作了全面的规定。本节先介绍目前我国应用最广泛的表面粗糙度在图样上的表示法，及其符号、代号的标注方法。

表面粗糙度是指加工表面上存在着间距较小的轮廓峰谷所组成的微观几何形状特性，如图 8-20 所示。

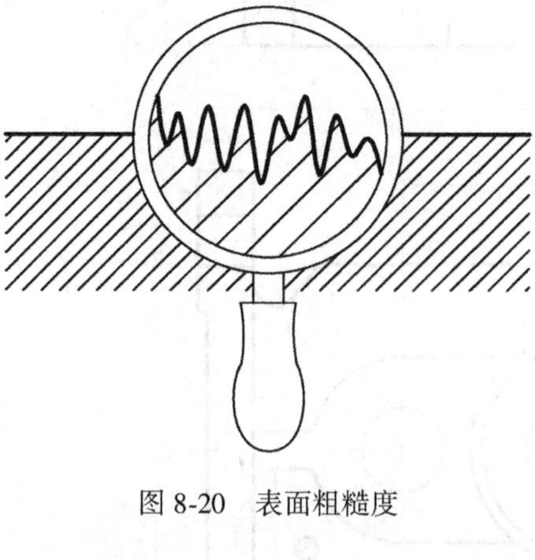

图 8-20 表面粗糙度

表面粗糙度是衡量零件质量的标志之一，它对零件的配合、耐磨性、抗腐蚀性、密封性和外观都有影响。因此，零件表面的粗糙度的要求也各不相同，一般说来，凡零件上有配合要求和有相对运动的表面，表面粗糙度参数值要小，即要求越高，但零件表面粗糙度要求越高加工成本也越高，所以应在满足零件表面功能的前提下，合理选用表面粗糙度参数。

2. 表面粗糙度的参数(GB/T 131—2006)

目前，在生产中评定零件表面质量的主要参数有：轮廓算术平均偏差 *Ra*、轮廓最大高度 *Rz*。使用时优先选用 *Ra*。

轮廓算术平均偏差 *Ra* 是指在取样长度 l(用于判别具有表面粗糙度特征的一段基准线长度)内，轮廓偏距 y(表面轮廓上的点至基准线的距离)绝对值的算术平均值；轮廓最大高度 *Rz* 是指在取样长度内，轮廓峰顶线和谷底线之间的距离，如图 8-21 所示。

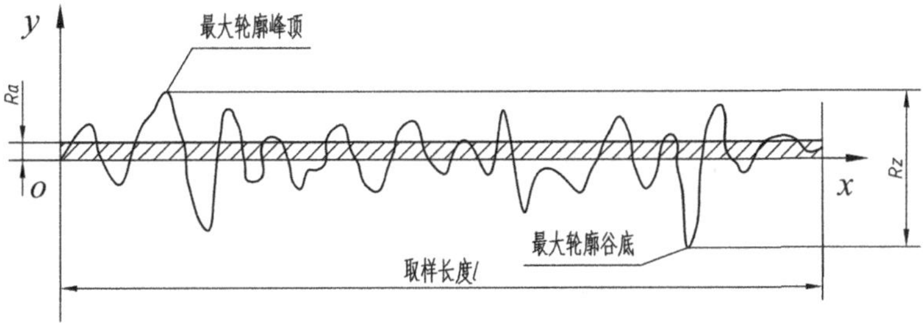

图 8-21　表面粗糙度评定参数

国家标准规定了 *Ra* 的取值及对应的取样长度 l 和评定长度 l_n(评定被测轮廓所需的一段长度，它包括一个或几个取样长度)，见表 8-2。

表 8-2　**Ra 及 l，l_n 选用值**

Ra (μm)	第一系列	0.012	0.025	0.050	0.100	0.20	0.40	0.80
		1.60	3.2	6.3	12.5	25.0	50.0	100
	第二系列	0.008	0.010	0.016	0.020	0.032	0.040	0.063
		0.080	0.125	0.160	0.25	0.32	0.50	0.63
		1.00	1.25	2.00	2.50	4.00	5.00	8.00
		10.00	16.00	20.00	32.00	40.00	63.00	80.00

Ra(μm)	≥0.008~0.02	>0.02~0.1	>0.1~2.0	>2.0~10.0	>10.0~80
取样长度 l(mm)	0.08	0.25	0.8	2.5	8.0
评定长度 l_n(mm)	0.4	1.25	4.0	12.5	40

3. 表面粗糙度的标注

1)表面粗糙度符号

图样上表示零件表面粗糙度的符号及意义如表 8-3 所示。

表 8-3　　**表面粗糙度符号及意义**

符号	意　义
	基本图形符号，对表面结构有要求的图形符号，简称基本符号。没有补充说明时不能单独使用
	扩展图形符号，基本符号上加一短横，表示指定表面是用去除材料的方法获得。例如：车、铣、刨、钻、磨、剪切、抛光等
	扩展图形符号，基本符号上加一小圆，表示表面是用不去除材料的方法获得。例如：锻、铸、冲压、变形、热扎、冷扎、粉末冶金等，或是用于保持原供应状态的表面
	完整图形符号，当要求标注表面结构特征的补充信息时，在允许任何工艺图形符号的长边上加一横线
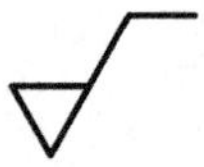	完整图形符号，当要求标注表面结构特征的补充信息时，在去除材料图形符号的长边上加一横线
	完整图形符号，当要求标注表面结构特征的补充信息时，在不去除材料图形符号的长边上加一横线。在文本中用 NMR 表示

图样上表示零件表面粗糙度符号的画法如图 8-22，表面粗糙度符号和附加标注的尺寸见表 8-4。

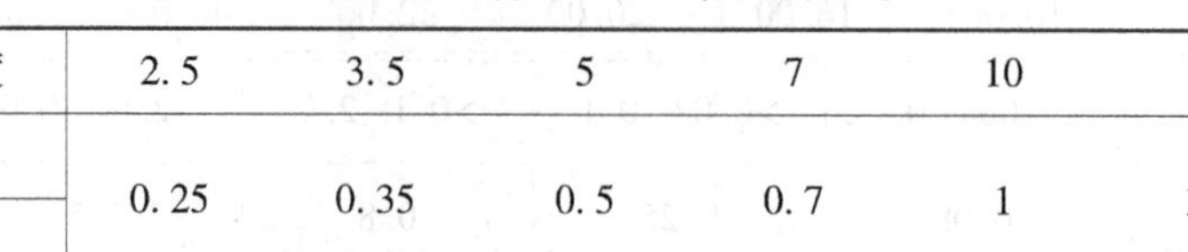

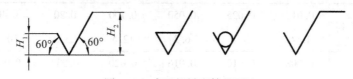

图 8-22　表面粗糙度符号画法

表 8-4　　**表面粗糙度符号和附加标注的尺寸**

数字与字母高度	2. 5	3. 5	5	7	10	14	20
符号线宽	0. 25	0. 35	0. 5	0. 7	1	1. 4	2
字母线宽							
高度 H_1	3. 5	5	7	10	14	20	28
高度 H_2	7. 5	10. 5	15	21	30	42	60

2) 表面粗糙度代号

在表面粗糙度符号中标注有关参数及其他要求组成表面粗糙度代号。常见表面粗糙度代号及其意义见表 8-5，单位为 μm。

3) 表面粗糙度的标注方法

表面粗糙度标注规则主要有以下几点：

(1) 在同一张图样上，每一表面一般只标注一次代(符)号，并按规定注在可见轮廓线、尺寸界线、尺寸线或它们的延长线上。

(2) 符号的尖端必须从材料外部指向表面。

(3) 表面粗糙度参数值的大小、方向与尺寸数字的大小、方向一致。

其他一些规定和标注方法见表 8-6。

表 8-5 **常见表面粗糙度代号及其意义示例**

代号	意义	代号	意义
Ra3.2	任何方法获得的表面粗糙度，*Ra* 的上限值为 3.2μm	Rz3.2	任何方法获得的表面粗糙度，*Rz* 的上限值为 3.2μm
Ra3.2	用不去除材料方法获得的表面粗糙度，*Ra* 的上限值为 3.2μm	Rz3.2	用去除材料方法获得的表面粗糙度，*Rz* 的上限值为 3.2μm
Ra3.2	用去除材料方法获得的表面粗糙度，*Ra* 的上限值为 3.2μm	Rz3.2 Rz1.6	用去除材料方法获得的表面粗糙度，*Rz* 的上限值为 3.2μm，*Rz* 的下限值为 1.6μm
Ra3.2 Ra1.6	用去除材料方法获得的表面粗糙度，*Ra* 的上限值为 3.2μm，*Ra* 的下限值为 1.6μm	Ra 3.2 Rz12.5	用去除材料方法获得的表面粗糙度，*Ra* 的上限值为 3.2μm，*Rz* 的上限值为 12.5μm

表 8-6 **表面粗糙度的标注图例**

表面结构的注写和读取方向与尺寸的注写和读取方向一致

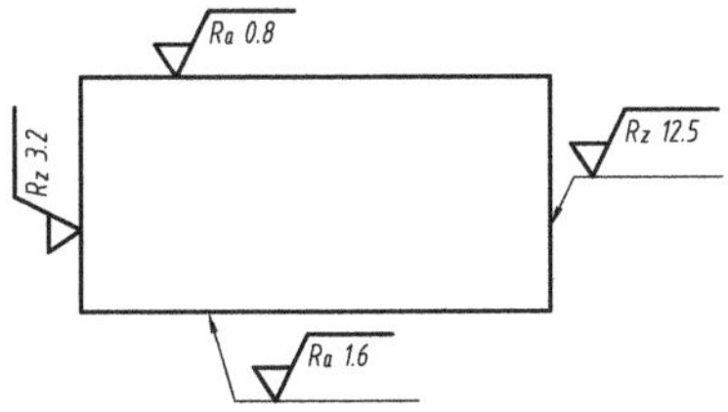

必要时，表面结构符号可用带箭头或黑点的指引线引出标注

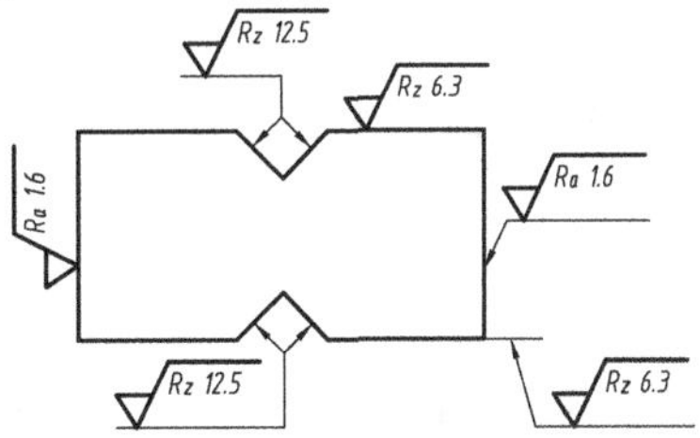

表面结构要求可以标注在轮廓线的延长线上，也可标注在尺寸线或尺寸界线的延长线上

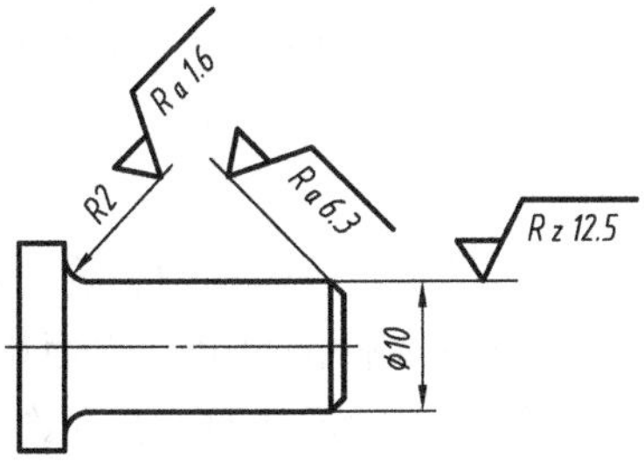

由几种不同的工艺方法获得的同一表面，当需要明确每种工艺方法的表面结构要求时的标注方法

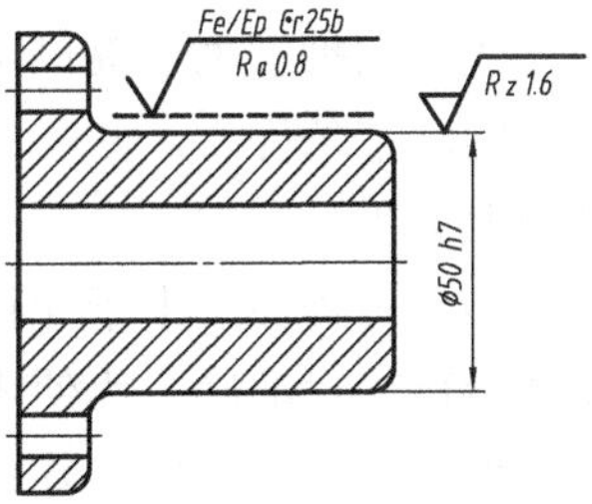

续表

<table>
<tr><td colspan="2">如果零件的多数(包括全部)表面有统一的表面结构要求，则其表面结构要求可统一标注在图样的标题栏附近。此时(除全部表面有相同要求的情况外)，表面结构要求的符号后面应有：
——在圆括号内给出无任何其他标注的基本符号；
——在圆括号内给出不同的表面结构要求。
不同的表面结构要求应直接标注在图形中
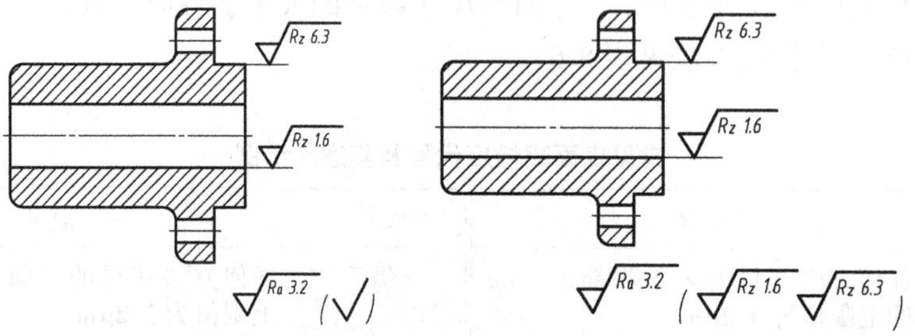
</td></tr>
<tr><td>当多个表面具有相同的表面结构要求或图纸空间有限时，可以采用简化注法。用带字母的完整符号，以等式的形式，在图形或标题栏的附近，对有相同表面结构要求的表面进行简化标注
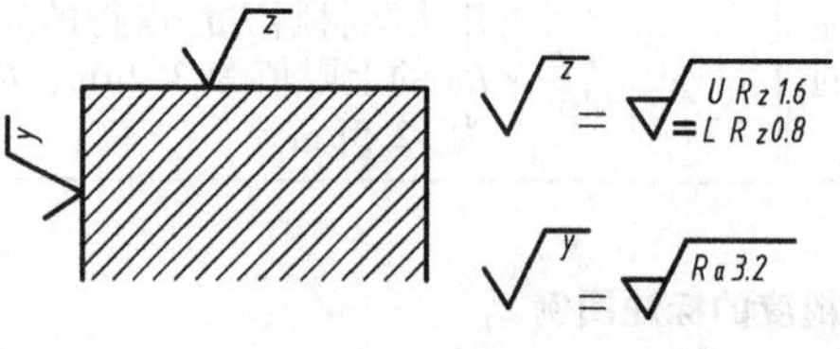
</td><td>还可用下图的表面结构符号，以等式的形式给出多个表面共同的表面结构要求
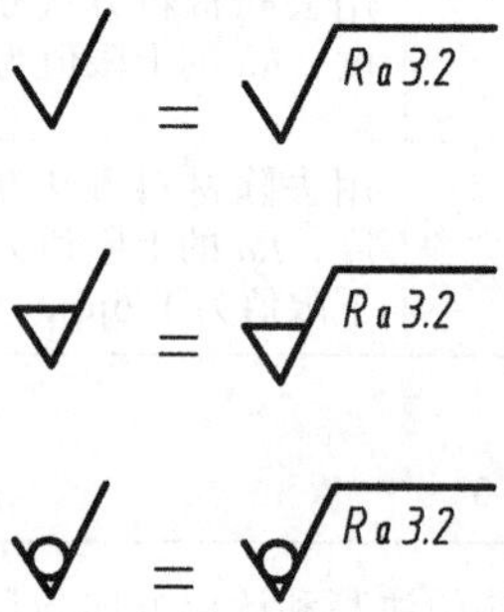
</td></tr>
</table>

8.4.2 极限与配合

1. 相关术语及定义

1)零件的互换性

从批量生产的相同零件中任取一件，不经修配，装到机器上去，能保证使用要求，我们称这批零件具有互换性。零件具有互换性，不但给机器装配、修理带来方便，更重要的是为机器的现代化大批量生产提供可能性。而零件的技术要求，特别是尺寸公差与配合，是实现互换性的基本条件。

2)尺寸及其公差

在零件的加工过程中，由于受机床精度、刀具磨损、测量误差等因素的影响，不可能把零件的尺寸做得绝对准确。为使零件具有互换性，必须保证零件的尺寸、表面粗糙度、几何形状及零件上有关要素的相互位置等技术要求具有一致性。就尺寸而言，允许在一个合理的范围内变动，这个范围，首先是在使用和制造上合理、经济；其次，就是要保证相互配合的尺寸之间形成一定的配合关系，以满足使用要求。现以图 8-23 中，尺寸为 $\phi36$ 的圆柱孔与轴相配合的零件尺寸为例说明相关术语及定义。

(1)公称尺寸：根据零件强度、结构和工艺性要求，设计确定的理想形状要素的尺寸。例如，图 8-23 中孔的公称尺寸是 $\phi36$，轴的公称尺寸也是 $\phi36$。

(2)实际尺寸：通过实际测量所得的尺寸。

(3)极限尺寸：尺寸要素允许的尺寸的两个极端。尺寸要素允许的最大尺寸称为上极限尺寸；尺寸要素允许的最小尺寸称为下极限尺寸。如图 8-23 所示，孔的上极限尺寸为 $\phi36.025$，下极限尺寸为 $\phi36$。轴的上极限尺寸为 $\phi35.991$，下极限尺寸为 $\phi35.975$。实际尺寸在这两个极限尺寸范围以内就是合格的。

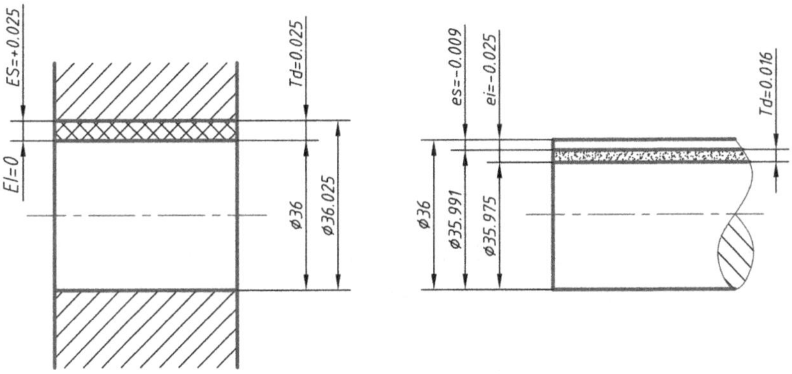

图 8-23　尺寸公差示意图

(4)极限偏差：极限尺寸减其公称尺寸所得的代数差。

极限偏差有：

上极限偏差=上极限尺寸-公称尺寸

下极限偏差=下极限尺寸-公称尺寸

上、下极限偏差统称为极限偏差，上、下极限偏差可以是正值、负值或零。

规定孔的上极限偏差代号为 ES、下极限偏差代号 EI，轴的上极限偏差代号为 es、下极限偏差代号为 ei。

图 8-23 中孔的上、下极限偏差分别为：

$$ES=36.025-36=+0.025,\ EI=36-36=0$$

轴的上、下极限偏差为：

$$es=35.991-36=-0.009,\ ei=35.975-36=-0.025$$

(5)尺寸公差(简称公差)：尺寸要素允许的变动量，即上极限尺寸减下极限尺寸之差。

尺寸公差=上极限尺寸-下极限尺寸=上极限偏差-下极限偏差

孔的公差以 T_D 表示，轴的公差以 T_d 表示，孔和轴的上极限尺寸分别以 D_{max} 和 d_{max} 表示，孔和轴的下极限尺寸分别以 D_{min} 和 d_{min} 表示。

由此孔、轴公差可分别写成：$T_D=D_{max}-D_{min}=ES-EI$；$T_d=d_{max}-d_{min}=es-ei$。

由于上极限尺寸总是大于下极限尺寸，所以公差一定为正值。

(6)公差带：由代表上、下极限偏差的两条直线所限定的区域称为公差带。一般以公称尺寸为零线(零偏差线)，用适当的比例画出两极限偏差，以表示尺寸允许变动的界限及范围，称为公差带图(尺寸公差带图)，上述孔与轴的公差带图如图 8-24 所示。在公差带图中零线是确定正、负偏差的基准线，正偏差位于零线之上，负偏差位于零线之下，如图 8-24 所示。

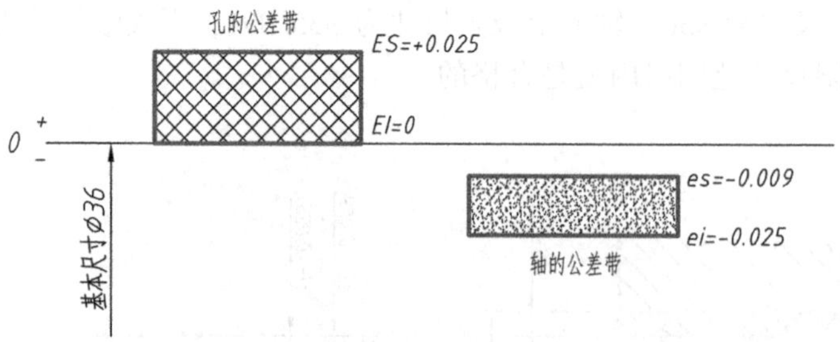

图 8-24　公差带图

(7)标准公差：是指国家颁布的"标准公差数值表"中以确定公差带大小的任一公差，标准公差是公称尺寸的函数，对于一定的公称尺寸，公差等级愈高，标准公差值愈小，尺寸的精确程度愈高。标准公差分为 20 个等级即 IT01、IT0、IT1 至 IT18。IT 表示公差，数字表示公差等级。对于一定的公称尺寸，IT01 公差值最小，精度最高，IT18 公差值最大，精度最低。IT01～IT11 用于配合尺寸，IT12～IT18 用于非配合尺寸。各级标准公差的取值，可查阅附录。

(8)基本偏差：用以确定公差带相对于零线位置的上极限偏差或下极限偏差。一般是指靠近零线的那个偏差。例如：图 8-24 中所示孔的基本偏差为下极限偏差，轴的基本偏差为上极限偏差。国家标准规定轴和孔各有 28 种基本偏差，用拉丁字母表示。孔的基本偏差用大写字母表示，轴的基本偏差用小写字母表示。如图 8-25 所示，孔的基本偏差 *A*～*H* 为下极限偏差，*J*～*ZC* 为上极限偏差，*JS* 的基本偏差为$+T_D/2$ 和$-T_D/2$；轴的基本偏差 *a*～*h* 为上极限偏差，*j*～*zc* 为下极限偏差，*js* 的上下极限偏差分别为$+T_d/2$ 和$-T_d/2$，图中未注出其基本偏差(两端都开口)。已知公称尺寸，就可以查出每一种基本偏差所对应的具体数值，见附录。

综上所述，已知孔和轴的公称尺寸、基本偏差代号、标准公差等级，就可以确定其基本偏差数值和标准公差的大小，也就可以绘制公差带图了，从而确定两者的配合状况。所以，把基本偏差代号和标准公差等级合在一起称为公差带代号。所以孔和轴的公差带代号由基本偏差代号与公差等级组成并且要用同一号字母书写。例如：

$\phi40$ *H*8——表示公称尺寸为 $\phi40$ 的孔，公差带代号 *H*8，其中基本偏差为 *H*，公差等级为 8 级。

$\phi40$ *f*7——表示公称尺寸为 $\phi40$ 的轴，公差带代号 *f*7，其中基本偏差为 *f*，公差等级为 7 级。

2. 配合与基准制

在机器装配中，将公称尺寸相同、相互结合的孔和轴公差带之间的关系，称为配合。

(1)配合种类：间隙配合，过盈配合，过渡配合。

间隙配合：孔的公差带完全在轴的公差带之上，任取一对孔与轴装配时，孔轴之间总有间隙(包括最小间隙为零)的配合，如图 8-26 所示。

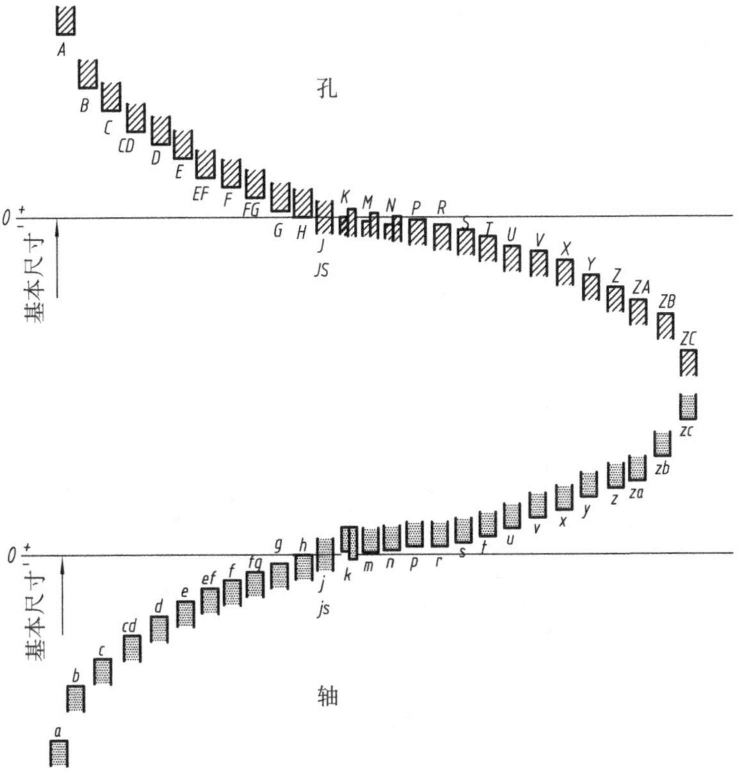

图 8-25 基本偏差系列

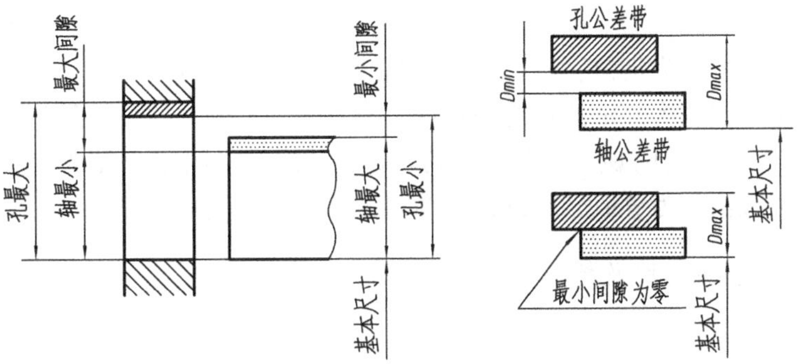

图 8-26 间隙配合

过盈配合：孔的公差带完全在轴的公差带之下，任取一对孔与轴装配时，孔轴之间总有过盈(包括最小过盈为零)的配合，如图 8-27 所示。

过渡配合：孔与轴装配时，可能有间隙也可能有过盈的配合，如图 8-28 所示，孔的公差带与轴的公差带，互相交叠。

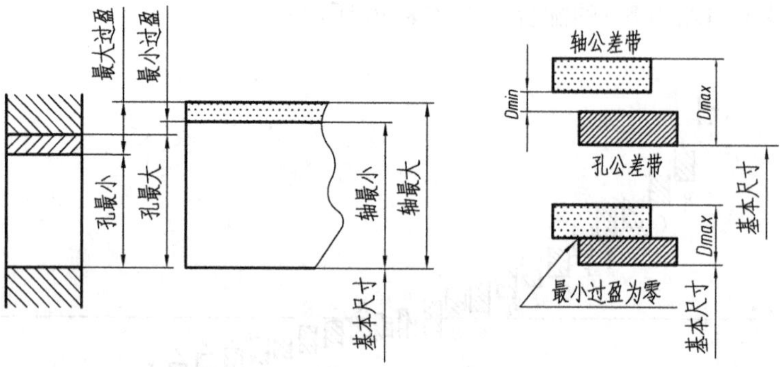

图 8-27 过盈配合

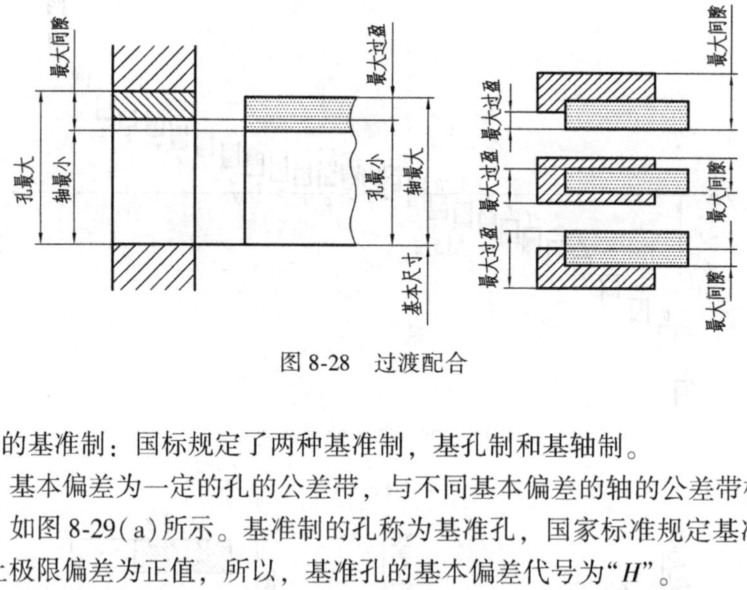

图 8-28 过渡配合

(2)配合的基准制：国标规定了两种基准制，基孔制和基轴制。

基孔制：基本偏差为一定的孔的公差带，与不同基本偏差的轴的公差带构成各种配合的一种制度，如图 8-29(a)所示。基准制的孔称为基准孔，国家标准规定基准孔的下极限偏差为零，上极限偏差为正值，所以，基准孔的基本偏差代号为“*H*”。

基轴制：基本偏差为一定的轴的公差带，与不同基本偏差的孔的公差带构成各种配合的一种制度，如图 8-29(b)所示。基轴制的轴称为基准轴，国家标准规定基准轴的上极限偏差为零，下极限偏差为负值，所以，基轴制的基本偏差代号为“*h*”。

3. 极限与配合的选用及标注

1)选用原则

(1)国家标准规定了优先配合和常用配合，基孔制和基轴制的优先配合见表 8-7，常用配合可查阅 GB/T 1801—2009，设计时应选用优先配合和常用配合。

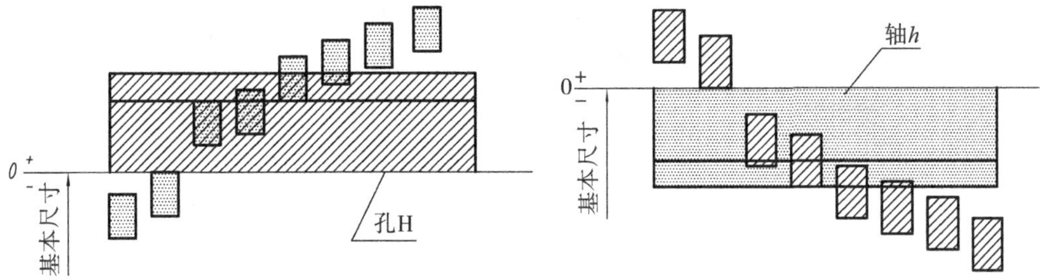

(a)基孔制　　(b)基轴制

图 8-29 配合基准制

(2)国家标准明确规定，一般情况下优先选用基孔制。在一些特殊情况，如一些标准滚动轴承的外环与孔的配合，采用基轴制。

(3)由于孔的加工较轴困难，在配合时，常选用孔比轴低一级的公差等级，例如，*H8/h7*。

表 8-7 **优先配合**

	基孔制优先配合				基轴制优先配合			
间隙配合	$\frac{H7}{g6}$ $\frac{H7}{h6}$	$\frac{H8}{f7}$ $\frac{H8}{h7}$	$\frac{H9}{d9}$ $\frac{H9}{h9}$	$\frac{H11}{c11}$ $\frac{H11}{h11}$	$\frac{G7}{h6}$ $\frac{H7}{h6}$	$\frac{F8}{h7}$ $\frac{H8}{h7}$	$\frac{D9}{h9}$ $\frac{H9}{h9}$	$\frac{C11}{h11}$ $\frac{H11}{h11}$
过渡配合	$\frac{H7}{k6}$ $\frac{H7}{n6}$				$\frac{K7}{h6}$ $\frac{N7}{h6}$			
过盈配合	$\frac{H7}{p6}$ $\frac{H7}{s6}$ $\frac{H7}{u6}$				$\frac{P7}{h6}$ $\frac{S7}{h6}$ $\frac{U7}{h6}$			

2)标注

在零件图上标注公差，按下列三形式之一标注：

(1)公称尺寸后注出公差带代号，如图 8-30(a)所示。

(2)公称尺寸后注出极限偏差值，如图 8-30(b)所示。

(3)公称尺寸后同时标注公差代号和偏差的值，如图 8-30(c)所示。

标注偏差数值时，偏差数值的数字应略小于尺寸数字，下极限偏差应与公称尺寸注于同一底线上。上极限偏差注在下极限偏差的上方。上、下极限偏差的小数点必须对齐，小数点的位数必须相同。

在装配图上标注配合代号时，必须在公称尺寸的后面以分数形式注出，分子为孔的公差带代号，分母为轴的公差带代号，具体标注如图 8-30(d)所示。

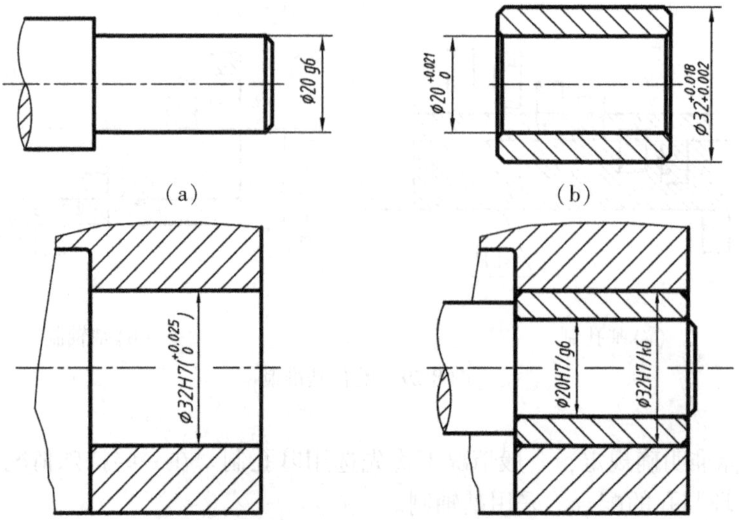

图 8-30　公差带的标注

8.4.3　形状和位置公差的标注

在实际生产中，经过加工的零件不但会产生尺寸误差，而且会产生形状和位置误差。在机器中，某些精度要求较高的零件，不仅需要保证其尺寸公差，还要保证其形状和位置误差。形状和位置误差(简称形位公差)是指零件的实际形状和位置相对理想形状和位置的允许变动量。

国家标准(GB/T 1182—2008 等)对形位公差的标注和图样中的表示方法等做了详细规定，本书仅摘要介绍基本的标注方法。

1. 形位公差几何特征和符号

形位公差的几何特征和符号见表 8-8。

2. 形位公差的标注

(1)公差框格。形位公差要求在矩形方框中给出，框格可以为两格或者多格，其内容、顺序和规格大小如图 8-31 所示。其中，第一格用来注写公差符号；第二格注写公差值，以线性值表示，如公差带为圆形或者圆柱形，公差值前加注“ϕ”，如公差带为球形，加注“$S\phi$”；第三个方格注写表示基准的大写字母，如有多个基准可对第三格继续向后扩展，如无基准，省略第三格。图中 h 是指图样中尺寸数字的高度。

(2)被测要素。图 8-31 中公差框格前面的指引线以箭头的形式指向被测要素，指引线有以下几种标注方式。

①当公差涉及轮廓线及轮廓面时，箭头指向该要素的轮廓线或其延长线，且必须与尺寸线明显分开，如图 8-32 所示。

表 8-8 **形位公差的几何特征和符号**

公差类型	几何特征	符号	基准	公差类型	几何特征	符号	基准
形状公差	直线度	—	无	位置公差	平行度	//	有
	平面度	⏥	无		垂直度	⊥	有
	圆度	○	无		倾斜度	∠	有
	圆柱度	⌭	无		位置度	⊕	有
	线轮廓度	⌒	无		同心度（同轴度）	◎	有
	面轮廓度	⌓	无		对称度	⌯	有
方向或位置公差	线轮廓度	⌒	有	跳动公差	圆跳动	↗	有
	面轮廓度	⌓	有		全跳动	⌰	有

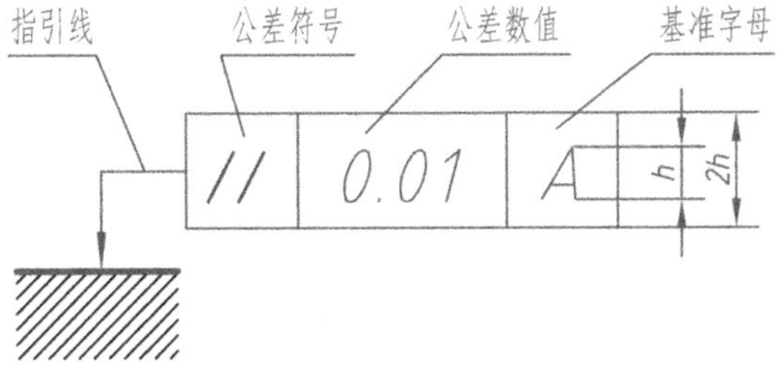

图 8-31 形位公差方格

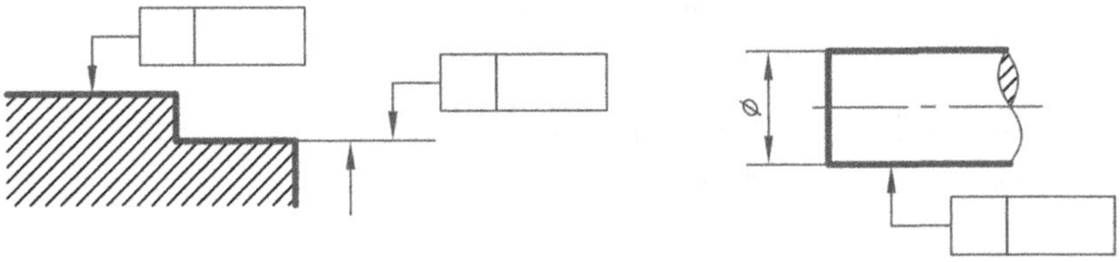

图 8-32 指引线箭头与尺寸线分开

②当公差涉及轴线、中心线、中心面或中心点时，则指引线的箭头应位于相应尺寸线的延长线上，如图 8-33 所示。

(3)基准。与被测要素相关的基准用一个大写字母表示。字母标注在基准框格内，如图 8-34 所示，与一个涂黑的或空白的三角形相连，以表示基准，基准框格的大小与图 8-31 所示的方格大小相同；该字母即图 8-31 中标注在公差框格内最后面一格中的字母。涂黑的和空白的基准三角形含义相同。

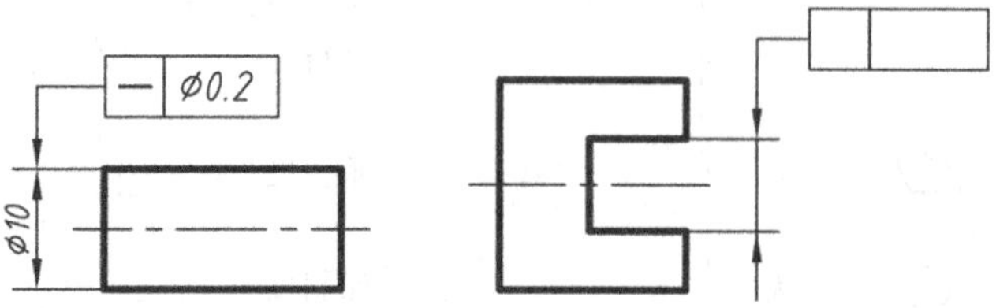

图 8-33　指引线箭头与尺寸线重合图

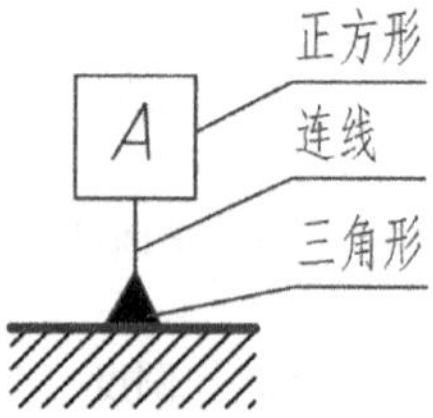

图 8-34　基准符号

①当基准要素是轮廓线及轮廓面时，基准三角形放置在该要素的轮廓线或其延长线上，且与尺寸线明显错开，如图 8-35(a)所示；基准三角形也可放置在所指轮廓面引出线的水平线上，如图 8-35(b)所示。

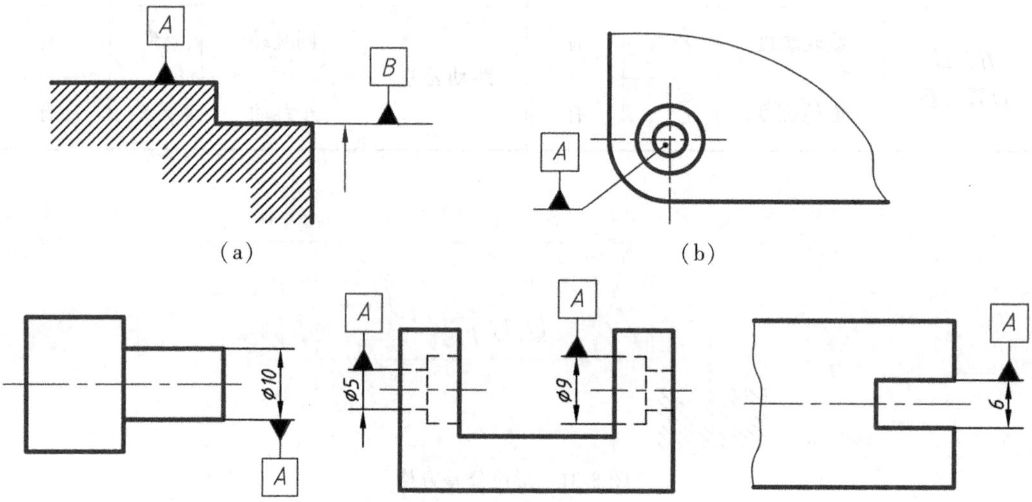

(a)　(b)

(c)　(d)　(e)

图 8-35　基准要素的标注

②当基准是尺寸要素确定的轴线、中心线、中心面时，基准三角形应放置在该尺寸线的延长线上，如图 8-35(c)～(e)所示。

3. 形位公差标注示例

形位公差标注的综合示例如图 8-36 所示。图中基准 *A* 是指 $\phi16$ 的圆柱的轴线，图中所注形位公差的含义如下：

| ⊥ | 0.025 | A | 表示 $\phi36$ 的圆柱的右端面相对基准 *A* 的垂直度公差为 0.025mm；

| ⌭ | 0.005 | 表示 $\phi16$ 的圆柱面的圆柱度公差为 0.005mm；

| ◎ | ⌀0.1 | A | 表示 M8×1 的螺孔的轴线对基准 *A* 的同轴度公差为 0.1mm。

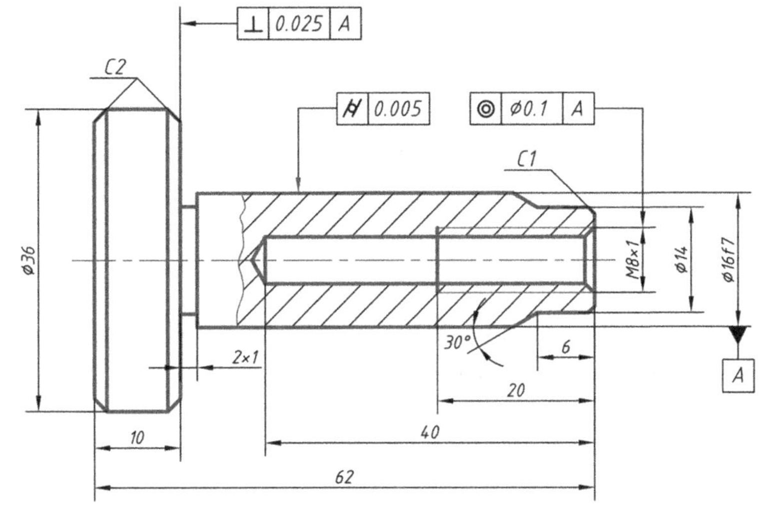

图 8-36 形位公差标注综合示例

8.5 零件图阅读

零件图是交流设计信息、指导生产、检验零件的重要技术文件，正确读图的能力是每位工程技术人员都必须具备的。

8.5.1 读零件图的要求

读零件图时，应该达到如下要求：

(1) 了解零件的名称、材料和用途；

(2) 了解组成零件各部分结构形状的特点、功用，以及它们之间的相对位置；

(3) 了解零件的制造方法和技术要求。

8.5.2 读零件图的方法和步骤

1. 读标题栏

从标题栏中可以了解零件的名称、材料、比例，对零件所属类型和作用等有一个初步的认识，粗略了解零件的用途和加工方法。

2. 分析视图，想象形状

从主视图入手看零件的大致内外形状，结合其他基本视图、辅助视图以及它们之间的投影关系、视图的作用和表达重点，来弄清零件的内外结构形状；从零件图中所示设计或加工方面的要求，了解零件的一些结构的作用。

3. 分析尺寸和技术要求

了解零件的各部分尺寸，以及标注尺寸时所用的基准。阅读零件图中注写的技术要求，了解表面粗糙度、尺寸公差、形位公差和其他技术要求，对其加工难易程度有所了解。

4. 综合分析

把零件结构形状、尺寸标注和技术要求等内容综合起来，就能比较全面地读懂这张零件图。有时为了看懂比较复杂的零件图，还需参考有关的技术资料，包括该零件所在的部件装配图以及与之有装配关系的零件的图纸。

8.5.3 综合举例

图 8-37 所示是阀体的零件图。

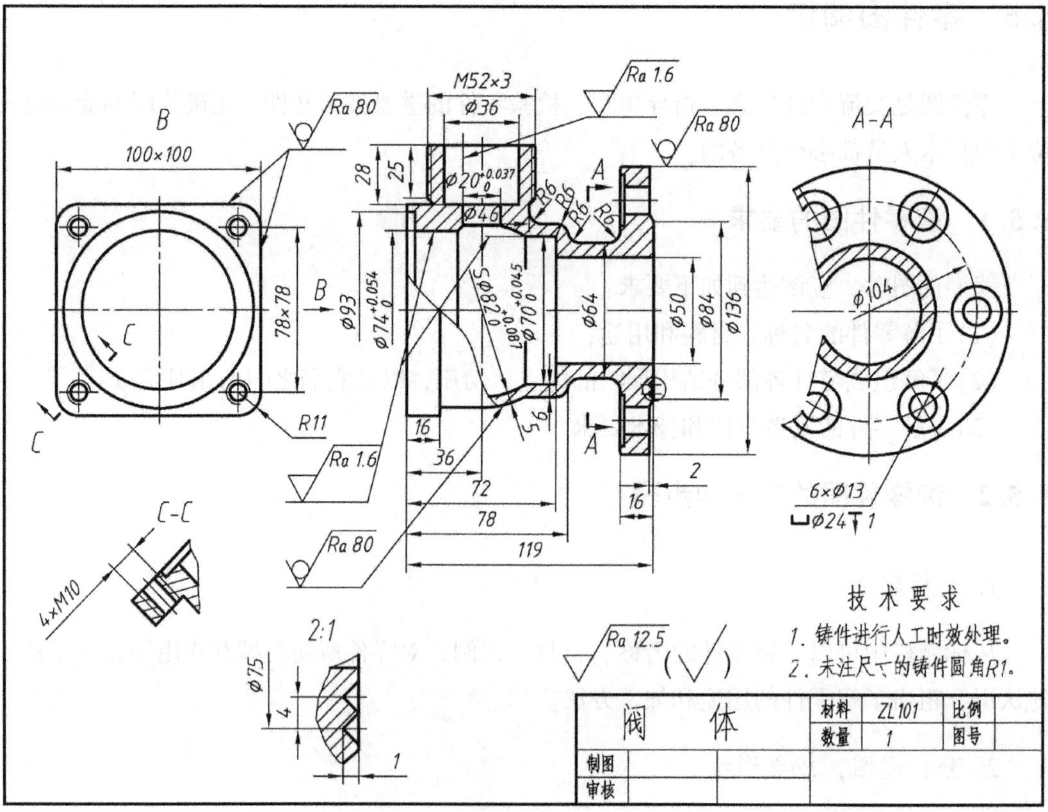

图 8-37　阀体零件图

1. 读标题栏

从标题栏中可看出，零件的名称是阀体，属箱体类零件；材料为 ZL101，属于铸造件。

2. 分析视图

图中共有五个视图：主视图(采用局部剖视)、*A*—*A* 剖视图、*B* 向视图、*C*—*C* 局部斜剖视图和一个局部放大图。

主视图采用局部剖主要用于表达阀体内部结构，由图可知从左至右 *Φ*93 的孔面、*Φ*74 的孔面、*SΦ*82 的球面、*Φ*70 的孔面、*Φ*50 的孔面同轴分布，将阀体从左至右贯通；上部圆柱形凸台外轮廓是 M52 的普通螺纹，通过 *Φ*36 和 *Φ*20 的圆柱孔面与中间 *SΦ*82 的球面贯通，内部结构表达清楚。除左右端面外，中间部分外形由内部孔的结构而定，由壁厚和外形尺寸标注可以读懂。

A—*A* 剖视图主要表达右端面外形，由图可知其上均匀分布了 6 个 *Φ*13 的孔的，由于这 6 个孔的左端有沉孔所以从 *A* 平面剖开向右投影便于表达沉孔外形。

B 向视图用于表达左端面外形，由图可知其外轮廓为边长为 100 的方形板，四个角有半径为 11 的倒圆角，并各有一个 M10 的螺孔，配合 *C*—*C* 局部剖视图将 4 个螺孔表达清楚，由 *C*—*C* 可知螺孔为通孔。

3. 分析尺寸和技术要求

从图中可以看出，阀体左端面为长度方向尺寸基准，宽度和高度方向的尺寸基准为中心轴线。左端面四个安装螺孔的定位尺寸为 78×78，右端面安装孔的定位尺寸为 *Φ*104。

*Φ*20、*Φ*70、*Φ*74、*SΦ*82 都注有上下极限偏差，属于重要尺寸。其中 *Φ*20、*Φ*74、*Φ*70 三个圆柱面的表面粗糙度要求都是 *Ra*1.6，是整个零件上表面粗糙度要求最高的面。

8.6 零件测绘

对零件实物进行测量、绘图和确定技术要求的过程，称为零件测绘。

测绘零件的工作常在机器的现场进行。由于受条件的限制，一般先绘制零件草图(即以目测比例、徒手绘制的零件图)，然后由零件草图整理成零件工作图(简称零件图)。零件草图是绘制零件图的重要依据，必须做到：图形正确、表达清晰、尺寸完整、线型分明、图面整洁、字体工整，并注写出技术要求等有关内容。

1. 零件测绘的种类

根据测绘目的不同，分为设计测绘、机修测绘、仿制测绘三种情况。

(1)设计测绘的目的是设计。为了设计新产品，对有参考价值的设备或产品进行测绘，作为新产品设计的参考或依据。

(2)机修测绘的目的是为了修配。机器因零部件损坏不能正常工作，又无图样可查时，需对有关零件进行测绘，以满足修配工作的需要。设计测绘与机修测绘的明显区别是：设计测绘的目的是为了新产品的设计与制造，要确定的是公称尺寸和公差，主要满足零部件的互换性需要。而机修测绘的目的是为了修配，确定出制造零件的实际尺寸或修理尺寸，以修配为主，即配合为主，互换为辅，主要满足一台机器的传动配合要求。

(3)仿制测绘的目的是为了仿制。为了制造生产性能较好的机器，而又缺乏技术资料和图纸时，通过测绘机器的零部件，得到生产所需的全部图样和有关技术资料，以便组织生产。测绘的对象大多是较先进的设备，而且多为整机测绘。

2. 测绘工作的意义

测绘仿制速度快，经济成本低，又能为自行设计提供宝贵经验，因而受到各国的普遍重视。苏联在西方各国对其进行经济技术封锁的条件下，能在航天工业和机器制造业方面取得飞速发展，主要是走测绘仿制之路。日本靠引进外国先进技术和设备，组织测绘仿制和改进工作获得了巨大的经济利益，大约节约了65%的研究时间和90%的科研经费，使日本在20世纪70年代初就达到欧美发达国家水平。

许多发展中国家为了节约外汇，常常引进少量的样机，进行测绘仿制，然后改进提高，发展成本国的系列产品，从而保护本国的民族工业，发展本国经济，因此测绘仿制无论对发达国家还是发展中国家都有着重要的意义。

测绘方法和步骤：

(1)了解和分析零件，为了做好零件测绘工作，首先要分析了解零件在机器或部件中的位置，与其他零件的关系和作用，然后分析其结构形状和特点以及零件的名称、用途、材料等。

(2)确定零件表达方案，首先要根据零件的结构形状特征、工作位置及加工位置等情况选择主视图；然后选择其他视图、剖视图、断面图等。要以完整、清晰地表达零件结构形状为原则。

(3)绘制零件草图，零件测绘工作一般多在生产现场进行，因此不便于用绘图工具和仪器画图，多以草图形式绘图。零件草图是绘制零件图的依据，必要时还可以直接指导生产，因此它必须包括零件图的全部内容。

3. 常用测量方法

测量尺寸是零件测绘过程中一个必要的步骤。零件上的全部尺寸的测量应集中进行，这样，不但可以提高工作效率，还可以避免错误和遗漏。测量零件尺寸时，应根据对零件尺寸的精确程度的要求选用相应的量具。常用的量具有直尺、卡钳(外卡和内卡)，游标卡尺和螺纹规等。

常用的测量方法见表 8-9。

表 8-9　**零件常用的测量方法**

图例与说明

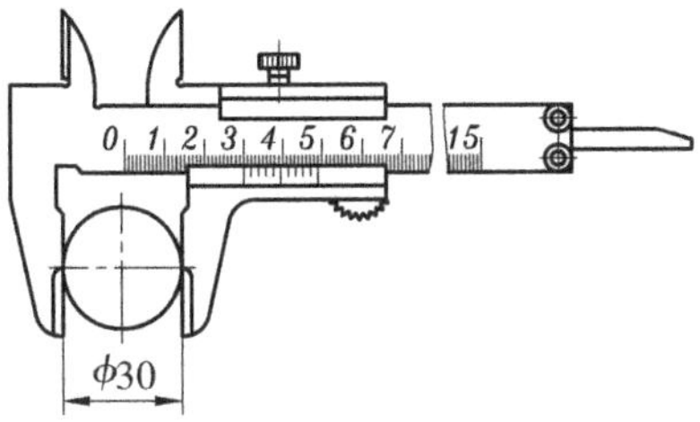

游标卡尺测量外圆柱面直径

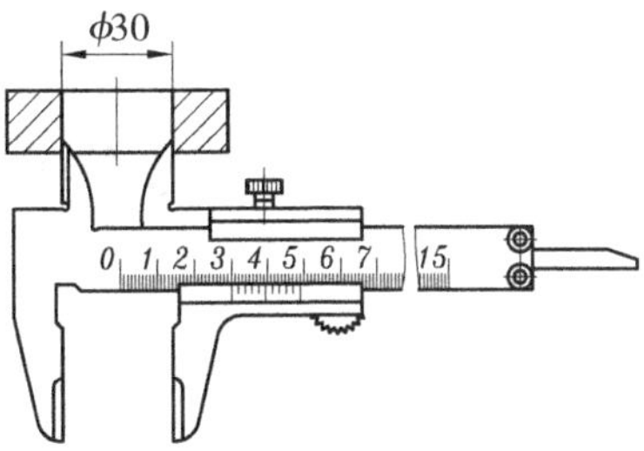

游标卡尺测量内孔直径

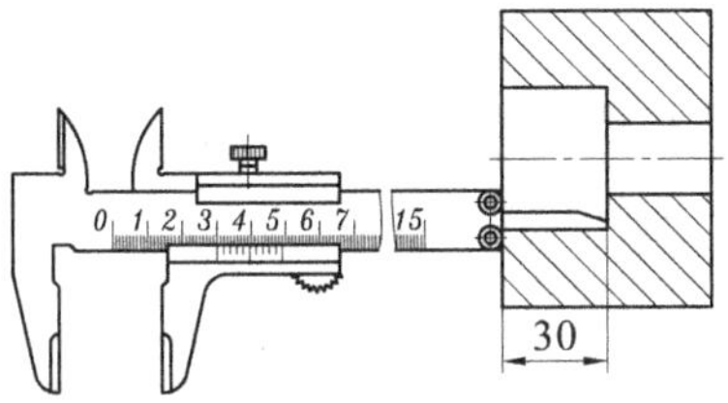

游标卡尺测量孔深

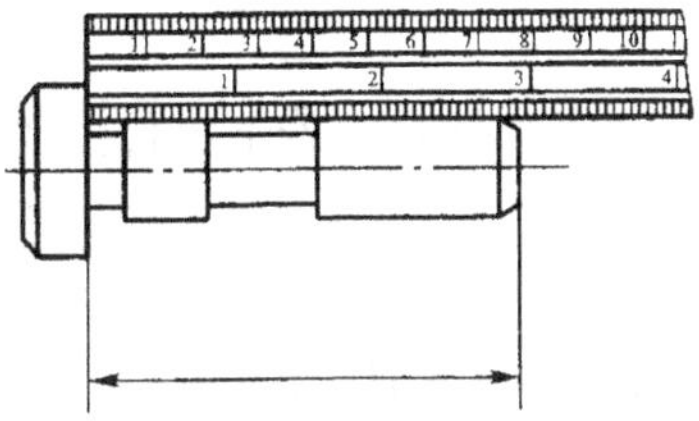
线性尺寸可用直尺直接测量读取

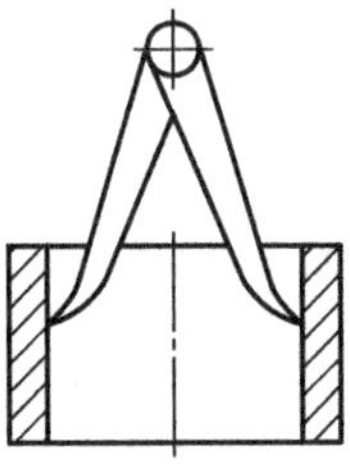
内卡钳测量圆柱形结构内径

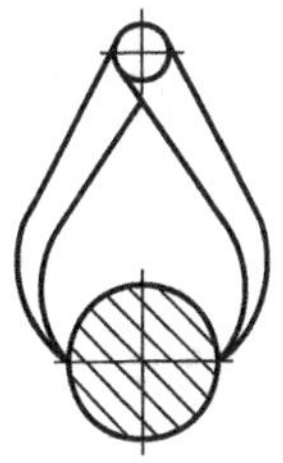
外卡钳测量圆柱形结构外径

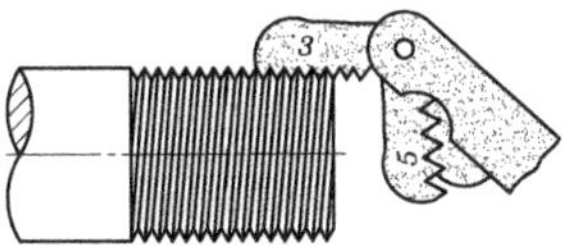

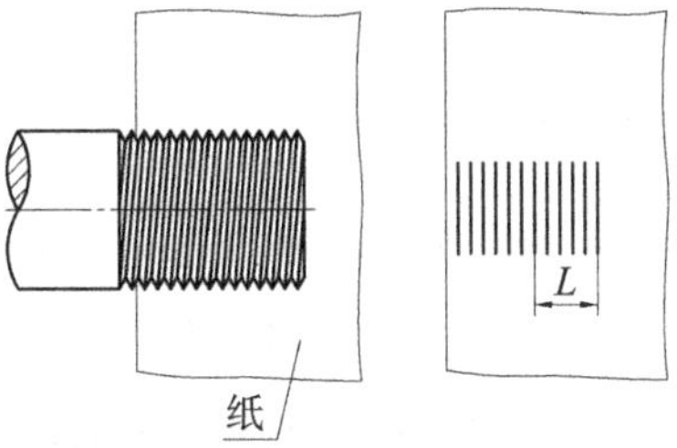

测量螺距可用螺纹规，如上左图所示；也可以在纸上压出螺纹的印痕，在印痕上量取 5 个或 10 个螺距的长度 L，算出螺距的平均值，然后再查螺纹标准核对，选取与其相近的标准值，如上右图所示。

第9章　装　配　图

9.1　装配图的作用与内容

机器或者部件是由若干零件按照一定的装配关系和技术要求组装而成的，表达机器或者部件及其组成部分的连接、装配关系和工作原理的图样称为装配图。

9.1.1　装配图的作用

在设计过程中，通常是先按设计要求画出装配图，以表达其工作原理、传动路线和零件之间的装配关系，再根据装配图所提供的信息和有关参考资料，设计出各个零件的具体结构，再从装配图中拆画出各个零件的零件图。在生产过程中，要依据装配图提供的视图、尺寸、技术要求等，把已经制成的零件装配成能实现某种功能的机器或部件；还要依据装配图来调整、检验、安装、使用或维修机器。所以说，装配图是设计者表达设计意图、生产者按图生产的重要技术文件，也是工程技术人员之间进行技术交流的重要技术资料。

9.1.2　装配图的内容

图 9-1 所示是千斤顶装配轴测图，千斤顶是机器安装和汽车修理过程中常用的一种起重和顶压工具。工作时，用可调节力臂长度的绞杠带动螺旋杆在螺套中做旋转运动，螺纹传动使螺旋杆上升，使装在螺旋杆头部的顶垫顶起重物。

图 9-2 所示是千斤顶装配图。由图 9-1 和图 9-2 可知，螺套是从顶部装入底座中，骑缝安装的螺钉 M10 阻止螺套回转，避免两者发生相对位移；螺旋杆自顶部旋入螺套，螺旋杆顶部有顶垫，顶垫与螺旋杆头部以球面接触，其内径与螺旋杆有较大间隙，既可减小摩擦力不使顶垫随同螺旋杆回转，又可自调心使顶垫上平面与重物贴平；铰杠插入螺旋杆，带动其运动；螺钉 M8×12 通过顶垫上的螺孔进入螺旋杆上部的环形槽中，将顶垫与螺旋杆连在一起，保证螺旋杆转动时顶垫不会脱落。

由图 9-2 可知，装配图应具有以下主要内容：

(1)一组视图。用以表达机器或部件的结构、工作原理，各组成零件的主要结构形状、相互位置和装配关系。

(2)必要的尺寸。标明机器或者部件的规格(性能)尺寸、外形尺寸、安装尺寸，零件之间的配合尺寸，以及其他重要尺寸。

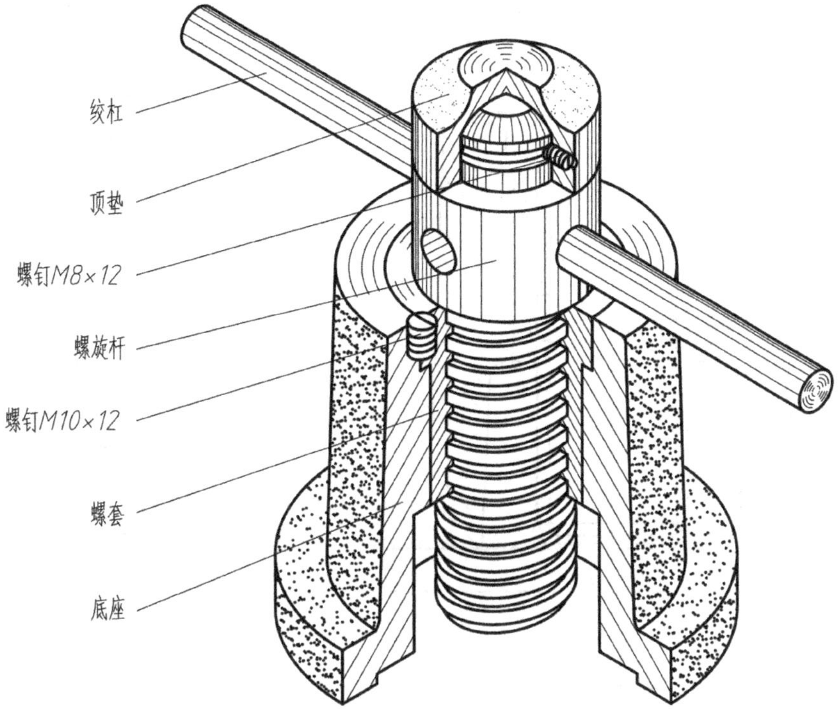

图 9-1　千斤顶装配轴测图

(3)零件序号、明细栏、标题栏。装配图中应对组成该机器或部件的所有零件编上序号，并编制明细栏用以说明各零件的名称、材料、数量、规格等。标题栏应填写机器或者部件的名称、图号、比例以及设计、制图人员的姓名等。

(4)技术要求。用简明文字说明在装配过程中需要实现及应达到的技术要求；产品执行的技术标准和实验、验收技术规范；包装、运输、安装、使用时的注意事项以及涂饰、润滑等要求。

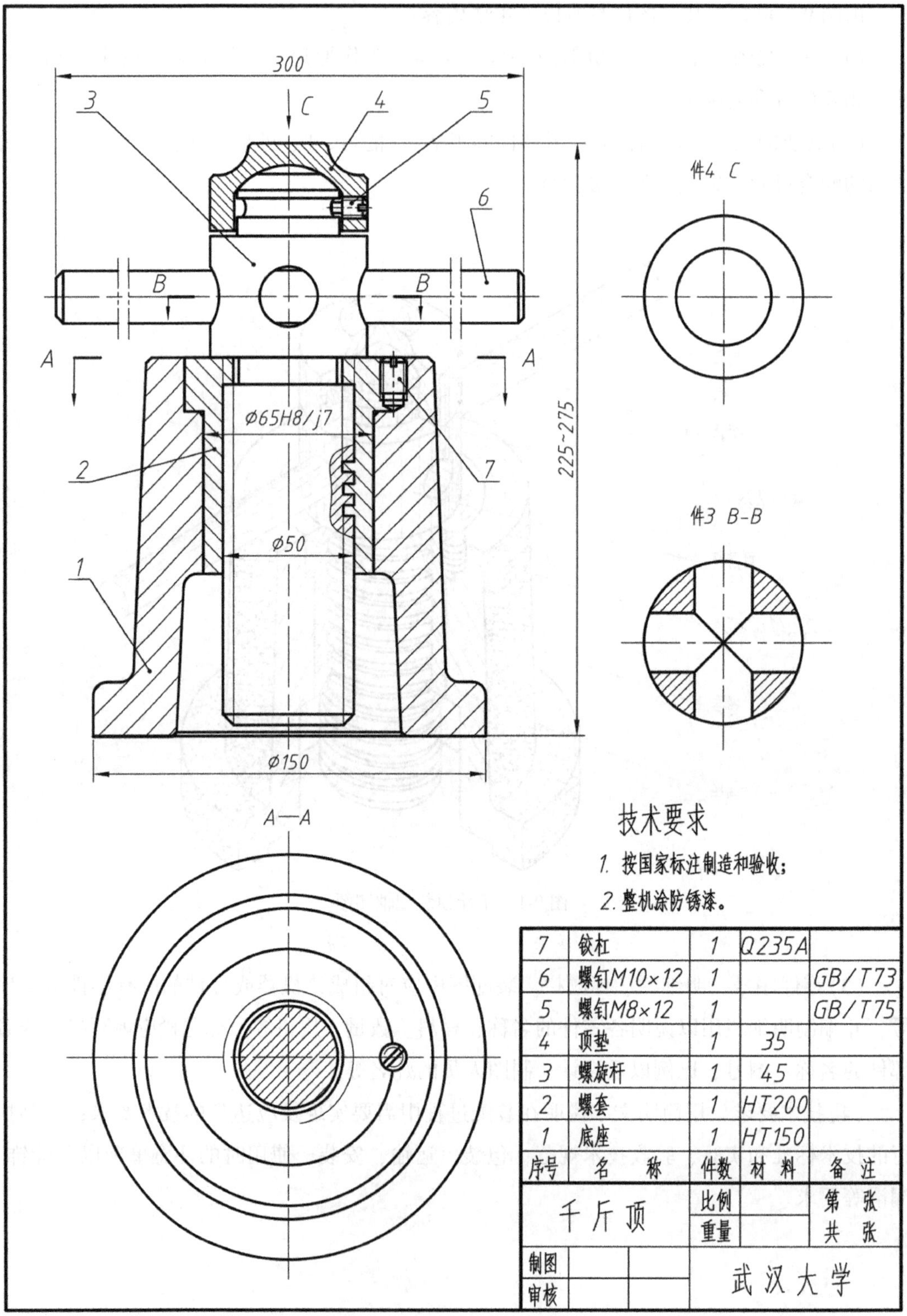

技术要求

1. 按国家标注制造和验收；
2. 整机涂防锈漆。

序号	名称	件数	材料	备注
7	铰杠	1	Q235A	
6	螺钉M10×12	1		GB/T73
5	螺钉M8×12	1		GB/T75
4	顶垫	1	35	
3	螺旋杆	1	45	
2	螺套	1	HT200	
1	底座	1	HT150	

千斤顶	比例		第 张
	重量		共 张
制图			武汉大学
审核			

图 9-2

9.2 装配图的表达方法

零件图上所采用的图样画法，如视图、剖视、断面图、局部放大图等表达方法，在装配图中同样适用。装配图重点在于表达机器或者部件的工作原理、装配连接关系和主要零件的结构形状，因此，国家标准还规定了装配图中的一些规定画法和特殊表达方法。

9.2.1 装配图的规定画法

(1)两相邻零件的接触面和配合面只画一条线，如图 9-3 所示，滚动轴承的外圈与机座的内孔面是有配合的面，滚动轴承的内圈与轴的外表面是有配合的面，齿轮的右端面与垫圈是接触面，都只画一条线。如两相邻零件的表面不接触；即使其不接触的间隙较小，也必须画出两条线。例如，图 9-3 中端盖的内孔与轴之间基本尺寸不同，不接触；齿轮键槽底部与键的顶部有间隙，不接触，都画成两条线。

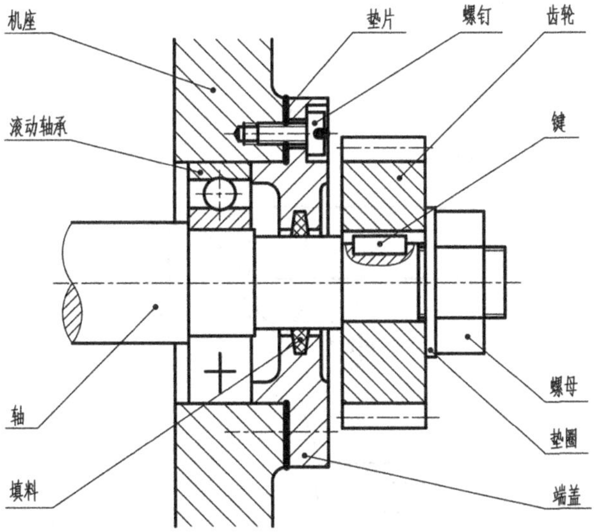

图 9-3 装配图中的规定画法

(2)两相邻零件的剖面线方向应相反，如有多个零件相邻，剖面线的方向相同的，则采用不同的剖面线间距，错开间隔，以示区别，如图 9-3 所示。但同一零件在同一张图纸的各个视图中，剖面线方向和间隔必须保持一致。如图 9-3 所示，机座轮廓被分成上下两部分，两处剖面线一致；轴左端断裂面剖面线与轴上键连接局部剖处的剖面线一致。

(3)对于实心杆件、螺纹紧固件、键、销、球等零件，当剖切平面通过其轴线进行剖切时，均按不剖绘制，如图 9-3 中的螺钉。但是，如果垂直于这些零件的轴线进行剖切，还是要正常画出剖面线。对于键连接，销连接等，如需表达其连接关系，可以采用局部剖视图表达，如图 9-3 中的键连接处的局部剖就是为了表达轴、齿轮、键三者之间的连接、装配关系。

9.2.2 装配图的特殊表达方法

1. 拆卸画法

当装配体上某些常见的零件，在某些视图上其位置和连接关系等已经表达清楚，在其他视图中为了避免遮挡其他零件，或者为了减少不必要的绘图工作量时，可以假想在该视图中将一个或者几个零件拆卸后绘制，例如图9-18中的俯视图，这种画法称为拆卸画法。

采用拆卸画法时，为了不影响读图，需在视图正上方标注“拆去××”(参见图9-18)。

2. 假想画法

(1)机器或部件中某些运动的零件、操作手柄等，其工作时位置是变化的，可以用粗实线绘制出它的一个极限位置，另一个极限位置或中间位置用细双点画线绘制其轮廓，如图9-4所示。

(2)对于与本部件有关但又不属于本部件的相邻零部件，可用细双点画线表示其与本部件的连接关系，如图1-5所示。

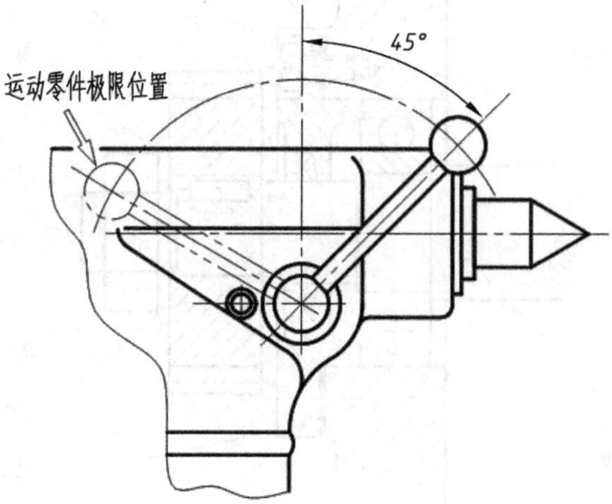

图9-4 运动零件极限位置假想画法

3. 夸大画法

对于薄片零件、细丝弹簧和微小间隙，若按其实际尺寸在装配图上很难画出或难以清晰表达，此时可以不按照图纸比例绘图，采用夸大画法。即将薄片加厚，细丝加粗，间隙加宽到较明显的程度，以表达清晰。在装配图中，厚度或者直径不超过2mm的被剖切薄片、细丝件，剖面可以直接涂黑，不画剖面线，如图9-3中的垫片。

4. 简化画法

(1)在装配图中，零件的工艺结构，如起模斜度、圆角、倒角、退刀槽等可以省略不画，如图 9-3 中，零件的圆角、螺钉和螺母的倒角都省略了。

(2)对于若干相同的零件组，如螺钉、螺栓连接等，可详细地画出其中一组，其余只需表示出其装配位置即可(用螺钉或者螺栓的轴线或对称中心线表示)，如图 9-3 中螺钉连接只画出一处，另一处用点画线注明位置。

5. 沿零件结合面剖切

为了清楚地表达零件的内部结构，可假想沿某些零件的结合面剖切，此时，零件的结合面上不画剖面线，被剖到的零件按正常要求画剖面线，如图 9-2 中的 *A—A* 剖视图，是沿底座与螺旋杆的结合面剖切向下投影所得，*A—A* 中底座不画剖面线，但螺旋杆被水平剖开的截面上画出了剖面线，而且，此处的剖面线与主视图及 *B—B* 中螺旋杆的剖面线保持一致。

6. 零件的单独表示法

在装配图中，也可以单独画出某一零件的视图，但需在该视图的上方注出该零件的视图名称，在相应视图中有正确的视图标注，如图 9-2 中的 *B—B* 断面图，用来表达螺旋杆内部两孔相贯通的结构；*C* 向视图用以表达顶垫的外轮廓。

9.3 装配图的尺寸标注和技术要求

9.3.1 装配图的尺寸标注

由装配图的作用可知，装配图中所注尺寸应用于说明机器或者部件的性能、规格、零件间的装配关系和安装要求等，而不必注出各零件的全部尺寸。一般只标注以下几类必要的尺寸。

1. 规格、性能尺寸

规格、性能尺寸是表示产品的规格、性能的特征尺寸，它是设计和选用部件或机器时的主要依据。

2. 装配尺寸

装配尺寸是表示两零件间有公差配合要求的一些重要尺寸，采用组合式注法标注其配合关系，如图 9-2 中底座和螺套之间的配合尺寸 $\Phi65H8/j7$。

3. 安装尺寸

安装尺寸是机器或部件安装时所需的尺寸。

4. 外形尺寸

外形尺寸是表示机器或部件整体轮廓大小的尺寸，即总长、总高和总宽，它为包装、运输和安装过程所占的空间大小提供了数据，如图 9-2 中铰杠的总长 300、千斤顶的总宽 Φ150。

5. 其他重要尺寸

设计中经过计算确定的尺寸或选定的尺寸，未包括在上述几类尺寸中的一些主要尺寸。运动零件的极限尺寸，主要零件的重要尺寸等都属于这类尺寸，如图 9-2 中千斤顶中运动件在高度方向的极限位置尺寸 275。

注意：上述五类尺寸并不是孤立无关的，有时一个尺寸可能兼具多种功能。同时，一张装配图有时也并不一定全部具备上述五类尺寸，在学习中，要善于根据装配图的结构，进行合理标注。

9.3.2 装配图的技术要求

由于机器或部件的性能、要求各不相同，因此其技术要求也不同。拟定技术要求时，一般可从以下几个方面来考虑：

(1)装配要求，机器或部件在装配过程中需注意的事项及装配后应达到的要求，如装配间隙、润滑要求等。

(2)检验要求，对机器或部件基本性能的检验、试验及操作时的要求。

(3)使用要求，对机器或部件的规格、参数及维护、保养、使用时的注意事项及要求。装配图中的技术要求，通常用文字注写在明细栏的上方或图纸下方的空白处，如图 9-2 所示。

9.4 装配图上的零件序号和明细栏

9.4.1 装配图的零件序号

为了便于读图和图样管理，装配图上所有的零、部件都必须编写序号，并在标题栏上方编制相应的明细栏。编写序号的基本规则如下。

(1)装配图中所有的零、部件都必须编写序号，并与明细栏中的序号一致。

(2)装配图中一个部件只可编写一个序号；同一张装配图中相同的零、部件应编写同样的序号。

(3)序号的通用表示法，在所指零、部件的可见轮廓内画一实心圆点，然后从圆点开始画指引线(细实线)，在指引线的另一端画一水平线或圆(细实线)，在水平线上或圆内注写序号，序号的字高比该装配图中所注尺寸数字高度大一号或两号，所有序号字号一致。也可以不画水平线或圆，在指引线另一端附近直接注写序号，如图 9-5(a)所示。对很薄的零件或涂黑的剖面，不适合用圆点标识零件时，可在指引线末端画出箭头，指向该零件的轮廓，如图 9-5(b)所示。

(4)指引线彼此不能相交，当它通过有剖面线的区域时，不应与剖面线平行；必要时，指引线可画成折线，但只允许弯折一次，如图 9-5(c)所示。

(5)对一组紧固件以及装配关系清楚的零件组，可以采用公共指引线进行编号，如图9-6所示。

(6)装配图中的标准组件(如油杯、滚动轴承、电动机等)可作为一个整体，只编写一个序号。

(7)零部件序号应沿水平或垂直方向按顺时针(或逆时针)方向顺次排列整齐，并尽可能均匀分布，如图9-2所示。

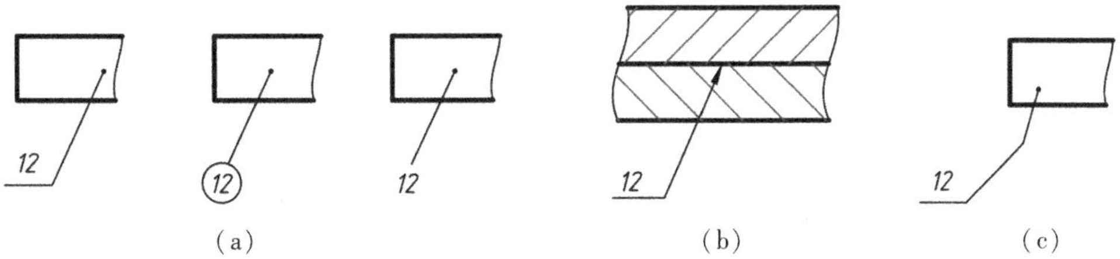

图9-5 零件序号的形式

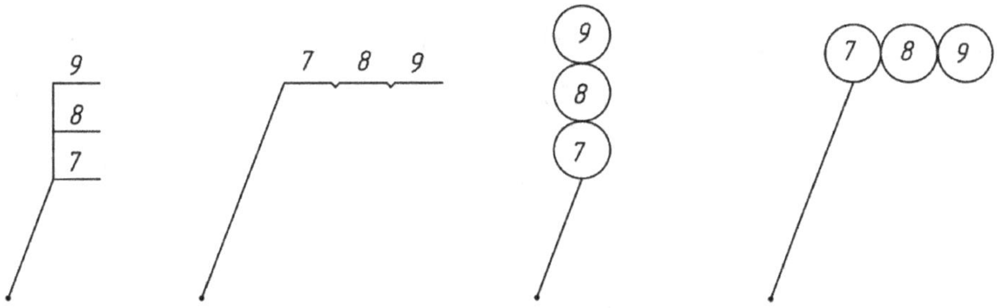

图9-6 紧固件的标号形式

9.4.2 装配图的明细栏

装配图中除了标题栏之外，还必须有明细栏。明细栏是整张装配图中全部零部件的详细目录，明细栏一般由序号、名称、代号、数量、材料、备注等组成，也可按实际情况增加或减少。

(1)序号，填写图样中相应组成部分的序号。

(2)名称，填写图样中相应组成部分的名称。必要时，也可写出其型式与尺寸。

(3)代号，填写图样中相应组成部分的图样代号或标准号，常见于标准件。

(4)数量，填写图样中相应组成部分在装配中所需要的数量。

(5)材料，填写图样中相应组成部分的材料标记。

(6)备注，填写该项的附加说明(如该零件的热处理和表面处理等)或其他有关内容。

如图9-2所示，明细栏应直接画在标题栏的上方，宽度与标题栏保持一致，序号自下而上顺序填写，位置不够时可在标题栏的左边接着绘制同样规格的明细栏，序号依然是自下而上顺序填写。明细栏外框为粗实线，内格线为细实线。表达比较多的零件和部件组装成为一台机器的装配图时，如果必要，可为装配图另附按A4幅面专门绘制的明细栏，但在明细栏下方应配置标题栏。

9.5　常见装配图结构的合理性

为了保证装配质量的要求，和便于安装、拆卸机器或者部件，除了要根据设计要求考虑零件的结构形状，还应根据装配工艺的要求考虑零件结构的合理性，下面介绍几种常见的装配工艺对零件结构的要求。

1. 接触面的结构

(1)同一方向上两零件之间只能有一组接触面，以保证零件间接触良好，便于加工和安装，如图 9-7(a)和(b)所示。圆锥面接触时，端面和圆锥面不能同时接触，为保证锥面良好接触，端面间通常留有间隙，如图 9-7(c)所示，应该使 $L_1 < L_2$，以保证锥面充分接触。

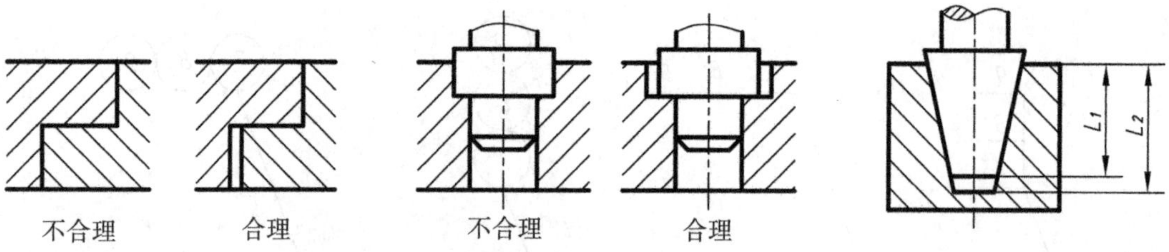

(a)　(b)　(c)

图 9-7　同一方向上接触面

(2)两个零件在两个方向上有接触面时，为避免造成接触不良，在两个接触面的转角处应做成退刀槽、不同大小的倒圆或者倒角，如图 9-8 所示。轴肩与孔端面接触时也是属于这种情况。

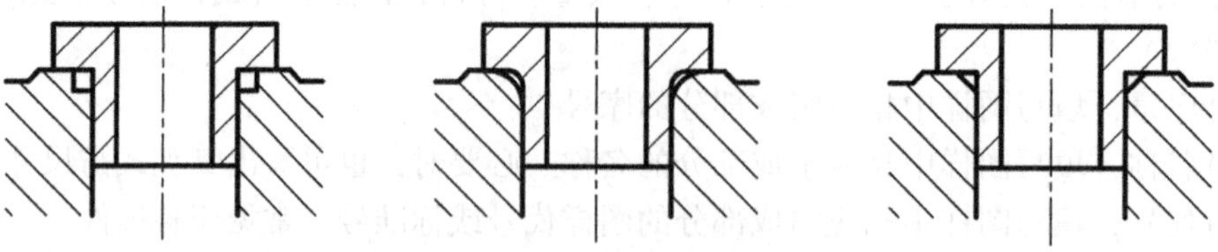

(a)　(b)　(c)

图 9-8　两个方向上接触面转角处结构

2. 零件结构要便于装拆

(1)滚动轴承在轴上以轴肩面实现轴线方向的定位，为了使轴承容易从轴上拆下来，轴肩高度应小于轴承内圈的厚度，如图 9-9 所示。

(2)圆柱销、圆锥销通常被用作两零件的连接或定位。为了便于装拆，在可能的条件下，将销孔做成通孔，如图 9-10 和图 9-11 所示。如果不宜做成通孔，可采用顶端制有螺孔的圆柱(锥)销，便于旋入螺钉拔出销体，如图 9-12 所示。

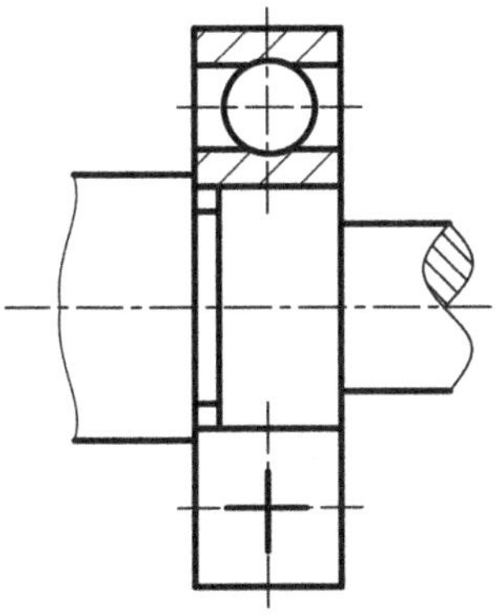

图 9-9 轴肩高度要求

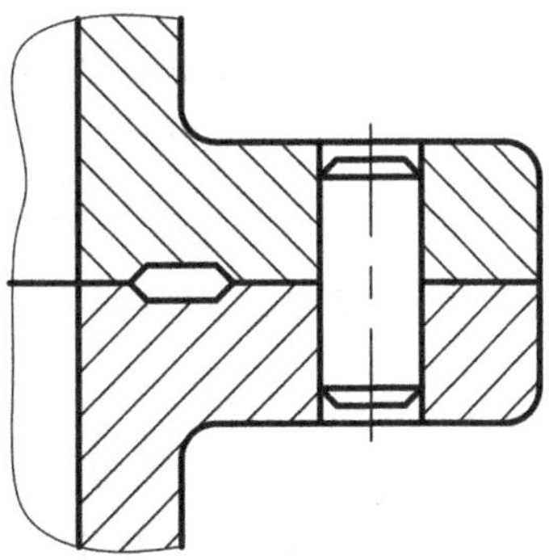

图 9-10 圆柱销孔为通孔

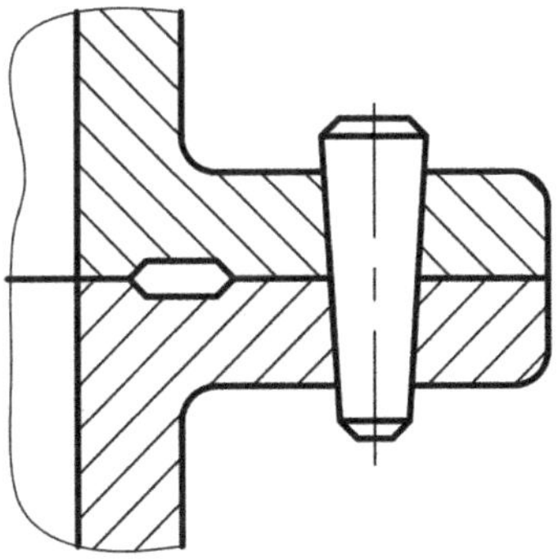

图 9-11 圆锥销孔为通孔

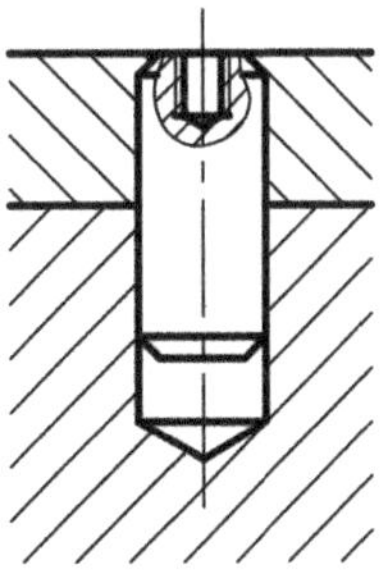

图 9-12 圆柱销端部只有螺孔

(3)当零件用螺纹紧固件连接时，应考虑到装拆的合理性，要留有足够的操作空间。如图 9-13 所示。

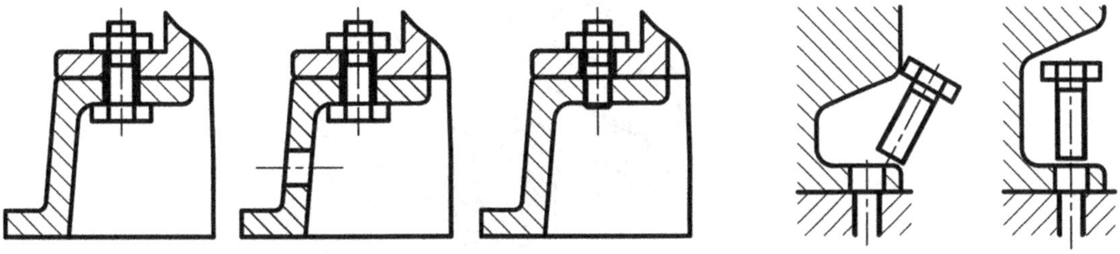

不合理　　合理　　合理　　不合理　　合理

图 9-13 螺纹紧固件装配结构合理性

9.6 由零件图拼画装配图的方法和步骤

由零件图拼画装配图，就是根据机器或者部件的装配示意图和组成该机器的零件的零件图绘制出装配图。这是我们学习装配图时必须理解和掌握的内容。绘制装配图之前要分析了解装配体的工作原理，结合阅读各组成零件的零件图，了解零件结构和功能，在此基础上确定各零件间的连接、装配关系，进而选择合适的图样表达方法绘制装配图。下面以图 9-14 所示的手压阀为例介绍装配图的绘图方法和步骤。

9.6.1 了解工作原理和装配关系

手压阀是吸进和排出液体的一种手动阀门，图 9-14 为手压阀的装配轴测图，图中做了适当的轴测剖切，充分展示了其装配关系：阀杆装入阀体内腔上部，阀杆与阀体以锥面接触而隔断流体入口与出口；调节螺母自下而上旋入阀体的螺孔内，为了密封，二者之间装有胶垫；弹簧的支承端面下端置于调节螺母的凹坑面上，上端顶着阀杆的凹坑面；在阀体与阀杆之间加进填料，并从上部旋入锁紧螺母使填料压紧起密封作用。手柄通过销钉和开口销连接于阀体上，操作者通过球头施加动力。

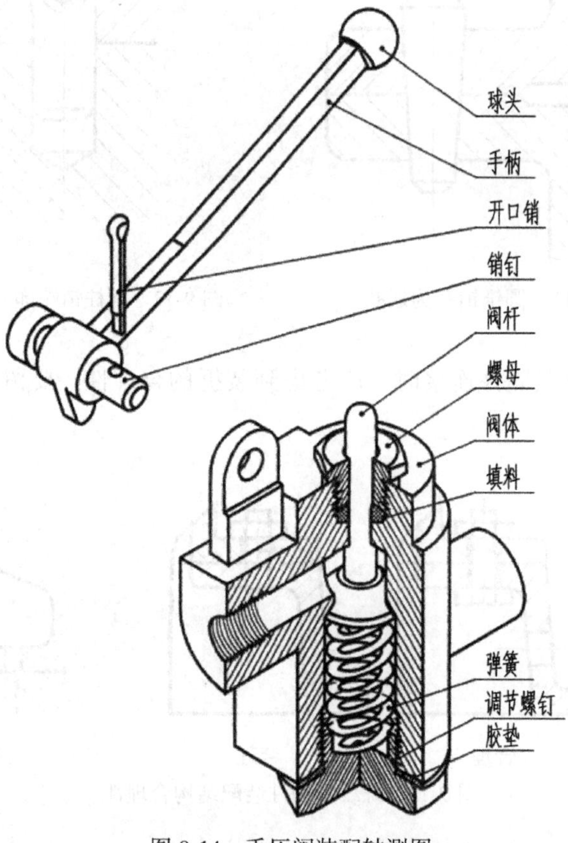

图 9-14 手压阀装配轴测图

手压阀的工作情况是：当握住手柄上的球头向下压阀杆时，阀杆压缩弹簧向下移动，出、入口相通，液体通过；手柄向上抬起时，弹簧松开，弹簧弹力作用下阀杆向上压紧阀体，出、入口不通，液体则不再通过。

在组成手压阀的各个零件中，除填料和标准件开口销不需要零件图外，其他的非标准件的零件图如图 9-15～图 9-17 所示。

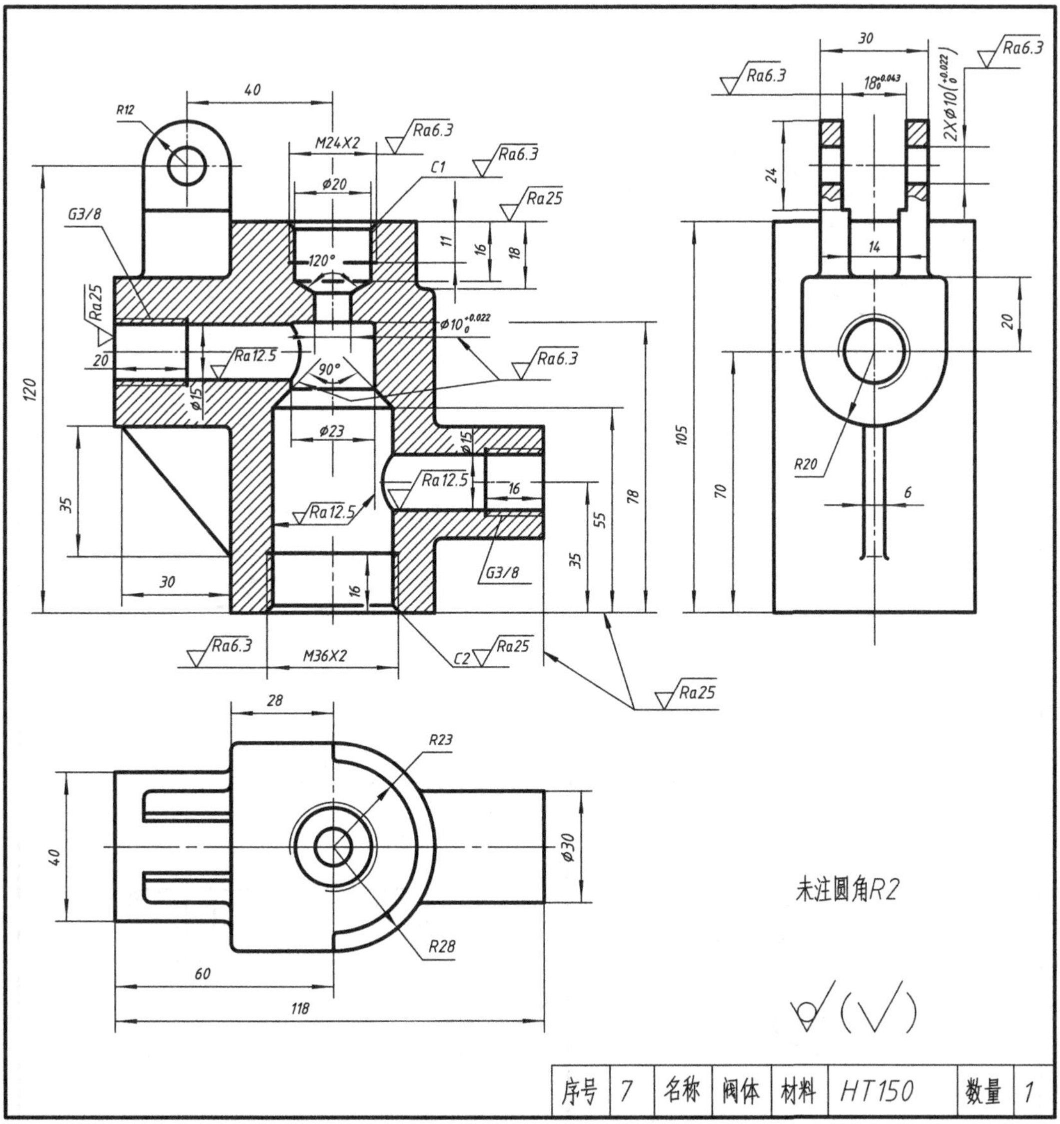

图 9-15　阀体零件图

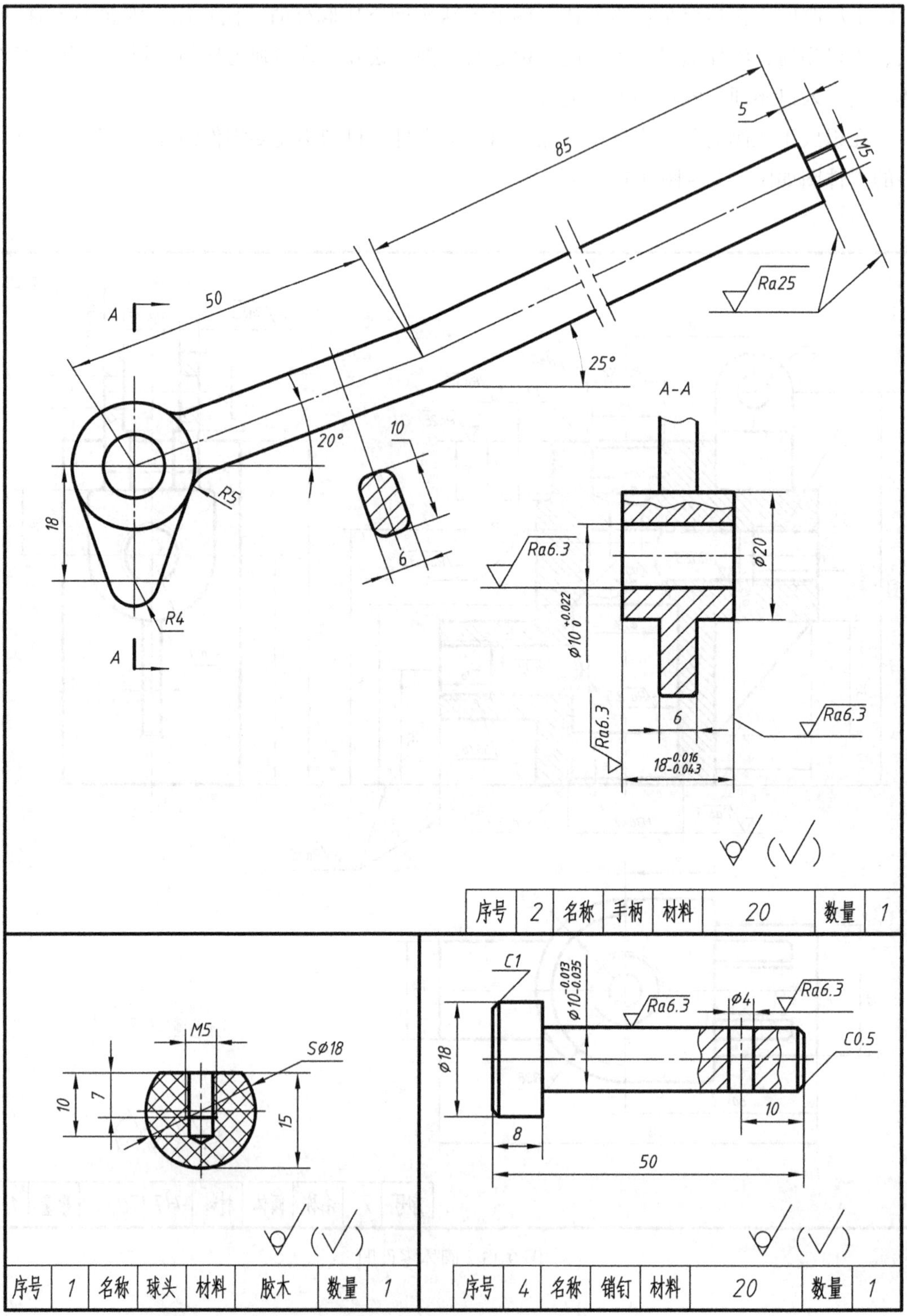

图 9-16　手柄、球头、销钉零件图

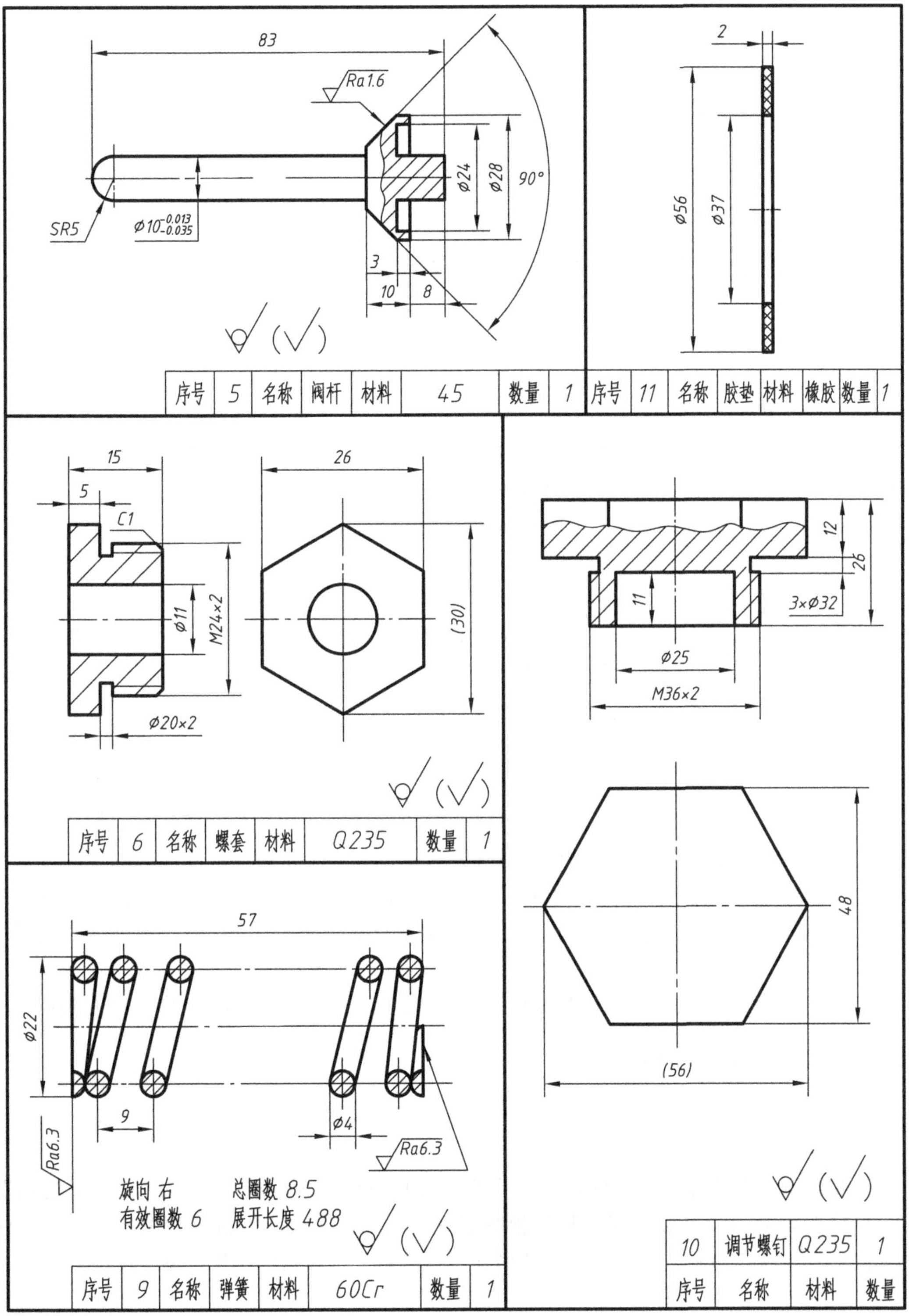

图 9-17 阀杆、胶垫、螺母、调节螺母、弹簧零件图

9.6.2 视图选择

对于部件装配图，视图选择的基本要求是：必须清楚地表达部件的工作原理、各零件的相对位置和装配连接关系。因此，在选择表达方案以前，必须仔细了解部件的工作原理和结构特点；在选择表达方案时，首先要选好主视图，然后配合主视图选择其他视图。

1. 主视图的选择

(1)应按部件的工作位置放置，当工作位置倾斜时，则将它放正，使主要装配干线、主要安装面等平行于投影面；

(2)能够较好地表达部件的工作原理、结构特点和工作状况；

(3)尽可能表达主要零件的相对位置和装配、连接关系；

(4)主视图通常采取剖视，以表达零件主要装配干线(如工作系统、传动路线)。

手压阀的工作位置如图9-14所示，传动路线直立放置，对主视图采用局部剖视，就能清楚地反映出在装配干线上各零件间的相对位置及装配关系，使手压阀的传动路线以及阀体内部的主要结构都得以表达清楚，如图9-18(d)所示。

2. 其他视图的选择

其他视图的选择应能补充主视图尚未表达或表达不够充分的地方。首先应分析部件中还有哪些工作原理、装配关系和主要零件的主要结构在主视图中还没有表达清楚，然后确定选用适当的其他视图配合表达。

3. 表达方案的分析比较

表达方案一般不是唯一的，应对不同的方案进行分析、比较和调整，力求最终确定的表达方案既能满足上述要求，又达到在便于看图的前提下，尽量使绘图简便的目的。

如手压阀的左视图采用了局部剖视，表达了手柄与阀体的装配关系以及重要零件阀体的外形。俯视图采用了拆卸画法，拆去不便于绘图的手柄及其安装配件，清晰地表达了手压阀的外形。

为了表达调节螺母的头部形状采用了零件的单独画法，如图9-18(d)中的*A*向视图所示。

9.6.3 画装配图的步骤

1. 确定比例及图幅

按照确定的表达方案，根据部件的大小，选择绘图比例，确定图幅。在可能的情况下，尽量选取1∶1的绘图比例。按照视图配置关系和视图大小安排各视图的位置，要注意预留尺寸标注、序号、标题栏、明细栏和注写技术要求所需的图纸空间。

2. 画底稿

从画图顺序来区分主要有以下两种方法：第一，首先从部件的核心零件开始，“由内向外”，其次按装配关系逐层扩展画出各零件，最后画外部壳体、箱体等支撑、包容零件。第二，首先将起支撑、包容作用的外部壳体、箱体零件画出，其次按装配关系逐层向内画出各零件，此种方法称为“由外向内”。至于采用哪种画图方法要看部件的结构，以作图方便而定。这里的手压阀主要采用“由外向内”的画法，具体步骤如下。

(1)画图框和标题栏、明细栏的外框。

(2)布置视图位置，确定各视图的装配干线和主体零件的安装基准面在图面上的位置，先画出这些中心线和重要的端面线，如图 9-18(a)所示。在布置视图时，要注意为标注尺寸和编写序号留出足够的图纸空间。

(3)画主要零件阀体 7 的轮廓线，三个视图要联系起来画，如图 9-18(b)所示。注意，不要急于将该零件的内部轮廓全部画出，而只需确定装入其内部零件的安装基准线即可，因为被安装在内部的零件遮盖的那部分是不必画出的，如主视图中螺母 6 和填料 8 遮盖阀体顶部的螺纹孔。

(4)画阀杆 5，按照阀杆 5 的 90°锥面与阀体 7 的 90°锥面接触的相对位置关系给阀杆定位(按阀杆最高极限位置作图)。

(5)按照装配关系依次画出其他零件，如图 9-18(c)所示。

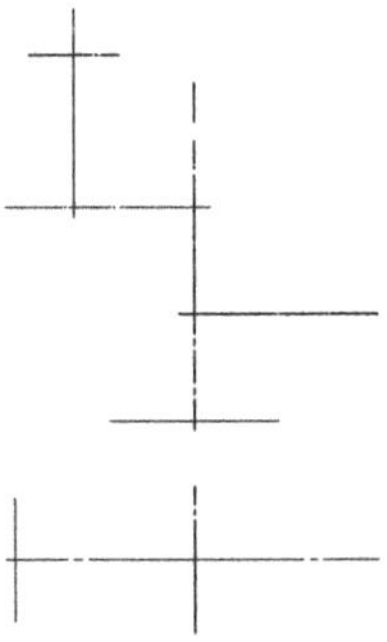

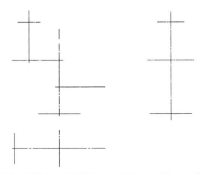

(a)绘制各视图的主要轴线、对称中心线、基准定位线

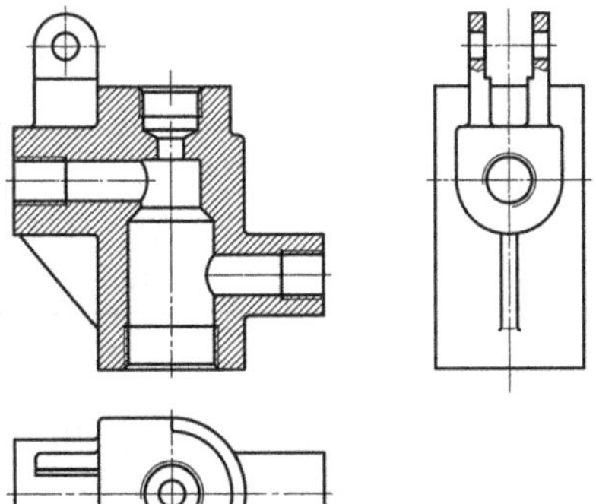

(b)绘制主要零件阀体的三个视图

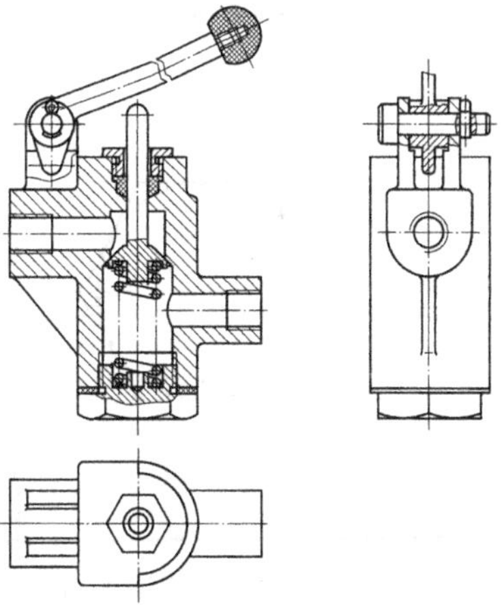

(c)绘制其他零件

图 9-18　手压阀装配绘制(1)

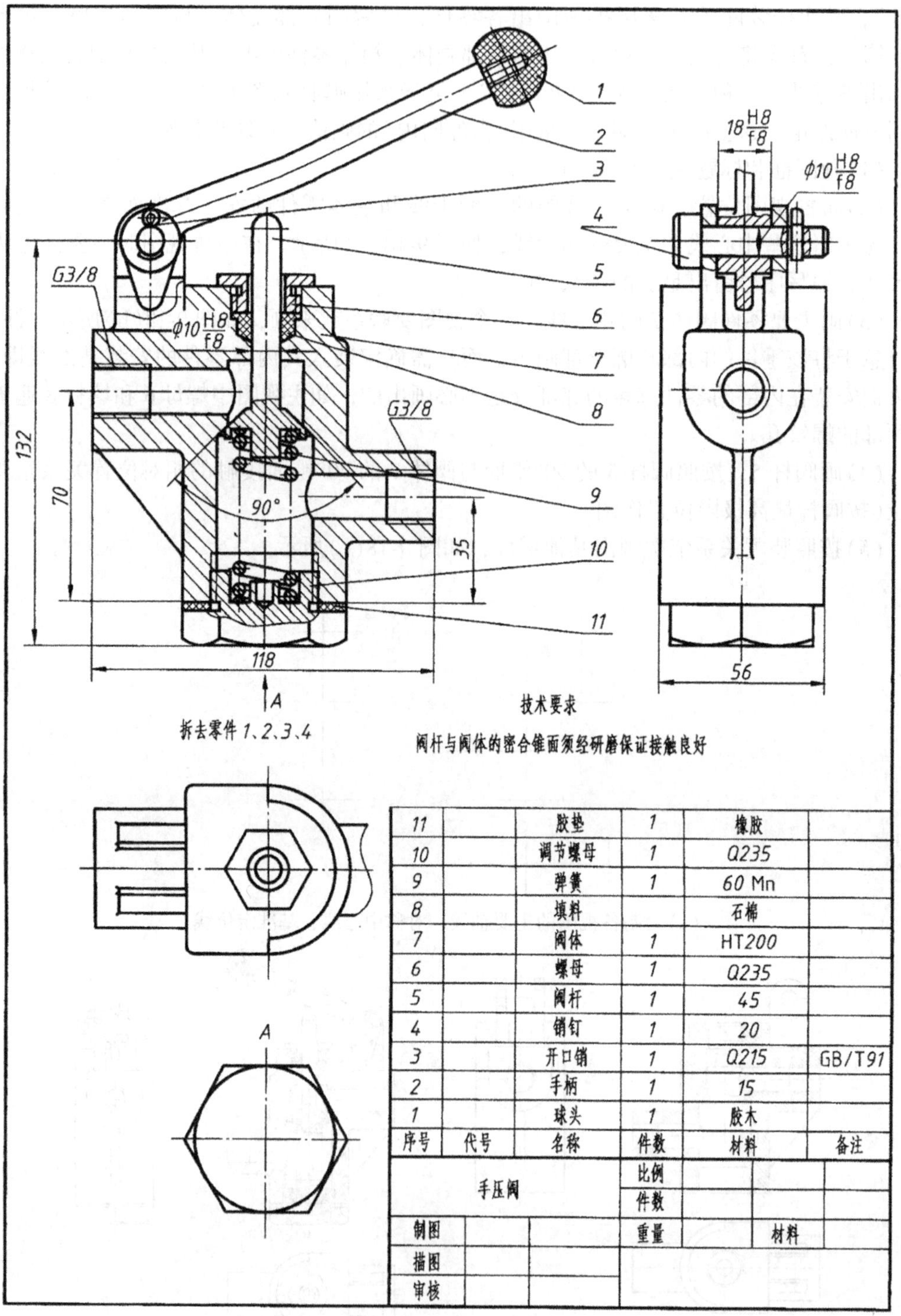

序号	代号	名称	件数	材料	备注
11		胶垫	1	橡胶	
10		调节螺母	1	Q235	
9		弹簧	1	60 Mn	
8		填料		石棉	
7		阀体	1	HT200	
6		螺母	1	Q235	
5		阀杆	1	45	
4		销钉	1	20	
3		开口销	1	Q215	GB/T91
2		手柄	1	15	
1		球头	1	胶木	

手压阀		比例		
		件数		
制图		重量		材料
描图				
审核				

(d) 检查、加深、标注尺寸、编写序号、填写明细栏、标题栏

图 9-18　手压阀装配图绘制(2)

3. 编序号、填写明细栏等，检查加深图线

完成各视图的底稿后，仔细校核检查有无错漏，擦除多余的线条；画剖面线、标注尺寸和编写零件序号，清洁图面后再加深图线，加深步骤与零件图的加深步骤相同。最后，编写技术要求和填写明细栏、标题栏，完成装配图的全部内容，如图 9-18(d)所示。

9.7 读装配图的方法及拆画零件图

在工业生产中，机器的设计、制造、使用、维修以及技术交流都要用到装配图。因此阅读装配图是工程技术人员必备的基本能力。读装配图的目的，是了解机器或部件的用途、性能和工作原理；明确各零件之间的装配、连接关系和装拆顺序；分析了解零件的结构形状和功能；了解技术要求和尺寸。

9.7.1 读装配图的方法和步骤

下面以图 9-19 所示的齿轮油泵为例，说明读装配图的方法和步骤。

1. 概括了解

(1)通过标题栏、明细表和有关资料(如设计说明书、使用说明书)，了解部件的名称、用途，零件的数量和大致组成情况。对照零部件序号，在装配图上查找各零件的数量和位置，并查找部件中使用的标准件的数量和规格。

(2)通过浏览视图，了解各视图的表达情况，找出各个视图、剖视图、断面图等配置的位置及投影方向，了解各视图表达的重点和复杂程度。

(3)通过浏览尺寸(如绘图比例和外形尺寸)，了解部件的大小。

(4)通过技术要求看该部件在装配、调试、使用时有哪些具体要求。

由图 9-19 可知，齿轮油泵是由泵体、左、右端盖、运动零件(如传动齿轮、齿轮轴等)、密封零件以及标准件等所组成。对照零件序号及明细栏可以看出：齿轮油泵共由 15 种零件装配而成，其中有 5 种标准件。采用两个视图表达，主视图为全剖视图，反映了组成齿轮油泵各个零件间的装配关系。左视图采用半剖视图加局部剖，沿左端盖 1 与泵体 7 的结合面剖切后移去垫片 6，它清楚地反映了油泵的外部形状、内腔轮廓和齿轮的啮合情况；局部剖视用以表达出油口。齿轮油泵的外形尺寸是 118、85、95，由此可知，这是一个较简单的部件，体积较小。

2. 分析传动路线和工作原理

在概括了解的基础上，从机器或者部件的传动路线入手，分析各条装配干线，弄清各零件间相互配合的要求，以及零件间的定位、连接方式、密封等问题，了解运动零件和非运动零件的相对运动关系，这样就对部件的工作原理和装配关系比较清楚了。

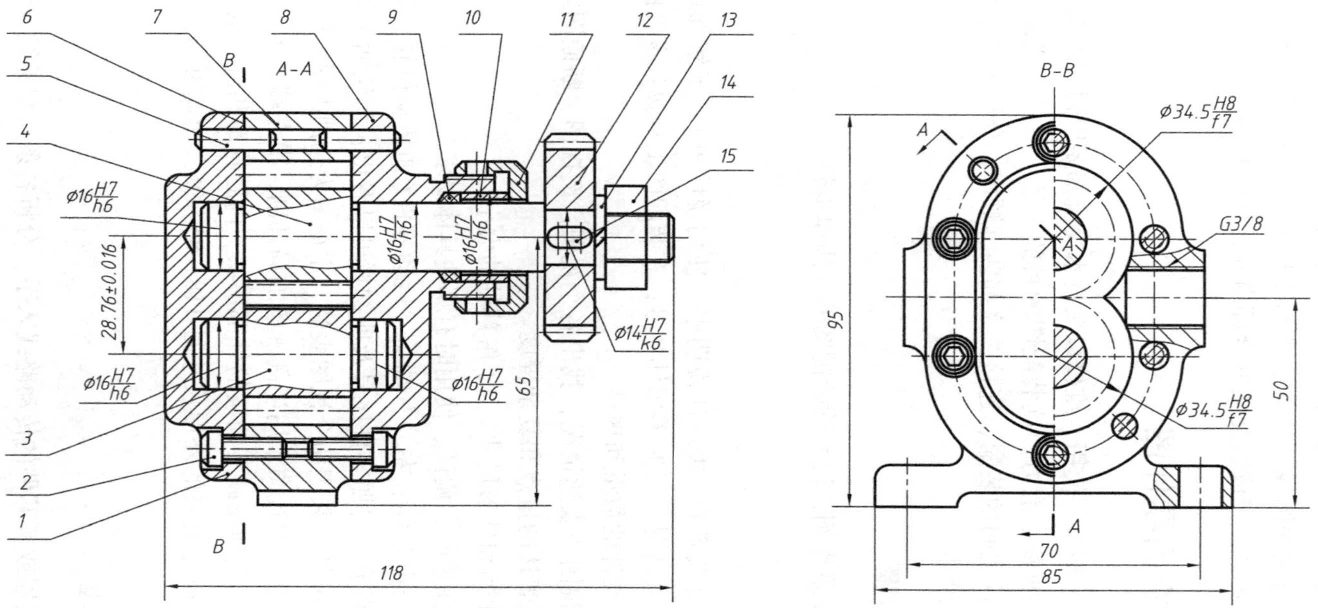

技术要求

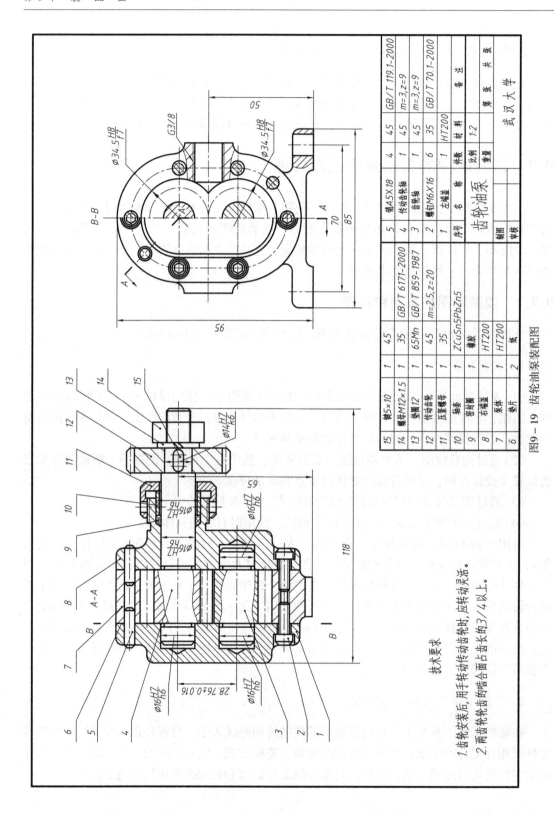

1.齿轮安装后,用手转动传动齿轮时,应转动灵活。

2.两齿轮轮齿的啮合面占齿长的3/4以上。

15	键5×10	1	45		5	销A5X18	4	45	GB/T 119.1-2000
14	螺母M12×1.5	1	35	GB/T 6171-2000	4	传动齿轮轴	1	45	m=3,z=9
13	垫圈12	1	65Mn	GB/T 859-1987	3	齿轮轴	1	45	m=3,z=9
12	传动齿轮	1	45	m=2.5,z=20	2	螺钉M6X16	6	35	GB/T 70.1-2000
11	压紧螺母	1	35		1	左端盖	1	HT200	
10	轴套	1	ZCuSn5PbZn5		序号	名 称	件数	材 料	备 注
9	密封圈	1	橡胶		齿轮油泵		比例	1:2	
8	右端盖	1	HT200				重量		第 张 共 张
7	泵体	1	HT200		制图			武汉大学	
6	垫片	2	纸		审核				

图9-19 齿轮油泵装配图

齿轮油泵是机器中用来输送润滑油的一个部件，图 9-20 是它的轴测装配图，供看图时参考。

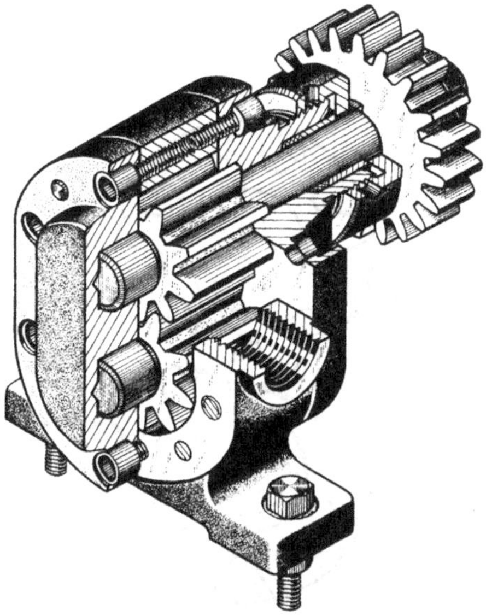

图 9-20 齿轮油泵轴测装配图

由图 9-19 和 9-20 可以看出，齿轮油泵的主要连接方式是，采用以 4 个圆柱销定位、12 个螺钉紧固的方法将两个端盖与泵体牢靠地连接在一起。泵体 7 是齿轮油泵中的主要零件之一，它的内腔容纳一对吸油和压油的齿轮。将齿轮轴 3、传动齿轮轴 4 装入泵体后，两侧由左端盖 1、右端盖 8 支承这一对齿轮轴做旋转运动。为了防止泵体与端盖结合面以及传动齿轮轴 4 伸出端漏油，分别用垫片 6 及密封圈 9、轴套 10、压紧螺母 11 密封。齿轮油泵的动力从传动齿轮件 12 输入，当它按顺时针方向(从左视图上观察)转动时，通过键 15 带动传动齿轮轴 4，再经过齿轮啮合带动齿轮轴 3，从而使后者作逆时针方向转动。由传动关系可分析出工作原理，如图 9-21 所示：当一对齿轮在泵体内作啮合传动时，啮合区内左边空间的压力降低而产生局部真空，油池内的油在大气压力作用下进入油泵低压区的进油口，随着齿轮的转动，齿槽中的油不断沿箭头方向从啮合区的左边被带至右边的出油口把油压出，送至机器中需要润滑的部位。

3. 分析尺寸、了解技术要求

分析装配图中所注尺寸的意义，进一步了解部件的规格、外形大小，以及零件间的配合关系、配合制度。了解部件安装方法和技术要求。

传动齿轮 12 和齿轮轴 3 的配合为 $\Phi14H7/k6$，属基孔制过渡配合。这种轴、孔两零件间较紧密的配合，有利于通过键连接将两零件连成一体传递动力。

齿轮轴 3 和传动齿轮轴 4 与左右端盖之间的配合都是 $\Phi16H7/h6$，为间隙配合，它采用了间隙配合中间隙为最小的方法，以保证轴在孔中既能转动，又可减小或避免轴的径向圆跳动。

两个齿轮和泵体之间的配合尺寸都是 $\Phi34.5H8/h7$，为间隙配合，保证了齿轮在泵体内的运动不受阻。

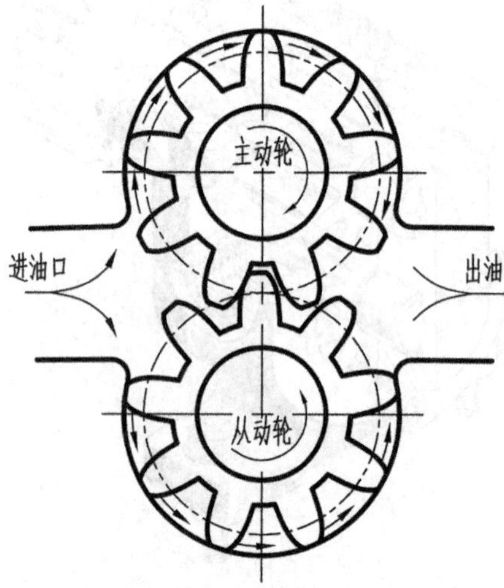

图 9-21　齿轮油泵工作原理示意图

尺寸 28.76±0.016 则反映出对齿轮啮合中心距的要求，这个尺寸准确与否将会直接影响齿轮传动的平稳性。

尺寸 65 是传动齿轮轴线离泵体安装面的高度尺寸；尺寸 50 是出油孔距离泵体安装面的高度尺寸；尺寸 70 是齿轮油泵的安装尺寸，决定了安装孔的轴间距；*G*3/8 是进、出油口的管螺纹标记代号。

4. 分析零件的结构形状

前面的分析是综合性的，为深入了解部件，还应进一步分析零件的主要结构形状和用途。

分析较复杂零件的结构形状时，先要从装配图中找出该零件的所有投影，常称为分离零件。基本方法是根据同一零件的剖面线在各个视图上方向相同、间隔相等的规定，将复杂零件在各个视图中的投影范围及其轮廓识别清楚，进而运用形体分析法并辅以线面分析法仔细推敲，分析过程中还应考虑零件为什么要采用这种结构，如何通过结构实现其功能。当零件在装配图中表达不完整时，可对相关零件进行形体分析，确定该零件的内外结构形状。

5. 归纳总结

综合归纳上述读图内容，把它们有机地联系起来，系统地理解部件的工作原理和结构特点；进一步明确个零件的形状、功能和装配关系，分析出装配路线的装拆顺序等。

9.7.2 由装配图拆画零件图

在设计新机器时，通常是根据使用要求先画出装配图，确定实现其工作性能的主要结构，然后根据装配图再来画零件图。由装配图拆画零件图，简称“拆图”。拆图的过程，也是继续设计零件的过程。

拆图之前，必须认真阅读装配图，全面深入了解设计意图，分析清楚装配关系、技术要求和各个零件的主要结构。画图时，要从设计方面考虑零件的作用和要求，从工艺方面考虑零件的制造和装配，使所绘的零件图既符合设计要求又符合生产工艺要求。

1. 拆画零件图的主要工作内容

1) 分离零件、完善零件结构

如上一节所述，在充分阅读装配图的基础上，分离出要拆画零件的投影，由于装配图主要是表达装配关系，因此对某些零件的结构形状往往表达得不够完整，在拆图时，应根据零件的功用加以补充、完善。

2) 确定表达方案

装配图的视图选择是从表达装配关系和整个部件情况考虑的，零件在装配图中的位置是由装配关系确定的，不一定符合零件表达的要求，因此在选择零件的表达方案时不能简单照搬，应根据零件的结构形状，按照零件图的视图选择原则重新考虑。

一般情况下，箱体类零件的主视图方位与装配图是一致的，即按照工作位置选取主视图投影方向，这样便于装配工作和绘制拆图时与装配图进行对照。对于轴套类零件，一般仍按加工位置(轴线水平放置)选取主视图。

3) 补全工艺结构

在装配图上，零件的细小工艺结构，如倒角、倒圆、退刀槽等往往被省略。拆图时，这些结构必须补全，并加以标准化。

4) 标注零件图尺寸

装配图上的尺寸很少，而零件图中需要注出制造、检验所需的全部尺寸，所以拆图时必须补全。装配图上已注出的尺寸，应在相关零件图上直接注出；未注的尺寸，则由装配图上量取并按比例算出，数值可作适当圆整。装配图中标注的配合尺寸，需要查国家标准注出尺寸的上、下偏差。有些尺寸需根据明细栏中给出的参数计算得出，如齿轮的分度圆直径、齿顶圆直径等。

5) 确定技术要求

零件表面的粗糙度及其他技术要求，应根据零件表面的作用和要求来确定。接触面与配合面的表面粗糙度要低些，自由表面的表面粗糙度要高些。但有密封、耐腐蚀、美观等要求的表面粗糙度则要低些。要恰当地确定技术要求，应具有足够的工程知识和经验，有时也可以根据零件加工工艺，查阅有关设计手册，或参考同类型产品加以比较确定。

2. 拆画零件图举例

下面以拆画齿轮油泵的右端盖为例，介绍拆画零件图的方法和步骤。

1) 确定零件的形状和结构

如图9-19所示，右端盖零件序号为8，根据剖面符号看出，右端盖的投影轮廓分明，左连接板、中支承板、右空心凸缘的结构也比较清楚。由主视图可知：右端盖上部有传动齿轮轴4穿过，下部有齿轮轴3轴颈的支承孔，在右部的凸缘的外圆柱面上有外螺纹，用压紧螺母11通过轴套10将密封圈9压紧在轴的四周。由左视图可知：右端盖的外形为长圆形，沿周围分布有6个螺钉沉孔和两个圆柱销孔。

拆画此零件时，先从主视图上区分出右端盖的视图轮廓，由于在装配图的主视图上右端盖的一部分可见投影被其他零件所遮挡，因此它是一幅不完整的图形，根据此零件的作用及装配关系，可以补全所缺的轮廓线。

2) 选择表达方案

经过分析、比较，确定主视图的投射方向应与装配图一致，它既符合该零件的安装位置、工作位置和加工位置，又突出了零件的结构形状特征。主视图也采用全剖视，既可将三个组成部分的外部结构及其相对位置反映出来，也将其内部结构，如阶梯孔销孔、沉孔等表达得很清楚。那么，该件的端面形状怎样表达呢？总的来看，选左视图或右视图均可。如选右视图，其优点是避免了虚线，但视图位置发生了变化，不便与装配图对照；若选左视图，长圆形支承板的投影轮廓则为细线，但可省略几个没必要画出的圆，使图形更显清晰，制图更为简便，同时也便于和装配图对照，故左视图也应与装配图一致。

3) 尺寸标注

除了标注装配图上已给出的尺寸和可直接从装配图上量取的一般尺寸外，又确定了几个特殊尺寸。根据M6查表确定了内六角圆柱头螺钉用的沉孔尺寸，即6×Φ7和沉孔Φ11深6；确定了细牙普通螺纹M27×1.5的尺寸。为了保证圆柱销定位的准确性，确定销孔应与泵体同铰钻。查表确定了退刀槽的尺寸Φ25；确定了沉孔、销孔的定位尺寸R22和45°，该尺寸则必须与左端盖和泵体上的相关尺寸协调一致。

4) 确定表面粗糙度

有铰钻的孔和有相对运动的孔的表面粗糙度要求都低，故给出的Ra分别为0.8和1.6；其他表面的表面粗糙度则是按常规给出的，如图9-22所示。

5) 技术要求

参考有关同类产品的资料，注写了技术要求，并根据装配图上给出的公差带代号查出了相应的偏差值。

右端盖零件图如图9-22所示。

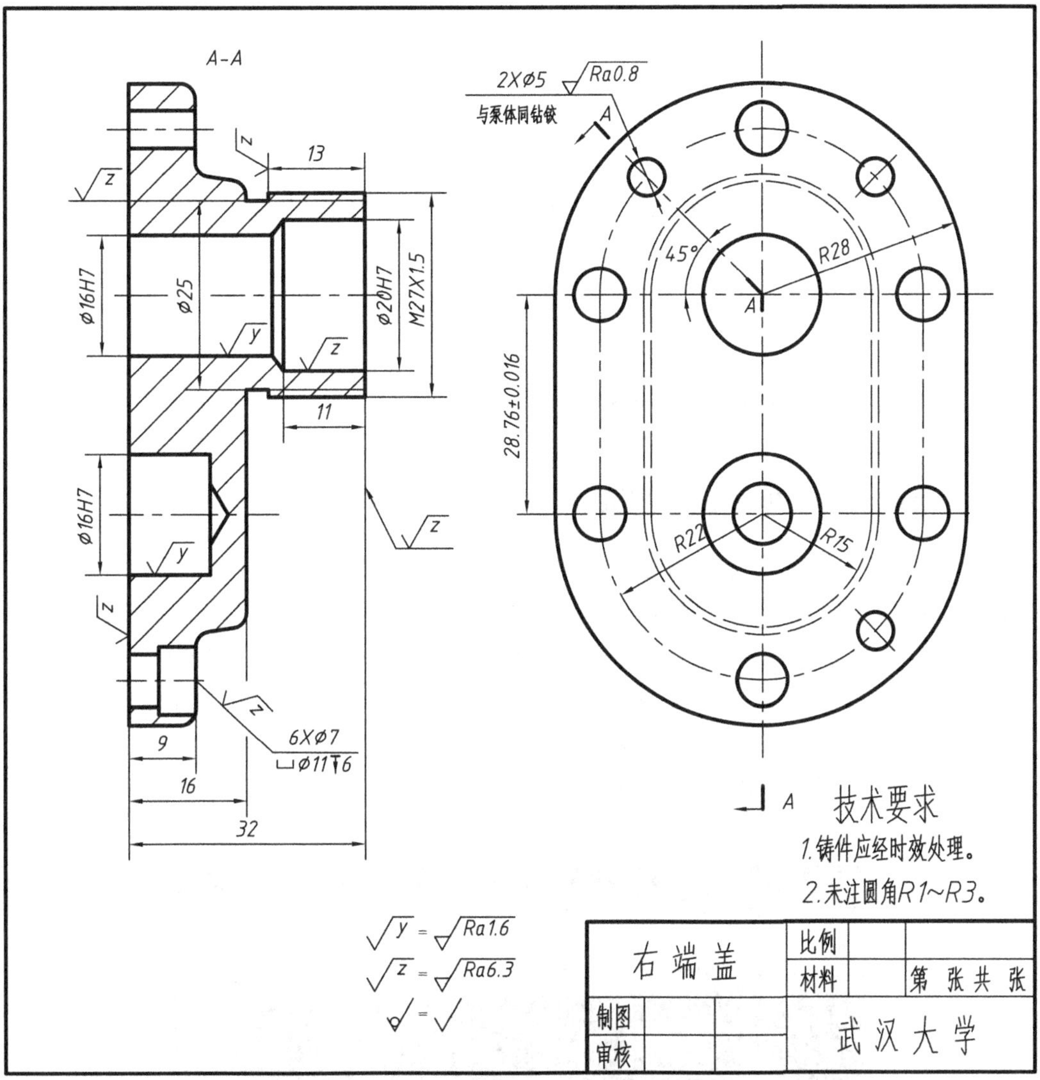
A-A
2XØ5 Ra0.8
与泵体同钻铰
A
13
11
Ø16H7
Ø25
Ø20H7
M27X1.5
Ø16H7
45°
R28
A
28.76±0.016
R22
R15
6XØ7
⌴Ø11↧6
9
16
32
A
技术要求
1.铸件应经时效处理。
2.未注圆角R1~R3。
y = Ra1.6
z = Ra6.3
右端盖
比例
材料
第 张共 张
制图
审核
武汉大学

图 9-22 右端盖零件图

第 10 章　计算机绘图基础

10.1　AutoCAD 2020 基本知识及工作环境

10.1.1　AutoCAD 2020 工作界面

启动 AutoCAD 2020 后，系统会显示如图 10-1 所示的默认工作界面，用户可以根据绘图习惯设置相应的工作界面。如要设置明界面，可以调用菜单“工具”→“选项”，选择“显示”选项卡，将“窗口元素”选项组的“颜色主题”设置为“明”，再单击“颜色”按钮，打开“图形窗口颜色”对话框，在“界面元素”中选择“统一背景”，在“颜色”下拉列表框中选择需要的窗口颜色，这里按视觉习惯选择“白”色，应用并退出对话框，这样设置完成后的 AutoCAD 2020 的明界面如图 10-2 所示。

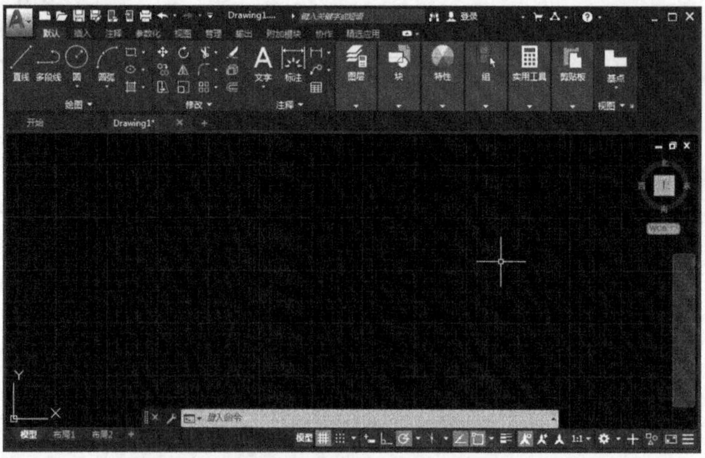

图 10-1　系统默认工作界面

AutoCAD 2020 工作界面是 AutoCAD 2020 显示、编辑图形的区域，主要包括标题栏、快速访问工具栏、菜单栏、功能区、绘图区、十字光标、导航栏、坐标系图标、命令窗口、状态栏、布局标签等，如图 10-2 所示。

1. 标题栏

标题栏位于 AutoCAD 2020 工作界面的最上端，显示了系统当前正在运行的应用程序名和正在使用的图形文件名，AutoCAD 2020 默认打开的文件名为“Drawing1. dwg”。

2. 菜单栏

AutoCAD 2020 的菜单栏包含了“文件”“编辑”“视图”“插入”“格式”“工具”“绘图”“标注”“修改”“参数”“窗口”“帮助”等 12 个菜单选项，这些菜单几乎包含了 AutoCAD 的所有绘图命令。在使用时，单击菜单标题栏，便可弹出相应的下拉菜单，每一个下拉菜单内包含许多菜单项。一般来讲，AutoCAD 下拉菜单中的命令有三种形式：一是菜单命令后面带有小三角按钮，这标志着该菜单还包含下一级子菜单；二是菜单命令后面带有省略号，这表示激活该菜单将打开对话框；三是直接执行操作的菜单命令。

3. 工具栏

工具栏是一组按钮工具的集合。AutoCAD 2020 提供了几十种工具栏。工具栏的显示可通过菜单“视图”→“工具栏”→“AutoCAD”来控制。工具栏可以在绘图区浮动显示，还可以拖动浮动工具栏到绘图区边界，使其变成固定工具栏。有些工具栏的右下角带有一个小三角的按钮，单击小三角按钮会打开相应的工具栏。

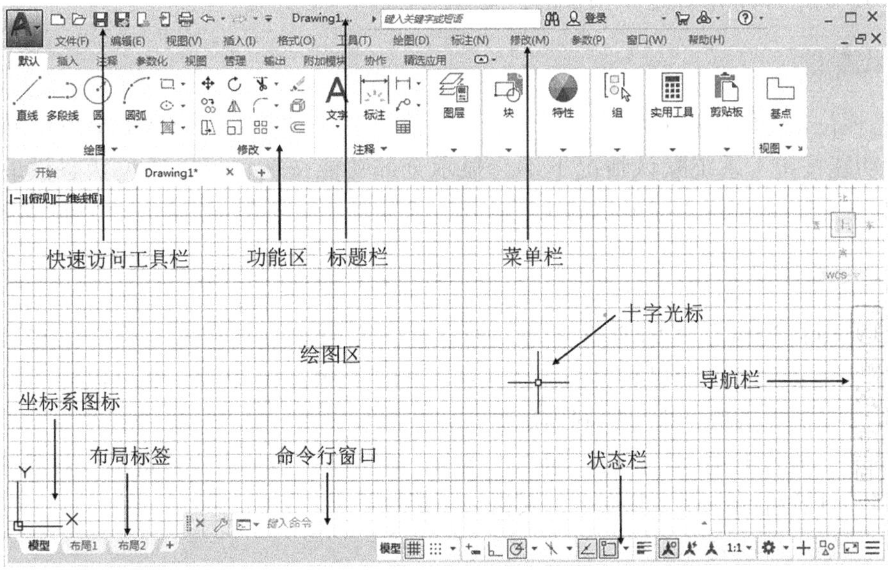

图 10-2　AutoCAD 2020 工作界面

4. 功能区

在系统默认情况下，功能区包括了“默认”“插入”“注释”“参数化”“视图”“管理”“输出”“附加模板”“协作”“精选应用”等选项卡。每个选项卡集成了相关的操作工具。在面板中任意位置右击，在打开的快捷菜单中选择“显示选项卡”，列出了功能区所有选项卡名称，用户可以打开或是关闭所选的功能选项卡。所有选项卡显示面板如图 10-3 所示。

图 10-3 功能区所有选项卡

5. 绘图区

绘图区是指中央的大片空白区域，主要用于图形的显示与编辑。用户可以同时打开多个图形文件分别进行编辑。

鼠标位于绘图窗口内时显示为十字线，其交点反映当前光标的位置，故称为十字光标。十字光标用于绘图、选择对象。

6. 坐标系图标

在绘图区的左下角，有一个“L”指向的图标，称为坐标系图标，表示当前绘图时所用的坐标系样式。坐标系图标的作用是为点的坐标确定一个参照系。系统默认以左下角为坐标原点(0，0)，水平向右为 *X* 轴正向，垂直向上为 *Y* 轴正向。

7. 状态栏

状态栏位于绘图屏幕的底部，用于显示当前绘图的状态。AutoCAD 2020 的状态栏有约 30 个功能按钮，系统默认情况下不会显示全部功能按钮，可以通过状态栏最右侧的“自定义”按钮，来选择需要显示的工具。这一系列控制按钮用于控制绘图辅助功能。

8. 命令行窗口

命令行窗口提供了调用命令的另一种方式，即用键盘直接输入命令。在 AutoCAD 2020 中，所有操作都是通过相关的命令来执行的，在调用命令时，既可以利用鼠标从工具栏或从下拉菜单选取，也可以利用键盘直接在命令行输入命令。命令行窗口默认布置在绘图区下方，由若干文本行构成。用户可在命令行中输入各种命令或选项、数据等操作信息以实现与计算机的交互。其命令输入格式一般为：

命令：输入命令名

命令提示信息<缺省值>：输入命令选项或参数

AutoCAD 命令行显示的若干选项放在方括号“[ ]”里，每个选项都包含一个或多个大写英文字符，用户输入相应的英文字符(输入的命令字符可不区分大小写)即可实现对应的操作。各个选项之间用符号“/”分隔，尖括号“<>”内出现的数值表示 AutoCAD 给出的默认值，直接回车即接受该默认值。在执行命令时，必须严格按照 AutoCAD 命令提示逐步响应，每当输入完数值或字符，都要按回车键以示确认，在执行命令的任何时候都可按 Esc 键来取消当前命令。AutoCAD 2020 通过命令行窗口反馈各种信息，也包括错误提示信息。因此，用户要时刻关注命令行窗口中出现的信息。

10.1.2　图形文件的管理

1. 新建图形文件

调用方式：菜单栏“文件”→“新建”，或单击工具栏中的“新建”按钮，或快捷键 Ctrl+N。

命令行：NEW

启动“新建”文件命令后，AutoCAD 2020 会弹出“选择样板”对话框，如图 10-4 所示。系统在列表框中列出了一些预先设置好的标准样板文件，用户可以根据需要选择合适的样板文件。常用的模板文件有两个：“acad. dwt”和“acadiso. dwt”，前一个是英制的，图形界限的尺寸为 12 英寸×9 英寸，后一个是公制的，图形界限尺寸为 420 毫米×297 毫米。

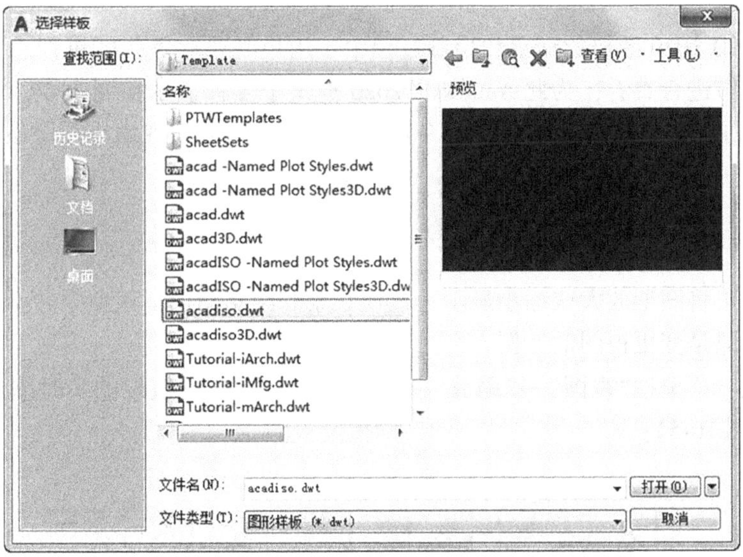

图 10-4　“选择样板”对话框

2. 打开已有的图形文件

调用方式：菜单栏“文件”→“打开”，或单击工具栏中“打开”按钮，或快捷键 Ctrl+O。

命令行：OPEN

命令激活后，AutoCAD 2020 会弹出“选择文件”对话框，通过浏览框内的文件，用户可以快速选择要打开的文件。

在“文件类型”下拉列表中可选择“. dwg”“. dwt”“. dws”“. dxf”文件格式。“. dwg”文件是 CAD 图纸文件的标准文件格式；“. dwt”文件是包含图层设置、标注样式、线型和文字样式等格式的样板文件，除 CAD 提供的样板文件外，用户可以自己创建符合需要的样板文件；“. dws”文件是保护文档，主要用来保存图层相关的设置，用于检查图层或进行图层转换，只能查看，不能修改；“. dxf”文件是用文本形式存储的图形文件，能够被其他程序读取，用于 AutoCAD 2020 与其他软件之间进行 CAD 数据交换的文件格式。

3. 保存图形文件

调用方式：菜单栏“文件”→“保存”，或单击工具栏中的“保存”按钮，或快捷键 Ctrl+S。

命令行：SAVE

命令激活后，若文件已命名，则系统自动保存文件；若文件未命名(即系统默认的 Drawing1. dwg)，系统会弹出“图形另存为”对话框，用户可以重新命名并保存。命令行输入 SAVETIME 命令，可以实现每隔多少分钟自动存盘一次，单位是“分”。

10. 1. 3　图形的显示控制

在 AutoCAD 2020 图形的显示和绘制过程中，用户既要对整张图进行总体布局，也要对图中局部细节进行查看，为此 AutoCAD 2020 提供了多种显示控制命令，最一般方法就是利用缩放和平移命令。使用这两个命令可以在绘图区域放大或缩小图像显示，或者改变观察位置。

1. 缩放图形

缩放命令可将图形放大或缩小显示，以便观察和绘制图形。该命令并不改变图形实际位置和尺寸，只是变更视图的比例。

调用方式：菜单栏“视图”→“缩放”→“实时”命令，或导航栏的实时缩放按钮，或标准工具栏(图 10-5)。

图 10-5　“缩放”工具栏

命令行：ZOOM

指定窗口的角点，输入比例因子(nX 或 nXP)，或者

[全部(A)/中心(C)/动态(D)/范围(E)/上一个(P)/比例(S)/窗口(W)/对象(O)]

<实时>：主要选项说明：

指定窗口角点：定义一个矩形窗口来控制图形的显示，窗口内的图形将占满整个屏幕。

输入比例因子：以当前的视图窗口为中心按照输入的比例因子放大或缩小。如果比例因子后加“X”，则相对当前视图窗口缩放；如果比例因子后加“XP”，则相对图纸空间缩放。

全部(A)：缩放以显示全部图形，包括超出绘图边界的部分。

中心(C)：缩放以显示由中心点和比例(或高度)所定义的视图。高度值越小时增加放大比例，高度值越大时减小放大比例。

动态(D)：选择D以后，在屏幕上显示有三个矩形框，淡绿色的矩形框(点线框)表示当前显示范围；蓝色矩形框(点线框)标记当前图像边界范围；黑色视图框(实线框)用于控制图形的显示。当视图框中包含一个“×”标志时，可以把它移到需要显示图形的地方，然后按一下鼠标左键，框内“×”消失，在视图框的右侧出现一个方向箭头，表示可以通过拖放鼠标来改变窗口的大小。如果再单击鼠标左键，又将出现“×”标志，回到移动视图框状态。一旦在“×”标志的窗口下按回车键，将按最后定义的窗口大小显示图形。

范围(E)：缩放以显示所有对象的最大范围。

上一个(P)：恢复当前显示窗口前一次显示的图形。

窗口(W)：显示矩形窗口指定的区域。

对象(O)：缩放以便尽可能大地显示一个或多个选定的对象并使其位于视图的中心。

除此之外，还可以从导航工具条上单击“实时缩放”图标，此时屏幕光标变成放大镜符号，当按住鼠标左键垂直向下拖动光标可以缩小图形显示；相反，如果按住鼠标左键垂直向上拖动光标可以放大图形显示，其缩放比例与当前绘图窗口的大小有关。

AutoCAD 2020在打开显示图纸的时候，首先读取文件里写的图形数据，然后生成用于屏幕显示的数据，生成显示数据的过程在AutoCAD 2020里被称为重生成(RE)。在AutoCAD 2020绘图过程中用户可能习惯用滚轮来缩放图纸。当用滚轮来放大或缩小图形到一定倍数时，可能会提示无法继续放大或缩小。此时直接输入RE命令回车，然后就可以继续缩放了。

2. 平移图形

调用方式：菜单栏“视图”→“平移”→“实时”命令，或导航栏的实时平移按钮。此外，用户可以长按住鼠标滚动轮不放开，光标变成手形，也可以实现实时平移功能。

命令行：PAN

平移显示是在不改变图像缩放比例的情况下，通过移动图形来显示图形的不同部位。鼠标激活“实时平移”按钮，然后移动手形光标即可平移图形。当移动到图形的边沿时，光标就变成了一个三角形。另外在AutoCAD 2020中，为显示控制命令设置了一个鼠标右键快捷菜单，用户可以在显示命令执行的过程中透明地进行切换。

10.2 绘图环境的建立与图层设置

使用AutoCAD 2020绘制图形时，通常先要进行图形的一些基本设置，如坐标系、图形单位、图幅界限、线型、颜色等。合理地对绘图环境进行设置，可以大大提高绘图工作效率。

10.2.1　绘图环境设置

1. 设置图形单位

在 AutoCAD 2020 中对于任何图形，总有其相应的大小、精度和所采用的单位，屏幕上显示的仅为屏幕单位，单屏幕单位应该对应一个真实的单位，不同的单位其显示格式也不同。

调用方式：菜单栏“格式”→“单位”命令。

命令行：UNITS

命令执行后，系统弹出如图 10-6 所示“图形单位”对话框。用户可以设置长度单位的类型：小数制、分数制、工程制、建筑制、科学制，默认缺省设置为小数制，精度值缺省设置为 0.0000，精确到小数点后四位；角度单位的类型有：十进制、百分度、度/分/秒制、弧度制、勘测制，缺省设置为十进制，精度是 0。此对话框还可以设置插入块的图形单位，以及设置基准角度方向(其缺省值设置指向正东方)。默认缺省角度方向逆时针为正，顺时针为负。

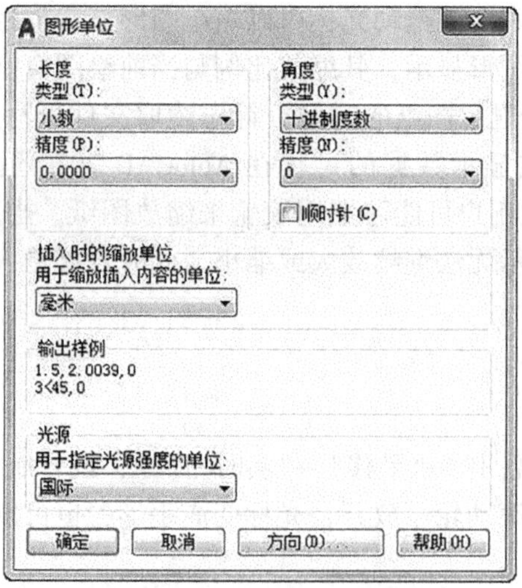

图 10-6　“图形单位”对话框

2. 设置图形界限

图形界限即图纸幅面的大小，为了便于用户准确地绘制和输出图形，避免绘制的图形超出某个范围。

调用方式：菜单栏“格式”→“图形界限”命令。

命令行：LIMITS

指定左下角点或[开(ON)/关(OFF)]<0.0000，0.0000>(输入图形边界左下角的坐标后按回车键)

指定右上角点<420.0000，297.0000>：(输入图形边界右上角的坐标后按回车键)

当用户选择“ON”选项，则用户确定的绘图边界有效，绘图时不允许超出绘图边界；选择“OFF”选项时，图形边界无效，允许用户绘图时超出绘图边界。

3. 坐标系设置

AutoCAD 2020 提供了两种类型的坐标系：世界坐标系(WCS)和用户坐标系(UCS)。世界坐标系是一个符合右手法则的直角坐标系，这个系统的点由唯一的 X，Y，Z 坐标确定，它是 AutoCAD 2020 默认坐标系。为了便于绘图，AutoCAD 2020 也允许用户根据绘图的需要建立自己的坐标系，并重新设置坐标原点位置和坐标轴方向，即用户坐标系。

调用方式：菜单栏“工具”→“新建 UCS(W)”命令或“UCS”工具条(图 10-7)。

图 10-7　UCS 工具条

命令行：UCS

当前 UCS 名称：*世界*

指定 UCS 的原点或[面(F)/命名(NA)/对象(OB)/上一个(P)/视图(V)/世界(W)/X/Y/Z/Z 轴(ZA)]<世界>：

主要选项说明：

面(F)：选择一个实体的表面作为新坐标系的 XOY 平面。

命名(NA)：恢复其他坐标系为当前坐标系。

对象(OB)：通过选择的对象创建 UCS。

上一个(P)：恢复到前一次设立的坐标系设置。

视图(V)：新建的坐标系的 X、Y 轴所在的面设置为与屏幕平行，其原点保持不变。

世界(W)：恢复为世界坐标系。

X/Y/Z：原坐标系平面分别绕 X/Y/Z 轴旋转形成新的坐标系。

Z 轴(ZA)：指定 Z 轴方向形成新的坐标系。

10.2.2 图层设置

在 AutoCAD 2020 中，每一个图形对象都具有其相应的颜色、线型、线宽等属性，这些非几何特征的属性一般是通过图层来设置和管理的。

1. 图层的概念

可以把图层看作透明的图纸，它们具有相同的坐标系、绘图界限、显示时的缩放比例。将不同属性的对象分别放置在不同的图层上，例如将图形的主要线段、中心线、尺寸标注等分别绘制在不同的图层上，每个图层可设定不同的颜色、线型、线宽等属性，然后把不同的图层堆叠在一起形成一张完整的视图，这样就可使视图层次分明，方便图像对象的编辑与管理。一个完整的图形就是由它所包含的所有图层上的对象叠加在一起构成的。

2. 利用对话框设置图层

用户在使用图层功能之前，首先根据绘图的需求，建立相应的图层，并设置图层的各项属性，如颜色、线型、线宽等。AutoCAD 2020 提供了详细直观的“图层特性管理器”选项板，用户可以方便地对该选项板的各选项及其二级选项板进行设置。

调用方式：菜单栏“格式”→“图层”命令，或功能区的“图层特性管理器”按钮。

命令行：LAYER

调用命令后，系统会弹出如图 10-8 所示的“图层特性管理器”选项板。在该对话框内用户可以创建新的图层、删除图层、选择当前图层及设置图层的颜色、线型、线宽等操作。

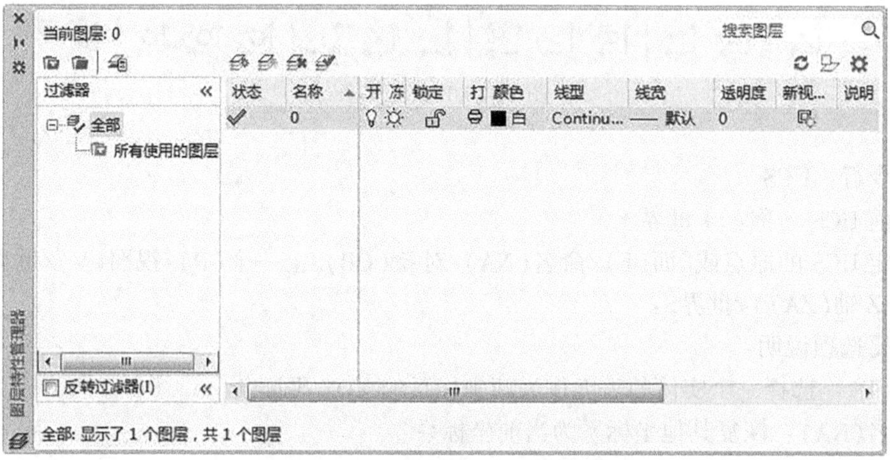

图 10-8　“图层特性管理器”选项板

主要选项说明如下：

“过滤器”列表框：用于设置是否在图层列表中显示与过滤器规则相同的图层。当复选框“反转过滤器”打钩时，则在列表框内显示与过滤器规则相反的图层。

“新建图层”按钮：建立新图层，默认图层名为“图层 1”，用户可以修改图层名。如果想同时创建多个图层，可选中一个图层名后，输入多个名称，各名称之间以逗号分隔（注意输入逗号时需将输入法设置为英文输入状态）。图层的名称可以包含字母、数字、空格和特殊符号。新图层继承了创建新图层时所选中的已有图层的所有特性，如果新建图层时没有图层被选中，则新图层具有默认的设置。

“在所有视口中都被冻结的新图层视口”按钮：建立新图层，然后在所有现有视口中将其冻结。

“删除图层”按钮：删除用户选定的图层。但当前层、依赖外部参考的图层、包含有图形对象的图层和 0 层不能被删除。

“置为当前”按钮：设置用户选定的图层为当前图层。也可双击图层名来设置当前层。

“图层列表区”：显示已有的图层及其特性。用户可通过点击列表上对应的特性图标来修改图层特性，列表区中各列的含义如下。

状态：指示项目的类型，有图层过滤器、正在使用的图层、空图层和当前图层 4 种。

名称：显示图层名称。如果要对某图层修改，首先要选中该图层的名称。

状态转换图标：在“图层特性管理器”选项板的图层列表中有一列图标，单击这些图标，可以打开或关闭图标所代表的的功能。各图标功能说明如表 10-1 所示。

表 10-1　　**图标功能**

图标	名称	功能说明
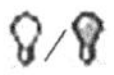	开/关	打开或关闭图层。如果图层被打开，则该图层上的图形可以在屏幕上显示或在绘图仪上绘出；如果图层被关闭，则图层仍是图形的一部分，但不能被显示或绘制出来。因此，绘制复杂的视图时，可先将不编辑的图层暂时关闭，降低图形的复杂性
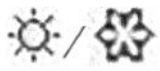	解冻/冻结	冻结或解冻图层。图层被冻结，则该图层上的图形既不能在屏幕上显示或在绘图仪上绘出，也不参与图形之间的运算；被解冻的图层刚好与之相反。若将视图中不编辑的图层暂时冻结，可以加快执行绘图编辑的速度。当前图层不能被冻结
	解锁/锁定	锁定或解锁图层。被锁定的图层仍然显示在绘图区，但不能编辑和修改被锁定的对象。这样可以防止重要的图形被修改
	打印/不打印	设定该图层是否可以打印图形

颜色：显示和改变图层的颜色。如果要改变某一图层的颜色，用鼠标单击其对应的颜色图标，系统会弹出“选择颜色”对话框，如图 10-9 所示，用户可以从中选择需要的颜色。AutoCAD 2020 将 7 种标准颜色带放在“选择颜色”对话框的下方，其缺省设置为白色。

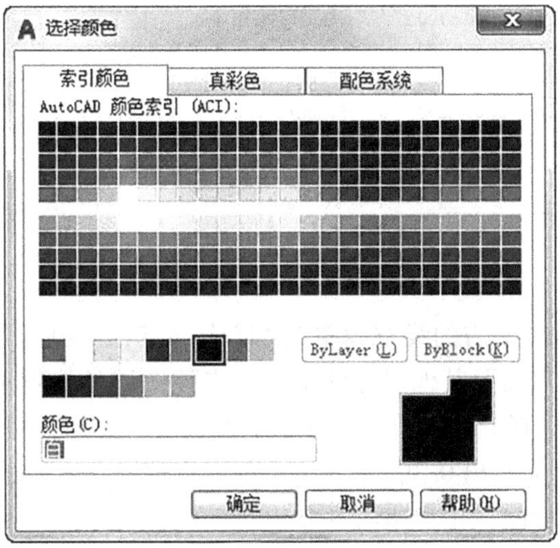

图 10-9　“选择颜色”对话框

线型：显示修改图层的线型。AutoCAD 2020 为用户提供了多种标准线型，放在 acadiso. lin 文件里，其缺省设置只在文件中加载了连续线型（Continuous），当用户使用其他线型时，首先要加载该线型到当前图形文件中。使用时，单击该图层的线型选项，弹出“选择线型”对话框，如图 10-10 所示，单击“加载”按钮，弹出“加载或重载线型”对话框，如图 10-11 所示，框中列出了 AutoCAD 2020 预定义的标准线型，选取要加载的线型，单击“确认”按钮，返回对话框，在加载后的线型列表中选择该线型，单击“确认”按钮后即可完成该图层线型的设定。

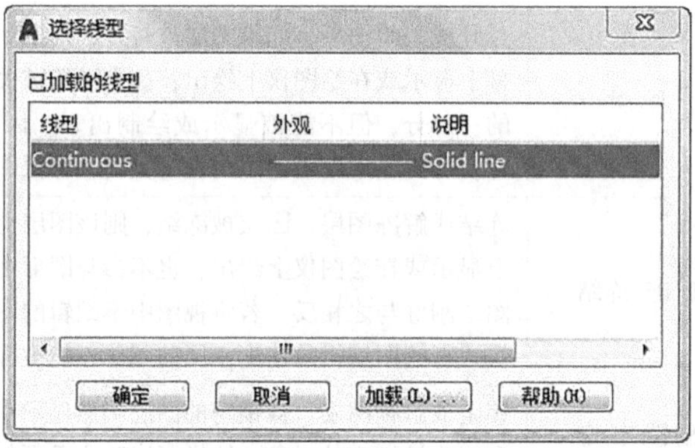

图 10-10　“选择线型”对话框

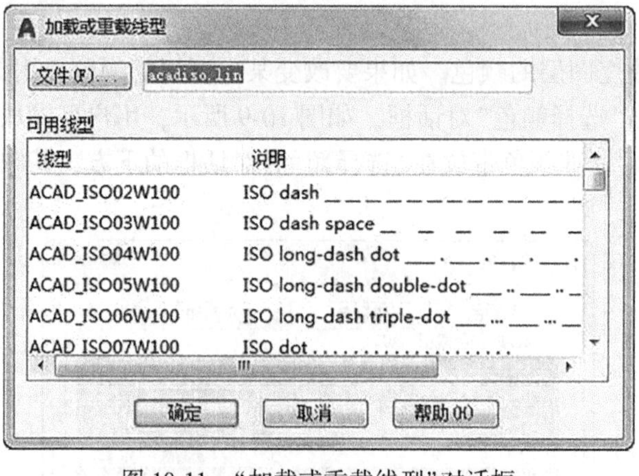

图 10-11　“加载或重载线型”对话框

线宽：AutoCAD 2020 缺省的线宽设置是“默认”（其值为 0. 01in，即 0. 22mm），线宽显示是细实线。如果用户需要其他尺寸线宽，单击该图层的线宽选项，弹出“线宽”对话框，如图 10-12 所示，选择需要的线宽尺寸，单击“确认”按钮，即可改变指定图层的线宽值。AutoCAD 2020 只能显示出 0. 30mm 及以上的线宽宽度，如果宽度低于 0. 30mm，就无法显示出线宽的效果，同时，用户要打开状态栏的“线宽”显示按钮，这时图形对象中粗实线线宽才能正确显示出来。

3. 利用特性工具栏设置图层

AutoCAD 2020 提供了一个“特性”工具栏，如图 10-13 所示。用户可以利用工具栏下拉列表框中的选项，快速地查看和改变所选对象的图层、颜色、线型和线宽特性。“特性”工具栏中的图层颜色、线型、线宽和打印样式的控制增强了查看和编辑对象属性的命令。在绘图区选择任何对象，都将在面板中自动显示它所在的图层、颜色、线型和线宽等属性。

在“特性”工具栏对应的下拉列表框中，“ByLayer”表示图形对象的特性与其所在图层的特性一致；“ByBlock”表示图形对象的特性与其所在图块的特性保持一致；如果选择某一具体特性，则随后不论在哪个图层中绘制图形对象都会采用这种特性，与图形对象所在的图层、图块的特性无关。

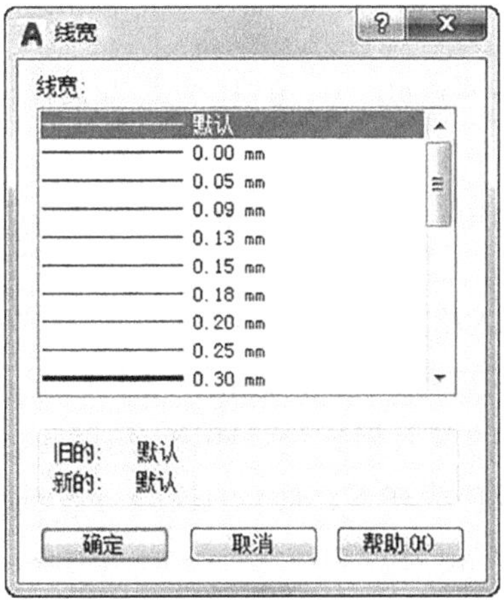

图 10-12 “线宽”对话框

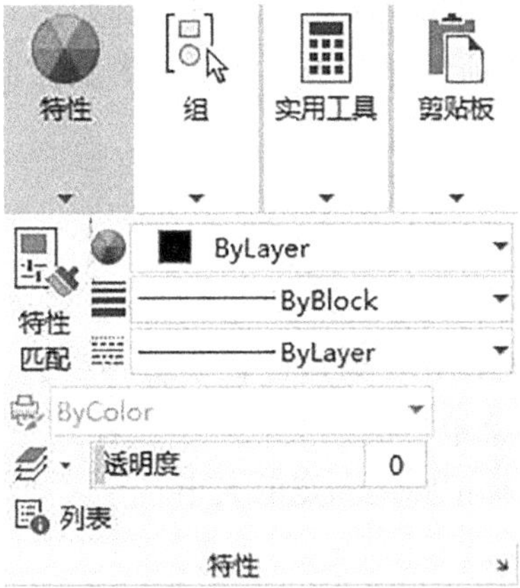

图 10-13 “特性”工具栏

10.3　二维图形的绘制

AutoCAD 2020 为用户提供了一整套内容丰富、功能强大的交互式绘图命令和绘图辅助命令。其中二维绘图命令是绘图操作的基础，任何较为复杂的平面图形都可以看做由简单的点和线构成，均可使用 AutoCAD 二维绘图命令实现。

10.3.1　点的绘制

1. AutoCAD 点的坐标

大部分 AutoCAD 命令在执行过程中都需要精确定位，通常用某个特殊的坐标位置来标定点位置。点的坐标可分为绝对坐标与相对坐标。

1)绝对坐标

绝对坐标是以当前坐标系原点(0, 0, 0)作为基点来定位的。其输入方式主要有以下几种：

(1)直角坐标。点的直角坐标是当前点相对于坐标原点的坐标值，其输入格式是：X, Y, Z。坐标间要用逗号隔开。

(2)极坐标。极坐标的输入格式是：距离<角度。其中距离为当前点与原点连线距离，角度为该连线与 X 轴正方向的夹角，距离与角度中间用“<”隔开。

(3)球面坐标。球面坐标的输入格式是：距离<角度 1<角度 2。其中，距离为当前点与原点连线距离，角度 1 为该连线在 XY 面上的投影与 X 轴正方向的夹角；角度 2 为该连线与 XY 面的夹角。中间用“<”隔开。

2)相对坐标

相对坐标是指输入点的坐标是以上一个操作点作为基点来确定的位置。其输入的方式与绝对坐标相同，但要求在坐标的前面加上“@”。例如相对直角坐标的输入格式是：@X, Y, Z，其中 X、Y、Z 是当前点相对于上一个点的坐标增量。相对极坐标与相对球面坐标也是如此。

2. 绘制点

1)设置点样式

为了使点更显眼，AutoCAD 2020 为点设置了各种样式，用户可以根据需要来选择。可通过 DDPTYPE 命令或选择菜单栏的“格式”→“点样式”命令，打开“点样式”对话框，如图 10-14 所示，来设置点的标记图案和点的大小。

2)绘制单点/多点

调用方式：菜单“绘图”→“点”→“单点”/“多点”命令，或绘图工具栏“多点”按钮。

命令行：POINT

当前点模式：PDMODE=0　PDSIZE=0.0000

指定点：(输入点的坐标)

3)绘制定数等分点和定距等分点

有时需要把某个线段或曲线按一定的份数进行等分，或者按照给定的长度为单元进行等分，这在手工绘图中很难实现，但在AutoCAD 2020中可以通过相关命令轻松完成。可以从命令行直接输入DIVIDE或MEASURE命令，或者在菜单栏选择"绘图"→"点"→"定数等分"/"定距等分"命令。为了使点标记明显，一般先设置点的标记图案及大小，然后再绘制定数等分点和定距等分点。

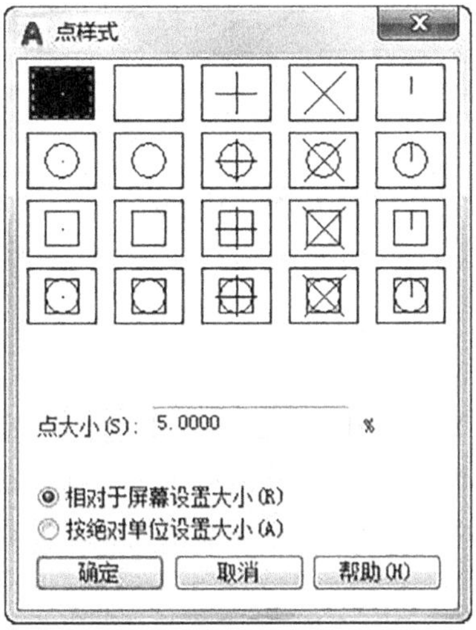

图10-14　"点样式"对话框

10.3.2　直线的绘制

1. 绘制直线段

调用方式：菜单"绘图"→"直线"命令，或绘图工具栏"直线"按钮。

命令行：LINE

指定第一点：(输入直线段的第一点坐标)

指定下一点或[放弃(U)]：(输入直线段的下一点坐标)

指定下一点或[退出(E)/放弃(U)]：(输入直线段的下一点坐标或选项)

指定下一点或[关闭(C)/退出(X)/放弃(U)]：(继续输入下一点坐标或选项)

主要选项说明：

逐步输入直线的端点，可以绘制出连续的直线段。但是，每一段直线都是一个独立的对象，具有独立的属性，可以进行单独的编辑操作。"放弃(U)"表示取消先前画的一段直线，并可以继续绘制直线；"关闭(C)"表示当绘制了两条或两条以上的线段后，输入"C"可以使绘制的折线首尾相连，成为封闭的多边形，并退出命令。

若设置动态数据输入方式(单击状态栏中的“动态输入按钮”)则可以动态输入坐标或长度值，如图 10-15 所示。动态输入框中坐标输入与命令行输入有所不同，如果之前没有定位任何一个点，动态输入的坐标是绝对坐标，如果上一步已经定义了一个点，当定位下一个点时默认动态输入的就是相对坐标，无须在坐标值前加“@ ”符号。如果想在动态输入框中输入绝对坐标，需要先输入一个“#”符号，然后再输入坐标值。

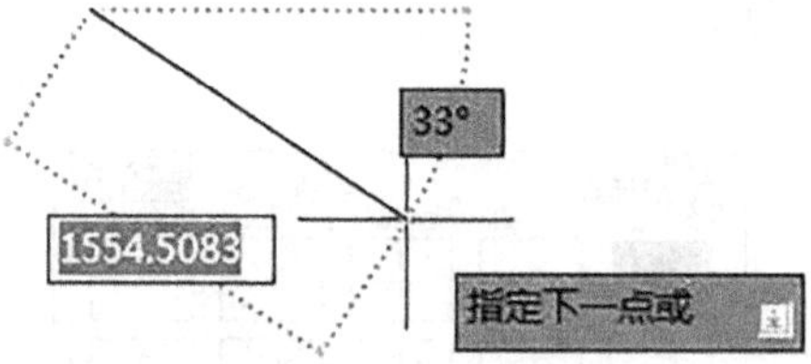

图 10-15　动态输入

2. 绘制构造线

构造线就是无穷长度的直线，用于模拟手工制图中的辅助作图线。构造线用特殊的线型显示，在图形输出时可不输出。应用构造线作为辅助线绘制机械图中的三视图是构造线的主要用途，构造线的应用是保证三视图之间“长对正、高平齐、宽相等”的对应关系。

调用方式：菜单“绘图”→“构造线”命令，或绘图工具栏“构造线”按钮。

命令行：XLINE

指定点或[水平(H)/垂直(V)/角度(A)/二等分(B)/偏移(O)]：(给出根点 1)

指定通过点：(给定通过点 2，绘制一条双向无限长直线)

指定通过点：(继续给点，继续绘制线，按回车键结束)

主要选项说明：

指定点：用于绘制通过指定两点的构造线。

水平(H)：绘制通过指定点的水平构造线。

垂直(V)：绘制通过指定点的垂直构造线。

角度(A)：绘制沿指定方向或与指定直线之间的夹角为指定角度的构造线。

二等分(B)：绘制平分由指定 3 点所确定的角的构造线。

偏移(O)：绘制与指定直线平行的构造线。

10.3.3　圆与圆弧的绘制

1. 绘制圆

调用方式：菜单“绘图”→“圆”命令，或绘图工具栏“圆”按钮。

命令行：CIRCLE

指定圆的圆心或[三点(3P)/两点(2P)/切点、切点、半径(T)]：(输入圆心坐标或选项)

指定圆的半径或[直径(D)]：(输入半径值或选项)

AutoCAD 2020 中绘制圆的方式主要有以下六种：

圆心、半径：根据输入的圆心和半径来创建圆。

圆心、直径(D)：根据输入的圆心和直径来创建圆。

三点(3P)：输入圆周上的三个点来创建圆。

两点(2P)：输入直径两端点来创建圆。

切点、切点、半径(T)：通过与指定的两个对象相切并给定圆的半径来创建圆，如图 10-16 所示。

选择菜单栏中“绘图”→“圆”命令，其子菜单比命令行多了一种“相切、相切、相切(A)”的绘制方法，其表示绘制与三个图形对象相切的圆，如图 10-17 所示。

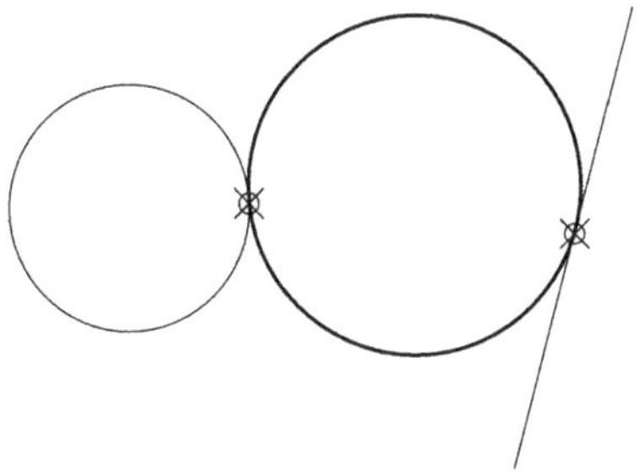

图 10-16　相切、相切、半径方式画圆

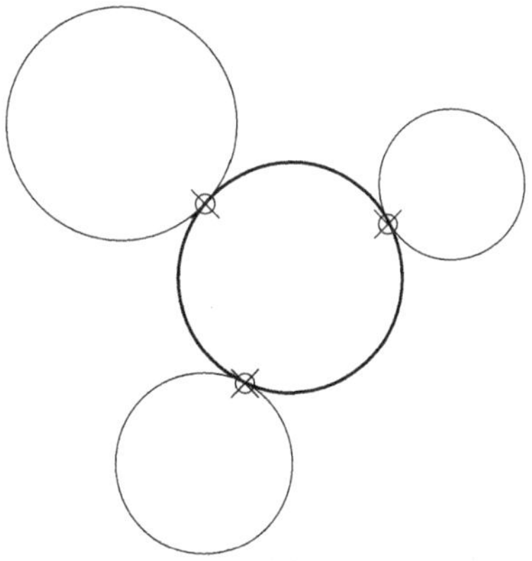

图 10-17　相切、相切、相切方式画圆

2. 绘制圆弧

调用方式：菜单“绘图”→“圆弧”命令，或绘图工具栏“圆弧”按钮。

命令行：ARC

指定圆弧的起点或[圆心(C)]：

AutoCAD 2020 提供了 11 种绘制圆弧的方法，如图 10-18 所示。缺省使用三点法，即指定圆弧的起点、圆弧上一点和圆弧的终点。此外，还可以利用圆心角、弦长等方式创建圆弧。

3. 绘制椭圆和椭圆弧

调用方式：菜单“绘图”→“椭圆”→“圆弧”命令，或绘图工具栏“椭圆”按钮或椭圆弧按钮。

命令行：ELLIPSE

指定椭圆的轴端点或[圆弧(A)/中心点(C)]：

选项说明：

指定椭圆的轴端点：以一轴的两个端点和另一半轴的长度定义椭圆。

圆弧(A)：用于创建一段椭圆弧。

中心点(C)：以椭圆中心、某一轴上的一个端点和另一半轴长度创建椭圆。

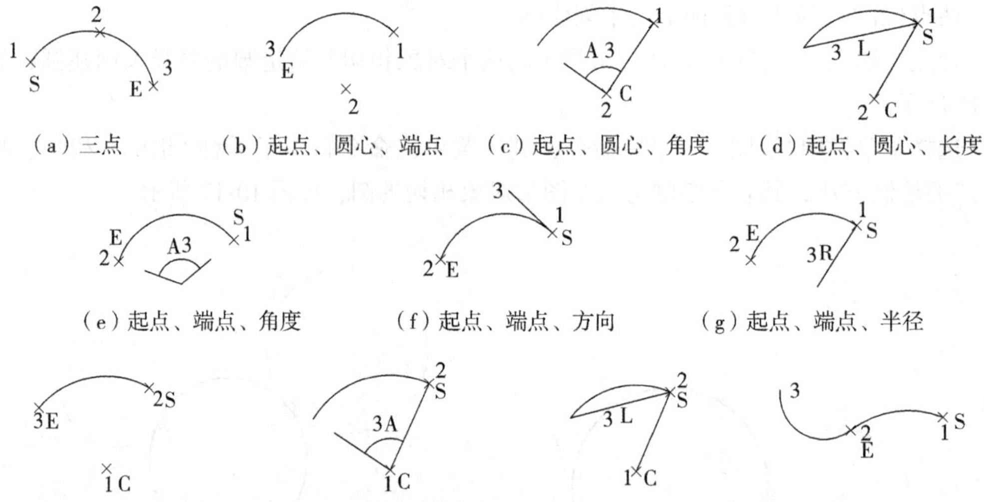

(a) 三点　(b) 起点、圆心、端点　(c) 起点、圆心、角度　(d) 起点、圆心、长度

(e) 起点、端点、角度　(f) 起点、端点、方向　(g) 起点、端点、半径

(h) 圆心、起点、端点　(i) 圆心、起点、角度　(j) 圆心、起点、长度　(k) 继续

图 10-18　11 种圆解弧绘制方法

10.3.4　矩形和多边形的绘制

1. 绘制矩形

调用方式：菜单“绘图”→“矩形”命令，或绘图工具栏“矩形”按钮。

命令行：RECTANG

指定第一个角点或[倒角(C)/标高(E)/圆角(F)/厚度(T)/宽度(W)]：(输入第一个角点或选项)

指定另一个角点或[面积(A)/尺寸(D)/旋转(R)]：(输入矩形的对角点或选项)

主要选项说明：

第一个角点：给定矩形的两个对角点来创建矩形。

倒角(C)：绘制带倒角的矩形，并设置倒角的距离。其中第一个倒角距离是指角点逆时针方向倒角距离，第二个倒角距离是指角点顺时针方向倒角距离。

圆角(F)：绘制带圆角的矩形，并设置圆角的距离。

标高(E)/厚度(T)：绘制具有深度和厚度的矩形。

宽度(W)：指定线宽，创建具有宽度的矩形。

面积(A)：给定面积和长或宽创建矩形。

尺寸(D)：使用长和宽创建矩形。

旋转(R)：是所绘制的矩形旋转一定角度。

2. 绘制多边形

调用方式：菜单“绘图”→“多边形”命令，或绘图工具栏“多边形”按钮。

命令行：POLYGON

输入侧面数<4>：(输入多边形边数)

指定正多边形的中心点或[边(E)]：(输入中心点位置或选项)

输入选项[内接于圆(I)/外切于圆(C)]<I>：(输入选项)

指定圆的半径：(输入半径值)

主要选项说明：

边(E)：指定多边形的一条边，系统会按照逆时针方向创建该正多边形。

内接于圆(I)：绘制的多边形内接于圆，需要指定外接圆半径，正多边形的所有顶点都在圆周上。

外切于圆(C)：绘制的多边形外切于圆，需要指定正多边形中心点到各边中点的距离，即内切圆的半径。

10.3.5　二维多线段的绘制

多线段(又名“多义线”)是由多个彼此首尾相连的、相同或不同宽度的直线段或圆弧段组成，并作为单一的整体对象。

调用方式：菜单“绘图”→“多线段”命令，或绘图工具栏“多线段”按钮。

命令行：PLINE

指定起点：(输入起点位置)

当前线宽为0.0000

指定下一个点或[圆弧(A)/半宽(H)/长度(L)/放弃(U)/宽度(W)]：(输入下一点位置或选项)

指定下一点或[圆弧(A)/闭合(C)/半宽(H)/长度(L)/放弃(U)/宽度(W)]：(输入下一点位置或选项或回车结束命令)

主要选项说明：

指定起点：输入直线段的起点，并以当前线宽绘制直线段。

圆弧(A)：由绘制直线转换成绘制圆弧，其各选项功能类似于ARC命令画圆弧。

半宽(H)/宽度(W)：指定当前直线或圆弧的起始点、终止点的半宽或全宽。如果起始点与终止点的宽度不等，则可以绘制一条变宽度的直线，可用于绘制箭头。当AutoCAD

2020 的系统变量 FILLMODE=1 时，线宽内部填实；FILLMODE=0 时，线宽内部为空心。

长度(L)：指定下一段直线的长度。系统按照上一段直线的方向绘制下一段直线，如果是圆弧则将绘制出与上一段圆弧相切的直线段。

放弃(U)：取消刚绘制的一段直线或圆弧。

闭合(C)：当前位置点与多线段起点连线以闭合多线段。

10.3.6　样条曲线的绘制

AutoCAD 2020 使用一种称为非均匀有理 B 样条(NURBS)曲线的特殊样条曲线类型。NURBS 曲线会在控制点之间产生一条光滑的样条曲线。这种曲线适用于表达具有不规则变化曲率半径的曲线，如波浪线或地形轮廓线。

调用方式：菜单“绘图”→“样条曲线”命令，或绘图工具栏“样条曲线”按钮。

命令行：SPLINE

当前设置：方式=拟合　节点=弦

指定第一个点或[方式(M)/节点(K)/对象(O)]：(输入起点或选项)

输入下一个点或[起点切向(T)/公差(L)]：(系统会一直提示需要指定下一点，回车结束命令)

主要选项说明：

方式(M)：确定是使用拟合点还是使用控制点来创建样条曲线。

节点(K)：用来确定样条曲线中连续拟合点之间的零部件曲线如何过渡。

对象(O)：将二维或三维的二次或三次样条曲线的拟合多线段转换为等价的样条曲线。

公差(L)：修改当前该样条曲线的拟合公差。其数字大小是指曲线与指定点的距离(起止点除外)。

10.3.7　绘图辅助工具

AutoCAD 2020 提供了多种绘图辅助功能，利用这些功能，用户可以更加准确、方便、快速地绘制出需要的图形。

1. 栅格显示和栅格捕捉

用户可以应用栅格显示工具使绘图区显示网格，类似于传统的坐标纸，其网格的间距和数量可由用户设置。

调用方式：菜单“工具”→“绘图设置”命令，或单击状态栏中的“栅格”按钮，或快捷键 F7。

命令行：GRID

命令激活后，系统会打开“草图设置”对话框，选择“捕捉和栅格”选项卡(图 10-19)。其中，“启用栅格”复选框用于控制是否显示栅格；栅格 X 轴间距和栅格 Y 轴间距用来设置 X 方向和 Y 方向的栅格间距，如果它们的值为 0，则 AutoCAD 2020 会自动将捕捉的栅格间距应用于栅格。

为了准确地在绘图区捕捉点，用户可以利用栅格捕捉工具将十字光标锁定在屏幕上的栅格点上。在图中，“启用捕捉”复选框用以控制栅格捕捉功能是否打开，捕捉间距用以设置 X 方向和 Y 方向的捕捉间距；“极轴间距”选项组只有在选择 PolarSnap 捕捉类型时才可用。“捕捉类型”选项组用来设置捕捉类型和方式，捕捉类型有栅格与极轴两种，捕捉方式有矩形与等轴测两种。启用栅格捕捉命令还可以通过单击状态栏中的“捕捉模式”按钮，或快捷键 F9。

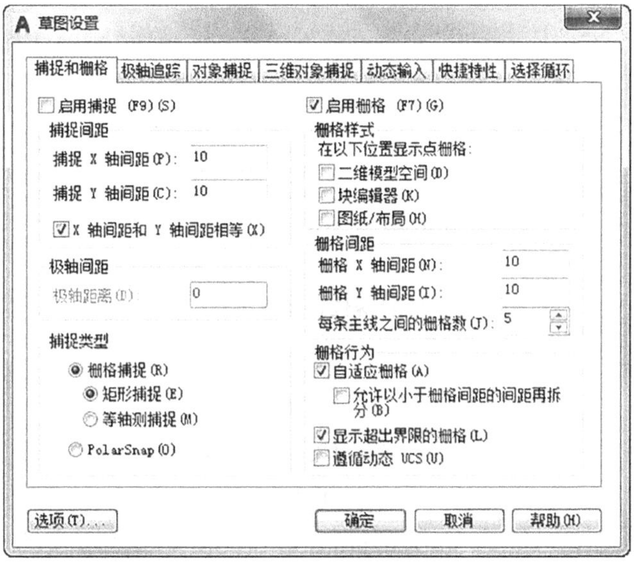

图 10-19 “捕捉和栅格”选项卡

2. 对象捕捉工具

在 AutoCAD 2020 中绘图之前，可以根据需要事先开启一些对象捕捉模式，绘图时系统就能迅速而准确地捕捉到图形对象的几何特征点，如圆心、切点、线段或圆弧的端点、中点等。

调用方式：菜单“工具”→“绘图设置”命令，或单击状态栏中的“对象捕捉”按钮，或快捷键 F3。

命令行：OSNAP

命令激活后，系统会打开“草图设置”对话框，选择“对象捕捉”选项卡(图 10-20)。其中，“启用对象捕捉”复选框用来控制捕捉模式是否开启；“启用对象捕捉追踪”复选框用于打开或关闭自动追踪功能。“对象捕捉模式”选项组中列出了各种捕捉模式，其各项功能如表 10-2 所示。

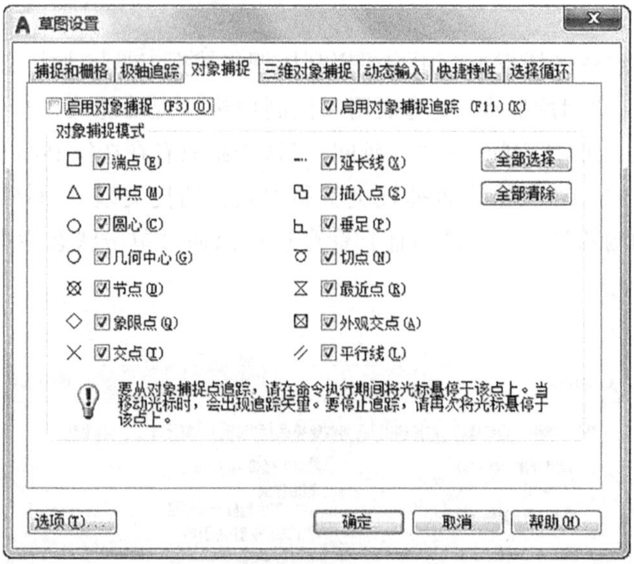

图 10-20　“对象捕捉”选项卡

表 10-2　**特殊位置点捕捉**

捕捉模式	功　　能
端点	捕捉对象端点
中点	捕捉对象(如线段或圆弧等)中点
圆心	捕捉圆或圆弧的圆心
节点	捕捉用 POINT 或 DIVIDE 等命令生成的点
象限点	捕捉圆或圆弧上可见部分的象限点，即圆周上 0°、90°、180°、270°位置上的点
交点	捕捉对象(如线、圆弧或圆等)的交点
延长线	捕捉对象延长路径上的点
插入点	捕捉文本对象和图块的插入点
垂足	在对象上(或其延长线上)捕捉一点，与最后生成的点形成连线，与该对象正交
切点	捕捉与圆或圆弧相切的点
最近点	捕捉对象上距光标最近的点
外观交点	捕捉图形对象的交叉点
平行线	捕捉与指定对象平行方向上的点

3. 正交模式工具

正交模式的使用可以控制在绘制直线时光标沿 X 轴和 Y 轴方向平行移动。单击状态栏上“正交限制”按钮，或按快捷键 F8 即可控制正交模式的开或关。

4. 自动追踪

自动追踪是指按指定角度或与其他对象建立指定关系来绘制对象。自动追踪分为"对象捕捉追踪"和"极轴追踪"。

"对象捕捉追踪"是利用点与其他图形对象的特定关系来确定追踪方向。"对象捕捉追踪"必须配合"对象捕捉"功能一起使用。该功能可以使光标从对象捕捉点开始，沿对齐路径进行追踪，以找到用户需要的精确位置。

"极轴追踪"是按指定角度的方式设置点的追踪方向。根据当前设置的追踪角度，引出相应的极轴追踪虚线进行追踪，以定位目标点。在"草图设置"对话框的"极轴追踪"选项卡可以设置极轴追踪的参数。"极轴追踪"必须配合"对象捕捉"功能一起使用。

5. 动态输入

在 AutoCAD 2020 中，用户可以通过单击状态栏的"动态输入"按钮，在绘图屏幕直接动态输入绘制对象的各种参数，使绘图变得直观、简捷。

10.4　图形的编辑

图形编辑是指对图形对象进行修改、移动、复制或删除等操作。二维图形的编辑操作配合绘图命令的使用可以进一步完成复杂图形对象的绘制工作，并可使用户合理安排和组织图形，保证绘图准确性，减少重复。因此，对编辑命令的熟练掌握和使用有助于提高设计和绘图的效率。

10.4.1　选择对象

选择对象是进行编辑的前提。AutoCAD 2020 提供了多种选择对象方法，如点取方法、用选择窗口选择对象、用选择线选择对象、用对话框选择对象、用套索选择工具选择对象等。被选取的对象用虚线高亮显示，这些对象构成选择集。选择集可以仅由一个图形对象构成，也可以是一个复杂的对象组。选择集的构造可以是在调用编辑命令之前或之后。

AutoCAD 2020 提供了以下几种方法来构造选择集：

(1)先选择一个编辑命令，然后选择对象，按回车键结束；

(2)使用 SELECT 命令；

(3)用点取设备选择对象，然后调用编辑命令；

(4)定义对象组。无论使用哪种方法，AutoCAD 2020 都将提示用户选择对象，并且光标的形状由十字光标变成拾取框。下面结合 SELECT 命令说明选择对象方法。

命令行：SELECT

选择对象：(等待用户以某种方式选择对象作为回答。可以输入"?"查看这些选择方式)

需要点或窗口(W)/上一个(L)/窗交(C)/框(BOX)/全部(ALL)/栏选(F)/圈围(WP)/圈交(CP)/编组(G)/添加(A)/删除(R)/多个(M)/前一个(P)/放弃(U)/自动

(AU)/单个(SI)/子对象(SU)/对象(O)

主要选项说明：

(1)直接点取方式：

用拾取框压住要选择的对象，系统将高亮显示对象，单击鼠标左键即可选择对象。对于彼此接近或重叠的对象，当拾取框放在其上时，高亮显示的对象可能并不是要选择的对象，可按住 Shift 键，并连续按空格键，系统将逐个高亮显示这些接近或重叠的对象。对于误选的对象，可按住 Shift 键并再次选择该对象，将其从当前选择集中删除。

(2)输入选择项对应的字母：

窗口(W)：用由两个对角顶点确定的矩形窗口选取位于其范围内部的所有图形，与边界相交的对象不会被选中。

上一个(L)：选取最后绘出的一个可见对象。

窗交(C)：与上述“窗口”方式类似，区别在于它不但选中矩形窗口内部的对象，也选中与矩形窗口边界相交的对象。

框(BOX)：系统根据用户在屏幕上给出的两个对角点的位置而自动引用“窗口”或“窗交”方式。若从左向右指定对角点，则为“窗口”方式；若从右向左指定对角点，则为“窗交”方式。

全部(ALL)：选取当前文件中全部可见的图形对象。但位于锁定层或冻结层上的对象不能被选取。

栏选(F)：用户临时绘制一些直线，所有与这些直线相交的对象均被选中。

圈围(WP)：通过绘制一个不规则的封闭多边形来选择对象，所有完全位于多边形内部的对象将被选中。

圈交(CP)：类似于“圈围”方式，区别在于它不但选中多边形窗口内部的对象，也选中与多边形窗口边界相交的对象。

编组(G)：使用预先定义的对象组作为选择集。使用该方法的前提是已经对部分或全部对象进行了编组。

添加(A)：可以使用任何对象选择方式将选定的对象添加到选择集。

删除(R)：按住 Shift 键选择对象，可以从当前选择集中移走该对象。

多个(M)：指定多次选择而不高亮显示对象，从而加快对复杂对象的选择过程。

前一个(P)：选择最近创建的选择集。这种方法适用于对同一选择集进行多种编辑操作的情况。

放弃(U)：取消加入选择集的对象。

自动(AU)：指向一个对象即可选择该对象。指向对象内部或外部的空白区，将形成框选方法来定义选择框中的第一个角点。

单个(SI)：选择指定的第一个对象或对象集而不继续提示进一步选择。

子对象(SU)：逐个选择原始形状，这些形状是复合实体的一部分或三维实体的顶点、边和面。

对象(O)：结束选择子对象的功能，使用户可以使用对象选择方法。

10.4.2 复制类命令

1. 简单复制

使用复制命令可以将选定的对象复制到指定位置，还可以通过定位不同的目标点复制多次。

调用方式：菜单“修改”→“复制”命令，或“修改”工具栏中“复制”按钮。

命令行：COPY

选择对象：(选择需要复制的对象，按回车键结束)

当前设置：复制模式=多个

指定基点或[位移(D)/模式(O)]<位移>：(指定一点为基准点或输入选项)

指定第二个点或[阵列(A)]<使用第一个点作为位移>：(指定目标放置点或输入选项)

指定第二个点或[阵列(A)/退出(E)/放弃(U)]<退出>：(继续指定目标放置点或输入选项)

主要选项说明：

指定基点或位移：指定要复制对象的基点或按指定两点所确定的位移量来复制对象。在实际绘图时，基点一般选定为图形对象的一个特殊点，如角点、圆心等。

模式(O)：确定复制模式是单个还是多个。

阵列(A)：指定在线性阵列中排列的副本数量。

2. 镜像复制

镜像命令是把选定的对象按一条镜像线为对称轴进行对称复制。

调用方式：菜单“修改”→“镜像”命令，或“修改”工具栏中“镜像”按钮。

命令行：MIRROR

选择对象：(选择需要镜像的对象，按回车键结束)

指定镜像线的第一点：指定镜像线的第二点：(选择镜像线上的任意两点)

要删除源对象吗？[是(Y)/否(N)]<否>：(删除源对象输入“Y”，不删除输入“N”)

3. 偏移复制

偏移命令是保持所选对象，在不同的位置以不同的尺寸新建一个对象，如创建平行线、平行曲线、同心圆等。

调用方式：菜单“修改”→“偏移”命令，或“修改”工具栏中“偏移”按钮。

命令行：OFFSET

当前设置：删除源=否　图层=源　OFFSETGAPTYPE=0

指定偏移距离或[通过(T)/删除(E)/图层(L)]<通过>：(输入偏移距离或选项)

选择要偏移的对象，或[退出(E)/放弃(U)]<退出>：(选择偏移对象或选项)

指定要偏移的那一侧上的点，或[退出(E)/多个(M)/放弃(U)]<退出>：(在目标一

侧任意指定一点或输入选项)

选择要偏移的对象，或[退出(E)/放弃(U)]<退出>：

主要选项说明：

指定偏移距离：输入要复制对象的偏移距离。

通过(T)：指定偏移对象的一个通过点。

删除(E)：偏移后，将源对象删除。

图层(L)：确定将偏移对象创建在当前图层上，还是在源对象所在的图层上。

4. 阵列复制

阵列是指多次重复选择对象并把这些副本按矩形或环形排列。

调用方式：菜单“修改”→“阵列”命令，或“修改”工具栏中“矩形阵列”按钮，或“路径阵列”，或“环形阵列”。

命令行：ARRAY

选择对象：(选择源对象，按回车键结束)

输入阵列类型[矩形(R)/路径(PA)/极轴(PO)]<路径>：

类型=矩形　关联=是

选择夹点以编辑阵列或[关联(AS)/基点(B)/计数(COU)/间距(S)/列数(COL)/行数(R)/层数(L)/退出(X)]<退出>：

主要选项说明：

矩形(R)：将选定对象复制分布到任意行数、列数和层数的组合。通过夹点，调整阵列间距、列数、行数和层数；也可以分别选择各选项输入数值。

路径(PA)：沿路径或部分路径均匀分布选定对象的副本。通过夹点，调整阵列行数和层数；也可以分别选择各选项输入数值。

极轴(PO)：也称“环形阵列”，在绕中心点或旋转轴的环形阵列中均匀分布对象副本。通过夹点，调整角度，填充角度；也可以分别选择各选项输入数值。

10.4.3　改变位置类命令

1. 移动命令

将指定对象移动到指定的位置。“移动”与“实时平移”命令不同，假设屏幕是一张图纸，“实时平移”只是将图纸进行平移，而图形对象相对图纸固定不动；而“移动”命令改变了图形对象在图纸上的位置，图纸固定不动。

调用方式：菜单“修改”→“移动”命令，或“修改”工具栏中“移动”按钮。

命令行：MOVE

选择对象：(选择需要移动的对象，按回车键结束)

指定基点或[位移(D)]<位移>：(指定基准点或输入选项)

指定第二个点或<使用第一个点作为位移>：(指定目标位置点或输入选项)

主要选项说明：

如果在命令行提示后输入“D”，接下来提示“指定位移”，可输入一个点的坐标或一个距离，则移动对象相对于原对象的相对距离为点的坐标值或距离值。

2. 旋转命令

将指定对象以一基点为中心旋转一定角度。

调用方式：菜单“修改”→“旋转”命令，或“修改”工具栏中“旋转”按钮。

命令行：ROTATE

选择对象：（选择需要旋转的对象，按回车键结束）

指定基点：（输入基点）

指定旋转角度，或[复制(C)/参照(R)]<0>：（输入旋转角度或选项）

主要选项说明：

复制(C)：旋转对象的同时，保留原对象。

参照(R)：以参照方式旋转对象，需要依次指定参照方向的角度值和相对于参照方向的角度值。

3. 缩放命令

将选定的对象按比例放大或缩小。

调用方式：菜单“修改”→“缩放”命令，或“修改”工具栏中“缩放”按钮。

命令行：SCALE

选择对象：（选择需要缩放的对象，按回车键结束）

指定基点：（输入基点）

指定比例因子或[复制(C)/参照(R)]：（输入放大或缩小的比例值，或选项）

如果直接输入缩放的比例因子，对象将根据该比例因子相对于基点缩放。

10.4.4　修整图形类命令

1. 修剪命令

修剪命令是将对象超出边界的多余部分修剪删除掉。

调用方式：菜单“修改”→“修剪”命令，或“修改”工具栏中“修剪”按钮。

命令行：TRIM

当前设置：投影=UCS，边=延伸

选择剪切边...

选择对象或<全部选择>：（选择剪切边界对象，按回车键结束）

选择要修剪的对象或按住Shift键选择要延伸的对象，或者[栏选(F)/窗交(C)/投影(P)/边(E)/删除(R)]：（选择要修剪掉的对象或选项）

主要选项说明：

在选择对象时，如果按住Shift键，系统就自动将“修剪”命令转换成“延伸”命令。

栏选(F)：以栏选的方式选择对象。

窗交(C)：以窗交的方式选择对象。

投影(P)：指定修剪对象时使用的投影方式。

边(E)：该选项确定是否对修剪边界延长后，再进行剪切。

在 AutoCAD 2020 中，修剪边界对象可以是直线、圆、圆弧、椭圆、多线段、样条曲线、构造线、多边形、填充区域以及文字等。该命令第一次选择的实体是剪切边界而非被剪实体。如果在选择修剪边界时直接按空格键或是回车键，此时系统将图中所有图形作为修建边界，这样可以修剪图中任意对象。

2. 延伸命令

将对象延伸至指定边界。以某些图元为边界，将另一些图元延伸到此边界，可以看成修剪的反响操作。

调用方式：菜单“修改”→“延伸”命令，或“修改”工具栏中“延伸”按钮。

命令行：EXTEND

当前设置：投影=UCS，边=延伸

选择边界的边...

选择对象或<全部选择>：(选择延伸边界对象，按回车键结束)

选择要延伸的对象或按住 Shift 键选择要修剪的对象，或者[栏选(F)/窗交(C)/投影(P)/边(E)]：(选择要延伸的对象或选项)

3. 打断命令

打断命令用于删除对象的一部分或将一个对象分成两部分。

调用方式：菜单“修改”→“打断”命令，或“修改”工具栏中“打断”按钮。

命令行：BREAK

选择对象：(选取断开对象)

指定第二个打断点或[第一点(F)]：(制定第二点或输入选项)

命令行提示用户选择需要断开的对象，对象选择完毕后，系统以拾取点为第一点，继续提示用户指定第二点，然后剪断并删除这两点间的图形。如果选择选项“第一点(F)”，用户需要重新输入第一点、第二点，然后剪断并删除这两点间的图形。

10.4.5　倒角和圆角命令

1. 倒角命令

倒角命令是用一条斜线来连接两个不平行的对象。

调用方式：菜单“修改”→“倒角”命令，或“修改”工具栏中“倒角”按钮。

命令行：CHAMFER

(“修剪”模式)当前倒角距离 1=2.0000，距离 2=2.0000

选择第一条直线或[放弃(U)/多段线(P)/距离(D)/角度(A)/修剪(T)/方式(E)/多个(M)]：(选定倒角的第一条边或输入选项)

选择第二条直线，或按住 Shift 键选择直线以应用角点或[距离(D)/角度(A)/方法(M)]：(选定倒角的第二条边或输入选项)

主要选项说明：

多段线(P)：对整条二维多线段的各个交叉点作相同的倒角。

距离(D)：给定一条边的倒角距离，然后再给定另一条边的倒角距离。

角度(A)：以给定第一条边的倒角长度和倒角线的角度的方式进行倒角。

修剪(T)：确定原对象是否要被修剪。

方式(E)：决定采用"距离"方式还是"角度"方式来倒角。

多个(M)：同时对多个对象进行倒角编辑。

2. 圆角命令

圆角命令是用指定半径的圆弧来相切连接两个对象。

调用方式：菜单"修改"→"圆角"命令，或"修改"工具栏中"圆角"按钮。

命令行：FILLET

前设置：模式=修剪，半径=5.0000

选择第一个对象或[放弃(U)/多段线(P)/半径(R)/修剪(T)/多个(M)]：(选定圆角的第一条边或输入选项)

选择第二个对象，或按住 Shift 键选择对象以应用角点或[半径(R)]：(选定圆角的第二条边或输入选项)

其各选项的功能与 CHAMFER 命令相似。

10.4.6　合并和分解对象

1. 合并命令

合并命令用来将多个独立的对象合并为一个对象。

调用方式：菜单"修改"→"合并"命令，或"修改"工具栏中"合并"按钮。

命令行：JOIN

命令激活后，用户直接在屏幕上选择要合并的对象即可。

2. 分解命令

分解命令将复合对象分解为若干对象。

调用方式：菜单"修改"→"分解"命令，或"修改"工具栏中"分解"按钮。

命令行：EXPLODE

分解命令每一次只能分解一层，对于具有嵌套的复合体，可多次执行"分解"命令。将块与尺寸标注等分解成单个因素，也可将多线段分解为单个直线或弧，多线段分解后将失去宽度信息。

10.4.7　二维多线段编辑

二维多线段编辑命令用于编辑由二维多线段 PLINE 命令绘制的多线段，包括打开、封闭、连接、修改顶点、线宽、曲线拟合等多线段操作。

调用方式：菜单“修改”→“对象”→“多线段”命令，或“修改”工具栏中“编辑多线段”按钮。

命令行：PEDIT

选择多段线或[多条(M)]：

输入选项[闭合(C)/合并(J)/宽度(W)/编辑顶点(E)/拟合(F)/样条曲线(S)/非曲线化(D)/线型生成(L)/反转(R)/放弃(U)]：

主要选项说明：

闭合(C)：将开放的多线段闭合。

合并(J)：将直线、圆弧或其他多线段与正在编辑的多线段合并成一条多线段。能合并的前提是各段线的端点首尾相连。

宽度(W)：修改整条多线段的线宽，使其具有同一线宽。

编辑顶点(E)：对多线段进行顶点编辑。用户可以实现选择上一个或下一个顶点为当前编辑顶点；断开多线段；插入新的顶点；移动当前顶点；重新生成多线段；拉直两点之间的多线段等功能。

拟合(F)：用一条圆弧曲线拟合多线段。该曲线经过多线段的各顶点。

样条曲线(S)：用一条 B 样条曲线拟合多线段，其控制点为多线段各顶点。

非曲线化(D)：用直线段代替多线段中的所有曲线段，包括拟合(F)和样条曲线(S)所产生的曲线。

线型生成(L)：当多线段的线型为点划线时，其为控制多线段的线型生成方式开关。

10.4.8　编辑对象特性

每个对象都有特性，有些特性是对象共有的，如图层、颜色、线型等，有些特性是对象独有的，如圆的直径、半径等。对象特性可以查看、修改，对象之间可以复制特性。

1. 修改对象属性

调用方式：菜单“修改”→“特性”命令，或菜单“工具”→“选项板”→“特性”命令，或“特性”功能区中右下角的小箭头按钮，或“视图”选项卡的“选项板”面板中的“特性”按钮。

命令行：DDMODIFY 或 PROPERTIES

执行命令后，将弹出如图 10-21 所示的“特性”选项板。当选择图元对象时，“特性”选项板将显示该对象的相应特性。用户可以利用“特性”选项板对图元对象的图层、颜色、线型、线宽等属性进行修改设置。

主要选项功能说明：

(切换 PICKADD 系统变量的值)：打开或关闭 PICKADD 系统变量。打开 PICKADD 时，每个选定对象都将被添加到当前选择集中。

(选择对象)：使用任意方式选择所需对象。

(快速选择)：打开“快速选择”对话框，用于创建基于过滤条件的选择集。

快捷菜单：在“特性”选项板的标题栏中右击，将打开快捷菜单，可以对选项板进行移动、缩放、固定、隐藏等操作。

图 10-21 “特性”选项板

2. 特性匹配

特性匹配功能可以将源对象的特性(如颜色、图层、线型、线型比例、线宽、文字式样、标注式样和填充图案等)复制到其他若干对象上。利用特性匹配功能可以方便、快捷地修改对象属性，并保持不同对象的属性相同。

调用方式：菜单“修改”→“特性匹配”命令，或“特性”工具栏中“特性匹配”按钮。

命令行：MATCHPROP

选择源对象：(选择特性符合要求的源对象)

当前活动设置：颜色 图层 线型 线型比例 线宽 透明度 厚度 标注 文字 图案填充 多段线 视口 表格材质 多重引线中心对象

选择目标对象或［设置(S)］：(选择被匹配的对象或输入选项)

选项说明：选择输入 S 后，打开“特性设置”对话框，可以控制要将哪些属性复制到目标对象。系统默认情况下，选定所有对象特性进行复制。

10.5 尺寸标注与注写文字

10.5.1 尺寸标注

给图形文件进行尺寸标注以反映出实体的形状大小及实体之间的位置关系，是利用 AutoCAD 2020 进行工程制图的一项重要工作。

1. 尺寸标注样式

尺寸样式用来控制尺寸标注的格式和外观，如尺寸的测量单位格式、尺寸箭头的形状与大小、尺寸文字的书写方向与大小、是否标注带有公差的尺寸等。AutoCAD 2020 提供的缺省尺寸标注样式名是 ISO-25，用户可以根据绘图需要建立不同的尺寸标注样式。AutoCAD 2020 中可以利用“标注样式管理器”对话框方便地设置所需要的尺寸标注样式。

调用方式：菜单“格式”→“标注样式”命令；或菜单“标注”→“标注样式”命令；或“标注”工具栏的“标注样式”按钮。

命令行：DIMSTYLE

执行上述命令后，系统会打开“标注样式管理器”对话框，如图 10-22 所示。利用该对话框可创建、修改、替换和比较尺寸样式。

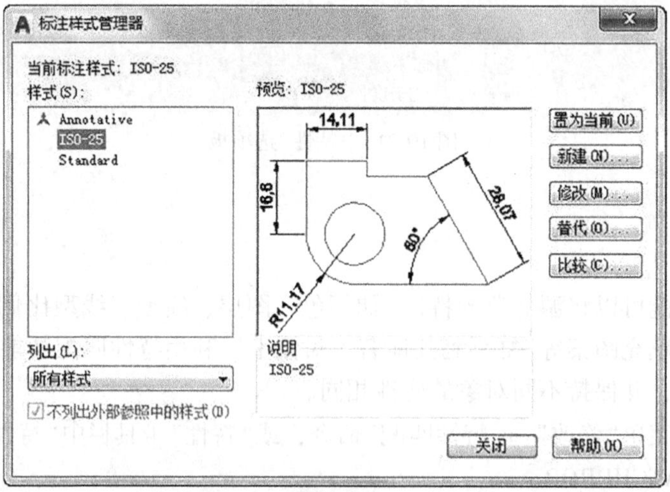

图 10-22 “标注样式管理器”对话框

主要选项功能说明：

“置为当前”：将用户选择的尺寸标注样式设置为当前样式。

“新建”：创建新的尺寸标注样式。单击该按钮，系统打开“创建新标注样式”对话框，如图 10-23 所示。用户可以在“新样式名”编辑框中输入新建样式名称，在“基础样式”列表框中选择新标注样式的基础样式（缺省为 ISO-25），表明新样式将继承指定样式的所有外部特征。“用于”下拉列表框是指定新标注样式的适用范围。上述内容设置好后，单击“继续”按钮，打开“新建标注样式”对话框，如图 10-24 所示。用户可以根据需要对各选项进行设置，创建所需要的新标注样式。

“修改”：修改当前样式中的标注。单击该按钮，系统打开“修改标注样式”对话框，该对话框中的各选项与“新建标注样式”对话框中完全相同，使用它可以对已有标注样式进行修改。

“替代”：允许用户建立临时的替代样式，即以当前样式为基础，修改某种标注，但这种修改只对指定的尺寸标注起作用，而不影响当前其他尺寸变量的设置。

“比较”：用于比较两个尺寸标注样式在参数上的区别，或浏览一个尺寸标注样式的参数设置。

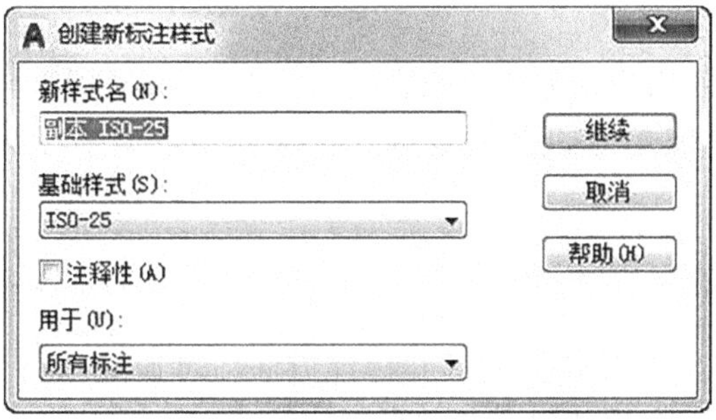

图 10-23　“创建新标注样式”对话框

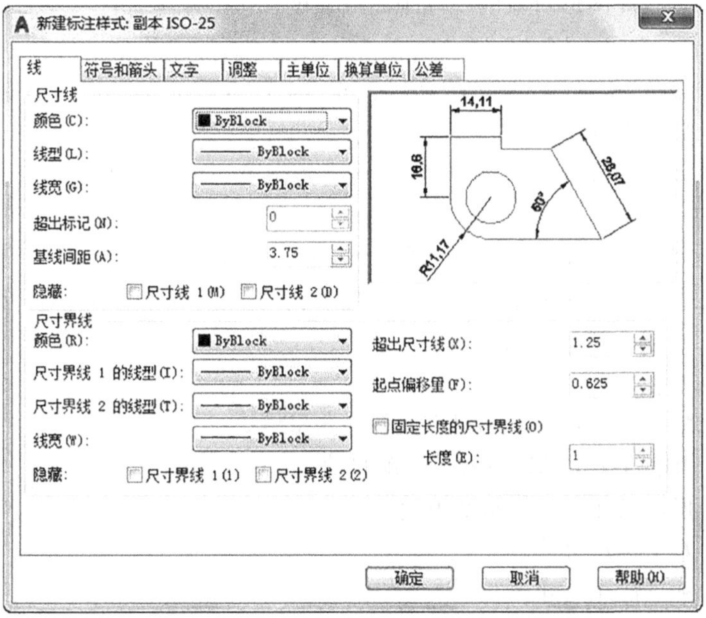

图 10-24　“新建标注样式”对话框

在“新建标注样式”对话框中(图 10-24)，第一行有 7 个选项卡，每个选项卡的内容和功能简述如下。

(1)“线”选项卡：此选项卡用于设置尺寸线和尺寸界线的格式和特性。

(2)“符号和箭头”选项卡：此选项卡用于设置箭头、圆心标记、弧长符号和半径折弯标注的形式和特性。

(3)“文字”选项卡：此选项卡用于设置尺寸文本文字的形式、布置、对齐方式等。

(4)“调整”选项卡：此选项卡用于调整尺寸界线、箭头、尺寸文字以及引线间的相互位置关系。

(5)“主单位”选项卡：AutoCAD 2020 把当前标注的单位称为主单位，此选项卡用于设置尺寸标注的主单位格式和精度，以及为尺寸文本添加固定的前缀或后缀。

(6)“换算单位”选项卡：此选项卡用于设置尺寸标注的换算单位的格式和精度。通过换算，可以将一种单位转换到另一种测量系统中的标注单位，如公制标注和英制标注之间的相互转换等。

(7)“公差”选项卡：用户在标注公差之前，首先要选择一种合适的标注格式，然后再设定公差值的精度、上偏差值和下偏差值，并设置公差文字与标注测量文字的高度比例等。

2. 标注尺寸

AutoCAD 2020 提供了方便快捷的尺寸标注方法，可通过执行命令实现，也可利用菜单或工具按钮实现。下面介绍如何对各种类型的尺寸进行标注。

1)线性标注

线性标注用于标注图形对象的线性距离或长度，包括水平标注、垂直标注和旋转标注三种类型。

调用方式：菜单“标注”→“线性”命令；或“标注”工具栏的“线性”按钮。

命令行：DIMLINEAR

指定第一个尺寸界线原点或<选择对象>：(捕捉第一个尺寸界线原点，或回车选择需标注的对象)

指定第二条尺寸界线原点：(捕捉第二个尺寸界线原点)

指定尺寸线位置或[多行文字(M)/文字(T)/角度(A)/水平(H)/垂直(V)/旋转(R)]：(指定尺寸线位置或输入选项)

主要选项说明：

多行文字(M)：用多行文本编辑方式替换测量值。

文字(T)：用单行文本编辑方式替换测量值。

角度(A)：指定尺寸文本的倾斜角度。

水平(H)：水平标注尺寸。

垂直(V)：垂直标注尺寸。

旋转(R)：指定尺寸线的旋转角度。

2)对齐标注

使用对齐标注时，尺寸线与尺寸界线起点的连线平行，适合标注倾斜的直线。

调用方式：菜单“标注”→“对齐”命令；或“标注”工具栏的“对齐”按钮。

命令行：DIMALIGNED

指定第一个尺寸界线原点或<选择对象>：（捕捉第一个尺寸界线原点，或回车选择需标注的对象）

指定第二条尺寸界线原点：（捕捉第二个尺寸界线原点）

指定尺寸线位置或[多行文字(M)/文字(T)/角度(A)]：（指定尺寸线位置或输入选项）

其各选项的功能类似于 DIMLINEAR 命令。

3)基线标注

基线标注用于产生一系列有相同的标注原点测量出来的尺寸标注，适用于长度尺寸、角度和坐标标注。在使用基线标注方式之前，应该先标注出一个相关的尺寸作为基线标准。

调用方式：菜单“标注”→“基线”命令；或“标注”工具栏的“基线”按钮。

命令行：DIMBASELINE

指定第二个尺寸界线原点或[选择(S)/放弃(U)]<选择>：（指定下一个尺寸的第二条尺寸界线，或输入选项。系统以上一次标注的尺寸的第一条边作为基准标注）

主要选项说明：输入选项“S”后，系统将提示“选择基准标注”，即由用户选择作为基准的尺寸标注。

4)连续标注

连续标注又叫尺寸链标注，用于产生一系列连续的尺寸标注，后一个尺寸标注均把前一个标注的第二条尺寸界线作为它的第一条尺寸界线。

调用方式：菜单“标注”→“连续”命令；或“标注”工具栏的“连续”按钮。

命令行：DIMCONTINUE

指定第二个尺寸界线原点或[选择(S)/放弃(U)]<选择>：（指定下一个尺寸的第二条尺寸界线，或输入选项。系统以上一次标注的尺寸的第二条边作为基准标注）

其各选项的功能类似于 DIMBASELINE 命令。

5)角度标注

角度标注用于标注圆弧包含角、两条非平行线的夹角以及三点之间的夹角。

调用方式：菜单“标注”→“角度”命令；或“标注”工具栏的“角度”按钮。

命令行：DIMANGULAR

选择圆弧、圆、直线或<指定顶点>：（选择要标注的对象）

指定标注弧线位置或[多行文字(M)/文字(T)/角度(A)/象限点(Q)]：（指定尺寸线位置或输入选项）

主要选项说明：

“选择圆弧”：标注圆弧的中心角。

“选择圆”：标注圆上某段圆弧的中心角。当用户选择圆上的一点后，系统提示选取第二点。

“选择直线”：标注两条直线间的夹角。当用户选择一条直线后，系统提示选取另一条直线。

“指定顶点”：根据指定的三点标注角度。

6)半径/直径标注

用于标注圆弧、圆的半径或直径尺寸。

调用方式：菜单“标注”→“半径”或“直径”命令；或“标注”工具栏的“半径”按钮或“直径”按钮。

命令行：DIMRADIUS 或 DIMDIAMETER

选择圆弧或圆：(选择要标注的对象)

指定尺寸线位置或[多行文字(M)/文字(T)/角度(A)]：指定尺寸线位置或输入选项)

7)引线标注

对于一些小尺寸或者有多行文字注释的尺寸图形，可采用引线旁注的形式来标注。引线样式可在尺寸样式管理器中设置。

调用方式：菜单“标注”→“多重引线”命令；或“注释”面板中“多重引线”按钮。

命令行：MLEADER

指定引线箭头的位置或[引线基线优先(L)/内容优先(C)/选项(O)]<选项>：(指定引线箭头的位置，或输入选项)

主要选项说明：

引线基线优先(L)：指定多重引线对象的基线的位置。

内容优先(C)：指定与多重引线对象相关联的文字或块的位置。

选项(O)：指定用于放置多重引线对象的选项。

多重引线的外观样式可通过 MLEADERSTYLE 命令打开“多重引线样式管理器”对话框来设置。

3. 编辑尺寸标注

AutoCAD 2020 可以对已创建好的尺寸标注进行编辑修改，包括修改尺寸文本内容、改变其位置等，还可以对尺寸界线进行编辑。

1)尺寸编辑

DIMEDIT 命令用于编辑尺寸标注中的尺寸线、尺寸界线以及尺寸文字的属性。

调用方式：菜单“标注”→“倾斜”命令。

命令行：DIMEDIT

输入标注编辑类型[默认(H)/新建(N)/旋转(R)/倾斜(O)]<默认>：

主要选项说明：

默认(H)：把尺寸文字恢复到默认位置。

新建(N)：打开文字编辑器，对尺寸文本进行修改。

旋转(R)：改变尺寸文本的倾斜角度。

倾斜(O)：调整线性尺寸界线的倾斜角度。

2)尺寸文本编辑

对已标注的尺寸文字的位置和角度进行重新编辑。

调用方式：菜单“标注”→“对齐文字”→除“默认”命令外的其他命令。

命令行：DIMTEDIT

选择标注：(选择一个尺寸标注)

为标注文字指定新位置或[左对齐(L)/右对齐(R)/居中(C)/默认(H)/角度(A)]：(鼠标拖动尺寸文本到新位置，或输入选项)

主要选项说明：

左/右对齐(L/R)：使尺寸文本沿尺寸线左/右对齐。

居中(C)：把尺寸文本放在尺寸线上的中间位置。

默认(H)：把尺寸文字按默认位置放置。

角度(A)：改变尺寸文本行的倾斜角度。

10.5.2　注写文字

文字注释是工程图样中不可缺少的一部分，如图纸标题栏、明细表、技术要求、说明等都需要用文字描述。AutoCAD 2020 提供了丰富的文字输入和编辑功能满足工程制图的需要。

1. 文本样式

所有 AutoCAD 2020 图形中的文字都有其相应的文本样式。当输入文字对象时，AutoCAD 2020 使用当前设置的文本样式。文本样式是用来控制文字基本形状的一组设置。

调用方式：菜单“格式”→“文字样式”命令。

命令行：STYLE

执行上述操作后，系统会打开“文字样式”对话框，如图 10-25 所示。其中“样式”列表框列出了所有已设定的文字样式名或对已有样式名进行的相关操作；“字体”选项组用于确定字体样式；“大小”选项组用于确定文本样式使用的字体文件、字体风格及字高；“高度”文本框用于设置创建文字时的固定高度，如果在文本框内给定高度值，则在标注文本时不再提示输入字高参数，如果字高设置为 0，表示字高在文字标注过程中进行设置；“效果”选项组用于控制字体的特殊效果。

2. 单行文本标注

当文字标注的文本不太长时，可以利用 TEXT 命令创建单行文本。使用单行文本常见一行或多行文字，其中每行文字都是独立的对象，可对其进行移动、格式设置或其他修改。

调用方式：菜单“绘图”→“文字”→“单行文字”命令；或“文字”工具栏中的“单行文字”按钮A。

命令行：TEXT

当前文字样式：　“Standard”　文字高度：　2.5000　注释性：　否　对正：　左

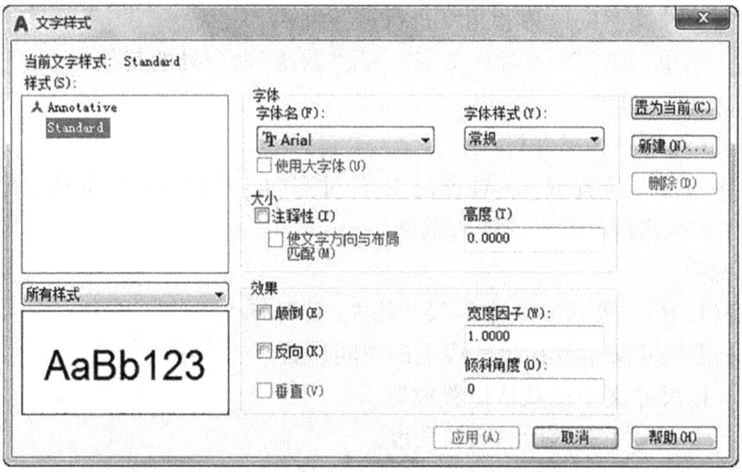

图 10-25　“文字样式”对话框

指定文字的起点或[对正(J)/样式(S)]：(在绘图区选择一点作为输入文本的起始点)

指定高度<2. 5000>：(输入字高)

指定文字的旋转角度<0>：(输入文字旋转角度)

选项说明：

“样式(S)”：选择已有的文字样式。默认使用“Standard”样式。

“对正(J)”：指定文本的对齐方式。AutoCAD 2020 提供了十五种文本对齐方式：左(L)、居中(C)、右(R)、对齐(A)、中间(M)、布满(F)、左上(TL)、中上(TC)、右上(TR)、左中(ML)、正中(MC)、右中(MR)、左下(BL)、中下(BC)、右下(BR)。当文本文字水平排列时，AutoCAD 2020 为标注文本的文字定义了如图 10-26 所示的底线、基线、中线和顶线，各种对齐方式如图 10-27 所示。选择“对齐(A)”选项，要求用户指定文本行基线的起始点与终止点的位置，输入的文本文字均匀地分布在指定的两点之间，如果两点间的连线不水平，则文本行倾斜放置，倾斜角度由两点间的连线与 X 轴夹角确定；字高、字宽根据两点间的距离、字符的多少以及文本样式中设置的宽度系数自动确定。指定两点之后，每行输入的字符越多，字宽和字高越小。其他选项与“对齐”类似。

图 10-26　文本行的底线、基线、中线和顶线

实际绘图时，有时需要标注一些特殊字符，例如直径符号、上画线或下画线、温度符号等，由于这些符号不能直接从键盘上输入，AutoCAD 2020 提供了一些控制码，用来实现这些要求。控制码一般用两个百分号(%%)加一个字符构成，常用的控制码及功能如表

10-3 所示。

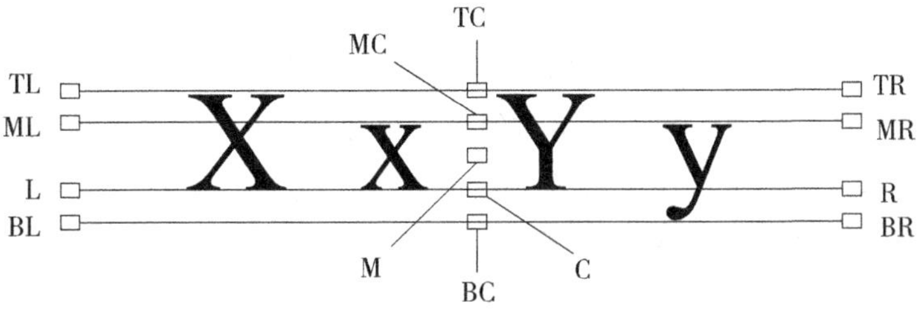

图 10-27　文本对齐方式

表 10-3　**AutoCAD 常用控制码**

控制码	标注的特殊字符	控制码	标注的特殊字符
%%O	上画线	\ u+2104	中心线
%%U	下画线	\ u+0394	差值
%%D	“度”符号(°)	\ u+0278	电相位
%%P	正负符号(±)	\ u+E101	流线
%%C	直径符号(Ø)	\ u+2126	欧姆(Ω)
%%%	百分号(%)	\ u+2260	不相等(≠)
\ u+2248	约等于(≈)	\ u+2082	上标 2
\ u+2220	角度(∠)	\ u+00B2	下标 2
\ u+E100	边界线		

3. 多行文本标注

当标注很长、很复杂的文字信息时，可以利用 MTEXT 命令创建多行文本。

调用方式：菜单“绘图”→“文字”→“多行文字”命令；或“文字”工具栏中的“多行文字”按钮A。

命令行：MTEXT

命令激活后，用户需要在屏幕上指定两个对角点构成矩形框，AutoCAD 2020 以这矩形框作为文字标注区域。然后系统打开“文字编辑器”选项卡和“多行文字”编辑器，可利用此编辑器输入多行文字并对其格式进行设置。

4. 文本编辑

AutoCAD 2020 提供了“文字样式”编辑器，可以方便地设置需要的文本样式，或是对已有样式进行修改。

调用方式：菜单“修改”→“对象”→“文字”→“编辑”命令；或“文字”工具栏中的“编

辑”按钮。

命令行：TEXTEDIT

当前设置：编辑模式＝Multiple

选择注释对象或[放弃(U)/模式(M)]：(选取要编辑的文字对象，或输入选项)

用户可以直接单击需要编辑的文本对象，如果是选择单行文本，则系统会深显该文本并可对其进行修改，如果是选择多行文本，系统会打开“文字编辑器”选项卡和多行文字编辑器，可对文字进行修改。选项“模式(M)”用来控制是否自动重复该命令。

10.6　图形输出

1. 选择打印设备

选择菜单栏“文件”→“打印”命令，或单击快速访问工具栏的“打印”按钮。AutoCAD 2020 弹出“打印-模型”对话框，如图 10-28 所示。在“打印机/绘图仪”选项里选择可用的打印设备，在“名称”下拉列表中列出了可用的 pc3 文件或系统打印机，可以从中选择。例如，如果要输出成 pdf 文件，可选择名称为“DWG To PDF. pc3”。设备名称前的图标用于识别是 pc3 文件还是系统打印机。

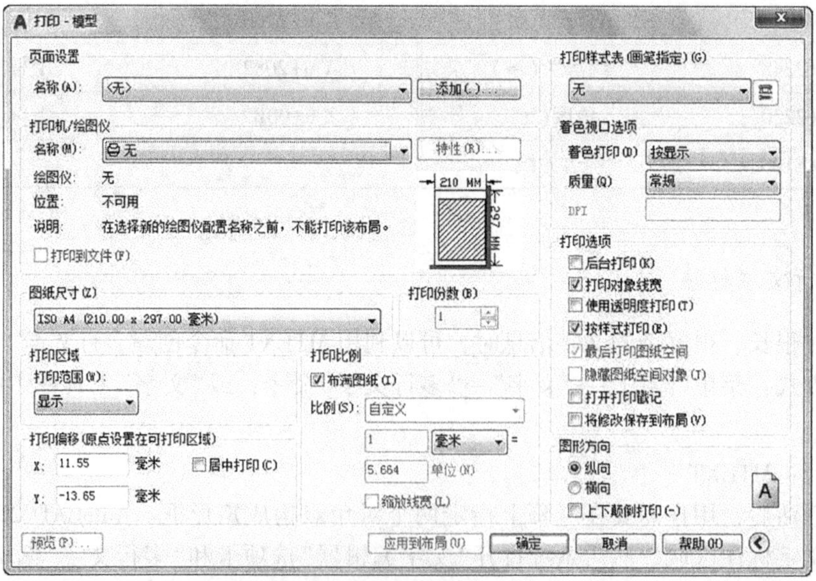

图 10-28　“打印-模型”对话框

2. 选择图纸幅面、设定打印区域

在图纸尺寸里选择合适的图纸幅面(如 A4、A3)，在打印区域里选择打印范围(可以选择用窗口在图形区选择打印区域，或用“范围”选项等选择整个图形区域)。

3. 设定打印比例、调整图形打印方向和位置

在“打印比例”选择出图比例(一般可选择布满图纸)，在“图形方向”选择出图的方向，在“偏移”中选择图形打印在图纸的位置(一般可选择居中打印)。

4. 使用打印样式

图 10-28 的右部分显示了打印样式表，指定打印样式(一般可选择 monochrome. ctb，这样可以将不同颜色的线型都打印成黑色图形)，再单击旁边的按钮，弹出“打印样式表编辑器”，如图 10-29 所示。可以在其中对各种颜色的线型指定出图的线宽(如粗实线可选择 0. 5mm，其他细线可选择 0. 15mm)。

5. 预览打印效果、保存打印设置、打印图形

单击“预览”按钮，观看出图的效果，如不满意，可按 Esc 退出重新设置；否则单击“确定”按钮打印图形。在出图打印之前，如需要保存设置，可以将当前打印设置在“页面设置”里单击“添加”按钮命名保存以备下次使用，下次只需调出这次页面设置即可。

图 10-29　打印样式表编辑器

10.7　绘图实例

用计算机绘制零件图时，图形的绘制方法和图形的成形与手工绘制是有所不同的。本

节以如图 10-30 所示起重钩的二维平面图为例，介绍使用 AutoCAD 2020 交互式绘制机械图样的过程。

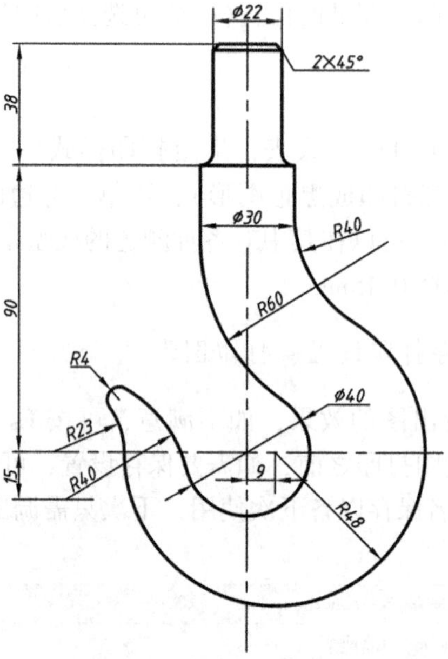

图 10-30　起重钩

10.7.1　绘图环境设置

1. 新建文件

选择菜单栏“文件”→“新建”命令，弹出“选择样板”对话框，选择 acadiso. dwt 样板图，单击“打开”按钮，创建一个新的图形文件。

2. 设置图层

为了便于对图形对象的管理，图形的各组成要素要分别绘制在相应的图层上，这就需要建立相应的图层，具体操作如下。

单击“默认”选项卡的“图层”面板中的“图层特性”按钮，弹出“图层特性管理器”选项板。依次创建“中心线”“粗实线”“细实线”“尺寸标注”4 个图层，并设置“粗实线”图层的线宽为 0. 3mm，如图 10-31 所示。

3. 设置尺寸标注样式

单击菜单栏“格式”→“标注样式”命令，打开“标注样式管理器”对话框。单击“修改”按钮，系统弹出“修改标注样式”对话框。其中在“符号和箭头”选项卡中，设置“箭头大小”为 5，其他保持系统默认设置。在“文字”选项卡中，设置文字高度为 5，文字对齐方式为“ISO 标准”，其他保持系统默认设置，如图 10-32 所示。单击“确定”按钮，返回到“标注样式管理器”对话框，关闭对话框。

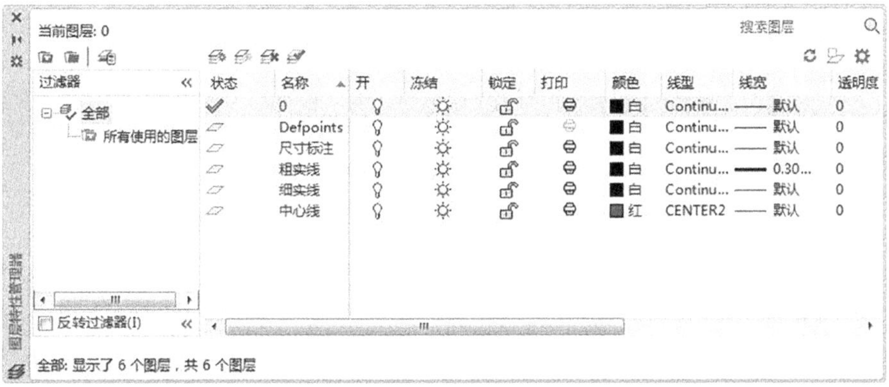

图 10-31　零件平面图的图层设置

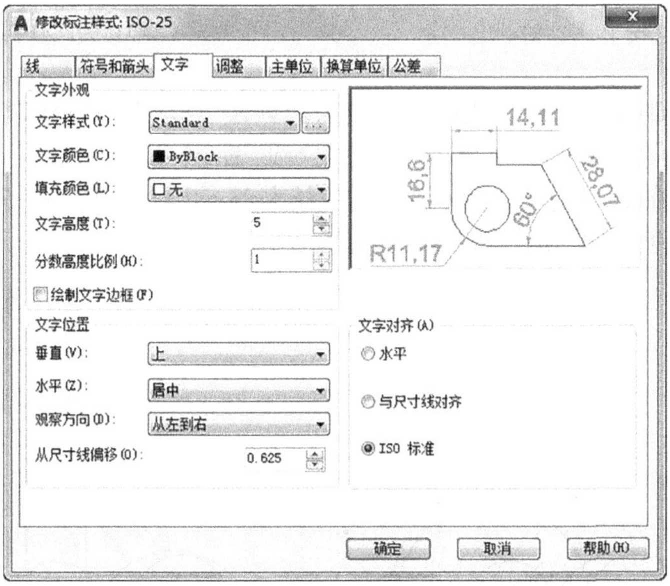

图 10-32　“修改标注样式”对话框

10.7.2　图形绘制

绘图步骤如下：

(1)将“中心线”图层设置为当前层，选择“默认”选项卡中的“绘图”面板中“直线”命令，绘制一条水平中心线和一条竖直中心线。

(2)选择“默认”选项卡的“修改”面板中的“偏移”命令，将竖直中心线向右偏移 9mm，继续将竖直中心线向左偏移 62mm，将水平中心线向下平移 15mm，如图 10-33 所示。确定 O1、O2、O3 点。选择“默认”选项卡的“绘图”面板中的“圆”命令，以 O1 为圆心，绘制半径为 60 的圆，确定 O4 点，如图 10-34 所示。

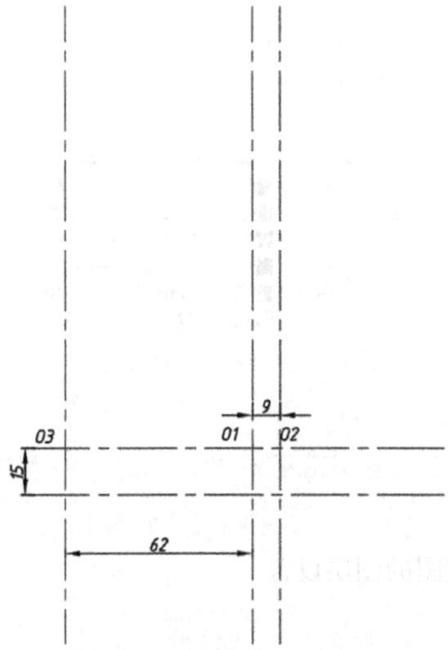

图 10-33　绘制中心线

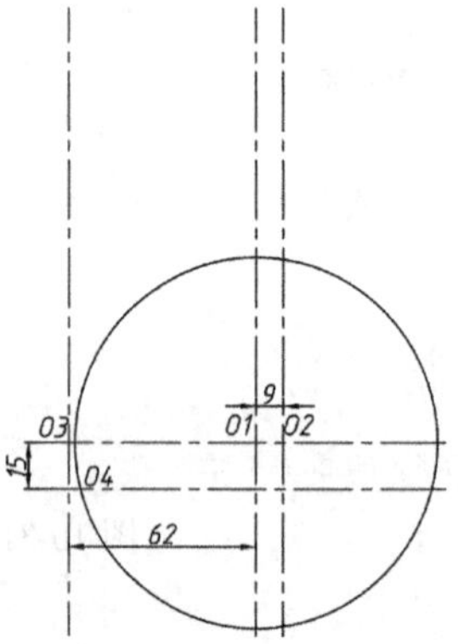

图 10-34　以 O1 为圆心绘制圆

（3）将“粗实线”图层设置为当前图层。选择“默认”选项卡的“绘图”面板中的“圆”命令，以 O1 为圆心，绘制半径为 20 的圆；重复“圆”命令，以 O2 为圆心，绘制半径为 48 的圆；重复“圆”命令，以 O3 为圆心，绘制半径为 23 的圆。重复“圆”命令，以 O4 为圆心，绘制半径为 40 的圆。执行结果如图 10-35 所示。

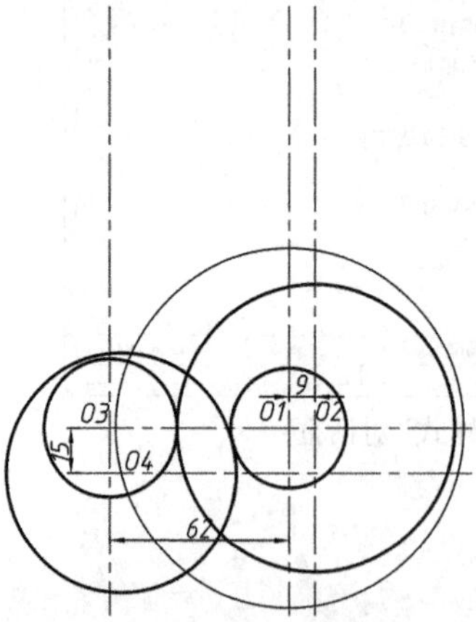

图 10-35　以 O1、O2、O3、O4 绘制圆

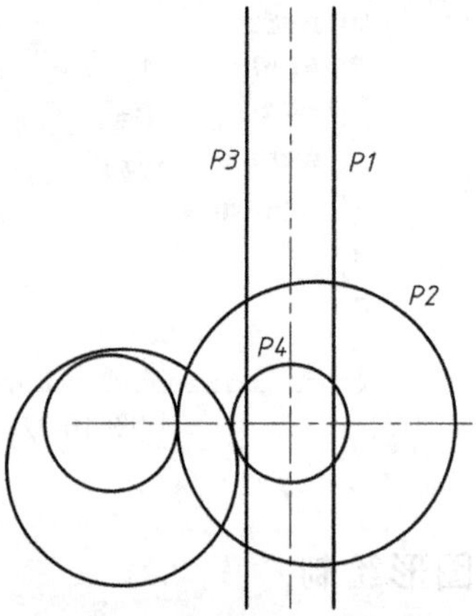

图 10-36　绘制两条平行线

（4）删除不需要的辅助线，选择“默认”选项卡的“修改”面板中的“偏移”命令，将竖直中心线向左、向右分别偏移 15mm。利用“图层”工具栏，将得到的两条平行线更改到“粗实线”图层，如图 10-36 所示。

（5）选择“默认”选项卡的“修改”面板中的“圆角”命令，AutoCAD 2020 提示如下信息。

选择第一个对象或[放弃(U)/多段线(P)/半径(R)/修剪(T)/多个(M)]：R

指定圆角半径<0.0000>：40

选择第一个对象或[放弃(U)/多段线(P)/半径(R)/修剪(T)/多个(M)]：(选择图中 P1 直线)

选择第二个对象，或按住 Shift 键选择对象以应用角点或[半径(R)]：(选择图中 P2 圆)

(6)重复“圆角”命令，AutoCAD 提示如下信息。

选择第一个对象或[放弃(U)/多段线(P)/半径(R)/修剪(T)/多个(M)]：R

指定圆角半径<0.0000>：60

选择第一个对象或[放弃(U)/多段线(P)/半径(R)/修剪(T)/多个(M)]：(选择图中 P3 直线)

选择第二个对象，或按住 Shift 键选择对象以应用角点或[半径(R)]：(选择图中 P4 圆)

执行后结果如图 10-37 所示。

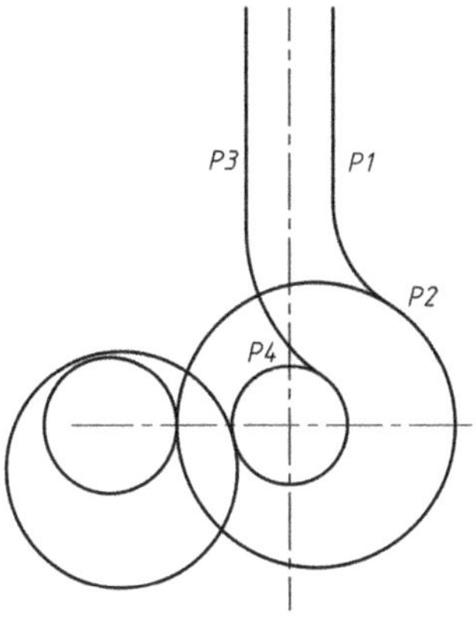

图 10-37　创建 P1、P2 圆角以及 P3、P4 圆角

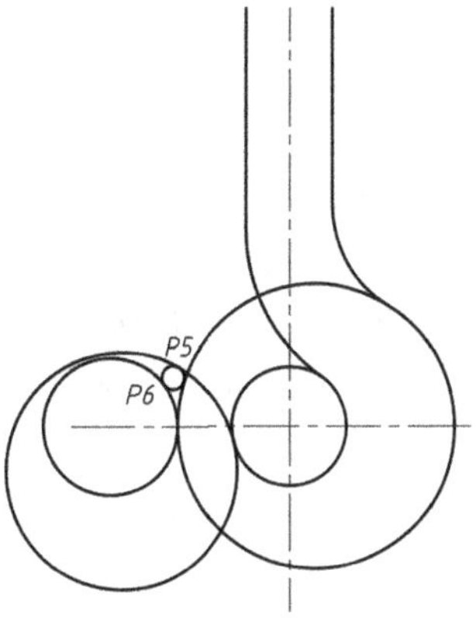

图 10-38　绘制半径为 4 的圆

(7)选择“默认”选项卡的“绘图”面板中的“圆”下拉列表中“相切、相切、半径”命令，AutoCAD 2020 提示如下信息：

指定对象与圆的第一个切点：选择如图中 P5 圆

指定对象与圆的第二个切点：选择如图中 P6 圆

指定圆的半径<4.0000>：4

执行结果如图 10-38 所示。

(8)选择“默认”选项卡的“修改”面板中的“偏移”命令，将水平中心线向上平移 90mm，继续将得到的水平线向上平移 36mm，并继续将新得到的水平线向上平移 2mm；将竖直中心线向左偏移 11mm，继续将竖直中心线向右偏移 11mm。使用“图层”工具栏，将上述步骤得到的 5 条线更改到“粗实线”图层，如图 10-39 所示。

(9)选择“默认”选项卡的“修改”面板中的“修剪”命令修剪图形，结果如图 10-40

所示。

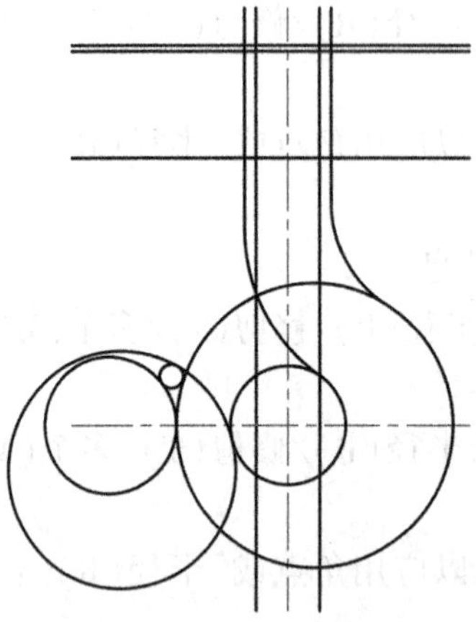

图 10-39　绘制平行线

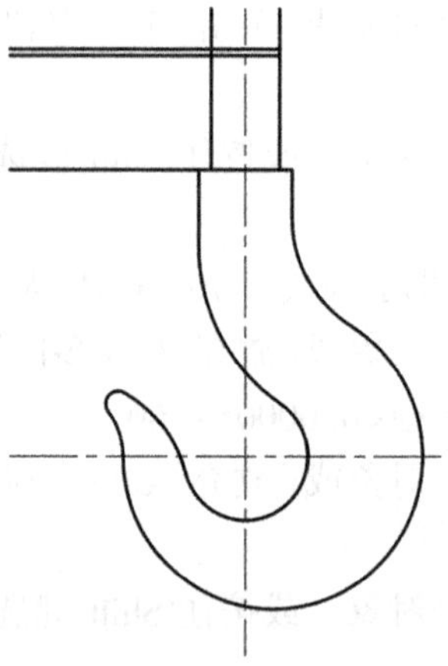

图 10-40　修剪后的图形

(10)选择“默认”选项卡的“修改”面板中的“圆角”命令，AutoCAD 2020 提示如下信息。

选择第一个对象或[放弃(U)/多段线(P)/半径(R)/修剪(T)/多个(M)]：T

输入修剪模式选项[修剪(T)/不修剪(N)]<修剪>：N

选择第一个对象或[放弃(U)/多段线(P)/半径(R)/修剪(T)/多个(M)]：R

指定圆角半径<60.0000>：4

选择第一个对象或[放弃(U)/多段线(P)/半径(R)/修剪(T)/多个(M)]：(选择图 10-41 中 P7 竖直直线)

选择第二个对象，或按住 Shift 键选择对象以应用角点或[半径(R)]：(选择图 10-41 中 P8 水平直线)

重复“圆角”命令，类似上述步骤，在直线 P9 与 P10 之间绘制半径为 4 的圆角。执行后结果如图 10-41 所示。

(11)选择“默认”选项卡的“修改”面板中的“倒角”命令，AutoCAD 2020 提示如下信息。

选择第一条直线或[放弃(U)/多段线(P)/距离(D)/角度(A)/修剪(T)/方式(E)/多个(M)]：D

指定 第一个 倒角距离 <2.0000>：2

指定 第二个 倒角距离 <2.0000>：2

选择第一条直线或[放弃(U)/多段线(P)/距离(D)/角度(A)/修剪(T)/方式(E)/多个(M)]：(选择图 10-41 绘制圆角和图 10-42 中 P11 水平直线)

选择第二条直线，或按住 Shift 键选择直线以应用角点或[距离(D)/角度(A)/方法(M)]：(选择图 10-41 绘制圆角和图 10-42 中 P12 竖直直线)

重复“倒角”命令，类似上述步骤，在水平直线 P11 与竖直直线 P13 之间绘制倒角。

执行后结果如图 10-42 所示。

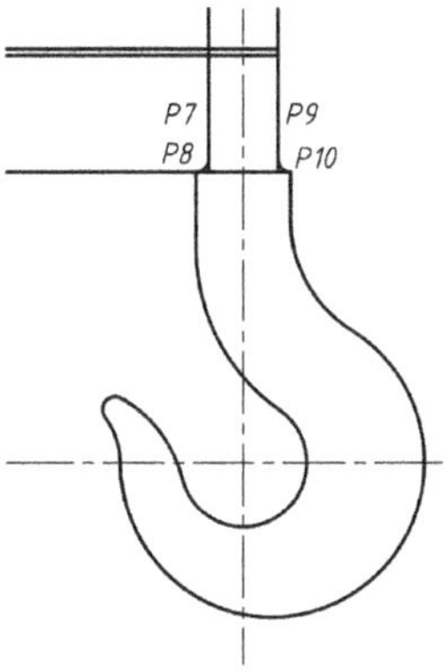

图 10-41 绘制圆角

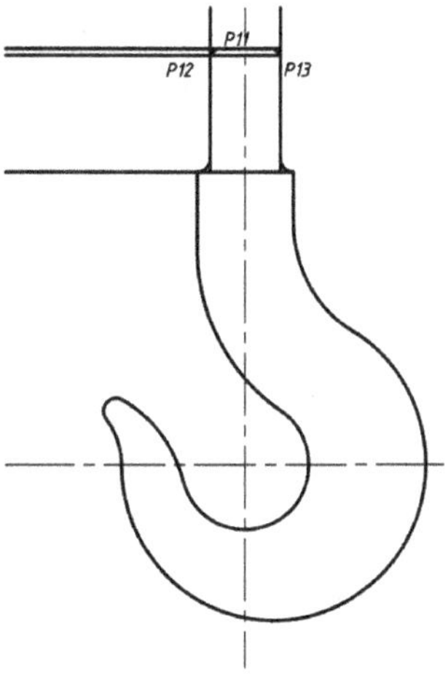

图 10-42 绘制倒角

(12)再次选择“默认”选项卡的“修改”面板中的“修剪”命令修剪图形，然后选择“默认”选项卡的“修改”面板中的“打断于点”命令将水平直线打断，利用“图层”工具栏将部分直线更改到“细实线”图层，执行后的结果如图 10-43 所示。

(13)将“尺寸标注”图层设置为当前图层，选择菜单栏“标注”→“半径”命令，AutoCAD 2020 提示如下信息：

选择圆弧或圆：(在图中选择半径为 60 的圆弧)

标注文字=60

指定尺寸线位置或[多行文字(M)/文字(T)/角度(A)]：(拖动尺寸线至恰当位置后单击)

执行结果如图 10-44 所示。

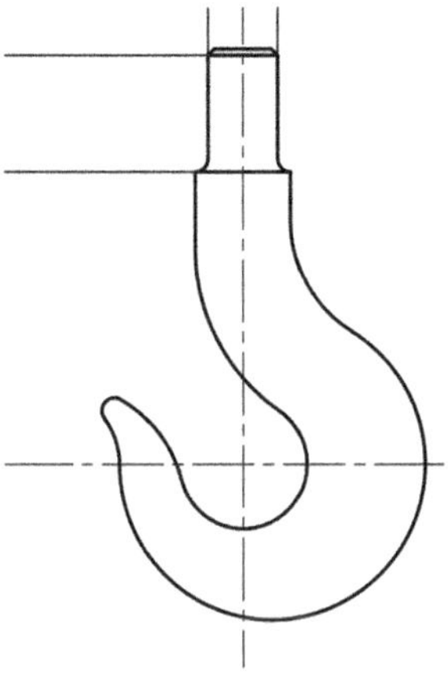

图 10-43 修剪后的图形

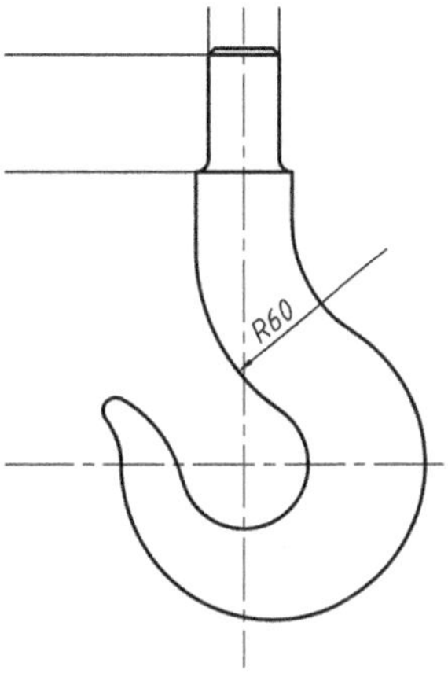

图 10-44 标注半径为 60 的圆弧

(14)用同样的方法，标注其他圆弧的半径。

(15)选择菜单栏“标注”→“线性”命令，标注图中线性尺寸。

(16)选择菜单栏“标注”→“直径”命令，标注图中对应的圆的直径。对于标注在直线上的直径尺寸，利用菜单栏“标注”→“线性”命令标注，将文字前面加上直径符号。

(17)利用菜单栏“标注”→“多重引线”命令，标注图中的倒角尺寸。执行上述命令后，结果如图 10-45 所示。

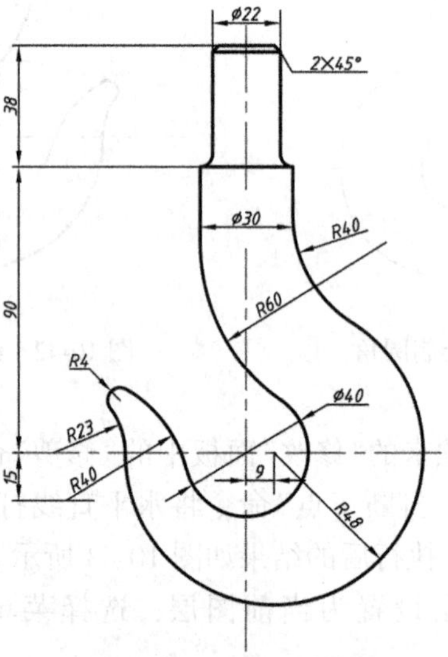

图 10-45　起重钩图形效果

附　　录

一、常用螺纹及螺纹紧固件

1. 普通螺纹(摘自 GB/T 193—2003、GB/T 196—2003)

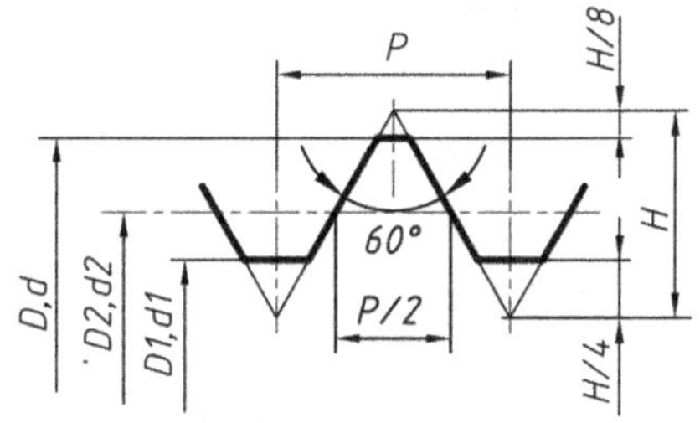

附表 1　　**直径与螺距系列基本尺寸**　　(单位：mm)

<table>
<tr><th colspan="2">公称直径
D、d</th><th colspan="2">螺距 P</th><th rowspan="2">粗牙小径
D_1、d_1</th><th colspan="2">公称直径
D、d</th><th colspan="2">螺距 P</th><th rowspan="2">粗牙小径
D_1、d_1</th></tr>
<tr><th>第一系列</th><th>第二系列</th><th>粗牙</th><th>细牙</th><th>第一系列</th><th>第二系列</th><th>粗牙</th><th>细牙</th></tr>
<tr><td>3</td><td></td><td>0.5</td><td rowspan="2">0.35</td><td>2.459</td><td rowspan="2"></td><td rowspan="2">22</td><td rowspan="2">2.5</td><td rowspan="4">2,1.5,1</td><td rowspan="2">19.294</td></tr>
<tr><td></td><td>3.5</td><td>0.6</td><td>2.850</td></tr>
<tr><td>4</td><td></td><td>0.7</td><td rowspan="3">0.5</td><td>3.242</td><td>24</td><td></td><td>3</td><td>20.752</td></tr>
<tr><td></td><td>4.5</td><td>0.75</td><td>3.688</td><td></td><td>27</td><td>3</td><td>23.752</td></tr>
<tr><td>5</td><td></td><td>0.8</td><td>4.134</td><td>30</td><td></td><td>3.5</td><td>(3),2,1.5,1</td><td>26.211</td></tr>
<tr><td>6</td><td></td><td>1</td><td>0.75</td><td>4.917</td><td></td><td>33</td><td>3.5</td><td>(3),2,1.5,</td><td>29.211</td></tr>
<tr><td>8</td><td></td><td>1.25</td><td>1,0.75</td><td>6.647</td><td>36</td><td></td><td>4</td><td rowspan="2">3,2,1.5</td><td>31.670</td></tr>
<tr><td>10</td><td></td><td>1.5</td><td>1.25,1,0.75</td><td>8.376</td><td></td><td>39</td><td>4</td><td>34.670</td></tr>
<tr><td>12</td><td></td><td>1.75</td><td rowspan="2">1.5,1.25,1</td><td>10.106</td><td>42</td><td></td><td>4.5</td><td rowspan="5">4,3,2,1.5</td><td>37.129</td></tr>
<tr><td></td><td>14</td><td>2</td><td>11.835</td><td></td><td>45</td><td>4.5</td><td>40.129</td></tr>
<tr><td>16</td><td></td><td>2</td><td>1.5,1</td><td>13.835</td><td>48</td><td></td><td>5</td><td>42.587</td></tr>
<tr><td></td><td>18</td><td>2.5</td><td rowspan="2">2,1.5,1</td><td>15.294</td><td></td><td>52</td><td>5</td><td>46.587</td></tr>
<tr><td>20</td><td></td><td>2.5</td><td>17.294</td><td>56</td><td></td><td>5.5</td><td>50.046</td></tr>
</table>

注：1. 优先选用第一系列，括号内尺寸尽可能不用，第三系列未列入；

2. 中径 D_2、d_2 未列入；

3. $M14\times1.25$ 仅用于发动机的火花塞。

2. 梯形螺纹(摘自 GB/T 5796.3—2005)

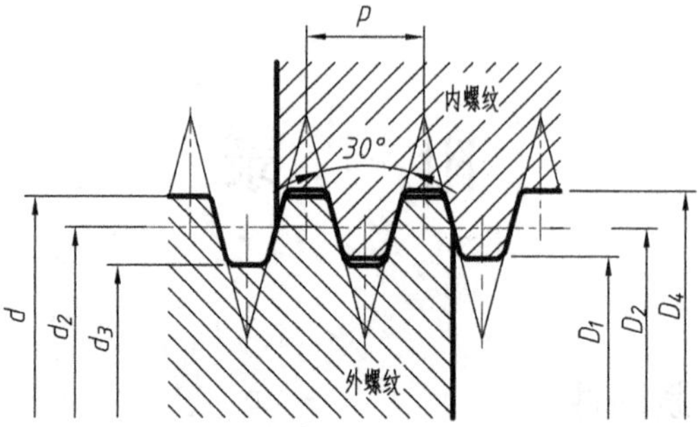

附表 2　**直径与螺距系列基本尺寸**　(单位：mm)

公称直径 d 第一系列	公称直径 d 第二系列	螺距 P	中径 $d_2=D_2$	中径 D_4	小径 d_3	小径 D_1	公称直径 d 第一系列	公称直径 d 第二系列	螺距 P	中径 $d_2=D_2$	中径 D_4	小径 d_3	小径 D_1
8		1.5	7.25	8.3	6.2	6.5	24		5	21.5	24.5	18.5	19
	9	2	8	9.5	6.5	7		26	5	23.5	26.5	20.5	21
10		2	9	10.5	7.5	8	28		5	25.5	28.5	22.5	23
	11	2	10	11.5	8.5	9		30	6	27	31	23	24
12		3	10.5	12.5	8.5	9	32		6	29	33	25	26
	14	3	12.5	14.5	10.5	11		34	6	31	35	27	28
16		4	14	16.5	11.5	12	36		6	33	37	29	30
	18	4	16	18.5	13.5	14		38	7	34.5	39	30	31
20		4	18	20.5	15.5	16	40		7	36.5	41	32	33
	22	5	19.5	22.5	16.5	17							

3. 非螺纹密封的管螺纹(摘自 GB/T 7307—2001)

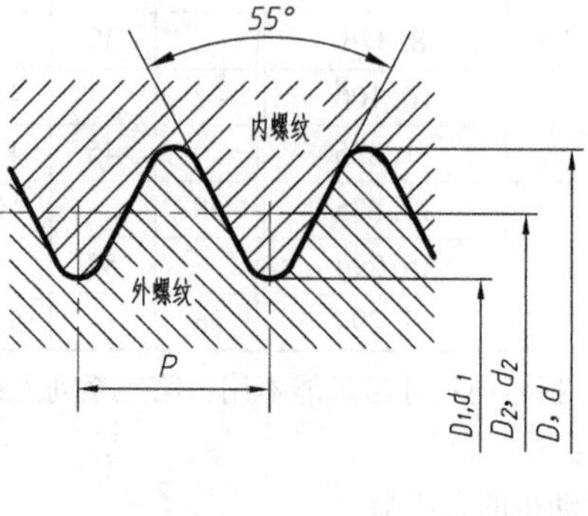

附表 3　　**非螺纹密封的管螺纹的基本尺寸**　　（单位：mm）

尺寸代号	每 25.4mm 内的牙数	螺距 P	基本直径		
			大径 $d=D$	中径 $d_2=D_2$	小径 $d_1=D_1$
1/8	28	0.907	9.728	9.147	8.566
1/4	19	1.337	13.157	12.301	11.445
3/8	19	1.337	16.662	15.806	14.950
1/2	14	1.814	20.955	19.793	18.631
5/8	14	1.814	22.911	21.749	20.587
3/4	14	1.814	26.441	25.279	24.117
7/8	14	1.814	30.201	29.039	27.877
1	11	2.309	33.249	31.770	30.291
11/8	11	2.309	37.897	36.418	34.939
11/4	11	2.309	41.910	40.431	38.952
11/2	11	2.309	47.803	46.324	44.845
13/4	11	2.309	53.746	52.267	50.788
2	11	2.309	59.614	58.135	56.656
21/4	11	2.309	65.710	64.231	62.752
21/2	11	2.309	75.184	73.705	72.226
23/4	11	2.309	81.534	80.055	78.576
3	11	2.309	87.884	86.405	84.926

4. 六角头螺栓

六角头螺栓 C 级（GB/T 5780—2000）

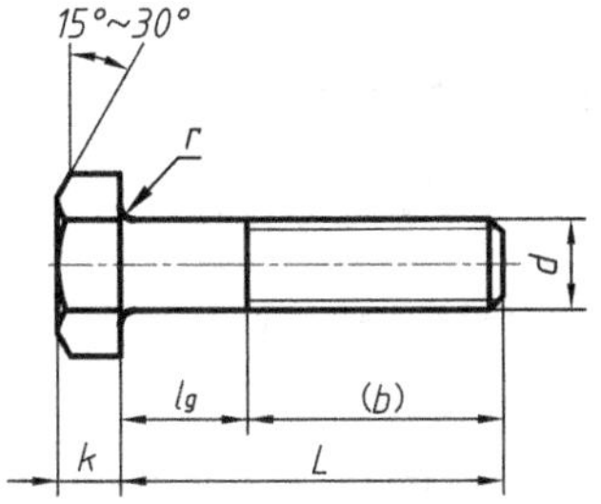

六角头螺栓 A 和 B 级（GB/T 5782—2000）

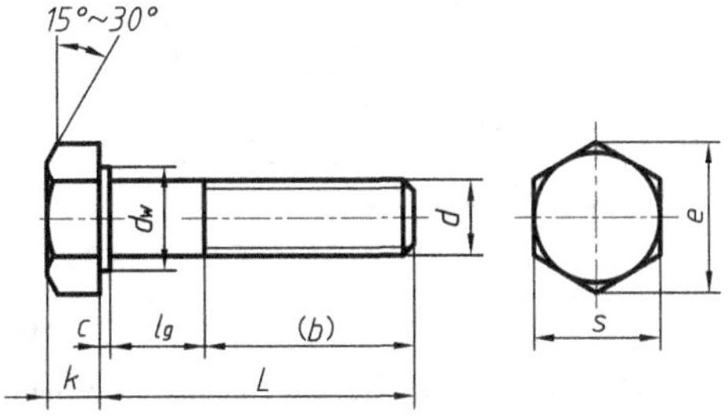

标记示例

螺纹规格 M12、公称长度 $L=80$mm，性能等级为 8.8 级，表面氧化，A 级六角头螺栓，其标记为：

螺栓　GB/T 5782—2000　M12×80

附表 4　　**六角头螺栓各部分尺寸**　　（单位：mm）

螺纹规格			M3	M4	M5	M6	M8	M10	M12	M16	M20	M24	M30	M36	M42
b 参考	L≤125		12	14	16	18	22	26	30	38	46	54	66	—	—
	125<L≤200		18	20	22	24	28	32	36	44	52	60	72	84	96
	L>200		31	33	35	37	41	45	49	57	65	73	85	97	109
c			0.4	0.4	0.5	0.5	0.6	0.6	0.6	0.8	0.8	0.8	0.8	0.8	1
d_w	产品等级	A	4.57	5.88	6.88	8.88	11.63	14.63	16.63	22.49	28.19	33.61	—	—	—
		B、C	4.45	5.74	6.74	8.74	11.47	14.47	16.47	22	27.7	33.25	42.75	51.11	60.6
e	产品等级	A	6.01	7.66	8.79	11.05	14.38	17.77	20.03	26.75	33.53	39.98	—	—	—
		B、C	5.88	7.50	8.63	10.89	14.20	17.59	19.85	26.17	32.95	39.55	50.85	60.79	72.02
k 公称			2	2.8	3.5	4	5.3	6.4	7.5	10	12.5	15	18.7	22.5	26
r			0.1	0.2	0.2	0.25	0.4	0.4	0.6	0.6	0.8	0.8	1	1	1.2
s 公称			5.5	7	8	10	13	16	18	24	30	36	46	55	65
L（商品规格范围）			20~30	25~40	25~50	30~60	40~80	45~100	50~120	65~160	80~200	90~240	110~300	140~360	160~440
L 系列			12,16,20,25,30,35,40,45,50,55,60,65,70,80,90,100,110,120,130,140,150,160,180,200,220,240,260,280,300,320,340,360,380,400,420,440,460,480,500												

注：1. A 级用于 d≤24 和 L≤10d 或≤150 的螺栓；

B 级用于 d>24 和 L>10d 或>150 的螺栓；

2. 螺纹规格 d 范围：GB/T 5780 为 M5~M64；GB/T 5782 为 M1.6~M64；

3. 公称长度范围：GB/T 5780 为 25~500；GB/T 5782 为 12~500。

5. 双头螺柱

GB/T 897—1988（$b_m=1d$）　　GB/T 898—1988（$b_m=1.25d$）

GB/T 899—1988（$b_m=1.5d$）　　GB/T 900—1988（$b_m=2d$）

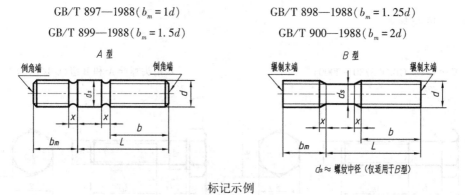

A 型

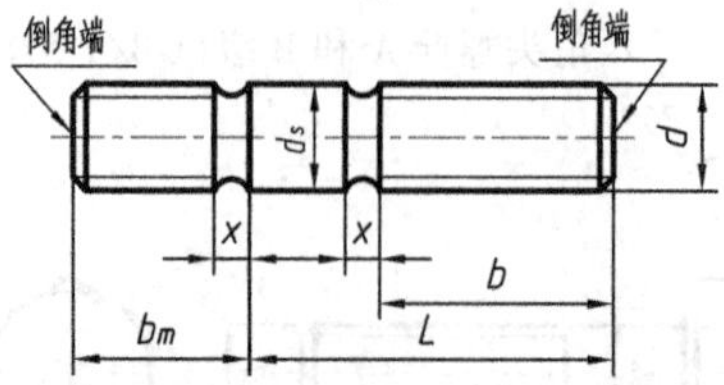

B 型

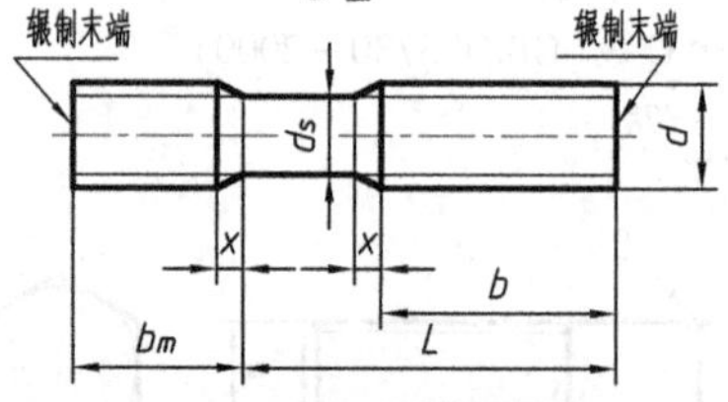

d_s≈ 螺纹中径（仅适用于 B 型）

标记示例

两端均为粗牙普通螺纹，d=10mm，L=50mm，性能等级为 4.8 级，不经表面处理，B 型，$b_m=1d$ 的双头螺柱，其标记为：　　螺柱　GB/T 897—1988　M10×50

旋入端为粗牙普通螺纹，紧固端为螺距 P=1mm 的细牙普通螺纹，d=10mm，L=50mm，性能等级为 4.8 级，不经表面处理，A 型，$b_m=1.25d$ 的双头螺柱，其标记为：

螺柱　GB/T 898—1988　A M10-M10×1×50

附表 5　　**双头螺柱各部分尺寸**　　（单位：mm）

螺纹规格	b_m 公称				ds	x	b	L 范围公称
d	GB/T 897	GB/T 898	GB/T 899	GB/T 900	max	max		
M5	5	6	8	10	5	2.5P	10	16～(22)
							16	25～50
M6	6	8	10	12	6		10	20，(22)
							14	25，(28)，30
							18	(32)～(75)
M8	8	10	12	16	8		12	20，(22)
							16	25，(28)，30
							22	(32)～90
M10	10	12	15	20	10		14	25，(28)
							16	30，(38)
							26	40～120
							32	130
M12	12	15	18	24	12		16	25～30
							20	(32)～40
							30	45～120
							36	130～180
M16	16	20	24	32	16		20	30～(38)
							30	40～50
							38	60～120
							44	130～200
M20	20	25	30	40-	20		25	35～40
							35	45～60
							46	(65)～120
							52	130～200

注：1. P 表示粗牙螺纹的螺距；

2. L 的长度系列：16,(18),20,(22),25,(28),30,(32),35,(38),40,45,50,(55),60,(65),70,(75),80,(85),90,(95),100～200(十进制)，括号内数值尽可能不采用。

6. 螺钉

开槽圆柱头螺钉(GB/T 65—2016)

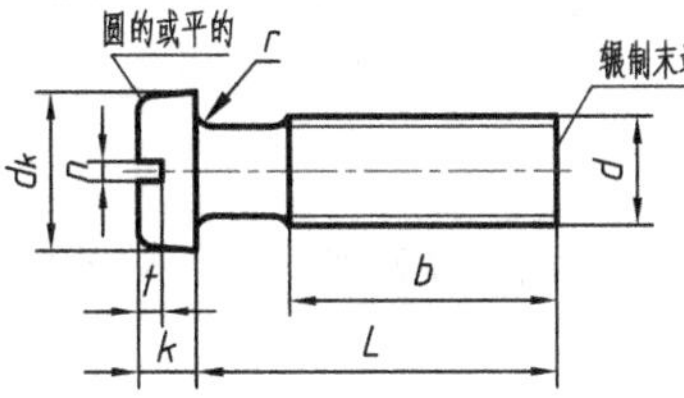

开槽沉头螺钉(GB/T 68—2016)

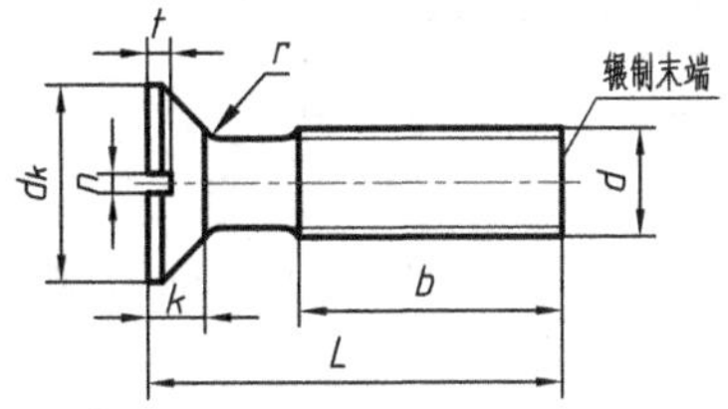

标记示例

螺纹规格 M5、公称长度 L=20mm，性能等级为 4.8 级，不经表面处理其标记为：

螺钉　GB/T 65　M5×20

附表 6　　**螺钉各部分尺寸**　　（单位：mm）

螺纹规格 d		M3	M4	M5	M6	M8	M10
P(螺距)		0.5	0.7	0.8	1	1.25	1.5
b		25	38	38	38	38	38
n		0.8	1.2	1.2	1.6	2	2.5
GB/T 65	d_k	—	7	8.5	10	13	16
	k	—	2.6	3.3	3.9	5	6
	r	0.1	0.2	0.2	0.25	0.4	0.4
	t	—	1.1	1.3	1.6	2	2.4
	L	4~30	5~40	6~50	8~60	10~90	12~18
GB/T 68	d_k	6.3	9.4	10.4	12.6	17.3	20
	k	1.65	2.7	2.7	3.3	4.65	5
	r	0.8	1	1.3	1.5	2	2.5
	t	0.85	1.3	1.4	1.6	2.3	2.6
	L	5~30	6~40	8~50	8~60	10~80	12~80
L 系列	4,5,6,8,10,12,(14),16,20,25,30,35,40,45,50,(55),60,(65),70,(75),80						

注：1. 标准规定螺钉规格 d=M1.6~M10；

2. 材料为钢的螺钉，性能等级有 4.8、5.9 级，其中 4.8 级为常用；

3. 螺钉的长度系列 L：2，2.5，3，4，5，6，8，10，12，(14)，16，20，25，30，35，40，45，50，(55)，60，(65)，70，(75)，80，括号内数值尽可能不采用。

7. 紧定螺钉

开槽锥端紧定螺钉

GB/T 71—2018

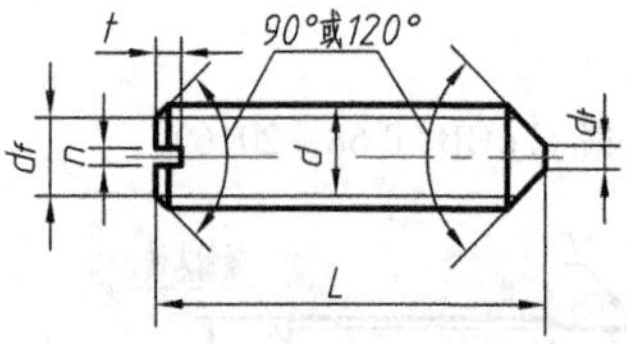

开槽锥端紧定螺钉

GB/T 73—2017

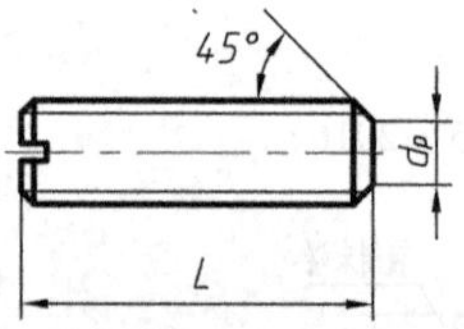

开槽锥端紧定螺钉

GB/T 75—2018

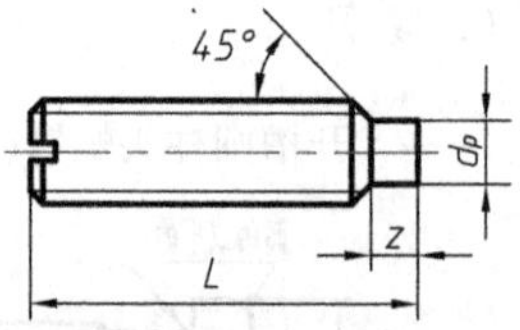

标记示例

螺纹规格为 M5、公称长度 L=12mm，硬度等级为 14H 级，表面不经处理，产品等级 A 级的开槽锥端紧定螺钉，其标记为：

螺钉　GB/T 71　M5×12

附表 7　　**紧定螺钉各部分尺寸**　　（单位：mm）

螺纹规格 d		M1.6	M2	M2.5	M3	M4	M5	M6	M8	M10	M12
P(螺距)		0.35	0.4	0.45	0.5	0.7	0.8	1	1.25	1.5	1.75
d_f		≈螺纹小径									
n		0.25	0.25	0.4	0.4	0.6	0.8	1	1.2	1.6	2
t		0.74	0.84	0.95	1.05	1.42	1.63	2	2.5	3	3.6
d_t		0.16	0.2	0.25	0.3	0.4	0.5	1.5	2	2.5	3
d_p		0.8	1	1.5	2	2.5	3.5	4	5.5	7	8.5
z		1.05	1.25	1.5	1.75	2.25	2.75	3.25	4.3	5.3	6.3
L	GB/T 71	2~8	3~10	3~12	4~16	6~20	8~25	8~30	10~40	12~50	14~60
	GB/T 73	2~8	2~10	2.5~12	3~16	4~20	5~25	5~30	8~40	10~50	12~60
	GB/T 75	2.5~8	3~10	4~12	5~16	6~20	8~25	10~30	10~40	12~50	14~60
L 系列		2,2.5,3,4,5,6,8,10,12,(14),16,20,25,30,40,45,50,(55),60									

注：1. 标准规定螺钉规格 d=M1.6~M10；

8. 螺母

Ⅰ型六角螺母 A 和 B 级(GB/T 6170—2000)
Ⅰ型六角螺母 C 级(GB/T 41—2000)

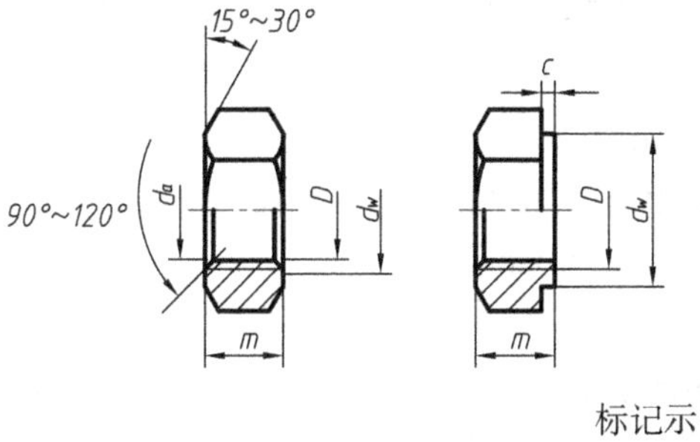

六角薄螺母(GB/T 6172.1—2000)

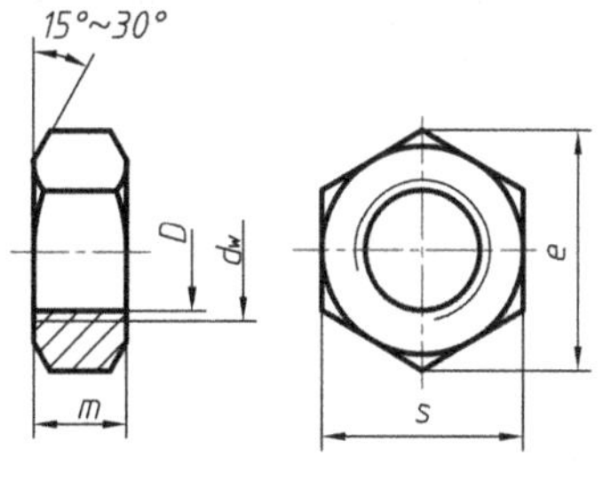

标记示例

螺纹规格 D=M24，螺距 P=2，性能等级为 1 级，不经表面处理，B 级的Ⅰ型细牙六角螺母其标记为：

螺母　GB/T 6170　M24×2

螺纹规格 D=M12，性能等级为 5 级，不经表面处理，C 级的Ⅰ型六角螺母其标记为：

螺母　GB/T 41　M12

附表 8　**螺母各部分尺寸**　（单位：mm）

螺纹规格 D		M3	M4	M5	M6	M10	M12	M16	M20	M24	M30	M36	M42
e	GB/T 41			8.63	10.89	17.59	19.85	26.17	32.95	39.55	50.85	60.79	72.02
	GB/T 6170	6.01	7.66	8.79	11.05	17.77	20.03	26.75	32.95	39.55	50.85	60.79	72.02
	GB/T 6172.1	6.01	7.66	8.79	11.05	17.77	20.03	26.75	32.95	39.55	50.85	60.79	72.02
S	GB/T 41			8	10	16	18	24	30	36	46	55	65
	GB/T 6170	5.5	7	8	10	16	18	24	30	36	46	55	65
	GB/T 6172.1	5.5	7	8	10	16	18	24	30	36	46	55	65
m	GB/T 41			5.6	6.1	9.5	12.2	15.9	18.7	22.3	26.4	31.5	34.9
	GB/T 6170	2.4	3.2	4.7	5.2	8.4	10.8	14.8	18	21.5	25.6	31	34
	GB/T 6172.1	1.8	2.2	2.7	3.2	5	6	8	10	12	15	18	21
c	max	0.4	0.4	0.5	0.4	0.6	0.6	0.8	0.8	0.8	0.8	0.8	1
d_w	min	4.6	5.9	5.9	8.9	14.6	16.6	22.5	27.7	33.2	42.7	51.1	60.6

注：A 级用于 $D \leqslant 16$ 的螺母；B 级用于 $D>16$ 的螺母。本表仅按商品规格和通用规格列出。

9. 垫圈

小垫圈 A 级（GB/T 848—2002）　平垫圈 A 级（GB/T 97.1—2002）　平垫圈倒角 A 级（GB/T 97.2—2002）　大垫圈 A 级（GB/T96.1—2002）

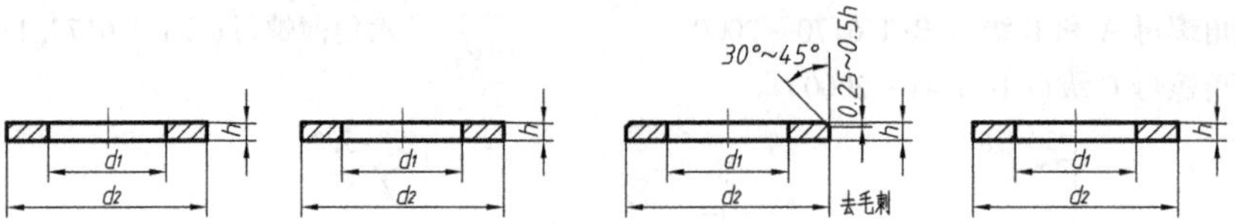

标记示例

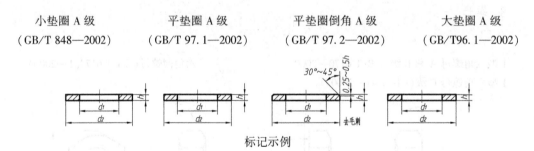

标准系列，公称尺寸 $d=8$mm，性能等级为 140HV 级，不经表面处理的平垫圈其标记为：

垫圈　GB/T 97.1　8-140HV

附表 9　**垫圈各部分尺寸**　（单位：mm）

公称尺寸（螺纹规格 d）		1.6	2	2.5	3	4	5	6	8	10	12	16	20	24	30	36
d_1	GB/T 848	1.7	2.2	2.7	3.2	4.3	5.3	6.4	8.4	10.5	13	17	21	25	31	37
	GB/T 97.1	1.7	2.2	2.7	3.2	4.3	5.3	6.4	8.4	10.5	13	17	21	25	31	37
	GB/T 97.2	—	—	—	—	—	5.3	6.4	8.4	10.5	13	17	21	25	31	37
	GB/T96.1	—	—	—	3.2	4.3	5.3	6.4	8.4	10.5	13	17	22	26	33	39

续表

公称尺寸（螺纹规格 d）		1.6	2	2.5	3	4	5	6	8	10	12	16	20	24	30	36
d_2	GB/T 848	3.5	4.5	5	6	7	9	11	15	18	20	28	34	39	50	60
	GB/T 97.1	4	5	6	7	9	10	12	16	20	24	30	37	44	56	66
	GB/T 97.2	—	—	—	—	—	10	12	16	20	24	30	37	44	56	66
	GB/T96.1				9	12	15	18	24	30	37	50	60	72	92	110
h	GB/T 848	0.3	0.3	0.5	0.5	0.5	1	1.6	1.6	1.6	2	2.5	3	4	4	5
	GB/T 97.1	0.3	0.3	0.5	0.5	0.8	1	1.6	1.6	2	2.5	3	3	4	4	5
	GB/T 97.2						1	1.6	1.6	2	2.5	3	3	4	4	5
	GB/T96.1				0.8	1	1	1.6	2	2.5	3	3	4	5	6	8

10. 标准弹簧垫圈（GB/T 93—1987）

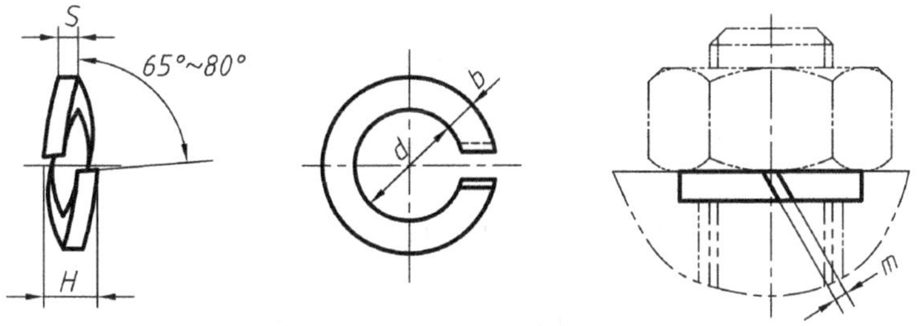

标记示例

规格 10，材料为 65Mn，表面氧化的标准型弹簧垫圈，其标记为：

垫圈　GB/T 93　10

附表 10　　**标准型弹簧垫圈各部分尺寸**　　（单位：mm）

规格（螺纹大径）	3	4	5	6	8	10	12	16	20	24	30	36	42	48
d	3.1	4.1	5.1	6.1	8.1	10.2	12.2	16.2	20.2	24.5	30	36	42.5	48.5
S(b)	0.8	1.1	1.3	1.6	2.1	2.6	3.1	4.1	5	6	7.5	9	10.5	12
$m \leqslant$	0.4	0.55	0.65	0.8	1.05	1.3	1.55	2.05	2.5	3	3.75	4.5	5.25	6
H_{max}	2	2.75	3.25	4	5.25	6.5	7.75	10.25	12.5	15	18.75	22.5	26.25	30

二、键、销

1. 键

普通平键(GB/T 1096—2003)

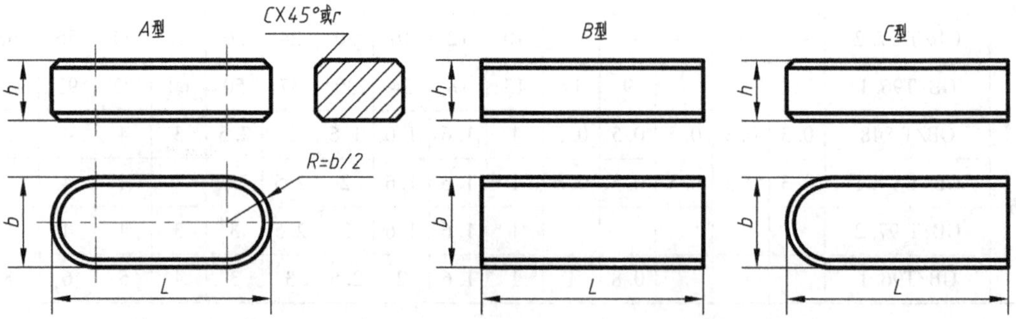

标记示例：

圆头普通平键(A 型)，$b=18$mm，$h=11$mm，$L=100$mm：键　18×100 GB/T 1096—2003
方头普通平键(B 型)，$b=18$mm，$h=11$mm，$L=100$mm：键 B 18×100 GB/T 1096—2003
单头普通平键(C 型)，$b=18$mm，$h=11$mm，$L=100$mm：键 C 18×100 GB/T 1096—2003

附表 11　　**普通平键的尺寸**　　(单位：mm)

b	2	3	4	5	6	8	10	12	14	16	18	20	22	25	28	32	36	40	45	50
h	2	3	4	5	6	7	8	8	9	10	11	12	14	14	16	18	20	22	25	28
C 或 r	0.16~0.25			0.25~0.40			0.40~0.60					0.60~0.80					1.0~1.2			
L	6~20	6~36	8~45	10~56	14~70	18~90	22~110	28~140	36~160	45~180	50~200	56~220	63~250	70~280	80~320	90~360	100~400	100~400	110~450	125~500

注：L 系列为 6，8，10，12，14，16，18，20，22，25，28，32，36，40，45，50，56，63，70，80，80，100，110，125，140，160，180，200，220，250，280 等。

平键的剖面及键槽(GB/T 1095—2003)

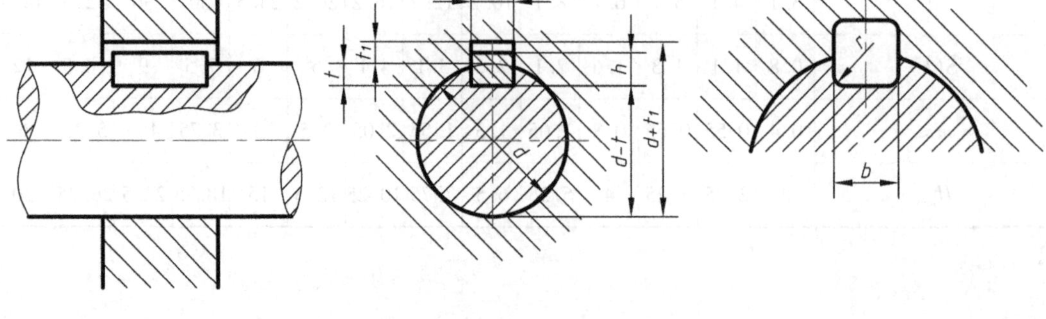

附表 12　　**键和键槽的剖面尺寸**　　（单位：mm）

轴径 d		6~8	>8~10	>10~12	>12~17	>17~22	>22~30	>30~38	>38~44	>44~50	>50~58	>58~65	>65~75	>75~85	>85~95	>95~110	>110~130
键的公称尺寸	b	2	3	4	5	6	8	10	12	14	16	18	20	22	25	28	32
	h	2	3	4	5	6	7	8	8	9	10	11	12	14	14	16	18
键槽深	轴 t	1.2	1.8	2.5	3.0	3.5	4.0	5.0	5.0	5.5	6.0	7.0	7.5	9.0	9.0	10.0	11.0
	毂 t_1	1.0	1.4	1.8	2.3	2.8	3.3	3.3	3.3	3.8	4.3	4.4	4.9	5.4	5.4	6.4	7.4
半径	r	最小 0.08~最大 0.16				最小 0.16~最大 0.25				最小 0.25~最大 0.40				最小 0.40~最大 0.60			

2. 圆柱销（GB/T 119.1—2000）

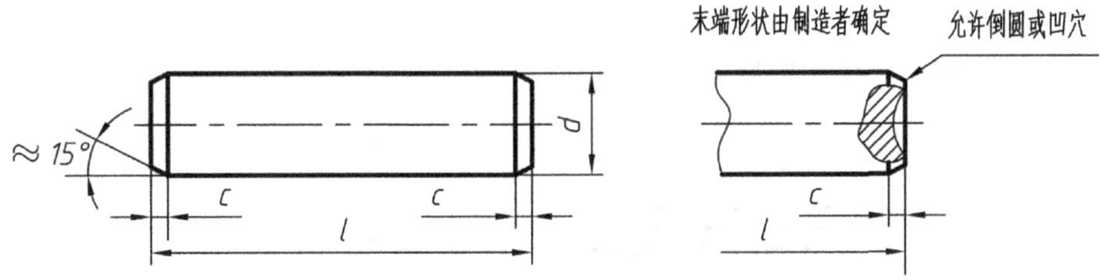

标记示例：

公称直径 d=8mm，公差为 m6，长度 l=30mm，材料为 35 钢，不经淬火，不经表面处理的圆柱销：

销　GB/T 119.1—2000　8 m6×30

附表 13　　**圆柱销的尺寸**　　（单位：mm）

d（公称）	4	5	6	8	10	12	16	20
c=	0.63	0.80	1.2	1.6	2.0	2.5	3.0	3.5
l（公称）	8~40	10~50	12~60	14~80	18~95	22~140	26~180	35~200

注：长度 l 系列为：6~32（2 进位），35~100（5 进位），120~200（20 进位）。

3. 圆锥销(GB/T 117—2000)

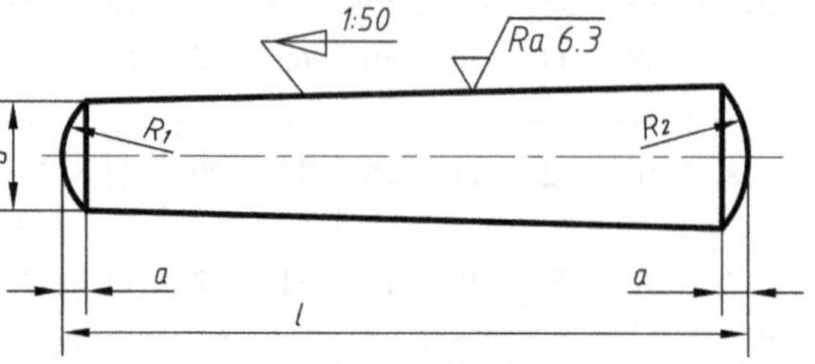

$R_1 \approx d_1$

$R_2 \approx a/2+d+(0.021)^2/8a$

标记示例：

公称直径 d=10mm，长度 l=60mm，材料为 35 钢，热处理硬度(28～38)HRC，表面氧化处理的 A 型圆锥销：

销　GB/T 117—2000　A10×60

附表 14　　**圆锥销的尺寸**　　(单位：mm)

d(公称)	0.6	0.8	1	1.2	1.5	2	2.5	3	4	5	6	8	10	12	16
$a\approx$	0.08	0.10	0.12	0.16	0.20	0.25	0.30	0.40	0.50	0.63	0.80	1.0	102	1.6	2.0
l 系列	2,3,4,5,6,8,10,12,14,16,18,20,22,24,26,28,30,32,35,40,50														

4. 开口销(GB/T 91—2000)

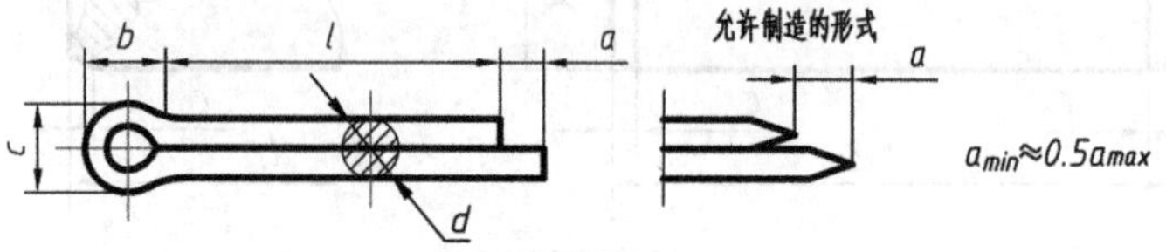

标记示例：

公称直径 d=5mm，长度 l=50mm，材料为低碳钢，不经表面处理的开口销：

销　GB/T 91—2000　5×50

附表 15　　**开口销的尺寸**　　(单位：mm)

d(公称)		0.6	0.8	1	1.2	1.6	2	2.5	3.2	4	5	6.3	8	10	12
c	max	1	1.4	1.8	2	2.8	3.6	4.6	5.8	7.4	9.2	11.8	15	19	24.8
	min	0.9	1.2	1.6	1.7	2.4	3.2	4	5.1	6.5	8	10.8	13.1	16.6	21.7
$b\approx$		2	2.4	3	3	3.2	4	5	6.4	8	10	12.6	16	20	26
a_{max}		1.6			2.5			3.2			4			6.3	
l(系列)		4,5,6,8,10,12,14,16,18,20,22,24,26,28,30,32,36,40,45,50,55,60,65,70,75,80,85,90,95,100,120,140,160,180,200													

注：销孔的公称直径等于 d(公称)。

三、滚动轴承

1. 深沟球轴承(GB/T 276—1994)

附表 16　**深沟球轴承的尺寸**

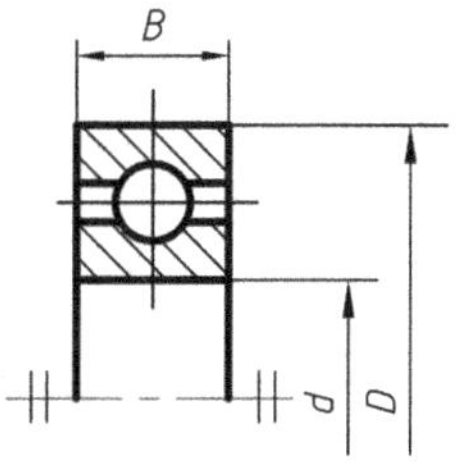

60000 型
标记示例:
滚动轴承 6012 GB/T 276

轴承型号	尺寸(mm)		
	d	*D*	*B*
01 尺寸系列			
6000	10	26	8
6001	12	28	8
6002	15	32	9
6003	17	35	10
6004	20	42	12
6005	25	47	12
6006	30	55	13
6007	35	62	14
6008	40	68	15
6009	45	75	16
6010	50	80	16
6011	55	90	18
6012	60	95	18
6013	65	100	18
02 尺寸系列			
6200	10	30	9
6201	12	32	10
6202	15	35	11
6203	17	40	12
6204	20	47	14
6205	25	52	15
6206	30	62	16
6207	35	72	17
6208	40	80	18
6209	45	85	19
6210	50	90	20
6211	55	100	21
6212	60	110	22
6213	65	120	23
6214	70	125	24
6215	75	130	25
03 尺寸系列			
6300	10	35	11
6301	12	37	12
6302	15	42	13
6303	17	47	14
6304	20	52	15
6305	25	62	17
6306	30	72	19
6307	35	80	21
6308	40	90	23
6309	45	100	25
6310	50	110	27
6311	55	120	29
6312	60	130	31
6313	65	140	33
6314	70	150	35
04 尺寸系列			
6403	17	62	17
6404	20	72	19
6405	25	80	21
6406	30	90	23
6407	35	100	25
6408	40	110	27
6409	45	120	29
6410	50	130	31
6411	55	140	33
6412	60	150	35
6413	65	160	37
6414	70	180	42
6415	75	190	45
6415	80	200	48
6417	85	210	52
6418	90	225	54
6419	95	240	55

2. 圆锥滚子轴承(GB/T 297—1994)

附表 17 **圆锥轴承的尺寸**

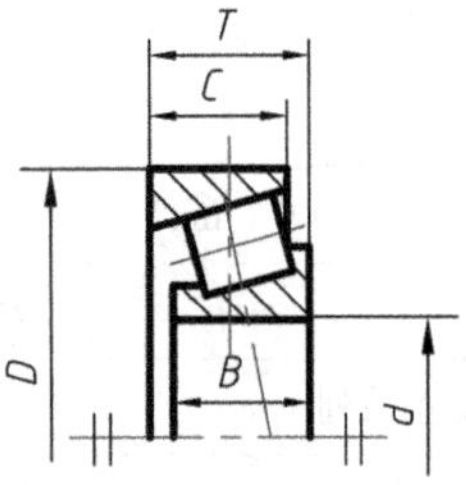

30000 型
标记示例:
滚动轴承 30204 GB/T 297

轴承型号	尺寸(mm)				
	d	*D*	*T*	*B*	*C*
02 尺寸系列					
30204	20	47	15.25	14	12
30205	25	52	16.25	15	13
30206	30	62	17.25	16	14
30207	35	72	18.25	17	15
30208	40	80	19.75	18	16
30209	45	85	20.75	19	16
30210	50	90	21.75	20	17
30211	55	100	22.75	21	18
30212	60	110	23.75	22	19
30213	65	120	24.75	23	20
30214	70	125	26.25	24	21
30215	75	130	27.25	25	22
30216	80	140	28.25	26	22
30217	85	150	30.5	28	24
30218	90	160	32.5	30	26
30219	95	170	34.5	32	27
30220	100	180	37	34	29
03 尺寸系列					
30304	20	52	16.25	15	13
30305	25	62	18.25	17	15
30306	30	72	20.75	19	16
30307	35	80	22.75	21	18
30308	40	90	25.75	23	20
30309	45	100	27.75	25	22
30310	50	110	29.25	27	23
30311	55	120	31.5	29	25
30312	60	130	33.5	31	26
30313	65	140	36	33	28
30314	70	150	38	35	30
30315	75	160	40	37	31
30316	80	170	42.5	39	33
30317	85	180	44.5	41	34
30318	90	190	46.5	43	36
30319	95	200	49.5	45	38
30320	100	215	51.5	47	39

轴承型号	尺寸(mm)				
	d	*D*	*T*	*B*	*C*
13 尺寸系列					
31305	25	62	18.25	17	13
31306	30	72	20.75	19	14
31307	35	80	22.75	21	15
31308	40	90	25.25	23	17
31309	45	100	27.25	25	18
31310	50	110	29.25	27	19
31311	55	120	31.5	29	21
31312	60	130	33.5	31	22
31313	65	140	36	33	23
31314	70	150	38	35	25
31315	75	160	40	37	26
22 尺寸系列					
32206	30	62	21.5	20	17
32207	35	72	24.25	23	19
32208	40	80	24.75	23	19
32209	45	85	24.75	23	19
32210	50	90	24.75	23	19
32211	55	100	26.75	25	21
32212	60	110	29.75	28	24
32213	65	120	32.75	31	27
32214	70	125	33.25	31	27
32215	75	130	33.25	31	27
32216	80	140	35.25	33	28
32217	85	150	38.5	36	30
32218	90	160	42.5	40	34
32219	95	170	45.5	43	37
32220	100	180	49	46	39
23 尺寸系列					
32304	20	52	22.25	21	18
32305	25	62	25.25	24	20
32306	30	72	28.75	27	23
32307	35	80	32.75	31	25
32308	40	90	35.25	33	27
32309	45	100	38.25	36	30
32310	50	110	42.25	40	33
32311	55	120	45.5	43	35
32312	60	130	48.5	46	37
32313	65	140	51	48	39
32314	70	150	54	51	42
32315	75	160	58	55	45
32316	80	170	61.5	58	48
32317	85	180	63.5	60	49
32318	90	190	67.5	64	53

3. 平底推力球轴承(GB/T 301—1994)

附表 18　　**平底推力球轴承的尺寸**

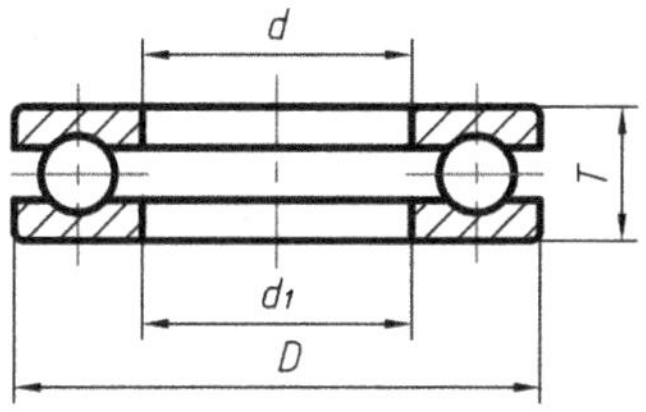

51000 型
标记示例:
滚动轴承 51208 GB/T 276

轴承型号	尺　寸(mm)			
	d	d_1	D	T
12 尺寸系列				
51200	10	12	26	11
51201	12	14	28	11
51202	15	17	32	12
51203	17	19	35	12
51204	20	22	40	14
51205	25	27	47	15
51206	30	32	52	16
51207	35	37	62	18
51208	40	42	68	19
51209	45	47	73	20
51210	50	52	78	22
51211	55	57	90	25
51212	60	62	95	26
51213	65	67	100	27
51214	70	72	105	27
51215	75	77	110	27
51216	80	82	115	28
51217	85	88	125	31
51218	90	93	135	35
51220	100	103	150	38
13 尺寸系列				
51304	20	22	47	18
51305	25	27	52	18
51306	30	32	60	21
51307	35	37	68	24
51308	40	42	78	26

轴承型号	尺　寸(mm)			
	d	d_1	D	T
13 尺寸系列				
51309	45	47	85	28
51310	50	52	95	31
51311	55	57	105	35
51312	60	62	110	35
51313	65	67	115	36
51314	70	72	125	40
51315	75	77	135	44
51316	80	82	140	44
51317	85	88	150	49
51318	90	93	155	50
51320	100	103	170	55
14 尺寸系列				
51405	25	27	60	24
51406	30	32	70	28
51407	35	37	80	32
51408	40	42	90	36
51409	45	47	100	39
51410	50	52	110	43
51411	55	57	120	48
51412	60	62	130	51
51413	65	68	140	56
51414	70	73	150	60
51415	75	78	160	65
51416	80	83	170	68
51417	85	83	180	72
51418	90	93	190	77
51420	100	103	210	85

四、极限与配合

1. 基本尺寸 3~500mm 的标准公差(摘自 GB/T 1800.2—2009))

附表 19　　标准公差数值

基本尺寸		公差等级																	
		IT1	IT2	IT63	IT4	IT5	IT6	IT7	IT8	IT9	IT10	IT11	IT12	IT13	IT14	IT15	IT16	IT17	IT18
大于	至	μm											mm						
—	3	0.8	1.2	2	3	4	6	10	14	25	40	60	0.10	0.14	0.25	0.40	0.60	1.0	1.4
3	6	1	1.5	2.5	4	5	8	12	18	30	48	75	0.12	0.18	0.30	0.48	0.75	1.2	1.8
6	10	1	1.5	2.5	4	6	9	15	22	36	58	90	0.15	0.22	0.36	0.58	0.90	1.5	2.2
10	18	1.2	2	3	5	8	11	18	27	43	70	110	0.18	0.27	0.43	0.70	1.10	1.8	2.7
18	30	1.5	2.5	4	6	9	13	21	33	52	84	130	0.21	0.33	0.52	0.84	1.30	2.1	3.3
30	50	1.5	2.5	4	7	11	16	25	39	62	100	160	0.25	0.39	0.62	1.00	1.60	2.5	3.9
50	80	2	3	5	8	13	19	30	46	74	120	190	0.30	0.46	0.74	1.20	1.90	3.0	4.6
80	120	2.5	4	6	10	15	22	35	54	87	140	220	0.35	0.54	0.87	1.40	2.20	3.5	5.4
120	180	3.5	5	8	12	18	25	40	63	100	160	250	0.40	0.63	1.00	1.60	2.50	4.0	6.3
180	250	4.5	7	10	14	20	29	46	72	115	185	290	0.46	0.72	1.15	1.85	2.90	4.6	7.2
250	315	6	8	12	16	23	32	52	81	130	210	320	0.52	0.81	1.30	2.10	3.20	5.2	8.1
315	400	7	9	13	18	25	36	57	89	140	230	360	0.57	0.89	1.40	2.30	3.60	5.7	8.9
40	500	8	10	15	20	27	40	63	97	155	250	400	0.63	0.97	1.55	2.50	4.00	6.3	9.7

2. 轴的基本偏差数值表(摘自 GB/T 1800.2—2009)

基本尺寸		上偏差 es(μm)												下偏差 ei(μm)																		
大于	至	所有公差等级												IT5 IT6	IT7	IT8	IT4-IT7	≤IT3 >IT7	所有公差等级													
		a	*b*	*c*	*cd*	*d*	*e*	*ef*	*f*	*fg*	*g*	*h*	*js*	*j*			*k*		*m*	*n*	*p*	*r*	*s*	*t*	*u*	*v*	*x*	*y*	*z*	*za*	*zb*	*zc*
—	3	-270	-140	-60	-34	-20	-14	-10	-6	-4	-2	0		-2	-4	-6	0	0	2	4	6	10	14		18		20		26	32	40	60
3	6	-270	-140	-70	-46	-30	-20	-14	-10	-6	-4	0		-2	-4	—	1	0	4	8	12	15	19		23		28		35	42	50	80
6	10	-280	-150	-80	-56	-40	-25	-18	-13	-8	-5	0		-2	-5	—	1	0	6	10	15	19	23		28		34		42	52	67	97
10	14	-290	-150	-95		-50	-32		-16		-6	0		-3	-6	—	1	0	7	12	18	23	28		33		40		50	64	90	130
14	18	-290	-150	-95		-50	-32		-16		-6	0		-3	-6	—	1	0	7	12	18	23	28		33	39	45		60	77	108	150
18	24	-300	-160	-110		-65	-40		-20		-7	0		-4	-8	—	2	0	8	15	22	28	35		41	47	54	63	73	98	136	188
24	30	-300	-160	-110		-65	-40		-20		-7	0		-4	-8	—	2	0	8	15	22	28	35	41	48	55	64	75	88	118	160	218
30	40	-310	-170	-120		-80	-50		-25		-9	0		-5	-10	—	2	0	9	17	26	34	43	48	60	68	80	94	112	148	200	274
40	50	-320	-180	-130		-80	-50		-25		-9	0		-5	-10	—	2	0	9	17	26	34	43	54	70	81	97	114	136	180	242	325
50	65	-340	-190	-140		-100	-60		-30		-10	0		-7	-12	—	2	0	11	20	32	41	53	66	87	102	122	144	172	226	300	405
65	80	-360	-200	-150		-100	-60		-30		-10	0		-7	-12	—	2	0	11	20	32	43	59	75	102	120	146	174	210	274	360	480
80	100	-380	-220	-170		-120	-72		-36		-12	0		-9	-15	—	3	0	13	23	37	51	71	91	124	146	178	214	258	335	445	585
100	120	-410	-240	-180		-120	-72		-36		-12	0	±*Td*/2	-9	-15	—	3	0	13	23	37	54	79	104	144	172	210	254	310	400	525	690
120	140	-460	-260	-200		-145	-85		-43		-14	0		-11	-18	—	3	0	15	27	43	63	92	122	170	202	248	300	365	470	620	800
140	160	-520	-280	-210		-145	-85		-43		-14	0		-11	-18	—	3	0	15	27	43	65	100	134	190	228	280	340	415	535	700	900
160	180	-580	-310	-230		-145	-85		-43		-14	0		-11	-18	—	3	0	15	27	43	68	108	146	210	252	310	380	465	600	780	1000
180	200	-660	-340	-240		-170	-100		-50		-15	0		-13	-21	—	4	0	17	31	50	77	122	166	236	284	350	425	520	670	880	1150
200	225	-740	-380	-260		-170	-100		-50		-15	0		-13	-21	—	4	0	17	31	50	80	130	180	258	310	385	470	575	740	960	1250
225	250	-820	-420	-280		-170	-100		-50		-15	0		-13	-21	—	4	0	17	31	50	84	140	196	284	340	425	520	640	820	1050	1350
250	280	-920	-480	-300		-190	-110		-56		-17	0		-16	-26	—	4	0	20	34	56	94	158	218	315	385	475	580	710	920	1200	1550
280	315	-1050	-540	-330		-190	-110		-56		-17	0		-16	-26	—	4	0	20	34	56	98	170	240	350	425	525	650	790	1000	1300	1700
315	355	-1200	-600	-360		-210	-125		-62		-18	0		-18	-28	—	4	0	21	37	62	108	190	268	390	475	590	730	900	1150	1500	1900
355	400	-1350	-680	-400		-210	-125		-62		-18	0		-18	-28	—	4	0	21	37	62	114	208	294	435	530	660	820	1000	1300	1650	2100
400	450	-1500	-760	-440		-230	-135		-68		-20	0		-20	-32	—	5	0	23	40	68	126	232	330	490	595	740	920	1100	1450	1850	2400
450	500	-1650	-840	-480		-230	-135		-68		-20	0		-20	-32	—	5	0	23	40	68	132	252	360	540	660	820	1000	1250	1600	2100	2600

3. 孔的基本偏差数值表(摘自 GB/T 1800.2—2009)

基本尺寸 mm		基本偏差数值																															
		下偏差 EI(μm)												上偏差 ES(μm)																			
		所有公差等级												IT6	IT7	IT8	≤IT8	>IT8	>IT8	>IT8	>IT7												
大于	至	*A*	*B*	*C*	*CD*	*D*	*E*	*EF*	*F*	*FG*	*G*	*H*	*JS*	*J*			*K*		*M*	*N*	*P*	*R*	*S*	*T*	*U*	*V*	*X*	*Y*	*Z*	*ZA*	*ZB*	*ZC*
—	3	270	140	60	34	20	14	10	6	4	2	0		2	4	6	0	0	-2	-4	-6	-10	-14	0	-18	0	-20	0	-26	-32	-40	-60
3	6	270	140	70	46	30	20	14	10	6	4	0		5	6	10	-1	—	-4	0	-12	-15	-19	0	-23	0	-28	0	-35	-42	-50	-80
6	10	280	150	80	56	40	25	18	13	8	5	0		5	8	12	-1	—	-6	0	-15	-19	-23	0	-28	0	-34	0	-42	-52	-67	-97
10	14	290	150	95		50	32		16		6	0		6	10	15	-1	—	-7	0	-18	-23	-28	0	-33	0	-40	0	-50	-64	-90	-130
14	18	290	150	95		50	32		16		6	0		6	10	15	-1	—	-7	0	-18	-23	-28	0	-33	-39	-45	0	-60	-77	-108	-150
18	24	300	160	110		65	40		20		7	0		8	12	20	-2	—	-8	0	-22	-28	-35	0	-41	-47	-54	-63	-73	-98	-136	-188
24	30	300	160	110		65	40		20		7	0		8	12	20	-2	—	-8	0	-22	-28	-35	-41	-48	-55	-64	-75	-88	-118	-160	-218
30	40	310	170	120		80	50		25		9	0		10	14	24. 24	-2	—	-9	0	-26	-34	-43	-48	-60	-68	-80	-94	-112	-148	-200	-274
40	50	320	180	130		80	50		25		9	0		10	14	24	-2	—	-9	0	-26	-34	-43	-54	-70	-81	-97	-114	-136	-180	-242	-325
50	65	340	190	140		100	60		30		10	0		13	18	28	-2	—	-11	0	-32	-41	-53	-66	-87	-102	-122	-144	-172	-226	-300	-405
65	80	360	200	150		100	60		30		10	0		13	18	28	-2	—	-11	0	-32	-43	-59	-75	-102	-120	-146	-174	-210	-274	-360	-480
80	100	380	220	170		120	72		36		12	0		16	22	34	-3	—	-13	0	-37	-51	-71	-91	-124	-146	-178	-214	-258	-335	-445	-585
100	120	410	240	180		120	72		36		12	0	$\pm T_D/2$	16	22	34	-3	—	-13	0	-37	-54	-79	-104	-144	-172	-210	-254	-310	-400	-525	-690
120	140	460	260	200		145	85		43		14	0		18	26	41	-3	—	-15	0	-43	-63	-92	-122	-170	-202	-248	-300	-365	-470	-620	-800
140	160	520	280	210		145	85		43		14	0		18	26	41	-3	—	-15	0	-43	-65	-100	-134	-190	-228	-280	-340	-415	-535	-700	-900
160	180	580	310	230		145	85		43		14	0		18	26	41	-3	—	-15	0	-43	-68	-108	-146	-210	-252	-310	-380	-465	-600	-780	-1000
180	200	660	340	240		170	100		50		15	0		22	30	47	-4	—	-17	0	-50	-77	-122	-166	-236	-284	-350	-425	-520	-670	-880	-1150
200	225	740	380	260		170	100		50		15	0		22	30	47	-4	—	-17	0	-50	-80	-130	-180	-258	-310	-385	-470	-575	-740	-960	-1250
225	250	820	420	280		170	100		50		15	0		22	30	47	-4	—	-17	0	-50	-84	-140	-196	-284	-340	-425	-520	-640	-820	-1050	-1350
250	280	920	480	300		190	110		56		17	0		25	36	55	-4	—	-20	0	-56	-94	-158	-218	-315	-385	-475	-580	-710	-920	-1200	-1550
280	315	1050	540	330		190	110		56		17	0		25	36	55	-4	—	-20	0	-56	-98	-170	-240	-350	-425	-525	-650	-790	-1000	-1300	-1700
315	355	1200	600	360		210	125		62		18	0		29	39	60	-4	—	-21	0	-62	-108	-190	-268	-390	-475	-590	-730	-900	-1150	-1500	-1900
355	400	1350	680	400		210	125		62		18	0		29	39	60	-4	—	-21	0	-62	-114	-208	-294	-435	-530	-660	-820	-1000	-1300	-1650	-2100
400	450	1500	760	440		230	135		68		20	0		33	43	66	-5	—	-23	0	-68	-126	-232	-330	-490	-595	-740	-920	-1100	-1450	-1850	-2400
450	500	1650	840	480		230	135		68		20	0		33	43	66	-5	—	-23	0	-68	-132	-252	-360	-540	-660	-820	-1000	-1250	-1600	-2100	-2600

参 考 文 献

[1]赵大兴．工程制图[M]．第2版．北京：高等教育出版社，2009.

[2]金大鹰．机械制图[M]．北京：机械工业出版社，2012.

[3]胡建国，汪鸣奇，李亚萍，等．机械工程图学[M]．第2版．武汉：武汉大学出版社，2008.

[4]黄其柏，阮春红，何建英，等．画法几何及机械制图[M]．第5版．武汉：华中科技大学出版社，2012.

[5]万勇，夏俊芳，吴保群．工程制图基础[M]．第3版．北京：高等教育出版社，2016.

[6]焦永和，张京英，徐昌贵．工程制图[M]．北京：高等教育出版社，2008.

[7]王兰美．机械制图[M]．北京：高等教育出版社，2004.

[8]李爱军，陈国平等．工程制图[M]．北京：高等教育出版社，2004.

[9]朱玺宝，吉伯林．工程制图[M]．北京：高等教育出版社，2006.

[10]何铭新，钱可强．机械制图[M]．第5版．北京：高等教育出版社，2004.

[11]唐克中，朱同军．画法几何及工程制图[M]．第4版．北京：高等教育出版社，2009.

[12]裘文言，瞿元赏．机械制图[M]．第2版．北京：高等教育出版社，2009.

[13]孙开元，李长娜．机械制图新标准解读及画法示例[M]．第3版．北京：化学工业出版社，2013.